Apprendre à programmer en ActionScript

Avec 60 exercices corrigés

Anne Tasso

Apprendre à programmer en ActionScript

Avec 60 exercices corrigés

EYROLLES

ÉDITIONS EYROLLES
61, bd Saint-Germain
75240 Paris Cedex 05
www.editions-eyrolles.com

Merci à

Éléna et Nicolas pour leur infinie patience,
Antoine, Florence, Jocelyn, Sébastien, Sylvain et Lamb
pour leur présence, leur attention et leur amitié,
tous les étudiants curieux et imaginatifs.

Avant-propos

La nouvelle version de Flash est sortie depuis peu. Passant de Flash MX 2004 à Flash 8, le langage de programmation proposé par ces différentes versions reste l'ActionScript 2.0. Pour simplifier la lecture de cet ouvrage, nous choisissons d'utiliser le terme « Flash » lorsque le sujet étudié se traite de la même façon d'une version à l'autre. Dans le cas où le thème abordé ne peut être résolu que par l'une ou l'autre des versions, nous préciserons la version en spécifiant « Flash MX 2004 » ou « Flash 8 ».

Organisation de l'ouvrage

Ce livre est tout particulièrement destiné aux débutants qui souhaitent aborder l'apprentissage de la programmation en utilisant le langage ActionScript comme premier langage.

Les concepts fondamentaux de la programmation y sont présentés de façon évolutive. Chaque chapitre propose un cours théorique illustré d'exemples concrets et utiles pour le développement d'animations Flash. La syntaxe du langage est décrite avec précision et les exemples ont été choisis afin d'aborder de façon très pratique les algorithmes fondamentaux de la programmation ou encore pour examiner un point précis sur une technique de programmation spécifique à l'animation ou au langage ActionScript.

Le chapitre introductif, « À la source d'un programme », constitue le préalable nécessaire à la bonne compréhension des chapitres suivants. Il introduit aux mécanismes de construction d'un algorithme, compte tenu du fonctionnement interne de l'ordinateur, et explique les notions de langage informatique, de développement de scripts et d'exécution à travers un exemple de programme écrit en ActionScript.

- Le chapitre 1, « Traiter les données », aborde la notion de variables et de types. Il décrit comment stocker une donnée en mémoire, calculer des expressions mathématiques ou échanger deux valeurs. Le cahier des charges du projet « Portfolio multimédia » est défini à la fin de ce chapitre.

- Le chapitre 2, « Les symboles », explique la notion de symbole sous Flash. Il décrit les trois formes fondamentales de symboles : les clips, les boutons et les graphiques et montre comment les créer et les manipuler à l'aide d'instructions.

- Le chapitre 3, « Communiquer ou interagir » montre comment transmettre des valeurs à l'ordinateur par l'intermédiaire du clavier et indique comment l'ordinateur fournit des résultats en affichant des messages à l'écran. Pour cela, il examine avec précision la notion d'événement et de gestionnaire d'événement.

- Le chapitre 4, « Faire des choix », explique comment tester des valeurs et prendre des décisions en fonction du résultat. Il traite de la comparaison de valeurs ainsi que de l'arborescence de choix.

- Le chapitre 5, « Les répétitions », est consacré à l'étude des outils de répétition et d'itération. Il aborde les notions d'incrémentation et montre comment positionner automatiquement des objets sur la scène.

- Le chapitre 6, « Collectionner des objets », concerne l'organisation des données sous la forme d'un tableau.

- Le chapitre 7, « Les fonctions », décrit très précisément comment manipuler les fonctions et leurs paramètres. Il définit les termes de variables locale et globale. Il explique le passage de paramètres par valeur et le passage de paramètres par référence.

- Le chapitre 8, « Classes et objets », définit à partir de l'étude de la classe Date, ce que sont les classes et les objets dans le langage ActionScript. Il expose ensuite comment définir de nouvelles classes et construire des objets propres à l'application développée.

- Le chapitre 9, « Les principes du concept objet », développe plus particulièrement les différentes notions liées à l'utilisation de classe. Il décrit ensuite les principes fondateurs de la notion d'objet, c'est-à-dire l'encapsulation des données (protection et contrôle des données, constructeur de classe) ainsi que l'héritage entre classes.

- Le chapitre 10, « Le traitement de données multimédias », présente les différents outils permettant l'importation dynamique de données telles que le son, la vidéo, le texte ainsi que les fichiers au format XML.

En fin de chaque chapitre, vous trouverez les trois sections suivantes :

- Mémento qui résume et relève les points importants du chapitre à retenir.

- Exercices qui vous permettra de revoir les notions théoriques abordées au cours du chapitre et de parfaire votre pratique de la programmation. Certains exercices sont repris d'un chapitre à l'autre, avec pour objectif de rendre à chaque fois les applications plus conviviales et/ou plus complexes à programmer.

- Projet « Portfolio multimédia ». Cette section est à suivre et à réaliser tout au long de la lecture de l'ouvrage. Elle vous permettra de construire une application de plus grande envergure que celles proposées en exercices.

Extension Web

Vous trouverez sur le site Web des éditions Eyrolles, tous les exemples du livre, les corrigés des exercices et du projet « Portfolio multimédia » ainsi qu'une mise à jour et les errata. Rendez-vous sur la fiche de l'ouvrage sur *http://www.editions-eyrolles.com*.

Table des matières

INTRODUCTION
À la source d'un programme

Aujourd'hui, l'ordinateur est un objet courant qui est aussi bien capable d'imprimer les factures des clients d'un magasin d'outillage, que d'étudier des molécules chimiques très complexes.

Bien évidemment, ce n'est pas la machine-ordinateur en tant que telle qui possède toutes ces facultés, mais les applications ou encore les logiciels installés sur la machine. Pour émettre une facture, l'utilisateur doit faire appel à une application spécifique de facturation. Pour étudier des molécules, les chercheurs utilisent des logiciels scientifiques très élaborés.

Un ordinateur sans programme n'a aucune utilité. Seul le programme fait de l'ordinateur un objet « intelligent », traitant l'information de façon à en extraire des valeurs pertinentes selon son objectif final.

Ainsi, créer un programme, une application, c'est apporter de l'esprit à l'ordinateur. Pour que cet esprit donne sa pleine mesure, il est certes nécessaire de bien connaître le langage des ordinateurs, mais, surtout, il est indispensable de savoir programmer. La programmation est l'art d'analyser un problème afin d'en extraire la marche à suivre, l'algorithme susceptible de résoudre ce problème.

C'est pourquoi ce chapitre commence par aborder la notion d'algorithme. À partir d'un exemple tiré de la vie courante, nous déterminerons les étapes essentielles à l'élaboration d'un programme (« Construire un algorithme »). À la section suivante, « Qu'est-ce qu'un ordinateur ? », nous examinons le rôle et le fonctionnement de l'ordinateur dans le passage de l'algorithme au programme. Nous étudions ensuite, à travers un exemple simple, comment écrire un programme en ActionScript 2 et comment l'exécuter (« Un premier programme en ActionScript 2 »).

Enfin, en section « L'environnement de programmation Flash » nous donnons un aperçu détaillé des interfaces Flash MX 2004 et Flash 8, bases nécessaires pour écrire des programmes en ActionScript 2.

Construire un algorithme

Un programme est écrit avec l'intention de résoudre une problématique comme : imprimer une facture, stocker des informations relatives à un client, ou encore calculer des statistiques afin de prévoir le temps sur 2, 3 ou 5 jours.

Un ordinateur sait calculer, compter, trier ou rechercher l'information, dans la mesure où un programmeur lui a donné les ordres à exécuter et la marche à suivre pour arriver au résultat.

Cette marche à suivre s'appelle un algorithme.

Déterminer l'algorithme, c'est trouver un cheminement de tâches à fournir à l'ordinateur pour qu'il les exécute. Voyons comment s'y prendre pour le construire.

Ne faire qu'une seule chose à la fois

Avant de réaliser une application concrète, telle que celle proposée en projet dans cet ouvrage (voir chapitre 1 « Traiter les données », section « Le projet Portfolio multimédia »), nécessairement complexe par la diversité des actions qu'elle doit réaliser, simplifions-nous la tâche en ne cherchant à résoudre qu'un problème à la fois.

Considérons que créer une application, c'est décomposer cette dernière en plusieurs sous-applications qui, à leur tour, se décomposent en micro-applications, jusqu'à descendre au niveau le plus élémentaire. Cette démarche est appelée « analyse descendante ». Elle est le principe de base de toute construction algorithmique.

Pour bien comprendre cette démarche, penchons-nous sur un problème réel et simple à résoudre : « Comment cuire un œuf à la coque ? »

Exemple : l'algorithme de l'œuf à la coque

Construire un algorithme, c'est avant tout analyser l'énoncé du problème afin de définir l'ensemble des objets à manipuler pour obtenir un résultat.

Définition des objets manipulés

Analysons l'énoncé suivant :

```
Comment cuire un œuf à la coque ?
```

Chaque mot a son importance, et « à la coque » est aussi important que « œuf ». Le terme « à la coque » implique que l'on doit pouvoir mesurer le temps avec précision.

Notons que tous les ingrédients et ustensiles nécessaires ne sont pas cités dans l'énoncé. En particulier, nous ne savons pas si nous disposons d'une plaque de feu au gaz ou à l'électricité. Pour résoudre notre problème, nous devons prendre certaines décisions, et ces dernières vont avoir une influence sur l'allure générale de notre algorithme.

Supposons que, pour cuire notre œuf, nous soyons en possession des ustensiles et ingrédients suivants :

```
casserole
plaque électrique
eau
œuf
coquetier
minuteur
électricité
table
cuillère
```

En fixant la liste des ingrédients et des ustensiles, nous définissons un environnement, une base de travail. Nous sommes ainsi en mesure d'établir une liste de toutes les actions à mener pour résoudre le problème, et de construire la marche à suivre permettant de cuire notre œuf.

Liste des opérations

```
Verser l'eau dans la casserole, faire bouillir l'eau.
Prendre la casserole, l'œuf, de l'eau, le minuteur, le coquetier, la cuillère.
Allumer ou éteindre la plaque électrique.
Attendre que le minuteur sonne.
Mettre le minuteur sur 3 minutes.
Poser la casserole sur la plaque, le coquetier, le minuteur sur la table, l'œuf dans
la casserole, l'œuf dans le coquetier.
```

Cette énumération est une description de toutes les actions nécessaires à la cuisson d'un œuf.

Chaque action est un fragment du problème donné et ne peut plus être découpée. Chaque action est élémentaire par rapport à l'environnement que nous nous sommes donné.

En définissant l'ensemble des actions possibles, nous créons un langage minimal qui nous permet de cuire l'œuf. Ce langage est composé de verbes (Prendre, Poser, Verser, Faire, Attendre...) et d'objets (Œuf, Eau, Casserole, Coquetier...).

La taille du langage, c'est-à-dire le nombre de mots qu'il renferme, est déterminée par l'environnement. Pour cet exemple, nous avons, en précisant les hypothèses, volontairement choisi un environnement restreint. Nous aurions pu décrire des tâches comme « prendre un contrat EDF » ou « élever une poule pondeuse », mais elles ne sont pas utiles à notre objectif pédagogique.

> **Question**
>
> Quelle serait la liste des opérations si l'on décidait de faire un œuf poché ?
>
> **Réponse**
>
> Les opérations seraient :
>
> ```
> Prendre du sel, du vinaigre, une assiette.
> Verser le sel, le vinaigre dans l'eau.
> Casser l'œuf et le verser dans l'eau.
> Retirer l'œuf avec la cuillère.
> ```
>
> Il est inutile de prendre un coquetier.

Ordonner la liste des opérations

Telle que nous l'avons décrite, la liste des opérations ne nous permet pas encore de faire cuire notre œuf. En suivant cette liste, tout y est, mais dans le désordre. Pour réaliser cette fameuse recette, nous devons ordonner la liste.

```
 1. Prendre une casserole.
 2. Verser l'eau du robinet dans la casserole.
 3. Poser la casserole sur la plaque électrique.
 4. Allumer la plaque électrique.
 5. Faire bouillir l'eau.
 6. Prendre l'œuf.
 7. Placer l'œuf dans la casserole.
 8. Prendre le minuteur.
 9. Mettre le minuteur sur 3 minutes.
10. Prendre un coquetier.
11. Poser le coquetier sur la table.
12. Attendre que le minuteur sonne.
13. Éteindre la plaque électrique.
14. Prendre une cuillère.
15. Retirer l'œuf de la casserole à l'aide de la cuillère.
16. Poser l'œuf dans le coquetier.
```

L'exécution de l'ensemble ordonné de ces tâches nous permet maintenant d'obtenir un œuf à la coque.

> **Remarque**
>
> L'ordre d'exécution de cette marche à suivre est important. En effet, si l'utilisateur réalise l'opération 12 (Attendre que le minuteur sonne) avant l'opération 9 (Mettre le minuteur sur 3 minutes), le résultat est sensiblement différent. La marche à suivre ainsi désordonnée risque d'empêcher la bonne cuisson de notre œuf.

Cet exemple tiré de la vie courante montre que, pour résoudre un problème, il est essentiel de définir les objets utilisés, puis de trouver la suite logique de tous les ordres nécessaires à la résolution dudit problème.

Question

Où placer les opérations supplémentaires, dans la liste ordonnée, pour faire un œuf poché ?

Réponse

Les opérations s'insèrent dans la liste précédente de la façon suivante :

Entre les lignes 3 et 4

```
Prendre le sel et le verser dans l'eau.
Prendre le vinaigre et le verser dans l'eau.
```

Remplacer la ligne 7 par

```
Casser l'œuf et le verser dans l'eau.
```

Remplacer les lignes 10 et 11 par

```
Prendre une assiette.
Poser l'assiette sur la table.
```

Remplacer la ligne 16 par

```
Poser l'œuf dans l'assiette.
```

Vers une méthode

La tâche consistant à décrire comment résoudre un problème n'est pas simple. Elle dépend en partie du niveau de difficulté du problème et réclame un savoir-faire : la façon de procéder pour découper un problème en actions élémentaires.

Pour aborder dans les meilleures conditions possibles la tâche difficile d'élaboration d'un algorithme, nous devons tout d'abord :

- déterminer les objets utiles à la résolution du problème ;

- construire et ordonner la liste de toutes les actions nécessaires à cette résolution.

Pour cela, il est nécessaire :

- d'analyser en détail la tâche à résoudre ;

- de fractionner le problème en actions distinctes et élémentaires.

Ce fractionnement est réalisé en tenant compte du choix des hypothèses de travail. Ces hypothèses imposent un ensemble de contraintes qui permettent de savoir si l'action décrite est élémentaire et peut ne plus être découpée.

Cela fait, nous avons construit un algorithme.

Et du point de vue de l'objet...

La programmation et, par conséquent, l'élaboration des algorithmes sous-jacents, s'effectue aujourd'hui en mode objet.

Il s'agit toujours de construire des algorithmes, et d'élaborer des marches à suivre, mais avec pour principe fondamental d'associer les actions (décrites dans la liste des opérations) aux objets (définis dans la liste des objets manipulés) de façon beaucoup plus stricte qu'en simple programmation.

Ainsi, une action est définie pour un type d'objet.

Reprenons par exemple, le `minuteur` dans la liste des objets utilisés pour cuire notre œuf à la coque. En programmation objet, la liste des opérations concernant le minuteur peut s'écrire :

```
Minuteur_prendre
Minuteur_initialiser
Minuteur_sonner
```

Les termes `prendre`, `initialiser` et `sonner` représentent des blocs d'instructions qui décrivent comment réaliser l'action demandée. Ces actions ne sont accomplies uniquement que si elles sont appliquées à l'objet `Minuteur`. Ainsi par exemple, l'instruction `œuf_sonner` ne peut être une instruction valide, car l'action `sonner` n'est pas définie pour l'objet `œuf`.

Grâce à ce principe, associer les actions aux objets, la programmation objet garantit l'exactitude du résultat fourni, en réalisant des traitements adaptés aux objets.

Passer de l'algorithme au programme

Pour construire un algorithme, nous avons défini des hypothèses de travail, c'est-à-dire supposé une base de connaissances minimales nécessaires à la résolution du problème. Ainsi, le fait de prendre l'hypothèse d'avoir une plaque électrique nous autorise à ne pas décrire l'ensemble des tâches consistant à allumer le gaz avec une allumette. C'est donc la connaissance de l'environnement de travail qui détermine en grande partie la construction de l'algorithme.

Pour passer de l'algorithme au programme, le choix de l'environnement de travail n'est plus de notre ressort. Jusqu'à présent, nous avons supposé que l'exécutant était humain. Maintenant, notre exécutant est l'ordinateur. Pour écrire un programme, nous devons savoir ce dont est capable un ordinateur et connaître son fonctionnement de façon à établir les connaissances et capacités de cet exécutant.

Qu'est-ce qu'un ordinateur ?

Notre intention n'est pas de décrire en détail le fonctionnement de l'ordinateur et de ses composants mais d'en donner une image simplifiée.

Pour tenter de comprendre comment travaille l'ordinateur et, surtout, comment il se programme, nous allons schématiser à l'extrême ses mécanismes de fonctionnement.

Un ordinateur est composé de deux parties distinctes : la mémoire centrale et l'unité centrale.

La mémoire centrale permet de mémoriser toutes les informations nécessaires à l'exécution d'un programme. Ces informations correspondent à des « données » ou à des ordres à exécuter (« instructions »). Les ordres placés en mémoire sont effectués par l'unité centrale, la partie active de l'ordinateur.

Lorsqu'un ordinateur exécute un programme, son travail consiste en grande partie à gérer la mémoire, soit pour y lire une instruction, soit pour y stocker une information. En ce sens, nous pouvons voir l'ordinateur comme un robot qui sait agir en fonction des ordres qui lui sont fournis. Ces actions, en nombre limité, sont décrites ci-dessous.

Déposer ou lire une information dans une case mémoire

La mémoire est formée d'éléments, ou cases, qui possèdent chacune un numéro (une adresse). Chaque case mémoire est en quelque sorte une boîte aux lettres pouvant contenir une information (une lettre). Pour y déposer cette information, l'ordinateur (le facteur) doit connaître l'adresse de la boîte. Lorsque le robot place une information dans une case mémoire, il mémorise l'adresse où se situe celle-ci afin de retrouver l'information en temps nécessaire.

Figure I–1

La mémoire de l'ordinateur est composée de cases possédant une adresse et pouvant contenir à tout moment une valeur.

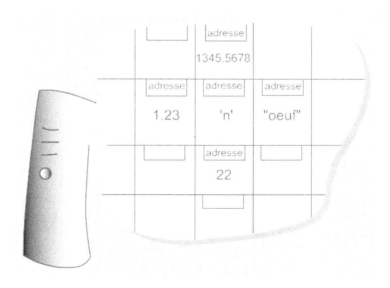

Le robot sait déposer une information dans une case, mais il ne sait pas la retirer (au sens de prendre un courrier déposé dans une boîte aux lettres). Lorsque le robot prend l'information déposée dans une case mémoire, il ne fait que la lire. En aucun cas il ne la retire ni ne l'efface. L'information lue reste toujours dans la case mémoire.

> **Remarque**
>
> Pour effacer une information d'une case mémoire, il est nécessaire de placer une nouvelle information dans cette même case. Ainsi, la nouvelle donnée remplace l'ancienne, et l'information précédente est détruite.

Exécuter des opérations simples telles que l'addition ou la soustraction

Le robot lit et exécute les opérations dans l'ordre où elles lui sont fournies. Pour faire une addition, il va chercher les valeurs à additionner dans les cases mémoire appropriées (stockées, par exemple, aux adresses a et b) et réalise ensuite l'opération demandée. Il enregistre alors le résultat de cette opération dans une case d'adresse c. De telles opérations sont décrites à l'aide d'ordres, appelés aussi instructions.

Figure I–2

Le programme exécute les instructions dans l'ordre de leur apparition.

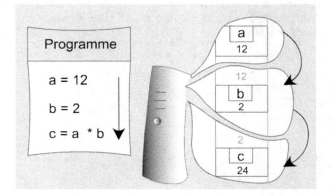

Comparer des valeurs

Le robot est capable de comparer deux valeurs entre elles pour déterminer si l'une est plus grande, plus petite, égale ou différente de l'autre valeur. Grâce à la comparaison, le robot est capable de tester une condition et d'exécuter un ordre plutôt qu'un autre, en fonction du résultat du test.

La réalisation d'une comparaison ou d'un test fait que le robot ne peut plus exécuter les instructions dans leur ordre d'apparition. En effet, suivant le résultat du test, il doit rompre l'ordre de la marche à suivre, en sautant une ou plusieurs instructions. C'est pourquoi il existe des instructions particulières dites de « branchement ». Grâce à ce type d'instructions, le robot est à même non seulement de sauter des ordres, mais aussi de revenir à un ensemble d'opérations afin de les répéter.

Figure I–3

Suivant le résultat du test, l'ordinateur exécute l'une ou l'autre des instructions en sautant celle qu'il ne doit pas exécuter.

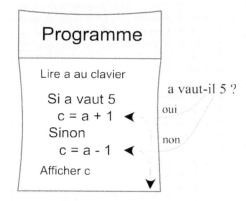

Communiquer une information élémentaire

Un programme est essentiellement un outil qui traite l'information. Cette information est transmise à l'ordinateur par l'utilisateur. L'information est saisie par l'intermédiaire du clavier ou de la souris. Cette transmission de données à l'ordinateur est appelée communication d'entrée (*input en anglais*). On parle aussi de « saisie » ou encore de « lecture » de données.

Après traitement, le programme fournit un résultat à l'utilisateur, soit par l'intermédiaire de l'écran, soit sous forme de fichiers, que l'on peut ensuite imprimer. Il s'agit alors de communication de sortie (*output*) ou encore « d'affichage » ou « d'écriture » de données.

Figure I–4

La saisie au clavier d'une valeur correspond à une opération d'entrée, et l'affichage d'un résultat à une opération de sortie.

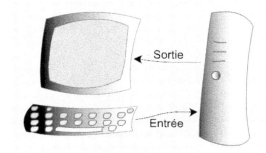

Coder l'information

De par la nature de ses composants électroniques, le robot ne perçoit que deux états : composant allumé et composant éteint. De cette perception découle le langage binaire qui utilise par convention les deux symboles 0 (éteint) et 1 (allumé).

Ne connaissant que le 0 et le 1, l'ordinateur utilise un code pour représenter une information aussi simple qu'un nombre entier ou un caractère. Le codage s'effectue à l'aide d'un programme qui différencie chaque type d'information (donnée numérique ou alphabétique) et le transforme en valeurs binaires. À l'inverse, ce programme sait aussi transformer un nombre binaire en valeur numérique ou alphabétique. Il existe autant de codes que de types d'informations. Cette différenciation du codage (en fonction de ce qui doit être représenté) introduit le concept de « type » de données.

Figure I–5

Toute information est codée en binaire. Il existe autant de codes que de types d'informations.

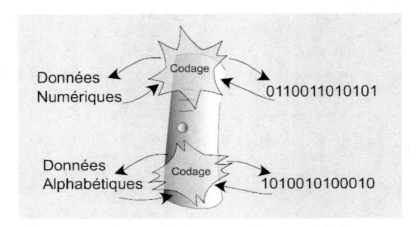

> **Remarque**
>
> Toute information fournie à l'ordinateur est, au bout du compte, codée en binaire. L'information peut être un simple nombre ou une instruction de programme.

L'ordinateur n'est qu'un exécutant

En pratique, le robot est très habile à réaliser l'ensemble des tâches énoncées ci-dessus. Il les exécute beaucoup plus rapidement qu'un être humain.

En revanche, le robot n'est pas doué d'intelligence. Il n'est ni capable de choisir une action plutôt qu'une autre, ni apte à exécuter de lui-même l'ensemble de ces actions. Pour qu'il puisse exécuter une instruction, il faut qu'un être humain détermine l'instruction la plus appropriée et lui donne l'ordre de l'exécuter.

Le robot est un exécutant capable de comprendre des ordres. Compte tenu de ses capacités limitées, les ordres ne peuvent pas lui être donnés dans le langage naturel propre à l'être humain. En effet, le robot ne comprend pas le sens des ordres qu'il exécute mais seulement leur forme. Chaque ordre doit être écrit avec des mots particuliers et une forme, ou syntaxe, préétablie. L'ensemble de ces mots constitue un langage informatique. Les langages C, C++, Pascal, Basic, Fortran, Cobol, Java et ActionScript 2 sont des langages de programmation, constitués de mots et d'ordres dont la syntaxe diffère selon le langage.

Pour écrire un programme, il est nécessaire de connaître un de ces langages, de façon à traduire un algorithme en un programme composé d'ordres.

Qu'est-ce qu'un programme sous Flash ?

Flash est un logiciel conçu avant tout pour développer des applications graphiques. Il est surtout utilisé pour produire des documents composés d'animations plus ou moins complexes, destinés à la diffusion sur Internet.

À partir de la version MX 2004, Flash est doté d'un véritable langage de programmation, l'ActionScript 2. Grâce à ce langage, il devient possible de construire des applications complètes et légères, de la simple présentation d'exposés, à la mise en place d'un programme intégrant des bases de données sur une architecture client-serveur, en passant par la création de jeux off ou on-line.

Remarque

Comme il est dit dans l'avant-propos, la nouvelle version de Flash est sortie depuis peu. Passant de Flash MX 2004 à Flash 8, le langage de programmation proposé par ces différentes versions reste l'Action-Script 2.0. Pour simplifier la lecture, nous choisissons d'utiliser le terme « Flash » lorsque le sujet étudié s'approche de la même façon d'une version à l'autre. Dans le cas où le thème abordé ne peut être résolu que par l'une ou l'autre des versions, nous préciserons la version en spécifiant « Flash MX 2004 » ou « Flash 8 » .

La puissance de Flash réside surtout dans sa facilité à mêler les images conçues par des graphistes avec des instructions de programmation très élaborées. Grâce à cela, programmeurs et graphistes ont la possibilité de créer très rapidement des applications conviviales, légères en poids et réactives aux actions de l'utilisateur.

Pour créer une application en ActionScript 2, nous allons avoir à décrire une liste ordonnée d'opérations dans ce langage. La contrainte est de taille et porte essentiellement sur la façon de définir et de représenter les objets nécessaires à la résolution du problème en fonction des instructions disponibles dans ce langage.

Pour bien comprendre la difficulté du travail à accomplir, examinons plus précisément les différentes étapes de réalisation d'une petite animation interactive.

Quelles opérations pour créer une animation ?

Pour cette première réalisation, nous allons créer une animation qui lance une bulle de savon vers le haut de l'écran, lorsque l'utilisateur clique sur un bouton d'envoi. La bulle revient à sa position initiale, lorsqu'elle sort de l'écran. La bulle est relancée en cliquant à nouveau sur le bouton d'envoi.

Figure I-6

Lorsque l'utilisateur clique sur le bouton Lancer, la bulle se déplace vers le haut de l'écran.

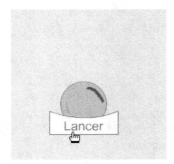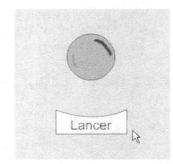

Définir les objets utiles à l'animation

L'exercice consiste à lancer une bulle de savon lorsque l'utilisateur clique sur un bouton d'envoi. Deux objets graphiques sont donc nécessaires à la réalisation de cette animation : la bulle de savon et le bouton de lancement.

Extension Web

Si vous ne savez pas utiliser les outils de dessin proposés par Flash, vous trouverez le fichier `animBulle` `.fla` contenant ces éléments graphiques, dans le répertoire `Exemples/Introduction`.

Figure I-7

Une bulle de savon et un bouton de lancement.

Une fois dessinés, ces objets doivent être transformés en symboles de type `Clip` ou `Bouton`, afin d'être considérés par Flash comme des objets utilisables par un programme écrit en ActionScript 2.

Pour cela, vous devez :

- sélectionner l'intégralité du bouton et taper sur la touche F8 (PC et Mac). Apparaît alors une boîte de dialogue (voir figure I-8 ci-après) qui vous permet de donner un nom et un comportement (`Clip`, `Bouton` ou `Graphique`) à l'objet sélectionné. Pour le bouton d'envoi, donnez le nom `Bouton` et sélectionnez le comportement `Bouton`.

- procéder de la même façon pour la bulle et donner le nom `Bulle` avec le comportement `Clip`.

Pour en savoir plus

La notion de symbole est une notion clé pour la programmation en ActionScript 2. Elle est étudiée de façon plus détaillée au chapitre 2, « Les symboles ».

Figure I-8

Convertir le dessin du bouton d'envoi en un symbole de type Bouton.

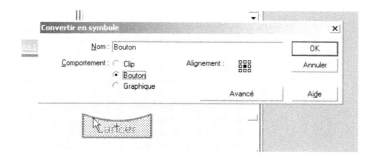

Décrire les opérations nécessaires à l'animation

Pour réaliser l'animation demandée, nous avons à effectuer un certain nombre d'opérations comme : placer la bulle et le bouton sur la scène, détecter un clic de souris sur le bouton, déplacer la bulle de savon vers le haut, examiner la position de la bulle et observer si elle ne sort pas de l'écran, ou encore placer la bulle à sa position initiale.

Ces opérations s'enchaînent selon un ordre bien précis. Par exemple, la bulle ne peut se déplacer si l'utilisateur n'a pas encore cliqué sur le bouton d'envoi, l'animation ne s'arrête que lorsque la bulle sort de la fenêtre. Concrètement, pour construire cette animation, nous devons réaliser les opérations dans l'ordre suivant :

```
1. Centrer le bouton d'envoi au bas de l'écran.
2. Centrer la bulle de savon, en la plaçant un peu au-dessus du bouton d'envoi.
3. Attendre un clic sur le bouton d'envoi.
4. Lorsqu'un clic est détecté, déplacer la bulle vers le haut de l'écran.
5. Lorsque la bulle se déplace, examiner sa position à l'écran.
6. Si la position de la bulle est hors écran, replacer la bulle à sa position d'origine.
```

Chacune de ces opérations est relativement simple, mais demande de connaître quelques notions indispensables comme positionner, déplacer un objet à l'écran, ou encore détecter un clic de souris.

Placer un objet à l'écran

Pour placer un objet à l'écran, il est nécessaire de savoir comment déterminer un point sur la scène de votre animation. Pour cela nous devons nous souvenir de ce qu'est un système de coordonnées.

Un système de coordonnées est composé d'une origine, d'un axe horizontal et d'un axe vertical. L'axe horizontal définit les abscisses, il est aussi appelé l'axe des x. L'axe vertical définit les ordonnées, il est appelé l'axe des y. L'origine se trouve à la croisée des deux axes qui se coupent en formant un angle droit.

Sur Flash, et plus généralement sur un ordinateur, le système de coordonnées est défini comme le montre la figure ci-dessous.

Figure I-9

*L'origine se situe
en haut et à gauche
de la scène.*

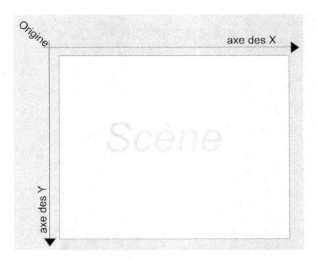

L'origine correspond au point où x = 0 et y = 0. Elle se situe en haut, à gauche de la scène. Ensuite, plus on se déplace vers la droite, plus les valeurs de x augmentent et de la même façon, plus on va vers le bas de l'écran, plus les valeurs de y augmentent.

Ainsi, pour placer un point à 300 pixels de l'origine horizontalement et 200 pixels de l'origine verticalement, il suffit d'écrire que la valeur du point en x vaut 300 et en y, 200, comme le montre la figure I-10 ci-après.

Figure I-10

*La valeur de x
augmente en allant
vers la droite et celle
de y en allant vers
le bas de la scène.*

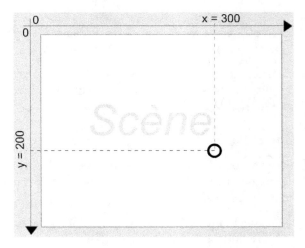

Déplacer un objet

Pour déplacer un objet sur la scène, la méthode consiste à augmenter ou diminuer la valeur des coordonnées de l'objet en x et/ou en y suivant la trajectoire souhaitée.

Pour notre exemple, la bulle doit se déplacer vers le haut de la scène. En supposant que notre bulle soit positionnée à 300 pixels de l'origine, pour déplacer la bulle vers le haut nous devons diminuer la valeur de y. Partant de y = 300, la bulle doit par exemple s'afficher en y = 290, puis 280, 270… Pour réaliser cela, nous devons, à chaque image affichée, ôter 10 pixels à la valeur en y précédente.

Détecter un clic de souris

La détection d'un clic de souris ne peut s'effectuer sans l'aide d'un programme particulier à l'environnement de programmation utilisé. Avec Flash, cette détection est réalisée grâce à un programme qui gère les événements occasionnés par l'utilisateur.

Un événement, comme son nom l'indique, est le résultat d'une action produite soit par l'utilisateur, soit par l'application elle-même. Par exemple, lorsque l'utilisateur déplace la souris ou appuie sur une touche du clavier, un événement spécifique se produit. Le programmeur peut décider de réaliser certaines actions lorsque l'un ou/et l'autre de ces événements sont émis.

Pour en savoir plus

L'étude des événements est détaillée au chapitre 3, « Communiquer ou interagir ».

Pour notre application, nous aurons à gérer les événements de type onPress pour savoir si le bouton d'envoi a été cliqué, et les événements de type onEnterFrame afin de déplacer la bulle vers le haut.

Détecter qu'un objet est sorti de l'écran

Pour détecter qu'un objet est sorti de la scène, nous devons connaître, avant tout, la hauteur et la largeur de la scène. Pour cela, nous allons définir des constantes correspondant à la taille de la scène, soit largeur et hauteur. La constante largeur correspond à la largeur de la scène, et hauteur à la hauteur de la scène, comme le montre la figure I-11.

Figure I-11

Largeur et hauteur sont des constantes définissant les limites de la scène.

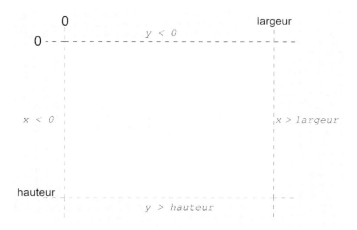

Pour détecter qu'un objet est sorti de la fenêtre, il suffit alors de tester si ses coordonnées sont plus petites que 0 ou plus grandes que largeur et hauteur.

Pour notre exemple, la bulle se déplace vers le haut de l'écran en diminuant sa valeur en y. Elle sort donc de l'écran lorsque sa valeur en y devient plus petite que 0.

Traduction en ActionScript 2

Nous avons examiné d'un point de vue théorique et « en français » la marche à suivre pour construire l'animation demandée. Regardons maintenant comment réaliser cela avec le langage de programmation ActionScript 2.

Où placer le code ?

L'animation que nous allons réaliser est essentiellement composée d'instructions écrites en ActionScript 2. Pour être lues et interprétées par Flash, ces instructions doivent être placées dans une fenêtre spécifique appelée Actions.

Pour ouvrir ce panneau, il suffit de taper sur la touche F9 de votre clavier en ayant sélectionné la première image du scénario, comme le montre la figure suivante.

Figure I-12

Les instructions sont écrites dans le panneau Actions, lorsque la première image du scénario est sélectionnée.

Pour en savoir plus

Le panneau Actions est décrit en section « L'interface de programmation » à la fin de ce chapitre.

Définir les constantes

Pour savoir si la bulle de savon sort de la scène, nous devons connaître la taille de cette dernière. Pour cela, il vous suffit de faire un clic droit (PC) ou Cmd + Clic (Mac) sur la scène et de sélectionner l'item « propriétés du document… ». La boîte de dialogue ci-après apparaît.

Figure I-13a

La fenêtre de propriétés du document nous permet de connaître la taille de la scène (Flash 8). .

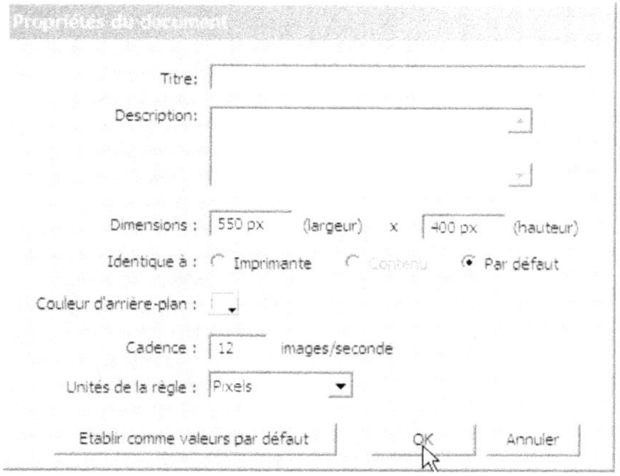

Figure I-13b

La fenêtre de propriétés version Flash MX 2004.

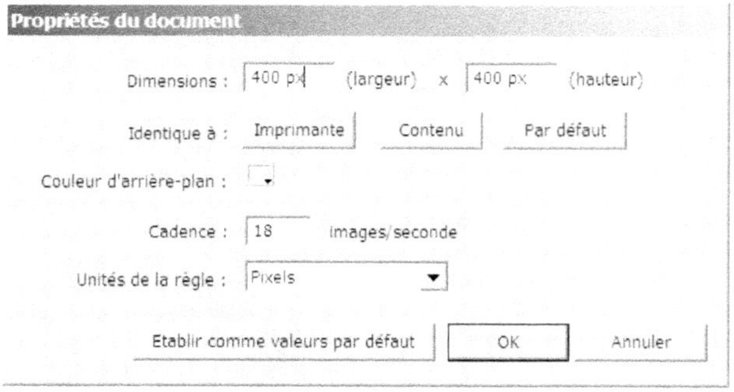

Les valeurs situées dans la rubrique Dimensions correspondent aux valeurs maximales en x (largeur) et en y (hauteur). Ces valeurs peuvent être récupérées par programme grâce à la classe Stage (traduire par scène en français). Sachant cela, nous définissons deux variables largeur et hauteur dans lesquelles nous stockons la hauteur et la largeur de la scène de la façon suivante :

```
var largeur:Number = Stage.width;
var hauteur:Number = Stage.height;
```

> **Pour en savoir plus**
>
> La notion de variables est étudiée plus précisément au chapitre 1, « Traiter les données ».

Donner un nom aux symboles

Les éléments Bulle et Bouton sont des graphiques que nous avons enregistrés sous forme de symboles à la section précédente « Définir les objets utiles à l'animation ». Lors de cet enregistrement, ces symboles ont été placés dans la bibliothèque de notre animation.

Pour accéder à la bibliothèque (voir figure I-14), tapez sur la touche F11 (Mac et PC) ou Ctrl + L (PC) ou Cmd + L (Mac).

Chaque symbole défini dans la bibliothèque est un modèle qu'il est possible de dupliquer sur la scène autant de fois que l'on veut l'utiliser pour l'animation. Chaque élément dupliqué est appelé une « occurrence » ou encore une « instance ».

Figure I-14a

La bibliothèque regroupe tous les symboles créés pour l'animation demandée (Flash 8).

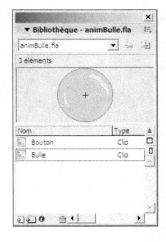

Figure I-14b

La bibliothèque version Flash MX 2004.

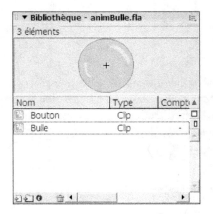

Pour notre cas, nous ne souhaitons animer qu'une seule bulle de savon. Cela ne nécessite qu'un seul bouton de lancement. Pour placer une instance d'un symbole sur la scène, vous devez :

• Sélectionner, dans le panneau Bibliothèque, la ligne correspondant au symbole Bulle, et la faire glisser sur la scène.

• Répéter cette opération pour le symbole Bouton.

Ensuite, pour utiliser ces éléments à l'intérieur d'un programme ActionScript 2, nous devons leur attribuer un nom.

- Sélectionner la bulle de savon, puis, sur le panneau Propriétés associé à ce symbole, donner un nom (par exemple `bSavon`) dans le champ situé juste en dessous de `Clip`, comme le montre la figure ci-dessous.

- Sélectionner le bouton d'envoi, et, sur le panneau Propriétés associé à ce symbole, lui donner le nom `btnJouer` dans le champ situé juste en dessous de `Bouton`, comme le montre la figure ci-dessous.

Figure I-15

Chaque élément de l'animation doit porter un nom pour être appelé par un programme ActionScript 2. Le bouton est nommé btnJouer, la bulle bSavon.

Remarque

La position des deux éléments `btnJouer` et `bSavon` sur la scène importe peu. Nous allons définir leur position par programme en section suivante.

Définir la position du bouton d'envoi

Pour centrer le bouton d'envoi au bas de l'écran, nous devons calculer le centre sur l'axe horizontal de la scène et déterminer sa position sur l'axe vertical par rapport à la hauteur de la scène.

Pour calculer le milieu de la scène sur l'axe horizontal, il suffit de diviser en deux la largeur totale de la scène, soit `largeur / 2`. Ensuite, pour placer le bouton vers le bas de l'écran, nous pouvons décider de le positionner à `hauteur - 50` pixels, comme le montre la figure I-16.

Enfin, nous devons attribuer ces valeurs à l'objet `btnJouer` en définissant ses coordonnées en `x` et en `y`. Pour ce faire, il convient d'écrire les instructions suivantes :

```
btnJouer._x = largeur / 2;
btnJouer._y = hauteur - 50;
```

En écrivant ces deux instructions, nous demandons à Flash de placer l'occurrence nommée `btnJouer` à `largeur / 2` (soit pour notre cas 800 / 2 = 400) sur l'axe des `x`, et `hauteur - 50` (soit pour notre cas 600 - 50 = 550) sur l'axe des `y`.

Figure I-16

Le bouton btnJouer est placé au centre sur l'axe des x et à 50 pixels du bord inférieur (axe des y) de la scène.

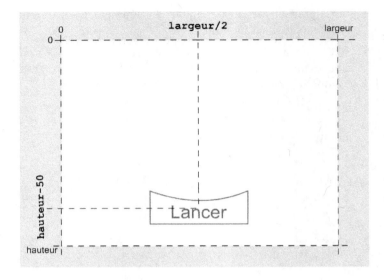

Pour en savoir plus

Les principes de base de la programmation objet sont étudiés au chapitre 2, « Les symboles », puis au chapitre 8, « Classes et objets ».

Définir la position de la bulle

Pour placer notre bulle sur la scène, nous devons comme précédemment calculer le centre de la scène sur l'axe horizontal, et déterminer la position de la bulle sur l'axe vertical. Ceci est réalisé grâce aux instructions suivantes :

```
bSavon._x = largeur / 2;
bSavon._y = btnJouer._y - 30;
posInit = bSavon._y;
```

Ici, l'occurrence nommée bSavon est placée à 800 / 2 = 400 sur l'axe des x et 600 - 30 = 570 sur l'axe des y.

La position verticale de la bulle est calculée en fonction de la position du bouton (bSavon _y = btnJouer _y - 30;). De la même façon, les occurrences bSavon et btnJouer sont positionnées par rapport aux variables largeur et hauteur. En travaillant de la sorte, nous évitons d'avoir à recalculer la position de chaque objet, dans le cas où nous voudrions modifier la taille de la scène. En effet, si nous souhaitons élargir la scène, il suffit simplement de modifier la valeur `hauteur` pour voir les objets se placer à nouveau correctement sur la scène.

Remarque

La variable `posInit` permet de mémoriser la position initiale de la bulle. Grâce à cette variable, nous pourrons replacer la bulle à sa position d'origine, une fois sortie de l'écran.

Détecter un clic et lancer la bulle

La détection d'un clic de souris s'effectue à l'aide d'une fonction propre à ActionScript 2. Elle obéit à une syntaxe précise qui est la suivante :

```
btnJouer.onPress = function():Void {
  // instructions
}
```

Le clic de la souris correspond à un événement de type `onPress` qui peut se traduire en français par : « lorsque le bouton de la souris est enfoncé ». Cet événement est émis à chaque fois que l'utilisateur appuie sur le bouton de la souris.

Ici, l'événement `onPress` est associé au bouton `btnJouer` grâce à l'instruction `btnJouer.onPress`. De cette façon, nous sommes assurés que l'objet `btnJouer` est capable de détecter ce type d'événement.

Ensuite, lorsque le clic est détecté, les instructions placées à l'intérieur du bloc `function()` `{ }` sont exécutées.

Pour notre cas, lorsque nous cliquons sur le bouton `btnJouer`, la bulle doit se déplacer vers le haut de la scène. Pour réaliser ce déplacement, la technique consiste à afficher la bulle de savon avec des valeurs décroissantes sur l'axe des `y`.

Cet affichage est réalisé en traitant l'événement `onEnterFrame` de la façon suivante :

```
bSavon.onEnterFrame = function():Void {
    bSavon._y = bSavon._y - 10;
}
```

L'événement de type `onEnterFrame` est émis automatiquement par le lecteur Flash lorsque le curseur placé sur la ligne de temps se déplace d'une image à la suivante. Cet événement est en réalité lié à la cadence de l'animation qui est une propriété de l'animation définie à l'aide du panneau Propriétés du document (voir figure I-13).

Plus précisément, lorsque la cadence de l'animation est définie à 18 images par seconde, l'événement `onEnterFrame` est émis par le lecteur Flash, tous les 18e de seconde. L'instruction `bSavon.onEnterFrame` a pour résultat d'associer l'objet `bSavon` à l'événement, de façon à ce que la bulle puisse le détecter.

Grâce à cela, les instructions situées dans le bloc `function():Void { }` suivant, sont répétées à chaque fois que l'événement de type `onEnterFrame` est perçu par l'objet `bSavon`. Ces instructions ont pour résultat :

- de retrancher 10 pixels à la position précédente de la bulle de savon, dix-huit fois par seconde ;
- d'afficher la bulle à sa nouvelle position, dix-huit fois par seconde.

Grâce à ce principe, la bulle se déplace automatiquement vers le haut de la scène indéfiniment. Sans autre instruction, la bulle sort de l'écran et poursuit son chemin, tant que l'animation n'est pas arrêtée par l'utilisateur (en cliquant sur l'icône de fermeture de la fenêtre d'animation).

Question

Quel est le comportement de la bulle si l'on remplace l'instruction bSavon._ y = bSavon._y - 10 par bSavon._x = bSavon._x + 10 ?

Réponse

La bulle se déplace non plus vers le haut, mais sur le côté. La bulle se déplace sur l'horizontale, puisque ce sont les coordonnées en x qui sont modifiées. Les coordonnées augmentent de 10 en 10, donc la bulle se déplace vers la droite.

Pour en savoir plus

L'étude des événements est détaillée au chapitre 3, « Communiquer ou interagir ».

Détecter la sortie de l'écran et revenir à la position initiale

Pour arrêter l'animation lorsque la bulle sort de l'écran, nous devons insérer les instructions suivantes à l'intérieur de la fonction d'affichage de la bulle :

```
if (bSavon._y < 0) {
  bSavon._y = posInit;
  delete bSavon.onEnterFrame;
}
```

En français, ces instructions se traduisent ainsi :

Si la bulle de savon dépasse le bord supérieur de l'écran sur l'axe des y (if (bSavon._y < 0)), alors placer la bulle à sa position initiale (bSavon._y = posInit;) et ne plus associer l'événement de type onEnterFrame à l'objet bSavon (delete bSavon.onEnterFrame).

L'objet bSavon ne détectant plus l'événement, la fonction n'est plus appelée, la bulle ne se déplace plus et reste à sa position initiale.

Code source complet

Pour résumer, le code qui permet de lancer la bulle de savon vers le haut de l'écran, après avoir cliqué sur le bouton de lancement, s'écrit de la façon suivante :

```
// Définition des constantes liées à la taille de la scène
var largeur:Number = Stage.width;
var hauteur:Number = Stage.height;

// Définition de la position du bouton de lancement
btnJouer._x = largeur / 2;
btnJouer._y = hauteur - 50;

// Définition de la position initiale de la bulle de savon
bSavon._x = largeur / 2;
bSavon._y = btnJouer._y - 30;
posInit = bSavon._y;

// Gestion du clic sur le bouton de lancement
btnJouer.onPress = function():Void {
 // Gestion de l'affichage de la bulle de savon
 bSavon.onEnterFrame = function():Void {
  bSavon._y = bSavon._y - 10;
  // si la bulle sort de l'écran
  if (bSavon._y < 0)  {
   bSavon._y = posInit;
   delete bSavon.onEnterFrame ;
  }
 }
}
```

Remarque

Les lignes du programme qui débutent par les signes // sont considérées par ActionScript 2 non pas comme des ordres à exécuter mais comme des lignes de commentaires. Elles permettent d'expliquer en langage naturel ce que réalise l'instruction associée.

Question

Que se passe-t-il si l'on supprime l'instruction delete bSavon.onEnterFrame; ?

Réponse

La bulle revient à sa position initiale grâce à l'instruction précédente bSavon._y = posInit;. La bulle détecte toujours l'événement onEnterFrame, la fonction bSavon onEnterFrame = function() {} est alors exécutée, ce qui a pour conséquence de relancer la bulle vers le haut de l'écran. La bulle de savon ne s'arrête donc jamais, dès qu'elle sort de l'écran, elle retourne à sa position initiale, pour repartir aussitôt. L'utilisateur n'a plus besoin de cliquer sur le bouton pour lancer l'animation.

Exécuter l'animation

Nous avons écrit un programme constitué d'ordres, dont la syntaxe obéit à des règles strictes. Pour réaliser l'animation décrite dans le programme, nous devons la faire lire par l'ordinateur, c'est-à-dire l'exécuter.

Pour cela, nous devons traduire le programme en langage machine. En effet, nous l'avons vu, l'ordinateur ne comprend qu'un seul langage, le langage binaire.

Tester une animation

Cette traduction du code source (le programme écrit en langage informatique) en code machine exécutable (le code binaire) est réalisée en testant l'animation. L'opération consiste à lancer un module (appelé lecteur Flash) qui lit chaque instruction du code source et vérifie si celles-ci ont une syntaxe correcte. S'il n'y a pas d'erreur, le lecteur exporte l'animation sous la forme d'un code binaire directement exécutable par l'ordinateur. Il exécute ensuite ce code en lançant l'animation.

Pour tester votre animation vous devez exécuter les opérations suivantes :

1. Sauvegarder votre animation (utiliser le raccourci clavier Ctrl + S (PC) ou Cmd + S (Mac)) sous le nom animBulle.fla.

2. Lancer le test de l'animation à l'aide du raccourci clavier Ctrl + Entrée (PC) ou Cmd + Entrée (Mac). L'exportation de l'animation est alors lancée et un fichier portant le nom animBulle.swf est créé sur votre disque dur.

Lors de l'exportation, un interpréteur lit une à une chaque instruction. Il reconnaît les mots-clés tels que function ou encore onEnterFrame grâce à une liste spécifique définie par les concepteurs du langage. C'est pourquoi, vous devez écrire ces mots-clés en respectant la même syntaxe (orthographe et présence ou non de majuscule/minuscule) que celle définie dans la liste.

Lorsque l'instruction est correctement interprétée, elle est traduite de façon à être directement exécutée par le processeur de l'ordinateur. Après interprétation, vous vous trouvez en possession de deux types de fichier :

• Les fichiers .fla sont les fichiers contenant tous les dessins et programmes composant votre animation. Ils sont en quelque sorte les fichiers source de vos animations. Seuls ces fichiers sont utilisables pour corriger et/ou modifier vos animations.

• Les fichiers .swf correspondent aux fichiers exécutables. Ils sont composés de codes binaires et ne peuvent être modifiés. Ils sont exécutés à travers le logiciel Flash ou grâce au plug-in Flash du navigateur de l'utilisateur.

Remarque

Les plug-ins sont des modules externes au navigateur (Firefox, Internet Explorer, ...) qui permettent la lecture de formats autres que le format HTML. Ces modules sont en général gratuits et téléchargeables depuis Internet.

Il existe d'autres formats d'exécution que le format .swf. Ce sont par exemple les formats .exe (PC) ou .hqx (Mac). Ils sont utilisés lorsqu'on souhaite exécuter l'animation de façon autonome et non à travers un navigateur.

L'environnement de programmation Flash

Outre le langage de programmation ActionScript 2, Flash propose une interface utilisateur conviviale pour élaborer des dessins, graphiques et autres éléments utilisés pour créer des applications publiables sur Internet.

L'interface graphique

L'interface utilisateur de Flash est composée de nombreux panneaux proposant des outils facilitant la création des dessins et leur mise en place dans une animation.

Notre objectif n'est pas d'étudier en détail chaque panneau, mais d'examiner ceux qui seront les plus utilisés dans ce livre.

La scène

La scène est l'espace de travail sur lequel nous pouvons dessiner et construire nos animations. Elle correspond à la page blanche de n'importe quel éditeur de texte. Elle se situe au centre de l'interface utilisateur comme le montre la figure suivante :

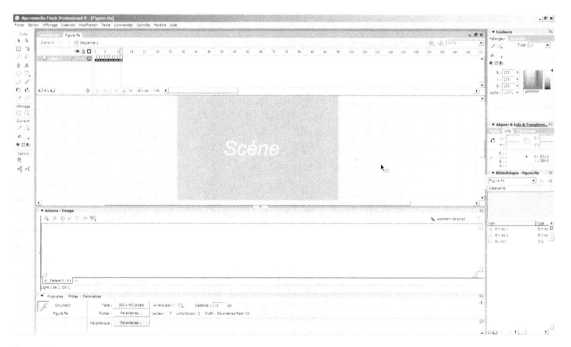

Figure I-17a

L'interface utilisateur de Flash 8 est composée de nombreux panneaux facilitant la création et la mise en place des éléments graphiques au sein d'une animation.

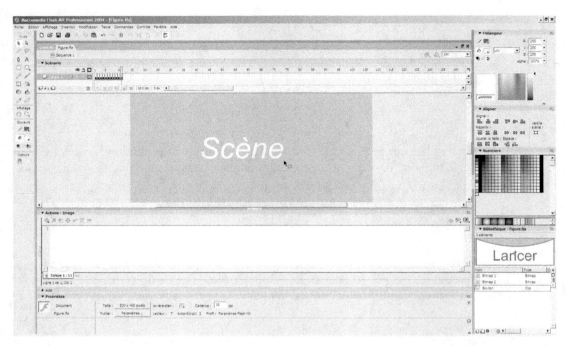

Figure I-17b
L'interface utilisateur de Flash version MX 2004.

La palette des outils de dessin

La barre d'outils, située à gauche de l'écran, offre un choix d'outils de dessin, de coloriage et de transformation des objets graphiques. Nous ne l'étudions pas en détail. À vous de les tester en dessinant des objets sur la scène.

La fenêtre des Propriétés

La fenêtre des Propriétés se situe en bas de l'écran, sous la scène. Il s'agit d'un panneau contextuel. Il change en fonction des objets ou des outils sélectionnés. Il fournit toutes les informations relatives à l'objet ou l'outil sélectionné (épaisseur et couleur du trait pour l'outil Plume ; police, taille et style pour l'outil Texte, par exemple).

Cette fenêtre est très utile pour modifier les paramètres d'un objet graphique (taille, couleur,…) ou pour donner un nom à un symbole.

Figure I-18
La palette d'outils de dessin.

Figure I-19a

La fenêtre des Propriétés (version Flash 8) concernant la scène, indique la taille et la couleur de fond de la scène ainsi que la cadence par défaut de l'animation (nombre d'images par seconde).

Figure I-19b

La fenêtre des Propriétés version MX 2004.

Le scénario, les calques, les images et les images clés

Figure I-20

Sur la partie gauche se trouve un calque nommé Script, sur la ligne de temps est placée une seule image clé, en position 1.

Le Scénario est un panneau essentiel de Flash (pas nécessairement pour l'ActionScript 2). Il est une représentation schématique du temps qui s'écoule au cours d'une animation. Grâce à ce panneau, nous pouvons déterminer quand et combien de temps un élément va s'afficher à l'écran.

Remarque

Le panneau Scénario, comme nous le verrons au fur et mesure de la lecture de ce livre, devient un outil de moins en moins sollicité, lorsqu'on programme les animations interactives en ActionScript 2.

Le panneau Scénario se divise en deux parties :

- À gauche se trouve un panneau de gestion des calques. Les calques offrent la possibilité de dessiner sur des niveaux différents. De cette façon, les objets graphiques se superposent sans s'effacer.

Ainsi, une animation peut être composée de plusieurs plans : le fond (décor) et des éléments animés se situant à différents niveaux de profondeur. Par exemple, des nuages couvrant le soleil, un oiseau passant devant les nuages. Les calques facilitent la gestion des différents niveaux de profondeur.

Les calques permettent aussi d'organiser les différents éléments de l'animation. Par exemple, il est pratique de créer un calque pour y placer tous les éléments relatifs à la navigation, un calque pour le fond, un calque pour les scripts, etc.

- À droite se situe la ligne de temps (ou *timeline*), et la tête de lecture (curseur rouge).

La ligne de temps est une représentation simplifiée d'une bobine de film. Chaque cellule représente une image sur la bobine. Le curseur, ou tête de lecture, en se déplaçant image après image, simule le déroulement de la bobine devant le projecteur et donne l'illusion d'un déplacement ou d'une animation.

À une suite d'images correspond un temps d'animation. La cadence (définie dans le panneau de propriétés de la scène) correspond au nombre d'images affichées par seconde. Par défaut, ce nombre est de 12 images par seconde. Plus la cadence est faible (par exemple, 8 images par seconde), plus l'animation semble saccadée. À l'inverse, une cadence trop élevée (plus de 24 images par seconde) n'améliore pas forcément la fluidité de l'animation, mais augmente le poids du fichier résultant.

Images intermédiaires et images clés

La ligne de temps est constituée d'une suite de cellules. Chaque cellule représente une image clé ou une image intermédiaire. Une image clé est une image construite par le graphiste, alors qu'une image intermédiaire est définie et calculée par Flash. Une image clé est une image sur laquelle nous pouvons positionner les dessins, déterminer leur taille, leur couleur, etc.

Une image clé est symbolisée par une pastille noire ou blanche sur la ligne de temps. Si la pastille est blanche, cela signifie que l'image est vide (aucun symbole ni dessin ne sont placés sur cette image). Si elle est noire, cela signifie qu'elle contient des graphiques.

Le panneau Bibliothèque

Le panneau Bibliothèque apparaît en appuyant sur la touche F11 (PC et Mac) ou Ctrl + L (PC) ou Cmd + L (Mac) de votre clavier. Ce panneau rassemble d'une part tous les symboles créés pour votre animation et, d'autre part, tous les fichiers son, image ou vidéo que vous avez importés.

Il est possible d'obtenir une ou plusieurs copies d'un élément de la bibliothèque, en faisant glisser le symbole à l'aide de la souris, de la fenêtre de la bibliothèque vers la scène principale. Cette copie est appelée occurrence ou encore instance.

Attention, transformer une instance ou une occurrence modifie le symbole et par conséquent toutes les occurrences présentes sur la scène.

Figure I-21a

La bibliothèque de l'application animBulle est composée de deux symboles nommés Bouton et Bulle. Le symbole Bulle est sélectionné et apparaît dans la fenêtre d'aperçu, située au-dessus de la liste de symboles.

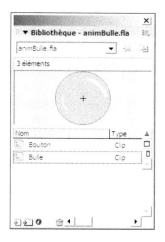

Figure I-21b

La bibliothèque version MX 2004.

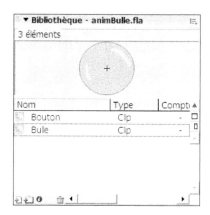

Pour en savoir plus

La création de symbole ainsi que la notion d'occurrence sont traitées au chapitre 2, « Les symboles ».

Les panneaux associés à la position

Figure I-22a

Le panneau Aligner & Info & Transformation (version Flash 8). Pour passer de l'un à l'autre, cliquez sur l'onglet approprié.

Figure I-22b

Les panneaux Info et Aligner (version Flash MX 2004).

Les panneaux Info et Aligner sont très pratiques pour positionner de façon exacte un élément sur la scène.

Le panneau Info apparaît à l'aide du raccourci clavier Ctrl + I (PC) ou Cmd + I (Mac). Grâce à ce panneau, nous pouvons connaître la taille de la forme sélectionnée ainsi que sa position à l'écran. Ces informations sont très utiles lorsqu'il s'agit de positionner des objets en utilisant des instructions en ActionScript 2.

Le panneau Aligner apparaît à l'aide du raccourci clavier Ctrl + K (PC) ou Cmd + K (Mac). Il facilite la mise en page et l'alignement des objets les uns par rapport aux autres. Il permet aussi de répartir de façon équilibrée les éléments se trouvant sur la scène.

L'interface de programmation

Pour écrire des programmes en ActionScript 2, Flash propose une interface de programmation composée d'une fenêtre d'édition appelée Actions dans laquelle vous pouvez saisir vos lignes de programme.

La fenêtre Actions

La fenêtre Actions apparaît en appuyant sur la touche F9 (PC et Mac) de votre clavier. Elle est attachée uniquement à une image clé du scénario, à un clip ou à un bouton. Il n'est pas possible de placer des instructions sur un simple élément graphique. Si, par erreur, vous tentiez de le faire, vous constateriez que la fenêtre Actions n'accepte aucune saisie et affiche le message : `Aucune action ne peut être appliquée à la sélection en cours.`

Remarque

Lorsqu'un programme est placé sur une image clé, la lettre a (a comme ActionScript) apparaît dans la cellule correspondant à l'image clé, sur la ligne de temps, juste au-dessus de la pastille noire (voir figure I-20).

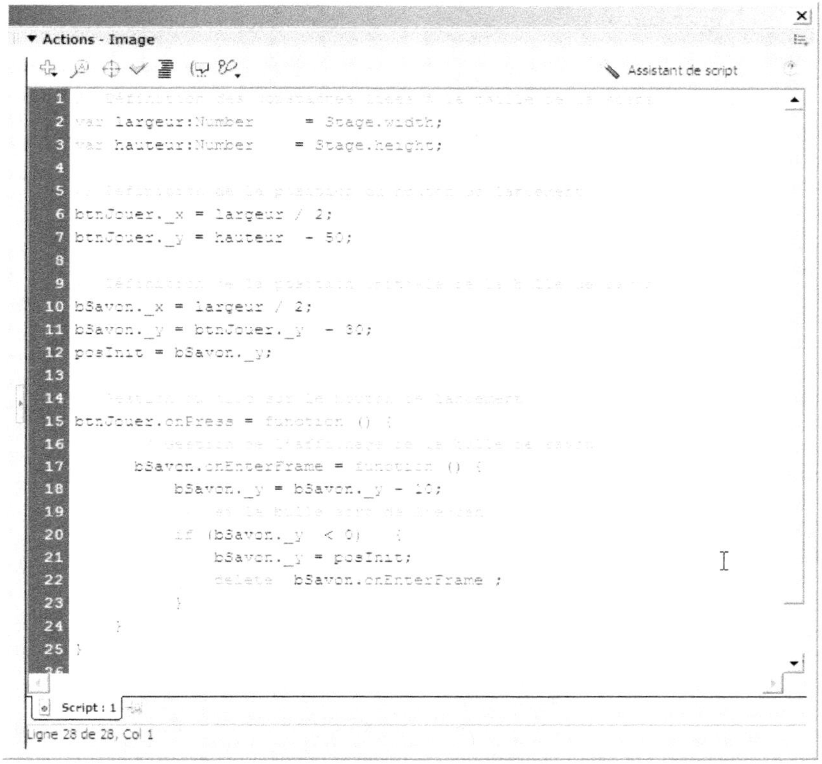

Figure I-23

Le panneau Actions.

Mémento

En informatique, résoudre un problème c'est trouver la suite logique de tous les ordres nécessaires à la solution dudit problème. Cette suite logique est appelée « algorithme ».

La construction d'un algorithme passe par l'analyse du problème, avec pour objectif de le découper en une succession de tâches simplifiées et distinctes. Ainsi, à partir de l'énoncé clair, précis et écrit en français d'un problème, nous devons accomplir les deux opérations suivantes :

• Décomposer l'énoncé en étapes distinctes qui conduisent à l'algorithme.

• Définir les objets manipulés par l'algorithme.

Une fois l'algorithme construit, il faut « écrire le programme », c'est-à-dire *traduire* l'algorithme de façon qu'il soit compris par l'ordinateur. En effet, un programme, c'est un algorithme traduit dans un langage compréhensible par les ordinateurs.

Un ordinateur est composé des deux éléments principaux suivants :

- La mémoire centrale, qui sert à mémoriser des ordres ainsi que des informations manipulées par le programme. Schématiquement, on peut dire qu'elle est composée d'emplacements repérés chacun par un nom (côté programmeur) et par une adresse (côté ordinateur).

- L'unité centrale, qui exécute une à une les instructions du programme dans leur ordre de lecture. Elle constitue la partie active de l'ordinateur. Ces actions, en nombre limité, sont les suivantes :

  - Déposer une information dans une case mémoire.

  - Exécuter des opérations simples telles que l'addition, la soustraction, etc.

  - Comparer des valeurs.

  - Communiquer une information élémentaire par l'intermédiaire du clavier ou de l'écran.

  - Coder l'information.

Du fait de la technologie, toutes les informations manipulées par un ordinateur sont codées en binaire (0 ou 1). Pour s'affranchir du langage machine binaire, on fait appel à un langage de programmation dit évolué, comme les langages C, Java ou ActionScript 2. Un tel programme se compose d'instructions définies par le langage, dont l'enchaînement réalise la solution du problème posé.

Dans cet ouvrage, nous nous proposons d'étudier comment construire un programme en prenant comme support de langage ActionScript 2 avec Flash. Cette application permet d'associer de façon très rapide des éléments graphiques avec des instructions évoluées, grâce à un environnement de travail composé de panneaux tels que la barre d'outils graphiques, le scénario ou encore la fenêtre d'actions.

Exercices

Observer et comprendre la structure d'un programme ActionScript 2

Exercice I.1

Observez le programme suivant :

```
//
var largeur:Number = Stage.width;
var hauteur:Number = Stage.height;

//
btnGauche._x = largeur / 2;
btnGauche._y = hauteur - 50;
//
bSavon._x = largeur ;
bSavon._y = hauteur / 2;
```

```
//
btnGauche.onPress = function():Void {
 //
 bSavon._x = bSavon._x - 10;
 //
  if (bSavon._x < 0) {
  bSavon._x = largeur;
  }
}
```

1. En vous aidant du programme donné en exemple dans ce chapitre, expliquez, à l'aide des lignes de commentaire (//), le rôle de chaque bloc d'instructions.

2. Quel type d'événement est pris en compte dans ce programme ? Sur quel objet est-il appliqué ?

3. Que fait le programme, lorsque que l'on clique sur l'objet btnGauche ?

4. Que se passe-t-il lorsque la bulle sort de l'écran ?

Extension Web

Le fichier ExerciceI_1.fla, incluant tous les dessins nécessaires à la réalisation de ce premier programme, se trouve dans le répertoire Exercices/SupportPourRéaliserLesExercices/Introduction.

Remarque

N'oubliez pas de vérifier que les symboles placés à l'écran ont tous été correctement nommés dans leur fenêtre de propriétés respective.

Écrire un premier programme en ActionScript 2

Exercice I.2

En reprenant la structure du programme précédent, écrivez un programme qui :

1. Place un bouton nommé btnDroit au centre de la scène et à 50 pixels du bord inférieur de l'écran.

2. Affiche une bulle de savon (bSavon) placée au centre de l'écran.

3. Lorsque l'utilisateur clique sur le bouton btnDroit, la bulle de savon se déplace vers la droite.

4. Si la bulle de savon sort de la fenêtre, elle revient sur le bord gauche de la scène.

Extension Web

Le fichier ExerciceI_2.fla, incluant tous les dessins nécessaires à la réalisation de ce premier programme, se trouve dans le répertoire Exercices/SupportPourRéaliserLesExercices/Introduction.

1

Traiter les données

En décrivant, au chapitre « À la source d'un programme », l'algorithme de l'œuf coque, nous avons constaté que la toute première étape pour construire une marche à suivre consistait à déterminer les objets utiles à la résolution du problème. En effet, pour faire cuire un œuf à la coque, nous devons prendre un œuf, de l'eau, une casserole, etc.

De la même façon, lorsqu'un développeur d'applications conçoit un programme, il doit non pas *prendre*, au sens littéral du mot, les données numériques, mais *définir* ces données ainsi que les objets nécessaires à la réalisation du programme. Cette définition consiste à nommer ces objets et à décrire leur contenu afin qu'ils puissent être stockés en mémoire.

C'est pourquoi nous étudions, dans ce chapitre, ce qu'est une variable et comment la définir (voir section « La notion de variable »). Nous examinons ensuite, à la section « Calculs et opérateurs arithmétiques », comment placer une valeur dans une variable. Nous analysons également comment écrire des opérations arithmétiques, très utiles lorsque l'on souhaite déplacer un objet automatiquement à l'écran. Ensuite, nous observons en section « Plus de précision sur l'affichage » comment afficher, d'une manière détaillée, le contenu d'une variable.

Pour finir, nous décrivons, à la section « Le projet Portfolio multimédia », le cahier des charges de l'application projet que le lecteur assidu peut réaliser en suivant les exercices décrits à la fin de chaque chapitre.

Afin de clarifier les explications, vous trouverez tout au long du chapitre des exemples simples et concis. Ces exemples ne sont pas des programmes complets, mais de simples extraits qui éclairent un point précis du concept abordé.

La notion de variable

Un programme sous Flash manipule des valeurs comme le nombre d'objets qu'il doit afficher, ou encore la taille de la fenêtre sur laquelle s'effectue l'animation. Ces données varient en cours d'exécution du programme. Le nombre d'objets à afficher peut diminuer ou augmenter en fonction des actions de l'utilisateur.

Afin de faciliter la manipulation de ces valeurs, celles-ci sont stockées dans des cases mémoire portant un nom.

Ainsi, par exemple, si nous supposons que la case mémoire contenant la valeur correspondant au nombre d'objets à afficher s'appelle `nbObjet`, il suffit, pour connaître le nombre d'objets à afficher, que l'ordinateur recherche dans sa mémoire la case s'appelant `nbObjet`. Lorsqu'il l'a trouvée, il examine son contenu.

Une variable est donc définie par un nom et une valeur qui est elle-même caractérisée par un type. Nous examinons ce concept à la section « La notion de type ».

Donner un nom à une variable

Le choix des noms de variables n'est pas limité. Il est toutefois recommandé d'utiliser des noms évocateurs. Par exemple, les noms des variables utilisées dans une application qui gère les codes-barres de produits vendus en magasin sont plus certainement `article`, `prix`, `codebarre` que `xyz1`, `xyz2`, `xyz3`. Les premiers, en effet, évoquent mieux l'information stockée que les seconds.

Les contraintes suivantes sont à respecter dans l'écriture des noms de variables :

• Le premier caractère d'une variable doit obligatoirement être différent d'un chiffre.

• Aucun espace ne peut figurer dans un nom.

• Les caractères &, ~, ", #, ', {, }, (,), [,], -, |, `, \, ^, @, =, %, *, ?, , :, /, §, !, <, >, £, ¤, ainsi que ; et , ne peuvent être utilisés dans l'écriture d'un nom de variable.

• Tout autre caractère peut être utilisé, y compris les caractères accentués, le caractère de soulignement (_), les caractères $ et µ.

> **Remarque**
> Aucun mot-clé du langage ActionScript ne peut être utilisé comme nom de variable.

Le nombre de lettres composant le nom d'une variable est indéfini. Néanmoins, l'objectif d'un nom de variable étant de renseigner le programmeur sur le contenu de la variable, il n'est pas courant de rencontrer des noms de variables de plus de trente lettres.

Question

Parmi les variables suivantes quelles sont celles dont le nom n'est pas autorisé, et pourquoi ?

`Compte, pourquoi#pas, Num_2, -plus, Undeux, 2001espace, @adresse, VALEUR_temporaire, ah!ah!, Val$solde.`

Réponse

Les noms de variables suivants ne sont pas autorisés :

`pourquoi#pas, -plus, @adresse, ah!ah!,` car les caractères `#`, `-`, `@` et `!` sont interdits.

`2001espace` car il n'est pas possible de placer un chiffre en début de variable.

Par contre les noms de variables suivants sont autorisés :

`Compte, Num_2` (« `_` » et non pas « `-` »), `Undeux` (et non pas `Un Deux`), `VALEUR_temporaire,`
`Val$solde.`

Créer une variable

Pour créer une variable à l'intérieur d'un script, il suffit d'écrire une instruction qui associe un nom à une valeur et détermine son type. Par exemple, l'instruction :

```
var positionEnX:Number = 2;
```

crée une case mémoire nommée `positionEnX`. Grâce au signe `=`, la valeur `2` est enregistrée à cet emplacement. En utilisant le terme `Number`, la valeur enregistrée doit être un nombre et non un caractère.

Remarque

Les termes `var` et `Number` sont des mots-clés du langage ActionScript qui indiquent que l'instruction qui suit est une déclaration de variable numérique. Si l'utilisation de ces termes est fortement conseillée, elle n'est pas obligatoire, ce qui peut générer quelques problèmes (voir section « Différents résultats pour différents types de variables » plus bas).

Depuis la version MX 2004, ActionScript est sensible à la casse. Il fait la différence entre les majuscules et minuscules lors de la définition du nom des variables. Ainsi par exemple, les termes `positionEnX`, `PositionEnX` ou encore `POSITIONENX` représentent trois variables distinctes.

Remarque

Pour expliquer à l'ordinateur qu'une instruction est terminée, un point virgule (`;`) est placé obligatoirement à la fin de la ligne d'instruction.

Afficher la valeur d'une variable

Il est parfois important de connaître le contenu d'une variable à un moment donné de l'exécution d'une animation, surtout lorsque celle-ci ne se comporte pas exactement comme nous le souhaiterions.

Grâce à la commande `trace()` nous allons pouvoir afficher le contenu d'une variable dans une fenêtre spécifique appelée « fenêtre de sortie » (voir figure 1-1).

La syntaxe d'utilisation de la commande `trace` est la suivante :

```
trace(nomDeLaVariable);
```

Extension Web

Vous trouverez tous les exemples de ce chapitre dans le fichier `LesVariables.fla`, sous le répertoire `Exemples/Chapitre1`.

Exemple

Le programme suivant :

```
var nbValeurs:Number = 10;
trace(nbValeurs);
```

a pour résultat d'afficher la fenêtre suivante, lors du test de l'animation.

Figure 1-1

La commande trace()
affiche son message dans
une fenêtre de sortie.

Pour en savoir plus

Les explications concernant le test d'une animation sont fournies au chapitre « À la source d'un programme », section « Traduction en ActionScript – Tester une animation ».

Il convient de déclarer la variable avant de l'utiliser dans une expression. Si vous utilisez une variable qui n'est pas déclarée, comme dans l'exemple suivant, la valeur de la variable sera `undefined`.

```
trace(nbValeurs);
var nbValeurs:Number = 10;
```

Ici, la commande qui affiche le contenu de `nbValeurs` est placée avant l'instruction qui crée cette variable. La commande `trace()` ne peut afficher son contenu. Malgré tout, le test de l'animation ne fournit pas d'erreur et la fenêtre de sortie affiche le message suivant :

Figure 1-2

Affichage d'une variable
non définie.

> **Remarque**
>
> L'instruction déclarant la variable `nbValeurs` doit être placée en premier de sorte que la commande `trace()` puisse afficher son contenu.

La notion de type

Un programme gère des informations de nature diverse. Ainsi, les valeurs telles que `123` ou `2.4` sont de type numérique tandis que `Spinoza` est un mot composé de caractères. La notion de type permet de différencier ces données.

Ainsi, un type de données décrit le genre d'informations qu'une variable peut contenir. Sous ActionScript, il existe trois catégories de données : logique, numérique et caractère.

Catégorie logique

La catégorie logique est représentée par le type `Boolean`. Les valeurs logiques ont deux états : `true` (vrai) ou `false` (faux).

ActionScript convertit également les valeurs `true` et `false` en `1` et `0` lorsque cela est nécessaire. Les valeurs booléennes sont le plus souvent utilisées dans les instructions effectuant des comparaisons pour contrôler le déroulement d'un script.

> **Pour en savoir plus**
>
> Les structures effectuant des comparaisons sont étudiées au chapitre 4, « Faire des choix ».

Catégorie numérique

La catégorie numérique est représentée par le type `Number`. Ce type permet l'utilisation de valeurs numériques entières ou réelles.

Les nombres entiers sont des nombres sans virgule, positifs ou négatifs alors que les nombres réels correspondent aux nombres à virgule. Ces derniers sont également appelés « nombres flottants ». Un nombre réel peut s'écrire en notation décimale ou exponentielle.

- La notation décimale contient obligatoirement un point symbolisant le caractère « virgule » du chiffre à virgule. Les valeurs `67.3`, `-3.` ou `.64` sont des valeurs réelles utilisant la notation décimale.

- La notation exponentielle utilise la lettre `e` pour déterminer où se trouve la valeur de l'exposant (puissance de 10). Les valeurs `8.76e4` et `6.5e-12` sont des valeurs utilisant la notation exponentielle.

Catégorie caractère

Le type de données représentant la catégorie caractère est le type `String`.

Un `String` est chaîne de caractères, autrement dit, une suite de caractères (suite de lettres, chiffres et signes de ponctuation, par exemple).

La déclaration d'une variable contenant des caractères s'effectue en plaçant la suite de caractères entre des guillemets doubles. De cette façon, la chaîne de caractères est traitée comme étant un mot et non comme représentant le nom d'une variable. Par exemple, dans l'instruction :

```
var mot:String = "Bonjour";
```

le terme `"Bonjour"` est considéré comme une chaîne et non comme une variable, alors que le terme `mot` correspond au nom de la variable contenant la suite des caractères `Bonjour`.

Calculs et opérateurs arithmétiques

Pour réaliser une animation par programme, nous devons apprendre à calculer ou, plutôt, apprendre à écrire des opérations mathématiques. En effet, disposer des éléments graphiques sur la scène demande de savoir calculer leur position. Et certains mouvements complexes peuvent être simulés avec des équations mathématiques précises.

Mais, avant d'examiner comment réaliser ces différentes opérations, observons de façon détaillée le fonctionnement de l'affectation.

Les mécanismes de l'affectation

L'affectation est le mécanisme qui permet de placer une valeur dans un emplacement mémoire. Elle a pour forme :

```
variable = valeur;
```

ou encore,

```
variable = expression mathématique;
```

Le signe égal (=) symbolise le fait qu'une valeur soit placée dans une variable. Pour éviter toute confusion sur ce signe mathématique bien connu, nous prendrons l'habitude de le traduire par les termes `prend la valeur`.

Examinons les exemples suivants, en supposant que les variables n et p soient déclarées de type `Number` :

```
n = 4;        // n prend la valeur 4
p = 5*n+1;    // calcule la valeur de l'expression
              // mathématique soit 5*4+1
              // range la valeur obtenue dans la variable
              // représentée par p.
```

L'instruction d'affectation s'effectue dans l'ordre suivant :

1. Calcule la valeur de l'expression figurant à droite du signe égal.

2. Range le résultat obtenu dans la variable mentionnée à gauche du signe égal.

> **Remarque**
>
> La variable placée à droite du signe égal (=) n'est jamais modifiée, alors que celle qui est à gauche l'est toujours. Comme une variable ne peut stocker qu'une seule valeur à la fois, si la variable située à gauche possède une valeur avant l'affectation, cette valeur est purement et simplement remplacée par la valeur située à droite du signe égal (=).

Exemple

```
a = 1;
b = a + 3;
a = 3;
```

Lorsqu'on débute en programmation, une bonne méthode pour comprendre ce que réalise un programme consiste à écrire, pour chaque instruction exécutée, un état de toutes les variables déclarées. Il suffit pour cela de construire un tableau dont chaque colonne représente une variable déclarée dans le programme et chaque ligne une instruction de ce même programme. Soit, pour notre exemple :

Instruction	a	b
a = 1	1	-
b = a + 3	1	4
a = 3	3	4

Le tableau est composé des deux colonnes a et b et des trois lignes associées aux instructions d'affectation du programme. Ce tableau montre que les instructions a = 1 et a = 3 font que la valeur initiale de a (1) est effacée et écrasée par la valeur 3.

> **Question**
>
> Quelles sont les valeurs des variables prix, tva et total après exécution des instructions suivantes ?
>
> ```
> var prix:Number = 20;
> var tva:Number = 0.186;
> var total:Number = prix + prix*tva;
> ```
>
> **Réponse**
>
> | Instruction | Prix | TVA | Total |
> |---|---|---|---|
> | prix = 20; | 20 | – | – |
> | tva = 0.186; | 20 | 0,186 | – |
> | total = prix + prix * tva; | 20 | 0,186 | 23,72 (20 + 20 * 0,186) |

> **Question**
>
> Que réalisent les deux instructions suivantes ?
>
> ```
> var largeur:Number = Stage.width;
> var hauteur:Number = Stage.height;
> ```
>
> **Réponse**
>
> L'objet Stage (traduit en français par « scène ») est un objet prédéfini d'ActionScript. Stage.width contient, comme son nom l'indique, la largeur de la scène et Stage.height, sa hauteur. En déclarant les variables largeur et hauteur de cette façon, nous récupérons la taille de la scène telle qu'elle est définie dans la fenêtre de propriétés associée.

Quelques confusions à éviter

Le symbole de l'affectation est le signe égal (=). Ce signe, très largement utilisé dans l'écriture d'équations mathématiques, est source de confusion lorsqu'il est employé à contre-sens.

Pour mieux nous faire comprendre, étudions trois cas :

1. a = a + 1;

Si cette expression est impossible à écrire d'un point de vue mathématique, elle est très largement utilisée dans le langage informatique. Elle signifie :

• calculer l'expression a + 1 ;

• ranger le résultat dans a.

Ce qui revient à augmenter de 1 la valeur de a.

2. a + 5 = 3;

Cette expression n'a aucun sens d'un point de vue informatique. Il n'est pas possible de placer une valeur à l'intérieur d'une expression mathématique, puisque aucun emplacement mémoire n'est attribué à une expression mathématique.

3. a = b; et b = a;

À l'inverse de l'écriture mathématique, ces deux instructions ne sont pas équivalentes. La première place le contenu de b dans a, tandis que la seconde place le contenu de a dans b.

Échanger les valeurs de deux variables

Nous souhaitons échanger les valeurs de deux variables de même type, appelées a et b ; c'est-à-dire que nous voulons que a prenne la valeur de b et que b prenne celle de a. La pratique courante de l'écriture des expressions mathématiques fait que, dans un premier temps, nous écrivons les instructions suivantes :

```
a = b;
b = a;
```

Vérifions sur un exemple si l'exécution de ces deux instructions échange les valeurs de a et de b. Pour cela, supposons que les variables a et b contiennent initialement et respectivement 2 et 8.

	a	b
Valeur initiale	2	8
a = b	8	8
b = a	8	8

Du fait du mécanisme de l'affectation, la première instruction a = b détruit la valeur de a en plaçant la valeur de b dans la case mémoire a. Lorsque la seconde instruction b = a est réalisée, la valeur placée dans la variable b est celle contenue à cet instant dans la variable a, c'est-à-dire la valeur de b. Il n'y a donc pas échange, car la valeur de a a disparu par écrasement lors de l'exécution de la première instruction.

Une solution consiste à utiliser une variable supplémentaire, destinée à contenir temporairement une copie de la valeur de a, avant que cette dernière soit écrasée par la valeur de b.

> **Remarque**
>
> Pour évoquer le caractère temporaire de la copie, nous appelons cette nouvelle variable tmp; nous aurions pu choisir tout aussi bien tempo, ttt ou toto.

Voici le déroulement des opérations :

```
tmp = a;
a = b;
b = tmp;
```

Vérifions qu'il y a réellement échange, en supposant que nos variables a et b contiennent initialement respectivement 2 et 8.

	a	b	tmp
Valeur initiale	2	8	_
tmp = a	2	8	2
a = b	8	8	2
b = tmp	8	2	2

À la lecture de ce tableau, nous constatons qu'il y a bien échange des valeurs entre a et b. La valeur de a est copiée dans un premier temps dans la variable tmp. La valeur de a peut dès lors être effacée par celle de b. Pour finir, grâce à la variable tmp la variable b récupère l'ancienne valeur de a.

> **Pour en savoir plus**
>
> Une autre solution vous est proposée dans la feuille d'exercices, à la section « Comprendre le mécanisme d'échange de valeurs » placée à la fin du chapitre.

Les opérateurs arithmétiques

Écrire un programme n'est pas uniquement échanger des valeurs, mais c'est aussi calculer des équations mathématiques plus ou moins complexes afin de réaliser par exemple certains effets spéciaux pour déplacer ou animer un objet.

Pour exprimer une opération, le langage ActionScript utilise des caractères qui symbolisent les opérateurs arithmétiques.

Symbole	Opération
+	Addition
-	Soustraction
*	Multiplication
/	Division
%	Modulo

Exemple

Soit a, b, c, trois variables de même type.

- L'opération d'addition s'écrit : a = b + 4.
- L'opération de soustraction s'écrit : a = b - 5.
- L'opération de division s'écrit : a = b / 2 et non pas $a = \dfrac{b}{2}$.
- L'opération de multiplication s'écrit : a = b * 4 et non pas a = 4b ou a = a x b.
- L'opération de modulo s'écrit : a = b % 3.

Le modulo d'une valeur correspond au reste de la division entière. Ainsi : 5 % 2 = 1.

Il s'agit de calculer la division en s'arrêtant dès que la valeur du reste devient inférieure au diviseur, de façon à trouver un résultat en nombre entier. L'opérateur % ne peut être utilisé pour les réels, pour lesquels la notion de division entière n'existe pas.

> **Question**
>
> Les opérations suivantes sont elles valides ?
>
> ```
> delta = b2 - 4ac;
> ```
> $$z = \frac{b}{2} + 3\%xa;$$

Réponse

Aucune des deux opérations n'est valide.

```
delta = b2 - 4ac;
```

doit s'écrire `delta = b * b - 4 * a * c;`

$$z = \frac{b}{2} + 3\%xa;$$

doit s'écrire `z = b / 2 + 3 % x * a;`

L'ensemble de ces opérateurs est utilisé pour calculer des expressions mathématiques courantes. Le résultat de ces expressions n'est cependant pas toujours celui auquel on s'attend si l'on ne prend pas garde à la priorité des opérateurs entre eux (voir section « La priorité des opérateurs entre eux » ci-après).

Addition de mots

L'opérateur d'addition (+) peut être aussi utilisé pour additionner des chaînes de caractères. Ce type d'opération s'appelle la « concaténation ». Lorsque deux chaînes de caractères sont additionnées, les deux mots sont placés l'un à la suite de l'autre, dans le sens de lecture de l'opération.

Ainsi, les instructions :

```
mot1 = "Le mystère ";
mot2 = "de la chambre jaune";
titre = mot1 + mot2;
trace(titre);
```

ont pour résultat :

Figure 1-3

La somme de deux chaînes de caractères place le deuxième terme de l'addition à la suite du premier.

L'opération `mot1 + mot2` fait que le terme `"de la chambre jaune"` est placé à la suite du terme `"Le mystère"`.

Remarque

Notez que l'espace situé entre `"mystère"` et `"de"` doit être inclus dans les guillemets de la chaîne de caractères, que ce soit en fin de `mot1` ou au début de `mot2`.

La priorité des opérateurs entre eux

Lorsqu'une expression arithmétique est composée de plusieurs opérations, l'ordinateur doit pouvoir déterminer quel est l'ordre des opérations à effectuer. Le calcul de l'expression a - b / c * d peut signifier *a priori* :

- Calculer la soustraction puis la division et pour finir la multiplication, soit le calcul : ((a - b) / c) * d.

- Calculer la multiplication puis la division et pour finir la soustraction, c'est-à-dire l'expression : a - (b / (c * d)).

Afin de lever toute ambiguïté, il existe des règles de priorité entre les opérateurs, règles basées sur la définition de deux groupes d'opérateurs.

Groupe 1	Groupe 2
+ −	* / %

Les groupes étant ainsi définis, les opérations sont réalisées sachant que :

- Dans un même groupe, l'opération se fait dans l'ordre d'apparition des opérateurs (sens de lecture).

- Le deuxième groupe a priorité sur le premier.

L'expression a - b / c * d est calculée de la façon suivante :

Priorité	Opérateur	
Groupe 2	/	Le groupe 2 a priorité sur le groupe 1, et la division apparaît dans le sens de la lecture avant la multiplication.
Groupe 2	*	Le groupe 2 a priorité sur le groupe 1, et la multiplication suit la division.
Groupe 1	-	La soustraction est la dernière opération à exécuter, car elle est du groupe 1.

Cela signifie que l'expression est calculée de la façon suivante :

```
a - (b / c * d)
```

> **Remarque**
>
> Les parenthèses permettent de modifier les règles de priorité en forçant le calcul préalable de l'expression qui se trouve à l'intérieur des parenthèses. Elles offrent en outre une meilleure lisibilité de l'expression.

Différents résultats pour différents types de variables

Le langage ActionScript autorise à ne pas définir explicitement le type des données contenues dans une variable. En effet, lorsque l'on écrit :

```
valeur = 15;
```

ActionScript détermine le type de donnée de la variable en évaluant l'élément à droite du signe =. Cette évaluation lui permet de savoir s'il s'agit d'un nombre, d'un booléen ou d'une chaîne de caractères. Ici, ActionScript détermine que valeur est de type Number, même si la variable n'a jamais été déclarée avec les mots-clés var et Number.

> **Remarque**
>
> Lorsqu'une variable n'est pas véritablement déclarée, une affectation ultérieure peut changer le type de valeur. Ainsi, par exemple, l'instruction valeur = "A bientôt" modifie le type de valeur. Il passe automatiquement de Number à String.

Conversion automatique

Pour certaines opérations, ActionScript convertit les types de données en fonction des besoins. Par exemple, lorsqu'on écrit :

```
var phrase:String = "Dites : " + 33;
```

ActionScript convertit le chiffre 33 en chaîne "33" et l'ajoute à la fin de la première chaîne. Au final, la variable phrase contient la chaîne "Dites : 33".

Parfois la facilité entraîne la difficulté !

Définir une variable en ActionScript est une action qui ne pose aucune difficulté, il suffit de trouver un nom et de le placer dans une instruction. Et sachant que :

- si aucune valeur n'a été affectée à la variable, celle-ci est considérée comme non définie (undefined) ;
- Flash convertit automatiquement les types de données lorsqu'une expression le nécessite.

Quelques difficultés peuvent apparaître, surtout pour un développeur débutant. Ainsi, par exemple, les instructions suivantes :

```
var val:Number = 50;
// quelques instructions …
// … et beaucoup plus loin :
var posX:Number = vals + 250;
```

ne posent *a priori* pas de problème pour ActionScript, ni pour le lecteur distrait.

Mais, en examinant d'un peu plus près, nous constatons que ce programme comporte non pas deux variables, mais trois : val, posX et vals (avec un s). Par mégarde, mais surtout pour vous mettre en garde, nous avons fait une faute en ajoutant un s.

Dans cette situation, ActionScript ne détecte pas d'erreur puisque, dans un premier temps, voyant que la variable vals ne contient aucune donnée, il considère celle-ci comme undefined. Puis, dans un second temps, lorsqu'il effectue l'opération d'addition (vals + 250), il convertit automatiquement le undefined en un NaN (Not a Number) quand l'expression est enregistrée dans une variable de type Number.

Au final, la variable posX vaut NaN alors qu'en réalité, si nous avions écrit correctement le nom de notre variable, posX aurait pris la valeur 300 (50 + 250).

Remarque

Lorsqu'une telle expression est utilisée pour afficher un objet à l'écran, celle-ci est convertie automatiquement en 0, afin de pouvoir l'afficher malgré tout. Le développeur s'aperçoit de l'erreur par le fait que l'objet est placé en 0 et non à la position souhaitée.

Pour en savoir plus

Les techniques pour afficher et placer un objet à l'écran sont décrites au cours du chapitre 2, « Les symboles ».

Ces types d'erreurs arrivent malheureusement plus souvent qu'on le croit. Il n'est pas toujours facile de les détecter, surtout pour un débutant.

Plus de précision sur l'affichage

Flash est un logiciel offrant de multiples fonctionnalités en matière d'affichage (animation, présentation interactive d'exposés…). Alors évidemment, afficher le contenu d'une variable dans une fenêtre de sortie semble bien désuet et presque trop banal.

Pourtant, lorsqu'on apprend à programmer (et même parfois lorsqu'on est un programmeur chevronné), il est parfois très utile de pouvoir connaître la valeur d'une variable à un instant donné… surtout lorsque l'animation ne se comporte pas comme nous le souhaiterions.

Dans ce type de situation, nous pouvons dire que l'affichage du contenu des variables est réellement une aide pour comprendre le déroulement d'un programme.

Nous vous invitons donc, le plus souvent possible, dès que vous ne comprenez pas pourquoi votre animation affiche autre chose que ce vous pensez avoir écrit, à utiliser la commande trace() avec toutes ses possibilités.

Afficher le contenu d'une variable…

Soit la variable valeur. L'affichage de son contenu à l'écran est réalisé par :

```
var valeur:Number = 22;
trace(valeur);
```

Ce qui a pour résultat d'ouvrir une fenêtre de sortie, au moment de l'appel de la commande trace() et d'afficher le résultat de la façon suivante :

Figure 1-4

La commande trace()
affiche le contenu
d'une variable dans
une fenêtre de sortie.

...avec un commentaire

Le fait d'écrire une valeur numérique, sans autre commentaire, n'a que peu d'intérêt. Pour expliquer un résultat, il est possible d'ajouter du texte avant ou après la variable, comme dans l'exemple :

```
trace("Position en x = " + valeur);
```

ou

```
trace(valeur + " -> x");
```

Pour ajouter un commentaire avant ou après une variable, il suffit de le placer entre guillemets (" ") et de l'accrocher à la variable à l'aide du signe +. De cette façon, Flash est capable de distinguer le texte à afficher du nom de la variable. Tout caractère placé entre guillemets est un message, alors qu'un mot *non* entouré de guillemets correspond au nom d'une variable.

En reprenant la même variable valeur qu'à l'exemple précédent, le résultat affiché pour les deux exemples est :

Figure 1-5

*La commande trace()
affiche également
des commentaires.*

Afficher plusieurs variables

On peut afficher le contenu de plusieurs variables en utilisant la même technique. Les commentaires sont placés entre guillemets, et les variables sont précédées, entourées ou suivies du caractère +. Le signe + réunit chaque terme de l'affichage au suivant ou au précédent. Pour afficher le contenu de deux variables :

```
var x:Number = 255;
var y:Number = 324;
```

nous écrivons :

```
trace(" position en x : " + x + ", position en y : " + y);
```

Question

Quel est le résultat de l'instruction précédente ?

Réponse

L'exécution de cette instruction a pour résultat la figure 1-6.

Figure 1-6

Affichage de commentaires et de variables.

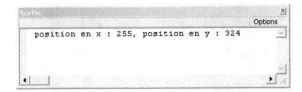

Afficher la valeur d'une expression arithmétique

Dans une instruction d'affichage, il est possible d'afficher directement le résultat d'une expression mathématique, sans qu'elle ait été calculée auparavant. Par exemple, nous pouvons écrire :

```
a = 10;
b = 5;
trace(a + " fois " + b + " est égal a " + a * b);
```

À l'écran, le résultat s'affiche ainsi :

Figure 1-7

Affichage d'une expression mathématique.

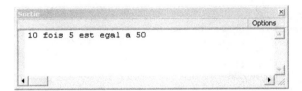

Mais attention ! Cette expression est calculée au cours de l'exécution de l'instruction, elle n'est pas mémorisée dans un emplacement mémoire. Le résultat ne peut donc pas être réutilisé dans un autre calcul.

L'écriture d'une expression mathématique à l'intérieur de la fonction d'affichage peut être source de confusion pour Flash, surtout si l'expression mathématique comporte un ou plusieurs signes +. En remplaçant, dans l'exemple précédent, le signe * par +, nous obtenons :

```
trace(a + " plus " + b + " est égal a " + a + b);
```

À l'écran, le résultat s'affiche de la façon suivante :

Figure 1-8

L'affichage d'une addition à l'intérieur de la commande trace( ) ne fournit pas le bon résultat.

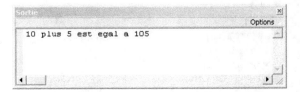

> **Remarque**
>
> L'ordinateur ne peut pas afficher la somme de a et de b parce que, lorsque le signe + est placé dans la fonction d'affichage, il a pour rôle de réunir des valeurs et du texte sur une même ligne d'affichage, et non d'additionner deux valeurs. 105 n'est que la réunion (concaténation) de 10 et de 5.

Pour afficher le résultat d'une addition, il est nécessaire de placer entre parenthèses le calcul à afficher. Par exemple :

```
trace(a + " plus " + b + " est égal a " + (a+b));
```

Le résultat à l'écran est :

Figure 1-9

Pour additionner deux nombres dans la commande trace( ), il convient de placer l'opération entre ( ).

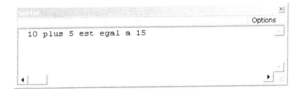

```
10 plus 5 est egal a 15
```

Le projet « Portfolio multimédia »

Pour vous permettre de mieux maîtriser les différentes notions abordées dans cet ouvrage, nous vous proposons de construire une application plus élaborée que les simples exercices appliqués donnés en fin de chapitre.

Notre objectif, n'est pas d'écrire une application très sophistiquée graphiquement ni d'écrire un programme complexe et optimal.

Nous souhaitons, à l'issue de ce projet, vous avoir initié aux techniques de programmation de base avec une bonne connaissance de la programmation objet, et vous avoir appris à transformer une simple idée en un programme qui la réalise au plus près.

Pour toutes ces raisons, nous allons définir le projet à partir de l'idée, puis examiner la démarche qui va permettre sa réalisation.

Le but est d'écrire une application interactive conviviale qui utilise une grande partie des capacités « multimédia » disponibles sous Flash.

Pour sa réalisation, il convient de suivre les étapes suivantes :

- Définition du problème (voir section « Cahier des charges »).
- Description du fonctionnement de l'application (voir section « Spécifications fonctionnelles »).
- Décomposition du problème en différentes étapes logiques (voir section « Spécifications techniques »).
- Écriture des programmes associés à chacune de ces étapes (voir section « Le projet Portfolio multimédia » en fin de chaque chapitre de cet ouvrage).

- Test des programmes (voir section « Le projet Portfolio multimédia » en fin de chaque chapitre de cet ouvrage).

Chacune de ces étapes est nécessaire à la bonne conduite d'un projet informatique.

Cahier des charges

La rédaction du cahier des charges va nous aider à délimiter le problème. Notre objectif est d'apprendre à programmer, tout en utilisant au mieux les capacités multimédia de Flash.

Examinons ce qu'il est possible de réaliser avec Flash :

- Créer des animations plus ou moins complexes.

- Concevoir des éléments interactifs (boutons, menus…).

- Afficher des textes, des images, des vidéos.

- Intégrer du son.

Pour mettre en œuvre chacune des ces possibilités, nous vous proposons de construire un portfolio qui rassemble, dans une même application, différents types de réalisations (photo, texte, animation avec ou sans son).

Les photos et les animations représentent deux rubriques différentes. À l'intérieur de ces deux rubriques, les photos et les animations sont regroupées par thèmes.

Le nombre de photos ainsi que le nombre d'animations n'est pas déterminé à l'avance. Pour que l'utilisateur puisse effectuer un choix, les photos ou les animations sont présentées sous format réduit avant d'être affichées en grand format.

Un texte de présentation accompagne chaque photo et animation. Il donne une brève description informant sur le lieu, la date de prise de la photo, le nom du photographe ainsi qu'un titre ou une légende. Pour l'animation, les informations fournies sont la date de réalisation, le nom du réalisateur ainsi qu'un titre ou une légende. Les animations peuvent être sonores ou non.

Spécifications fonctionnelles

Le cahier des charges définit certaines contraintes telles que le nombre de rubriques, la nécessité de créer des thèmes à l'intérieur de ces rubriques, ou encore la prise en compte des différents formats d'affichage. Pour répondre au plus près à ces contraintes, il est nécessaire de décrire le fonctionnement de l'application, c'est-à-dire d'en écrire les spécifications fonctionnelles.

Compte tenu du caractère multimédia de l'application, expliquer son fonctionnement revient à en présenter graphiquement les éléments (design) et la façon dont ils interagissent.

L'application doit présenter, sous une forme harmonieuse et cohérente, plusieurs thématiques. Pour réaliser cela, il existe différentes techniques usuelles permettant la navigation

d'un thème à un autre. Il s'agit des éléments d'interaction comme les menus ou encore les barres de navigation.

Menu

Deux catégories d'images sont à afficher : les photos et les animations. À l'intérieur de ces deux catégories existent des thèmes. Pour passer d'une catégorie à l'autre puis d'un thème à l'autre, nous proposons de placer un menu composé de deux rubriques : Photos et Animations.

Figure 1-10

Le menu permet d'organiser les différents thèmes autour de deux catégories d'images.

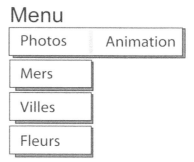

Lorsqu'une des deux rubriques est sélectionnée, un menu s'affiche et présente les différents thèmes proposés. Par exemple, pour la rubrique Photo, les thèmes pourront être Villes, Mers, Fleurs (voir figure 1-10). Le fait de cliquer sur un des thèmes a pour conséquence de modifier le choix des différentes photos ou animations à présenter.

Ce choix s'effectue grâce à une barre de navigation proposée ci-après.

Barre de navigation

Chaque thème regroupe plusieurs photos ou animations à afficher. Par exemple le thème Villes peut contenir une vingtaine de photos, et le thème Fleurs, une quinzaine de photos. Tous ces éléments ne peuvent être affichés au même instant, l'écran étant de taille limitée.

Pour résoudre cette difficulté, nous proposons d'afficher dans une barre de navigation un choix des éléments à afficher sous une forme réduite. Nous appelons ces éléments réduits, des « vignettes ».

La barre de navigation est également de taille limitée. Des boutons permettant le déplacement des vignettes vers la droite ou vers la gauche apparaissent si le nombre de vignettes dépasse la taille de la barre de navigation (voir figure 1-11). Leur défilement vers la gauche ou la droite s'arrête lorsqu'elles ont toutes été visualisées. Lorsque le défilement n'est pas possible dans un sens, le bouton associé n'est pas affiché. Les vignettes deviennent plus claires et un cadre apparaît lorsque le curseur de la souris survole une vignette.

Figure 1-11

La barre de navigation permet de sélectionner une photo ou une animation parmi un choix de vignettes.

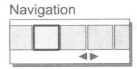

Lorsque l'utilisateur clique sur une vignette, la photo ou l'animation associée s'affiche dans une zone appropriée, ainsi que le texte lui correspondant. Si l'animation choisie comporte du son, une icône permettant de modifier son intensité est affichée dans la barre de navigation.

Les zones de présentation du texte et des photos sont décrites ci-après.

Zones d'affichage

Trois zones d'affichage sont à prévoir.

La première concerne la zone de présentation, en grand format, de la photo ou de l'animation sélectionnée par l'utilisateur dans la barre de navigation (voir figures 1-12, panneau n° ❶).

La seconde zone concerne le texte qui accompagne chaque photo ou animation (voir figures 1-12, panneau n° ❷). Cette zone doit être suffisamment grande pour contenir plus de 5 lignes d'une trentaine de caractères chacune.

La troisième et dernière zone est utilisée pour afficher un logo ou un titre de présentation du portfolio (voir figures 1-12, panneau n° ❸).

Schémas de présentation

Compte tenu du cahier des charges et des différents éléments de navigation qui en découlent, nous vous proposons d'organiser le portfolio multimédia sous la forme suivante :

Figure 1-12

Présentation générale du portfolio, avec ses différentes zones (menu, navigation et affichage).

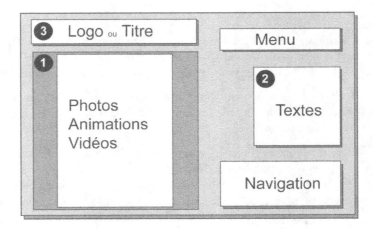

De cette façon, tous les éléments nécessaires pour afficher les photos ou les animations sont présents. La fenêtre de présentation des photos et des animations est suffisamment grande pour afficher les éléments selon les deux formats demandés, comme le montrent les figures 1-12 et 1-13, panneau n° ❶.

Spécifications techniques

Après avoir déterminé l'aspect graphique de notre application, ainsi que les interactions entre les différents éléments qui la composent, nous sommes en mesure d'examiner les étapes nécessaires à la réalisation du portfolio.

Les objets manipulés

Chaque élément dessiné sur la présentation du portfolio est un objet à créer en mémoire. Certains (le menu, la barre de navigation en particulier) sont constitués également d'objets.

Chaque photo ou animation doit être placée dynamiquement dans le programme, de façon à pouvoir être modifiées sans avoir à transformer l'application finale. Les photos sont placées dans un répertoire spécifique. Le répertoire `Photos` contient par exemple les répertoires `Mers`, `Villes` et `Fleurs`. Le répertoire `Mers` contient les fichiers `Mers0.jpg`, `Mers1.jpg`... et `Vignette0.jpg`, `Vignette1.jpg`...

Nous verrons, au chapitre 2, « Les symboles », comment définir et représenter les objets utiles et nécessaires pour réaliser une telle application.

La liste des ordres

Pour créer une application telle que le Portfolio multimédia, nous devons décomposer l'ensemble de ses fonctionnalités en tâches élémentaires. Pour ce faire, nous partageons l'application en différents niveaux, de difficulté croissante.

L'étude étape par étape de l'ensemble de cet ouvrage va nous permettre de réaliser cette application. Elle intégrera en fin de chaque chapitre les étapes de « Conception/développement » et « Implémentation/tests ».

Mémento

- L'instruction :

```
var positionEnX:Number = 2;
```

  définit une variable nommée `positionEnX` de type numérique, contenant la valeur `2`.

- L'instruction :

```
var mot:String = "Bonjour";
```

  déclare une variable nommée `mot` contenant la suite de caractères `"Bonjour"`. Cette variable est de type `String`.

- La commande :

```
trace(" x ------> " + positionEnX);
```

affiche dans la fenêtre de sortie le contenu de la variable `positionEnX` précédé du commentaire `x ------>`.

- Les instructions :

```
a = 1;
a = 3;
```

sont exécutées de haut en bas. Ainsi, la valeur initiale de a (1) est effacée et écrasée par la valeur 3.

- La suite des instructions :

```
n = 4;
p = 5*n+1;
```

place la valeur 4 dans la variable n. L'expression 5 * n + 1 est ensuite calculée. Le résultat est enfin rangé dans la variable représentée par p.

- L'instruction :

```
a = a + 1;
```

est une instruction d'incrémentation. Elle permet d'augmenter de 1, la valeur contenue dans la variable a.

- La suite des instructions :

```
tmp = a;
a = b;
b = tmp;
```

a pour résultat d'échanger les contenus des variables a et b.

- Les instructions :

```
var mot1:String = "Le mystère ";
var mot2:String = "de la chambre jaune";
var titre:String = mot1 + mot2;
```

placent la chaîne de caractères contenue dans `mot2` à la suite de `mot1`, dans la chaîne nommée `titre`.

- Dans l'instruction :

```
var phrase :String = "Agent secret " + 707;
```

ActionScript convertit le chiffre 707 en chaîne "707" et l'ajoute à la fin de la suite de caractères "Agent secret ". La variable `phrase` contient la chaîne "Agent secret 707".

Exercices

Repérer les instructions de déclaration, observer la syntaxe d'une instruction

Exercice 1.1

Observez ce qui suit, et indiquez ce qui est ou n'est pas une déclaration et ce qui est ou n'est pas valide :

```
var i:Number = 210;
var valeur:Number = 320;
var limite - j = 1024;
var val:Number = tmp / 16;
var j + 1:Number;
var var:Number = 10;
var i:String ="cent";
var A:Number = i / 2;
var X:Number = i + 2;
```

Comprendre le mécanisme de l'affectation

Exercice 1.2

Quelles sont les valeurs des variables A, B, C après l'exécution de chacun des extraits de programme suivants :

a.	b.
A = 3.5;	A = 0.1;
B = 1.5;	B = 1.1;
C = A + B;	C = B;
B = A + C;	D = A + 1;
A = B;	A = D + C;

Comprendre le mécanisme d'échange de valeurs

Exercice 1.3

Dans chacun des cas, quelles sont les valeurs des variables a et b après l'exécution de chacune des instructions suivantes :

1.	2.
a = 255	a = 255
b = 360	b = 360
a = b	b = a
b = a	a = b

Exercice 1.4

Laquelle des options suivantes permet d'échanger les valeurs des deux variables a et b ?
Pour vous aider, supposez que a et b sont initialisées à 100 et 200 respectivement.

```
a = b; b = a;
t = a; a = b; b = t;
t = a; b = a; t = b;
```

Exercice 1.5

Quel est l'effet des instructions suivantes sur les variables a et b (pour vous aider, initialisez
a à 2 et b à 5) :

```
a = a + b;
b = a - b;
a = a - b;
```

Exercice 1.6

Soit trois variables a, b et c. Écrivez les instructions permutant les valeurs, de sorte que la
valeur de a passe dans b, celle de b dans c et celle de c dans a. N'utilisez qu'une (et une
seule) variable entière supplémentaire, nommée tmp.

Calculer des expressions

Exercice 1.7

Donnez la valeur des expressions suivantes, pour n = 10, p = 3, r = 8, s = 7, t = 21 et
x = 2.0 :

a.	b.
x + n % p	r + t / s
(x + n) % p	(r + t) / s
x + n / p	r + t % s
(x + n) / p	(r + t) % s
5. * n	r + s / r + s
(n + 1) / n	(r + s) / (r + s)
n + 1 / n	r + s % t
r + s / t	

Comprendre les opérations de sortie

Exercice 1.8

Soit un programme ActionScript contenant les déclarations :

```
var i:Number = 223;
var j:Number = 135;
var a:Number = 1.5;
var R:String = "T";
var T:String = "R";
```

Décrivez l'affichage généré par chacune des instructions suivantes :

```
trace("La fenêtre est placée en x : " + i + " et en y : "+ j);
trace(" avec le coefficient "+ a + " le déplacement : "+ a * i + j);
trace(" La variable R = " + R + " et T = " + T);
trace(" T + R = " + T + R);
```

Exercice 1.9

Écrire les instructions `trace()` de façon à obtenir les 2 fenêtres de sortie suivantes, lorsque x = 4 et y = 2 ou lorsque x = 9 et y = 3 :

Figure 1-13

Le résultat est affiché dans la fenêtre de sortie.

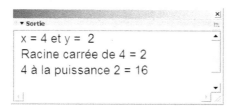

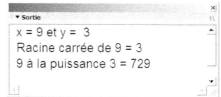

Remarque

Notez que la racine carrée de x s'obtient par la fonction `Math.sqrt(x)` et que ab se calcule avec la méthode `Math.pow(a,b)`.

2

Les symboles

Programmer avec Flash, c'est, nous l'avons vu en introduction, associer des éléments graphiques avec des instructions du langage ActionScript. En effet, une animation programmée sous Flash est composée d'éléments se déplaçant selon des trajectoires calculées à l'aide d'expressions mathématiques, ou encore réagissant aux actions de l'utilisateur.

Chaque élément doit donc être reconnu par Flash comme un élément particulier, différent, par son comportement, des autres objets graphiques placés sur la scène.

Comme pour les variables, la seule façon de distinguer un élément graphique d'un autre est de lui donner un nom. Pour réaliser cette opération, nous devons transformer les éléments graphiques en symboles. Flash propose trois types de symboles. Nous étudierons en section « Les différents types de symboles » comment créer chacun d'eux.

La notion de symbole découle directement de la programmation objet. Nous examinerons, au cours de la section « Créer un objet à partir d'un symbole », chacun des concepts associés à ce mode de programmation. Au cours de la partie « Propriétés et méthodes d'un objet », nous préciserons le fonctionnement d'un symbole au sein d'un programme écrit en ActionScript.

Les différents types de symboles

L'environnement Flash propose un ensemble d'outils permettant de créer des éléments graphiques plus ou moins élaborés suivant le savoir-faire de l'utilisateur. Ces éléments ne restent que de simples dessins composés de matières (couleur, texture, bords,…) tant que le concepteur ne les transforme pas en symboles.

En effet, ActionScript ne sait pas afficher, déplacer ou transformer un dessin, si ce dernier n'est pas décrit sous la forme d'un symbole.

Créer un symbole

Il existe deux façons de créer un symbole : soit en transformant un dessin en symbole, soit en créant un symbole vide dans lequel on place un dessin.

Transformer un dessin en symbole

Votre dessin se trouve sur la scène et il est constitué de matières (couleurs, traits,...). Pour le transformer en symbole, il suffit de le sélectionner, puis de taper sur la touche F8 de votre clavier, ou encore de dérouler le menu Insertion et de sélectionner l'item Convertir en symbole.

La boîte de dialogue illustrée par la figure 2-1 apparaît.

Figure 2-1

*La boîte Convertir
en symbole apparaît en
tapant sur la touche F8
de votre clavier.*

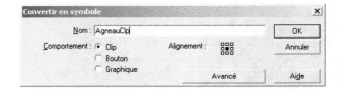

Cette boîte de dialogue est utile pour définir les caractéristiques du symbole, à savoir son nom, son comportement ainsi que son point d'alignement.

- Dans la zone Nom, tapez le nom que vous souhaitez donner au symbole.

> **Remarque**
>
> Tout comme pour les variables, il est conseillé de donner un nom significatif à chaque symbole créé. Évitez de garder symbole1, symbole2... proposés par défaut. Il est beaucoup plus facile de rechercher un symbole parmi une centaine d'autres lorsque son nom permet de l'identifier rapidement.

- Dans la zone Comportement, sélectionnez l'option Clip, Bouton ou Graphique selon le type de symbole que vous souhaitez créer. Les différents types de symboles sont décrits en détail, par la suite.
- Sur la zone Alignement, vous pouvez choisir le point d'ancrage du symbole. Le choix du point d'alignement (rectangle noir) définit la position du point d'origine d'un symbole. Cette origine est utilisée lors d'un affichage par une instruction en ActionScript, ou pour effectuer une rotation, ou encore un déplacement. Par défaut, ce point est placé au centre.

Les caractéristiques du symbole sont enregistrées après validation de la boîte de dialogue. Le symbole apparaît alors sur la scène, encadré par un rectangle dont les bords sont bleus, englobant l'intégralité du dessin. Une croix représente le point d'ancrage du symbole.

Si vous souhaitez modifier le symbole, double-cliquez à l'intérieur de la zone rectangu-laire. Vous n'êtes plus alors sur la scène principale, mais sur la scène du symbole comme le montre la barre de titre de la scène (voir figure 2-2). Vous disposez d'une ligne de temps propre au clip dans lequel vous vous trouvez.

Figure 2-2

Fenêtre d'édition du symbole AgneauClp.

Vous pouvez alors modifier votre symbole en travaillant de la même façon que si vous étiez sur la scène principale. Pour revenir sur cette dernière, il vous suffit de cliquer sur l'icône Séquence 1 située dans la barre de titre de la scène (voir figures 2-2 et 2-3).

Remarque
- Si les éléments graphiques situés sur la scène principale sont disposés sur plusieurs calques, alors ceux-ci sont placés, lors de la transformation en symbole, sur un seul et unique calque. La perte de ces différents calques peut être une source d'inconvénients lorsque vous souhaitez modifier un élément du dessin.
- Sous Flash 8 la barre de titre a légèrement changé, elle est représentée par la figure 2-3.

Figure 2-3

La barre de titre sous Flash 8.

Créer un symbole vide

Pour éviter la perte des calques lors de la transformation d'un dessin en symbole, il est préférable de créer un symbole à partir d'une fenêtre vide. Pour cela, tapez sur les touches Ctrl + F8 (PC) ou Cmd + F8 (Mac), ou encore déroulez le menu Insertion et sélectionnez l'item Nouveau Symbole.

La boîte de dialogue de la figure 2-4 apparaît.

Figure 2-4

La boîte Créer un symbole apparaît en tapant sur les touches Ctrl + F8 de votre clavier.

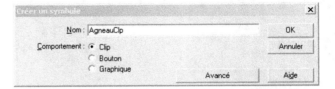

Cette boîte de dialogue est utilisée pour définir les caractéristiques du symbole, à savoir son nom, son comportement.

• Dans la zone Nom, tapez le nom que vous souhaitez donner au symbole.

• Dans la zone Comportement sélectionnez l'option Clip, Bouton ou Graphique, selon le type de symbole que vous souhaitez créer. Les différents types de symboles sont décrits en détail, ci-après.

Après validation, vous pouvez travailler directement sur la scène du symbole, en utilisant les calques et les différents outils de dessin. Une croix figure le centre du symbole. Il représente le point origine utilisé lors d'un affichage par une instruction en ActionScript.

Symbole de type Clip

Le symbole de type Clip est également appelé « clip d'animation » ou encore en anglais « movie clip ». Il est le symbole le plus utilisé sous Flash. Il permet de rassembler sous un même nom une animation à part entière, ayant son propre scénario. Il s'obtient en choisissant le comportement Clip dans les boîtes de dialogue Créer un symbole ou Convertir un symbole (voir figures 2-1 et 2-4).

Remarque

Dans cet ouvrage, nous choisissons, par convention, de donner la terminaison « Clp » à tous les symboles de type Clip que nous aurons à créer.

Un clip d'animation peut être un oiseau qui vole, un personnage qui marche, ou encore un élément d'interface comme un menu déroulant. Un clip est autonome, il fonctionne indépendamment de l'animation principale, s'affiche ou s'efface à des instants précis au cours de l'animation principale. Chaque clip contient son propre scénario.

Un clip peut également contenir du son, des images ou de la vidéo.

Exemple : l'agneau

Examinons comment réaliser un clip représentant un agneau qui marche. Pour vous simplifier la tâche, nous avons placé les images clés de ce mouvement dans le fichier `Exemples/chapitre2/AgneauImagesCle.fla`.

Création du symbole

Nous allons créer un symbole vide de type `Clip`, nommé `AgneauClp`, en tapant sur les touches Ctrl + F8 du clavier.

Pour réaliser notre animation, nous devons être en possession de plusieurs images qui simulent le mouvement de marche de l'animal. Chacune de ces images s'appelle une image clé. Symboliquement, une image clé est représentée, sur la ligne de temps, par une cellule avec une pastille noire ou blanche (voir figures 2-2 et 2-5). Si la pastille est blanche, cela signifie que l'image est vide (aucun symbole ni dessin n'est placé sur cette image).

Remarque

La ligne de temps (*timeline*, en anglais) est constituée d'une suite de cellules. Chaque cellule représente une image clé ou une image intermédiaire. Une image clé est une image construite par le développeur ou le graphiste, alors qu'une image intermédiaire est définie et calculée par Flash. Les images clés sont utilisées pour positionner vos dessins, définir leur taille, leur couleur, etc.

Insertion des images clés

Pour insérer une image clé, dans le clip, vous devez :

• Sélectionner une cellule sur la ligne de temps ;

• Taper sur la touche F6 de votre clavier ou encore dérouler le menu `Insertion` et sélectionner l'item `Image clé`.

Ensuite, soit vous dessinez votre propre image, soit vous copiez l'image clé n° 1 du fichier `Exemples/chapitre2/AgneauImagesCle.fla`.

Après avoir copié la première image dans l'image clé n° 1 du clip `AgneauClp`, sélectionnez la cellule n° 2 sur la ligne de temps, tapez sur la touche F6 de votre clavier pour créer l'image clé n° 2, et copiez la seconde image clé du fichier `Exemples/chapitre2/AgneauImagesCle.fla`. Répétez cette opération pour les 6 images clés suivantes.

Les 8 images clés que vous venez de créer correspondent aux 8 mouvements clés simulant le mouvement de marche de l'agneau. Après avoir réalisé l'ensemble de ces opérations, votre clip d'animation `AgneauClp` doit avoir une ligne de temps telle que le montre la figure 2-5.

Figure 2-5

La ligne de temps du clip d'animation AgneauClp est composée de 8 images clés.

Contrôle du clip AgneauClp

Pour vérifier le bon fonctionnement du clip, vous devez :

- Revenir sur la scène principale, en cliquant sur Séquence 1 dans la barre de titre de la scène.

- Afficher le panneau Bibliothèque en tapant sur la touche F11 de votre clavier.

- Sélectionner le clip d'animation `AgneauClp` dans le panneau Bibliothèque et le tirer à l'aide de la souris sur la scène principale. Ce faisant, vous venez de créer une *instance*, une *occurrence* (copie) du clip `AgneauClp`.

- Lancer la lecture de l'animation en tapant sur les touches Ctrl + Entrée (PC) ou Cmd + Entrée (Mac).

Extension Web

Vous trouverez cet exemple dans le fichier `ClipAnimationAgneau.fla`, sous le répertoire `Exemples/chapitre2`.

Remarque

Lorsque l'instance du clip copié sur la scène est sélectionnée, observez la fenêtre de propriétés (voir figures 2-6 et 2-7). Grâce à ce panneau, nous pouvons vérifier le nom du symbole auquel appartient l'occurrence, modifier éventuellement son comportement et lui donner un nom.

Figure 2-6

Panneau de propriétés d'un symbole de type Clip.

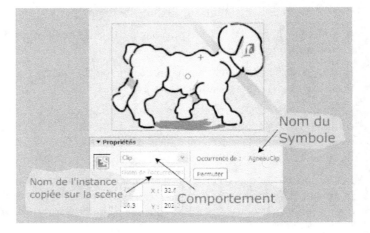

À la lecture de l'animation, nous constatons que l'agneau est animé, mais il reste sur place. Pour simuler un déplacement, nous devons, par exemple, installer un décor qui bouge de la droite vers la gauche afin de donner l'illusion que l'agneau marche vers la droite. Ce type de mouvement est très facilement réalisable en ActionScript. Nous l'étudions en section « Les événements liés au temps » du chapitre 3, « Communiquer ou interagir ».

> **Remarque**
>
> Sous Flash 8, le panneau de propriétés a légèrement changé, il se présente sous la forme suivante :

Figure 2-7

Le panneau de propriétés
sous Flash 8.

Symbole de type Bouton

Le symbole de type Bouton permet de créer l'interaction entre l'utilisateur et l'animation. Il permet, par exemple, de lancer d'un simple clic une animation, un son.

Le symbole de type Bouton est très différent des autres types de symboles. Son comportement est entièrement dépendant de la position du curseur de la souris. Trois états le décrivent :

- Le premier état correspond à l'état normal, lorsque aucune action n'est réalisée sur le bouton.

- Le deuxième correspond à l'état du bouton lorsque le curseur de la souris passe sur le bouton (en anglais cet état s'appelle le rollover).

- Le troisième et dernier état est celui où l'on clique sur le bouton.

Pour décrire chacun de ces comportements, le symbole de type Bouton possède un scénario très particulier, composé de quatre images clés (voir figure 2-8).

Figure 2-8

La ligne de temps du symbole
Bouton est composée
de 4 images clés.

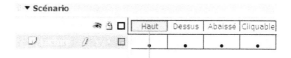

Ces trois états sont décrits par les cellules Haut, Dessus, et Abaissé. Chacune d'entre elles correspond à une image clé sur la ligne de temps. En dernière position se trouve l'image clé nommée Cliquable. Elle permet de définir la zone cliquable du bouton. Lorsque le curseur de la souris se trouve sur cette zone, ce dernier change de forme. La zone cliquable peut être plus grande ou plus petite que la forme du bouton.

Exemple : fabriquer un bouton Lecture

Examinons comment réaliser le bouton de lancement de la lecture d'une animation. Pour vous simplifier la tâche, nous avons placé les images clés de ce bouton dans le fichier Exemples/chapitre2/LectureImagesCle.fla.

Créer le symbole LectureBtn

Le symbole LectureBtn est créé en tapant sur les touches Ctrl + F8, lorsque nous nous trouvons sur la scène principale (Séquence 1). Après avoir sélectionné le comportement Bouton dans la boîte de dialogue Créer un symbole et donné le nom LectureBtn, validez afin d'entrer dans la fenêtre d'édition du symbole (figure 2-9).

Figure 2-9

La boîte de dialogue Créer un symbole permet de créer un symbole de type Bouton, nommé LectureBtn.

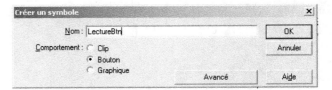

Remarque

Dans cet ouvrage, nous choisissons par convention, de donner la terminaison « Btn » à tous les symboles de type Bouton que nous aurons à créer.

L'image clé Haut

Sur la ligne de temps, le curseur est positionné sur la première image clé nommée Haut. Sur cette image est placée la forme du bouton dans son état initial, lorsque aucune action n'est réalisée. Nous vous proposons de créer un bouton dont la forme est la suivante (voir figure 2-10) :

Figure 2-10

Forme du bouton au repos.

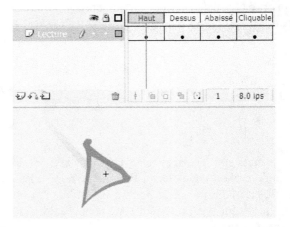

L'image clé Dessus

Pour créer la forme du bouton lorsque le curseur de la souris survole le bouton, nous devons créer une nouvelle image clé, dans la cellule Dessus. Pour cela, sélectionnez cette dernière et tapez sur la touche F6 de votre clavier, ou encore déroulez le menu Insertion et sélectionnez l'item Image clé.

La forme du bouton de l'image Haut est automatiquement copiée sur la cellule Dessus. Le bouton, au moment du survol de la souris, est de la même forme qu'à l'état initial. Il change simplement de couleur. Nous vous proposons de modifier uniquement les couleurs du bouton comme sur la figure 2-11.

Figure 2-11

Le bouton change de couleur lorsque le curseur de la souris passe dessus.

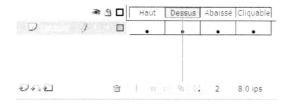

L'image clé Abaissé

Sur l'image Abaissé, est placée la forme du bouton lorsque l'utilisateur clique sur le bouton de la souris. Pour créer cette image, nous allons procéder comme pour l'image Dessus, en créant une image clé sur la cellule Abaissé. Pour cela, tapez sur la touche F6 de votre clavier, ou encore déroulez le menu Insertion et sélectionnez l'item Image clé.

La forme du bouton de l'image Dessus est automatiquement copiée sur la cellule Abaissé. Le bouton, au moment du clic de la souris, est de la même forme qu'à l'état Dessus. Pour donner l'impression que le bouton s'enfonce au moment du clic, nous allons décaler le bouton vers le bas et la droite de quelques pixels, et rendre plus claire la couleur de l'intérieur du triangle, comme le montre la figure 2-12.

Figure 2-12

Le bouton change de couleur et se décale vers le bas, lorsque l'utilisateur clique dessus.

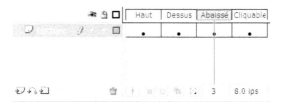

L'image clé Cliquable

La zone Cliquable correspond à la zone sensible du bouton. Cette zone peut être plus grande ou plus petite que la forme du bouton. Sur cette zone, le curseur change automatiquement de forme. Il devient une main dont l'index pointe sur le bouton.

Dans notre exemple, nous choisissons de prendre, comme zone cliquable, le triangle intérieur du bouton. Pour cela, nous devons créer une image clé en tapant sur la touche F6 du clavier, après avoir sélectionné la cellule Cliquable ou encore en déroulant le menu Insertion et en sélectionnant l'item Image clé.

La forme du bouton de l'image Abaissé est automatiquement copiée sur la cellule Cliquable. Pour obtenir, comme zone cliquable, le triangle interne au bouton, il nous reste à supprimer les bords du triangle, comme le montre la figure 2-13.

Figure 2-13

La zone cliquable correspond au triangle intérieur du bouton.

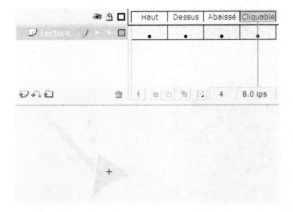

Contrôle du bouton LectureBtn

Pour vérifier le bon fonctionnement du bouton, vous devez :

- Revenir sur la scène principale, en cliquant sur Séquence 1 dans la barre de titre de la scène.

- Afficher le panneau Bibliothèque en tapant sur la touche F11 de votre clavier, s'il n'est déjà affiché.

- Sélectionner le bouton LectureBtn dans le panneau Bibliothèque et le tirer à l'aide de la souris sur la scène principale. Ce faisant, vous venez de créer une *instance*, une *occurrence* (copie) du bouton LectureBtn.

- Lancer la lecture de l'animation en tapant sur les touches Ctrl + Entrée (PC) ou Cmd + Entrée (Mac).

Extension Web

Vous trouverez cet exemple dans le fichier BoutonLecture.fla, sous le répertoire Exemples/Chapitre2.

> **Remarque**
>
> Lorsque l'instance du bouton copiée sur la scène est sélectionnée, observez la fenêtre de propriétés (voir figure 2-14). Grâce à ce panneau, il est possible de vérifier le nom du symbole auquel appartient l'occurrence, de modifier éventuellement son comportement et de lui donner un nom.

Figure 2-14

Panneau de propriétés d'un symbole de type Bouton.

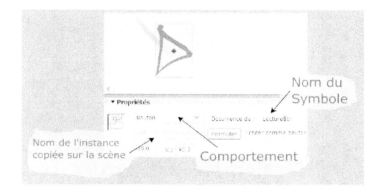

L'animation lancée, observez les différents états du bouton de lecture, les changements de couleur ainsi que l'effet d'enfoncement du bouton par décalage de sa forme. Notez également que le bouton et le curseur ne changent de forme que lorsque ce dernier se trouve à l'intérieur du bouton, dans la zone cliquable.

L'animation du bouton fonctionne correctement. Mais pour l'instant, il ne lance aucune animation. Nous verrons au chapitre 3, « Communiquer ou interagir », comment associer des actions aux boutons, en utilisant des instructions en ActionScript.

Symbole de type Graphique

Le symbole de type Graphique est le type le moins employé sur Flash. Il est utilisé pour les éléments graphiques fixes et répétés. Les éléments de décor ou d'interface sont typiquement des dessins que l'on doit transformer en symbole Graphique.

Ce type de symbole s'obtient en sélectionnant le comportement Graphique dans les boîtes de dialogue Créer un symbole ou Convertir un symbole (voir figures 2-1 et 2-3).

> **Remarque**
>
> Dans cet ouvrage, nous choisissons, par convention, de donner la terminaison « Grq » à tous les symboles de type Graphique que nous aurons à créer.

La fenêtre d'édition d'un symbole graphique est identique à celle d'un symbole de type Clip. Le symbole graphique étant utilisé pour des images statiques contenant un simple dessin, la ligne de temps associée au symbole ne contient qu'une seule image clé. Cependant, rien n'interdit de placer plusieurs images à l'intérieur d'un symbole graphique.

La seule vraie différence entre un symbole graphique et un clip est qu'il n'est pas possible de donner un nom à une instance de graphique (voir figure 2-15). Un graphique ne peut donc pas être utilisé par une commande ActionScript.

Figure 2-15

Panneau de propriétés d'un symbole de type Graphique.

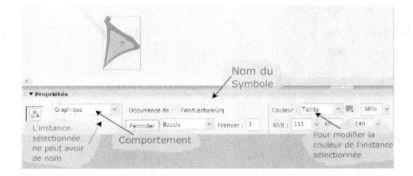

La question se pose de savoir pourquoi utiliser un tel type de symbole.

En réalité, les symboles de type Graphique permettent d'alléger le poids des animations et de faciliter leur mise à jour.

Faciliter les modifications

Un site Internet écrit en Flash contient un très grand nombre d'éléments graphiques constants. Il s'agit de la charte graphique. Le logo, les boutons de navigation, les titres et sous-titres, le fond de la page en font partie. Leur utilisation est répétée plusieurs fois à l'intérieur du site.

Pour être vivant, un site change régulièrement d'allure. Il s'agit alors de modifier tout ou partie de la charte graphique. Ce travail peut être long et fastidieux si les éléments graphiques sont dispersés tout au long du site, sans avoir été enregistrés sous la forme de symboles graphiques. En effet, il faut alors rechercher chaque dessin, chaque forme à l'intérieur des différentes images clés composant le site.

En décrivant les éléments constants sous la forme de symboles graphiques, les changements deviennent beaucoup plus faciles. En effet, modifier un symbole a pour résultat de corriger toutes les copies du symbole présentes dans l'animation.

Ainsi transformer, par exemple, la forme du logo d'un site, revient non plus à rechercher toutes les images contenant le logo et les rectifier une à une, mais à simplement retoucher le symbole représentant le logo. Cette modification est alors répercutée sur toutes les images contenant ce symbole.

Alléger le poids de l'animation

Transformer un dessin en symbole (quel que soit le type du symbole), c'est en réalité donner un numéro de référence à l'ensemble des informations décrivant le dessin (couleur, forme, contour…). Ce numéro de référence est attribué par Flash lors de l'enregistrement du symbole dans la bibliothèque.

Ainsi, pour une animation construite sur 24 images par seconde, Flash utilise 24 fois par seconde une référence, au lieu d'appeler 24 fois l'ensemble de toutes les informations décrivant le dessin. De plus, chaque symbole placé sur la scène n'est chargé qu'une seule fois en mémoire par le lecteur Flash, même s'il est utilisé plusieurs fois au cours de l'animation.

Exemple

L'objectif est de transformer le bouton LectureBtn construit en section précédente, en utilisant des symboles graphiques.

En effet, les formes du bord et du fond du bouton sont identiques selon l'état dans lequel le bouton se trouve. En réalité, ces deux formes sont constantes et seules la couleur et la position du bouton changent. Il nous est donc possible d'optimiser notre bouton en enregistrant les bords et le fond sous deux symboles de type Graphique distincts.

Pour cela il nous suffit de :

• Sélectionner dans le symbole LectureBtn, sur l'image clé Haut, le bord du bouton, et transformer cette sélection en symbole Graphique en tapant sur la touche F8 de notre clavier.

• Nommer ce symbole BordLectureGrq.

• Sélectionner le comportement Graphique.

• Répéter les trois opérations précédentes pour le fond du bouton, en prenant soin de nommer ce nouveau symbole FondLectureGrq.

Lorsque les deux symboles Graphique sont créés, transformez les images clés Dessus, Abaissé, et Cliquable en utilisant non plus des formes et des contours, mais les deux symboles BordLectureGrq et FondLectureGrq. La couleur de fond du bouton est modifiée, pour chaque image clé, en utilisant le panneau de propriétés de l'instance FondLectureGrq, comme le montre la figure 2-15.

Contrôle du bouton LectureBtn

Pour vérifier le bon fonctionnement du bouton, vous devez :

• Revenir sur la scène principale, en cliquant sur Séquence 1 dans la barre de titre de la scène.

• Afficher le panneau Bibliothèque en tapant sur la touche F11 de votre clavier, s'il n'est déjà affiché.

• Sélectionner le bouton LectureBtn dans le panneau Bibliothèque, et le tirer à l'aide de la souris sur la scène principale. Ce faisant, vous venez de créer une *instance*, une *occurrence* (copie) du bouton LectureBtn.

- Lancer la lecture de l'animation en tapant sur les touches Ctrl + Entrée (PC) ou Cmd + Entrée (Mac).

Extension Web

Vous trouverez cet exemple dans le fichier `BoutonLectureGrq.fla`, sous le répertoire `Exemples/chapitre2`.

Remarque

L'animation `BoutonLectureGrq.swf` pèse 783 octets alors que l'animation `BoutonLecture.swf` pèse 1017 octets, pour un résultat identique. L'utilisation des symboles graphiques nous a permis de gagner, sur un simple bouton, 234 octets. Pour modifier l'allure du bouton, il suffit simplement de transformer les deux symboles `BordLectureGrq` et `FondLectureGrq`.

Créer un objet à partir d'un symbole

Grâce aux symboles, chaque dessin est enregistré sous un nom qui lui est propre. De cette façon les symboles sont réutilisables à tout moment, et sont entièrement contrôlables par l'ActionScript. Utiliser des symboles au sein d'un programme apporte une grande souplesse et de très nombreuses possibilités pour créer des applications ou des animations.

Quelle différence entre un symbole et une occurrence ?

Créer un symbole, c'est placer un dessin sous forme de modèle dans la bibliothèque associée à l'animation. Le symbole ainsi enregistré devient le modèle de référence.

Remarque

Le panneau Bibliothèque apparaît en tapant sur la touche F11 de votre clavier ou encore en déroulant le menu `Fenêtre` et en sélectionnant l'item `Bibliothèque` (voir figure 2-16).

Figure 2-16

La bibliothèque associée à l'animation BoutonLectureGrq.fla.

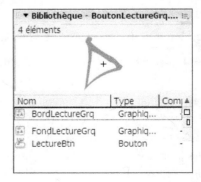

Par exemple, le panneau Bibliothèque de l'animation `BoutonLectureGrq.fla` est constitué de trois symboles, appelés respectivement `LectureBtn`, `BordLectureGrq` et `FondLectureGrq`.

Ensuite, pour être utilisés par l'animation, les symboles doivent être placés sur la scène. Il existe différentes techniques pour réaliser une telle opération, comme nous le verrons plus bas (section « Les différentes façons de créer des occurrences »).

En déplaçant un élément de la bibliothèque sur la scène, nous créons une instance ou encore occurrence. Il est possible de créer autant d'instances que nous le souhaitons.

Chaque occurrence est alors un élément individuel qui peut être nommé et traité de façon indépendante par rapport aux autres.

Modifier un symbole

Il existe deux façons de modifier un symbole, soit en double-cliquant sur l'objet dans le panneau Bibliothèque, soit en double-cliquant sur une instance de l'objet présente sur la scène. Ces deux méthodes nous amènent, toutes les deux, sur le scénario propre au symbole. Les transformations s'effectuent à l'intérieur de ce scénario, en utilisant les outils de dessin proposés par Flash.

Modifier l'occurrence d'un symbole, en entrant dans le scénario propre à l'occurrence, revient à corriger le symbole lui-même et donc toutes les occurrences. En effet, elles sont toutes une copie du modèle original. Si ce dernier est rectifié, alors toutes les occurrences présentes sur la scène le sont à leur tour.

Par exemple, si l'on ajoute une balle sur le dos de l'agneau dans le clip `AgneauClp`, en double-cliquant sur une des occurrences présentes sur la scène, nous voyons apparaître une balle sur le dos de chacune des occurrences comme le montre la figure 2-17.

Figure 2-17

Modifier le symbole entraîne la modification de toutes les occurrences.

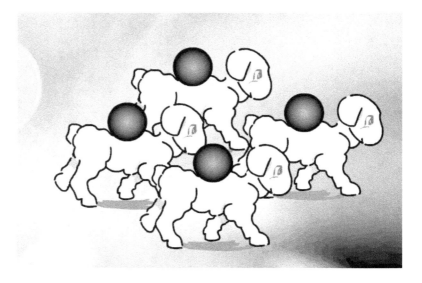

Extension Web

Vous trouverez cet exemple dans le fichier `ModificationSymbole.fla`, sous le répertoire `Exemples/Chapitre2`.

Modifier l'occurrence

Il est cependant possible de modifier une instance précise placée sur la scène, et non le modèle, comme nous venons de le faire précédemment. Pour cela, il ne faut pas double-cliquer sur l'occurrence, mais simplement sélectionner celle que nous souhaitons transformer.

Les seules corrections possibles, pour une occurrence, sont la taille, l'orientation, la couleur et la transparence. Elles s'effectuent de façon indépendante, d'une instance à l'autre.

Pour changer la taille ainsi que l'orientation, il convient d'utiliser l'outil de transformation proposé dans la boîte à outils. Pour la couleur et la transparence, vous devez sélectionner dans le panneau de propriétés de l'instance les menus appropriés (voir figure 2-18).

Figure 2-18

Le panneau de propriétés permet de modifier la couleur de l'occurrence sélectionnée.

Par exemple, nous pouvons obtenir des agneaux de taille, de couleur et d'orientation différentes, comme le montre la figure 2-19.

Figure 2-19

La taille, l'orientation et la couleur des occurrences peuvent être modifiées séparément.

> **Remarque**
>
> Les transformations telles que le changement d'échelle, la transparence ou encore la rotation sont très facilement réalisables par programme. Pour cela, reportez-vous à la section « Propriétés et méthodes d'un objet » ci-après.

Les différentes façons de créer des occurrences

Chaque occurrence créée sur la scène peut être traitée de façon individuelle. Pour cela il est nécessaire de les distinguer en les nommant. En effet, donner un nom à une occurrence offre l'avantage de pouvoir l'utiliser par son nom, à tout moment dans le déroulement de l'animation.

La façon de donner un nom diffère en fonction du mode de création de l'occurrence. Il existe 4 façons de créer des nouvelles occurrences. La première s'effectue manuellement, à l'aide de l'environnement Flash. Les trois autres se réalisent par programme.

> **Remarque**
>
> Donner un nom à une instance est une des opérations les plus importantes dont il faut absolument se souvenir, si vous souhaitez animer des objets à l'aide de programmes écrits en ActionScript.

Créer et nommer une occurrence manuellement

La création manuelle d'une occurrence de symbole s'effectue en sélectionnant le symbole dans le panneau Bibliothèque et en le faisant glisser à l'aide de la souris, sur la scène.

L'occurrence ainsi créée doit être nommée manuellement à l'aide du panneau de propriétés, dans le champ Nom de l'occurrence (voir figures 2-6, 2-7 et 2-14).

> **Remarque**
>
> Le choix du nom d'une occurrence s'effectue selon les mêmes contraintes que pour celui des variables (voir Chapitre 1, « Traiter les données », section « Donner un nom à une variable »).

Exemple

> **Extension Web**
>
> Vous trouverez cet exemple dans le fichier `AgneauNomOccurrence.fla`, sous le répertoire `Exemples/Chapitre2`.

Ainsi, pour créer une instance nommée `Brebis`, à partir du symbole `AgneauClp`, il vous faut :

• Sélectionner, dans le panneau de l'animation `AgneauNomOccurrence.fla`, le symbole `AgneauClp`.

- Glisser le symbole sur la scène.

- Sélectionner l'occurrence ainsi placée sur la scène et ouvrir le panneau de propriétés associé, si ce n'est pas déjà fait. Vous pouvez également utiliser le raccourci clavier Ctrl + F3 (PC) ou Cmd + F3 (Mac).

- Dans le champ Nom de l'occurrence, taper le mot `Brebis`, comme le montre la figure 2-20.

Figure 2-20

Le nom de l'occurrence est défini manuellement à l'aide du panneau de propriétés associé à l'occurrence.

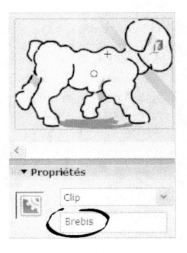

Remarque

Donner un nom à un symbole et donner un nom à l'occurrence du symbole sont deux actions totalement différentes. Le symbole est le modèle, l'occurrence la copie du modèle. Bien que cela soit possible, il est déconseillé de donner un nom identique au symbole et à l'occurrence.

Ainsi nommée, grâce au panneau de propriétés, l'occurrence `Brebis` peut être traitée, sous ce nom, par un programme écrit en ActionScript.

Créer une occurrence par programme

Il existe des méthodes natives proposées par le langage ActionScript, pour créer des occurrences de symboles, en cours de lecture de l'animation. Les deux premières méthodes (`duplicateMovieClip()` et `attachMovie()`) décrites ci-après demandent, pour créer les occurrences, à ce que le symbole soit présent dans la bibliothèque.

Avec duplicateMovieClip()

Lorsqu'une occurrence se trouve sur la scène, il est possible de la dupliquer grâce à la méthode `duplicateMovieClip()`. L'occurrence placée initialement sur la scène est appelée « Clip d'amorçage ». Il n'est pas possible d'utiliser cette méthode sans avoir placé au préalable une occurrence sur la scène.

La méthode `duplicateMovieClip()` s'utilise avec les deux syntaxes suivantes :

- `duplicateMovieClip(nomOccurrence, nouveauNom, profondeur)`.

- `nomOccurrence.duplicateMovieClip(nouveauNom, profondeur)`.

où les paramètres sont définis comme suit :

- `nomOccurrence` correspond au nom de l'occurrence du clip à dupliquer. Pour connaître ce nom, sélectionnez l'occurrence à dupliquer située sur la scène, et examinez dans la fenêtre de propriétés associée, le champ correspondant au nom de l'occurrence.

- `nouveauNom` est une chaîne de caractères qui précise le nom de la nouvelle occurrence créée par la méthode `duplicateMovieClip()`.

- `profondeur` est un entier indiquant le niveau de profondeur de l'occurrence.

Chaque instance doit être placée physiquement sur un niveau de profondeur qui lui est propre. Ce niveau détermine l'ordre d'affichage des différentes instances. Flash affiche en premier le niveau de profondeur 0, puis les suivants, s'ils existent, dans l'ordre croissant. De cette façon, une occurrence placée au niveau 2 peut effacer tout ou partie de l'instance placée au niveau 1. L'occurrence de niveau 2 semble alors placée par superposition, au-dessus de l'occurrence de niveau 1.

Remarque

Attention, il n'est pas possible d'afficher deux instances sur un même niveau de profondeur, la dernière instance affichée effaçant la précédente.

Ainsi les instructions :

```
duplicateMovieClip(Brebis,"Un",1);
Un._x = 125;
Un._y = 150;
```

créent un nouveau clip nommé `Un` à partir du clip d'amorçage nommé `Brebis` (voir section précédente). Les propriétés `_x` et `_y`, étudiées en section « Propriétés et méthodes d'un objet » plus bas dans ce chapitre, positionnent l'occurrence `Un` en 125 sur l'axe horizontal et 150 sur l'axe vertical. De la même façon, les instructions :

```
Brebis.duplicateMovieClip("Deux",2);
Deux._x = 250;
Deux._y = 150;
```

créent un nouveau clip nommé `Deux` à partir du clip d'amorçage nommé `Brebis`. Les propriétés `_x` et `_y`, étudiées plus bas, placent à l'écran l'occurrence `Deux` en 250 sur l'axe horizontal et 150 sur l'axe vertical.

Extension Web

Vous trouverez cet exemple dans le fichier `AgneauDuplicateMovie.fla`, sous le répertoire `Exemples/Chapitre2`.

Contrôler l'animation AgneauDuplicateMovie.fla

Pour vérifier le bon fonctionnement de l'animation, vous devez :

• Écrire les instructions décrites ci-dessus sur la première image clé de la Séquence 1.

• Placer au centre de la scène le clip d'amorçage nommé Brebis.

• Lancer la lecture de l'animation en tapant sur les touches Ctrl + Entrée (PC) ou Cmd + Entrée (Mac).

À la lecture de l'animation, observez que la scène est composée de trois clips AgneauClp. L'instance Brebis copiée manuellement sur la scène se trouve, par défaut, sur le niveau de profondeur 0. Elle est affichée derrière les occurrences Un et Deux. L'occurrence Deux se trouve sur le niveau de profondeur le plus élevé ; elle est affichée devant toutes les autres occurrences.

Avec attachMovie()

Tout comme la méthode duplicateMovieClip(), la méthode attachMovie() crée une occurrence de clip en cours d'exécution de l'animation. À la seule différence près qu'elle n'a pas besoin de clip d'amorçage. La méthode attachMovie() construit une nouvelle occurrence à partir d'un symbole existant dans la bibliothèque, et non depuis une occurrence existant sur la scène.

Pour créer une occurrence avec la méthode attachMovie(), il convient de rendre visible le symbole enregistré dans la bibliothèque en l'exportant vers ActionScript. Pour cela, nous devons suivre les étapes suivantes :

• Sélectionner le symbole à exporter dans le panneau Bibliothèque.

• Choisir l'item Liaison dans le menu obtenu par un clic droit (PC), ou par Ctrl + clic (Mac) sur le symbole sélectionné. La boîte de dialogue Propriétés de liaison du symbole apparaît (voir figure 2-21).

• Dans la zone Liaison, sélectionner l'option Exporter pour ActionScript.

• Dans la zone Identifiant, donner un nom unique pour le symbole Clip. Ce nom est ensuite utilisé pour ActionScript. Flash propose par défaut, comme nom d'identifiant, le nom du symbole lui-même.

• Valider votre saisie en cliquant sur OK.

Figure 2-21

La boîte de dialogue Propriétés de liaison permet d'exporter le symbole pour ActionScript.

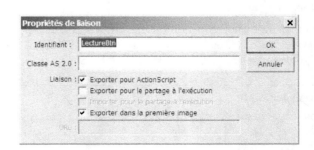

Lorsque le symbole est enfin exporté, il devient possible d'en créer de nouvelles occurrences en utilisant la méthode `attachMovie()` avec la syntaxe suivante :

- `attachMovie(identifiantSymbole, nouveauNom, profondeur);`

- `unClip.attachMovie(identifiantSymbole, nouveauNom, profondeur);`

où les paramètres sont définis comme suit :

- `unClip` est le nom du clip auquel nous voulons attacher la nouvelle occurrence ainsi créée. Lorsque le terme `unClip` est omis, le nouveau clip est attaché au clip sur lequel réside l'instruction. Pour notre cas, il s'agit de l'animation principale décrite sur la première image de la séquence (`_root`).

- `identifiantSymbole` est une chaîne de caractères correspondant au nom du symbole tel qu'il a été défini dans la boîte de dialogue Propriétés de liaison.

- `nouveauNom` est une chaîne de caractères qui précise le nom de la nouvelle occurrence ainsi créée.

- `profondeur` est un entier indiquant le niveau de profondeur de l'occurrence.

Ainsi, en supposant que nous ayons exporté le symbole `LectureBtn` sous ce nom, les instructions suivantes :

```
attachMovie("LectureBtn", "Lire", 1);
Lire._x = 100;
Lire._y = 150;
```

créent une nouvelle instance nommée `Lire` à partir du symbole `LectureBtn`. Le bouton est placé à `100` sur l'axe horizontal et à `150` sur l'axe vertical.

Extension Web

Vous trouverez cet exemple dans le fichier `BoutonLectureAttachMovie.fla`, sous le répertoire Exemples/Chapitre2.

Contrôler l'animation BoutonLectureAttachMovie.fla

Pour vérifier le bon fonctionnement de l'animation, vous devez :

- Écrire les instructions décrites ci-dessus, sur la première image clé de la Séquence 1.

- Lancer la lecture de l'animation en tapant sur les touches Ctrl + Entrée (PC) ou Cmd + Entrée (Mac).

Observez que, sur l'espace de travail de l'environnement Flash, la scène est totalement vide. Lorsque l'animation est lancée, le bouton `Lire` apparaît, comme par magie !

Avec createEmptyMovieClip()

La méthode `createEmptyMovieClip()` offre la possibilité de créer des clips d'animation vides. Avec cette méthode, il n'est plus besoin de faire un symbole dans la bibliothèque de l'animation. Le symbole est construit directement par programme, en utilisant des méthodes spécifiques à ActionScript permettant le tracé de vecteurs ou de formes.

Un clip vide peut également être utilisé pour charger des sons, des images ou de la vidéo.

La syntaxe de cette méthode est la suivante :

- `unClip.createEmptyMovieClip(nomDuClip, profondeur)`.

- `createEmptyMovieClip(nomDuClip, profondeur)`.

où les paramètres sont définis comme suit :

- `unClip` est le nom du clip auquel nous voulons attacher la nouvelle occurrence ainsi créée. Lorsque le terme `unClip` est omis, le nouveau clip est attaché au clip sur lequel réside l'instruction. Pour notre cas, il s'agit de l'animation principale décrite sur la première image de la séquence (`_root`).

- `nomDuClip` est une chaîne de caractères qui précise le nom de l'occurrence du clip ainsi créé.

- `profondeur` est un entier indiquant le niveau de profondeur de l'occurrence.

Propriétés et méthodes d'un objet

Le contrôle d'une occurrence, c'est-à-dire le déplacement, la visibilité ou encore le moment où celle-ci doit être animée ou non, s'effectue à travers les notions de propriétés et de méthodes.

Toute instance créée et nommée (quel que soit son mode de création) devient un objet contrôlable par des instructions du langage qui utilisent pour cela les propriétés et les comportements (méthodes) propres au symbole.

Un symbole de type `Bouton` ou `Clip` dispose de caractéristiques propres comme sa position à l'écran, sa largeur ou encore sa hauteur. Ces caractéristiques sont traitées par l'intermédiaire des propriétés de l'objet.

> **Remarque**
> Les symboles de type `Graphique` ne pouvant être nommés, ils ne peuvent être appelés par une instruction ActionScript.

Un symbole possède également un comportement propre à son type. Un `Bouton` ne fonctionne pas de la même façon qu'un `Clip`.

Propriétés

Tout comme un être humain possède des caractéristiques propres telles que son nom, son prénom, son âge ou encore sa taille, les objets Flash ont des propriétés propres à leur type, comme la position à l'écran, le nombre d'images contenues dans le clip…

Certaines caractéristiques sont communes à tous les types (`Bouton` ou `Clip`). D'autres n'appartiennent qu'à un seul.

Principes de notation

L'accès aux propriétés d'un symbole s'effectue selon une syntaxe bien précise, issue de la notation « à point » dont l'usage est devenu la norme en programmation orientée objet. Pour obtenir la valeur d'une propriété concernant une instance précise, il convient d'écrire :

```
NomDeL'Instance.nomDeLaPropriété
```

où :

- le `NomDeL'Instance` correspond au nom défini par programme (résultat des méthodes `attachMovie()`, `duplicateMovieClip()`...) ou à celui indiqué dans la fenêtre de propriétés de l'instance ;
- le `nomDeLaPropriété` est celui défini par les concepteurs du langage ActionScript. Par convention, le nom d'une propriété commence toujours par le caractère « _ » suivi du nom qui la caractérise. Avant d'utiliser une propriété prédéfinie, vous devez vérifier que vous écrivez correctement son nom.

Exemple

L'expression `Brebis._x` permet d'accéder à la propriété `_x` de l'instance nommée `Brebis`. La propriété `_x` indiquant la position du clip, sur l'axe horizontal, `Brebis._x` signale où se trouve l'instance `Brebis` dans la largeur de l'écran.

Question

Quel est le résultat de l'instruction `Brebis.X = 50;` ?

Réponse

Cette instruction n'effectue aucune modification à l'affichage. En effet, la propriété modifiée ici a pour nom X et non _x. Cette instruction crée donc une nouvelle propriété nommée X pour y placer la valeur 50.

Pour placer l'occurrence `Brebis` à 50 pixels de l'origine sur l'axe des X, il faudrait écrire `Brebis._x = 50;`

Propriétés communes à tous les symboles

Les propriétés suivantes permettent le contrôle de l'apparence et de la position du symbole.

```
_x, _y, _alpha, _rotation, _visible, _height, _width, _xscale, _yscale
```

Le contenu de chacune de ces propriétés est consultable et/ou modifiable, en fonction de l'animation à réaliser.

Extension Web

Vous trouverez l'ensemble des instructions décrites dans cette section, dans le fichier `ProprietesBre-bis.fla`, sous le répertoire `Exemples/Chapitre2`.

Les propriétés _x et _y

Les propriétés _x et _y indiquent la position du symbole, sur l'axe horizontal et l'axe vertical, respectivement.

Par exemple, les instructions :

```
Brebis._x = 600;
Brebis._y = 400;
```

ont pour effet de modifier la valeur des propriétés _x et _y. L'occurrence nommée Brebis s'affiche alors en bas, à droite de l'écran. En effet, l'origine se situant en haut et à gauche de la scène, ajouter 600 pixels sur l'axe horizontal déplace l'occurrence vers la droite, et de même l'ajout de 400 pixels sur l'axe vertical déplace l'occurrence vers le bas.

Pour en savoir plus

Le système de coordonnées est décrit en détail dans le chapitre « À la source d'un programme » en section « Quelles opérations pour créer une animation ? ».

La propriété _alpha

La propriété _alpha permet la modification de l'opacité ou de la transparence d'une occurrence. Elle se mesure en pourcentage et vaut par défaut 100.

L'opacité maximale correspond à la valeur 100, et la transparence maximale correspond à la valeur 0.

Par exemple, l'instruction :

```
Brebis._alpha = 20;
```

a pour résultat d'afficher l'occurrence Brebis avec une opacité diminuée de 80 %. L'occurrence Brebis est très peu visible à l'écran.

La propriété _rotation

La propriété _rotation permet de faire tourner l'occurrence d'un symbole. Ses valeurs varient entre 0° et 360°.

Par exemple, l'instruction :

```
Brebis._rotation = 10;
```

a pour résultat d'afficher l'occurrence Brebis tournée de 10° dans le sens des aiguilles d'une montre. Le centre de rotation correspond au point d'ancrage du symbole défini lors de la création du symbole (voir section « Créer un symbole » au début de ce chapitre).

La propriété _visible

La propriété `_visible` contient une valeur booléenne (`true` ou `false`). Elle rend un objet visible ou invisible suivant sa valeur.

Par exemple, l'instruction :

```
Brebis._visible = false;
```

a pour résultat de rendre invisible l'occurrence `Brebis`.

Question

Quel est le résultat de l'instruction `voitOnOuNon = Brebis._visible;` ?

Réponse

Cette instruction ne modifie pas la valeur de la propriété `_visible`. Elle permet de consulter et de récupérer le contenu de la propriété, à savoir `true` ou `false`. Grâce à cela, il sera possible de rendre visible un objet invisible ou de rendre invisible un objet visible, en testant le contenu de la variable `voitOnOuNon`.

Pour en savoir plus

Les structures de test sont étudiées au chapitre 4, « Faire des choix ».

Les propriétés _height et _width

Les propriétés `_height` et `_width` représentent la taille de l'objet en hauteur et en largeur respectivement. Elles sont mesurées en pixels.

Par exemple, les instructions :

```
trace("Largeur : "+ Brebis._width + " pixels");
trace("Hauteur : "+ Brebis._height + " pixels");
```

ont pour résultat d'afficher dans la fenêtre de sortie les messages suivants :

```
Largeur : 87.75 pixels

Hauteur : 69.6 pixels
```

Les propriétés `_width` et `_height` offrent la possibilité de modifier la hauteur et/ou la largeur d'une occurrence en spécifiant de nouvelles valeurs. Cependant, il est parfois plus simple d'utiliser les propriétés `_xscale` et `_yscale` pour modifier la taille d'une occurrence.

Les propriétés _xscale et _yscale

Les propriétés `_xscale` et `_yscale` permettent de modifier la taille de l'occurrence de façon proportionnelle, selon l'axe des X et celui des Y. La taille initiale d'un objet est de 100 %. Elle correspond à la hauteur et à la largeur de l'objet respectivement.

> **Question**
>
> En supposant que nous ayons créé deux occurrences nommées Petit et Grand, quelle instruction permet d'obtenir le petit agneau deux fois plus petit que le grand, et ce quelle que soit la taille du grand ?
>
> **Réponse**
>
> En écrivant les instructions :
>
> ```
> attachMovie("AgneauClp","Petit",1);
> attachMovie("AgneauClp","Grand",2);
> Petit._xscale = Grand._xscale / 2;
> Petit._yscale = Grand._yscale / 2;
> ```
>
> l'occurrence Petit voit sa taille diminuer de 50 % par rapport à la taille de l'occurrence Grand, puisque Grand_xscale et Grand_yscale valent par défaut 100. Le changement d'échelle est proportionnel en largeur et en hauteur, les deux propriétés _xscale et _yscale étant toutes deux modifiées de la même façon.

> **Remarque**
>
> En nommant les occurrences de façons distinctes, il est possible d'appliquer un traitement spécifique à chacune d'entre elles.

Propriétés exclusivement réservées au Clip

Les symboles de type Clip ont des propriétés que l'on ne retrouve pas dans les autres types de symboles. Ce sont les propriétés liées à la ligne de temps. Les deux principales sont _currentframe et _totalframes. Ces propriétés ne peuvent être modifiées.

_currentframe permet de savoir quelle est la position de la tête de lecture, à l'intérieur du clip, lorsque celui-ci est animé.

_totalframes, quant à elle, correspond au nombre total d'images stockées dans le clip.

Ces propriétés ne sont pas très utiles pour l'instant, mais elles le seront avec les méthodes que nous examinons ci-après.

Méthodes

Si la taille et l'âge sont les propriétés, c'est-à-dire les caractéristiques des êtres humains, l'action de marcher, de parler ou de manger est la traduction de leurs comportements.

> **Remarque**
>
> Les propriétés représentent des caractéristiques, elles sont associées à des noms. Par contre, les méthodes reproduisent des actions, elles sont décrites par des verbes.

En programmation ActionScript, les méthodes ou encore les comportements correspondent aux actions réalisées par les objets, alors que les propriétés définissent les caractéristiques des symboles.

Principes de notation

L'accès aux méthodes d'un symbole s'effectue également en utilisant la notation « à point ». Pour cela, il convient d'écrire l'appel à une méthode comme suit :

```
NomDeL'Instance.nomDeLaMéthode()
```

où :

- le `NomDeL'Instance` est le nom de l'instance défini par programme (résultat des méthodes `attachMovie()`, `duplicateMovieClip()`...) ou celui indiqué dans la fenêtre de propriétés de l'instance ;
- le `nomDeLaMéthode()` correspond au nom d'une méthode défini par les concepteurs du langage ActionScript.

Par convention :

- Tout nom de méthode ActionScript commence par une minuscule.
- Si le nom de la méthode est composé de plusieurs mots, ceux-ci voient leur premier caractère passer en majuscule.
- Une méthode possède toujours des parenthèses ouvrantes et fermantes à la fin de son nom d'appel.

Pour en savoir plus

La syntaxe d'écriture des méthodes ainsi que les concepts de paramètres sont détaillés au chapitre 7 « Les fonctions ».

Exemple

Pour appliquer une méthode à une occurrence de type `Clip`, il suffit de placer derrière le nom de l'objet un point suivi du nom de la méthode et de ses éventuels paramètres placés entre parenthèses.

Ainsi l'expression `Brebis.stop()` permet d'exécuter la méthode `stop()` sur l'occurrence Brebis. La méthode `stop()` a pour résultat d'arrêter la tête de lecture du scénario sur lequel elle est appliquée. Ainsi, au lancement de l'animation, le lecteur Flash affiche la première image du clip `AgneauClp` et ne continue pas la lecture des images suivantes.

Les méthodes associées au Clip

Les méthodes sont utilisées pour exécuter des actions. Ces dernières sont différentes en fonction du type du symbole. Dans ce paragraphe, nous allons plus particulièrement étudier les méthodes relatives aux symboles de type `Clip`.

Pour en savoir plus

Les symboles de type `Bouton` ont également leurs propres méthodes. Pour bien comprendre leur fonctionnement, il est nécessaire d'étudier auparavant la notion d'événements. Tous ces concepts sont expliqués au cours du chapitre 3 « Communiquer ou interagir ».

ActionScript propose plusieurs méthodes pour définir le comportement d'un Clip, les plus courantes sont les suivantes :

```
play()  stop()  gotoAndPlay()  gotoAndStop()  nextFrame()  prevFrame()
```

Les méthodes play() et stop()

La méthode play() lance la tête de lecture du clip sur laquelle elle est appliquée. La méthode stop() arrête la tête de lecture.

Ces deux méthodes ne demandant aucune valeur en paramètre. Cependant, puisque ce sont des méthodes (des actions, des comportements) il est nécessaire de mettre les deux parenthèses ouvrantes et fermantes à la fin du nom de la méthode. Sans les parenthèses, Flash considère les termes play ou stop comme des noms de propriétés et non comme des noms de méthodes.

Les instructions :

```
Petit.stop();
Grand.play();
```

ont pour résultat d'afficher un petit agneau figé, alors que le grand agneau est animé.

Extension Web

Vous trouverez cet exemple dans le fichier MethodesStopEtPlay.fla, sous le répertoire Exemples/ Chapitre2.

Les méthodes gotoAndPlay() et gotoAndStop()

Ces deux méthodes demandent en paramètre une valeur qui correspond au numéro de l'image sur laquelle nous souhaitons placer la tête de lecture.

La méthode gotoAndPlay() place la tête de lecture sur le numéro de l'image indiqué en paramètre et se déplace ensuite sur les images suivantes. La méthode gotoAndStop() place simplement la tête de lecture sur l'image sans lire les images suivantes.

Ainsi les instructions :

```
Petit.gotoAndPlay(3);
Grand.gotoAndStop(Grand._totalframes);
```

ont pour résultat de lancer l'animation du petit agneau à partir de l'image n°3 et d'afficher la dernière image du clip Grand, puisque Grand._totalframes représente le nombre total d'images du clip.

Extension Web

Vous trouverez cet exemple dans le fichier MethodesGotoAnd.fla, sous le répertoire Exemples/Chapitre2.

Ces deux méthodes offrent la possibilité de ne pas lire l'animation de façon séquentielle, en sautant un certain nombre d'images. Par exemple l'instruction Petit.gotoAndPlay(3) lance l'animation à partir de l'image clé n° 3. Les deux premières images ne sont pas lues lorsque l'animation est lancée.

Question

L'animation de deux clips provenant du même symbole produit une animation synchronisée. Comment animer les occurrences Petit et Grand sur un mouvement non synchrone ?

Réponse

Lorsque les deux clips sont animés par défaut, ils ont tous les deux le même mouvement, puisque la tête de lecture de chacun des deux clips est lancée à partir de la première image du clip. La séquence d'images qui suit est identique, chacune des deux occurrences provenant du même symbole.

Pour désynchroniser les deux clips, il suffit donc de lancer la tête de lecture sur une image différente pour chacun des clips. Par exemple, en écrivant :

```
Grand.gotoAndPlay(3);
Petit.gotoAndPlay(6);
```

L'animation du petit agneau démarre à partir de l'image clé n° 6 alors que celle du grand agneau démarre sur l'image 3. L'animation des deux occurrences n'est plus synchronisée.

Extension Web

Vous trouverez cet exemple dans le fichier `QuestionReponseAnimation.fla`, sous le répertoire `Exemples/Chapitre2`.

Les méthodes nextFrame() et prevFrame()

La méthode `nextFrame()` déplace la tête de lecture d'une image vers la droite, dans le sens de la lecture. La méthode `prevFrame()` déplace la tête de lecture d'une image vers la gauche.

Mémento

Un *symbole* est un dessin enregistré dans la bibliothèque du fichier source. Un *objet* est une copie du symbole placée sur la scène ou créée par programme. Cette copie est aussi appelée une *instance* ou encore *occurrence*.

Pour créer un symbole, vous pouvez utiliser :

- La touche F8 pour transformer un dessin placé sur la scène.
- Les touches Ctrl + F8 (PC) ou Cmd + F8 (Mac) pour créer un symbole vide.

Une occurrence de symbole peut être créée soit :

- Manuellement, en faisant glisser le symbole depuis le panneau Bibliothèque sur la scène.
- Par programme avec les méthodes `duplicateMovieClip()`, `attachMovie()` ou `createEmpty MovieClip()`.

L'instruction :

```
Brebis.duplicateMovieClip("peloteDeLaine",10);
```

duplique l'occurrence placée sur la scène et nommée `Brebis`. La copie s'appelle `peloteDe Laine` et se trouve sur un calque de niveau `10`.

L'instruction :

```
attachMovie("AgneauClp","pullOver",15);
```

crée l'occurrence `pullOver` à partir du symbole `AgneauClp` enregistré dans la bibliothèque. Le symbole doit être exporté vers ActionScript à l'aide d'un nom de liaison. L'occurrence est placée sur le calque de niveau `15`.

L'instruction :

```
createEmptyMovieClip("decor",5);
```

crée une occurrence de symbole vide, nommée `decor`. Elle se trouve sur le calque de niveau `5`.

Tout symbole possède des *propriétés* et des *méthodes*.

Les propriétés `_x` et `_y` permettent de placer une occurrence à l'écran, la propriété `_alpha` définit son niveau de transparence. Les instructions :

```
peloteDeLaine._x = 100;
peloteDeLaine._y = 200;
peloteDeLaine._alpha = 80;
```

placent l'occurrence `peloteDeLaine` à 100 pixels du bord gauche de la fenêtre et à 200 pixels du bord supérieur. L'occurrence est à 80 % visible.

Les méthodes `stop()` et `gotoAndPlay()` sont utilisées pour stopper l'animation d'un clip ou pour lancer l'animation à partir d'une image spécifique. Dans les instructions :

```
peloteDeLaine stop();
pullOver gotoAndPlay(6);
```

la première stoppe l'animation de l'occurrence `peloteDeLaine`, et la seconde lance l'animation de l'occurrence `pullOver` à partir de l'image clé n°6.

Exercices

Les clips d'animation

Exercice 2.1

Créer le clip OiseauClp

Créer un clip d'animation `OiseauClp`.

Extension Web

Vous trouverez les images clés `OiseauClp` dans le fichier Oiseau.fla figurant dans le répertoire Exercices/SupportPourRéaliserLesExercices/Chapitre 2.

Créer et nommer une occurrence manuellement

- Placer une instance du symbole OiseauClp, vers le haut de la scène et la nommer piaf.
- À l'aide du panneau de propriétés, modifier la couleur de l'occurrence piaf.

Créer une occurrence par programme

En utilisant l'occurrence piaf comme clip d'amorçage, créez une instance du symbole OiseauClp à l'aide de la méthode duplicateMovieClip() et nommez-la moineau.

Les propriétés d'un clip d'animation

- À l'aide de la commande trace(), afficher la position de l'occurrence piaf.
- Placez l'occurrence moineau au centre de l'écran (pour connaître la taille de votre scène, reportez-vous au chapitre « À la source d'un programme » en section « Définir les constantes »).
- Faites en sorte que l'occurrence piaf soit un tiers plus petite que l'occurrence moineau.

Les méthodes d'un clip d'animation

- Stopper l'animation de l'occurrence piaf à la dernière image du clip.
- Stopper l'animation de l'occurrence moineau au milieu du clip.

Les boutons

L'objectif est de créer un bouton Stop dont les 4 images clés ont la forme suivante :

Figure 2-22

*Les différents états
du bouton Stop.*

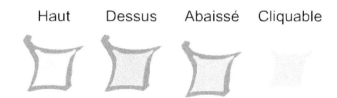

Haut   Dessus   Abaissé   Cliquable

Les formes du bord et du fond de chaque bouton sont identiques selon l'état dans lequel le bouton se trouve. Seules la couleur et la position du bouton changent.

Extension Web

Vous trouverez la forme Haut du bouton dans le fichier BoutonStop.fla figurant dans le répertoire Exercices/SupportPourRéaliserLesExercices/Chapitre2.

Exercice 2.2

Les symboles graphiques

- Pour optimiser notre bouton en poids ou pour la mise à jour, enregistrer les bords et le fond sous deux symboles de type graphique distinct.

- Nommez le bord du bouton `BordStopGrq` et le fond `FondStopGrq`.

Le bouton Stop

- Créez un symbole vide, de type `Bouton`, et nommez-le `StopBtn`.

- Sur chaque image clé du bouton, placez deux instances des symboles graphiques `BordStopGrq` et `FondStopGrq`.

- Modifiez la couleur des instances des symboles graphiques `BordStopGrq` et `FondStopGrq` pour chacun des états.

- Faites en sorte que seule la partie intérieure du bouton soit cliquable.

Créer une occurrence par programme

- Créez une instance du symbole `StopBtn` à l'aide de la méthode `attachMovie()` et nommez-la `arret`.

- Placez l'occurrence `arret` à 50 pixels au-dessus du bord inférieur et à 100 pixels du bord droit de la scène.

- Lancez la lecture de l'animation en tapant sur les touches Ctrl + Entrée (PC) ou Cmd + Entrée (Mac) pour vérifier le bon fonctionnement et la bonne position de l'occurrence `arret`.

Le projet « Portfolio multimédia »

Mise en page du portfolio

Les spécifications fonctionnelles décrites lors du chapitre précédent nous permettent de mettre en place, sur la scène, les différents éléments nécessaires pour réaliser le portfolio.

Ces éléments sont au nombre de 5, il s'agit des zones d'affichage du logo, de la photo, du menu, du texte et de la navigation comme le montre la figure suivante (figure 2-23).

L'idée, pour réaliser cette page, est de :

- Créer un espace de travail de 600 pixels en hauteur et de 800 pixels en largeur.

- Créer autant de symboles qu'il y a de zones d'affichage.

- Créer par programme une instance par symbole.

- Placer chacune des instances en modifiant leurs propriétés _x et _y.

Figure 2-23

*Mise en page
du portfolio.*

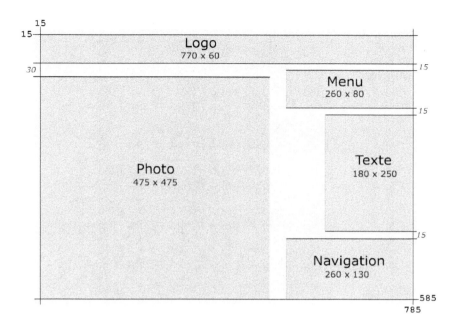

Cinq symboles exportés pour ActionScript

Créer les zones correspondant à la photo, au logo, au menu, au texte et à la navigation à l'aide de l'outil de dessin Rectangle. Pour vous assurer de la bonne taille de vos rectangles, utilisez le panneau Info obtenu en tapant sur Ctrl + I pour les PC et Cmd + I pour les Mac. Grâce à ce panneau, vous pouvez saisir, dans les champs L et H, les tailles exactes des hauteur et largeur de la forme sélectionnée.

Transformez chacune de ces formes en symbole de type `Clip` que vous nommerez respectivement `FondLogoClp`, `FondPhotoClp`, `FondMenuClp`, `FondTextClp` et `FondNavigationClp`.

Lors de la création de ces symboles, prenez soin de :

- Placer le point d'origine (point d'ancrage) sur le coin supérieur gauche de la forme, afin de faciliter son positionnement ultérieur sur la scène. Vous pouvez vous aider du panneau Aligner obtenu en tapant sur Ctrl + K pour les PC et Cmd + K pour les Mac.

- Les occurrences vont être créées ensuite par programme, nous devons exporter le symbole pour ActionScript. À cette fin, cliquer sur le bouton Avancé dans la fenêtre de création du symbole. La fenêtre décrite en figure 2-24 apparaît.

Dans le champ `Liaison`, sélectionnez l'option ActionScript et gardez comme nom d'identifiant celui du symbole.

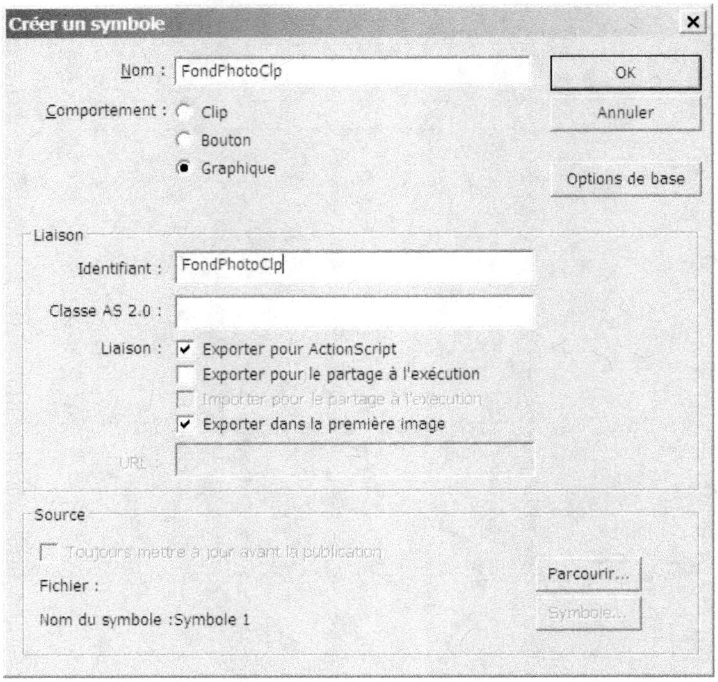

Figure 2-24

La boîte de dialogue Créer un symbole, après avoir cliqué sur l'option Avancé.

Création des instances par programme

Pour définir la zone correspondant à la photo, la technique est de créer une instance FdPho à partir du symbole FondPhotoClp, en utilisant la méthode attachMovie() comme suit :

```
attachMovie("FondPhotoClp","FdPho",2000);
```

où, FondPhotoClp correspond au symbole créé et exporté à l'étape précédente et FdPho correspond au nom de l'instance ainsi créée.

• Créer, de la même façon, les instances FdLog, FdMen, FdTxt et FdNav à partir des symboles FondLogoClp, FondMenuClp, FondTextClp et FondNavigationClp, respectivement.

• Pour éviter d'afficher les instances et leur futur contenu sur un même niveau de profondeur, déclarez 5 variables niveauLogo, niveauPhoto niveauMenu niveauText et niveauNavigation et initialisez-les à 1000, 2000, 3000, 4000 et 5000 respectivement.

• Utilisez ces nouvelles variables lors de la création des instances FdLog, FdLog, FdMen, FdTxt et FdNav de façon à les placer à leur niveau respectif. Par exemple l'instance FdLog doit être placée sur le niveau niveauLogo.

Positionnement des instances par programme

Pour placer chaque instance sur la scène, la technique consiste à les positionner les unes relativement aux autres, en utilisant uniquement des variables définies en début de programme et les propriétés des instances. De cette façon, toute modification de la taille de la scène ou d'un élément de la scène s'effectue sans difficulté, en modifiant la valeur de la variable appropriée. Il n'y pas besoin de parcourir l'ensemble du programme pour modifier, ligne à ligne les valeurs concernées.

Par exemple :

- L'affichage des zones Photo et Logo s'effectue à 15 pixels de l'origine, horizontalement.
- La zone Logo est placée également à 15 pixels de l'origine, verticalement.
- La zone Photo est espacée de 30 pixels verticalement, par rapport à la zone Logo.

Nous pouvons alors définir 3 variables espace, Xmin et Ymin et les initialiser comme suit :

```
espace = 15;
Xmin = espace;
Ymin = espace;
```

Pour positionner la zone Logo, il suffit alors d'écrire

```
FdLog._x = Xmin;
FdLog._y = Ymin;
```

La position verticale de la zone Photo dépend de la position et de la hauteur de la zone Logo. L'instruction :

```
FdPho._y = FdLog._y + FdLog._height + 2*espace;
```

permet de placer correctement la zone Photo, en utilisant les propriétés _y et _height de l'instance FdLog et en y ajoutant 2 * 15, soit 30 pixels.

En vous inspirant des instructions précédentes et en examinant la figure 2-23 :

- Placer verticalement les instances FdMen, FdTxt et FdNav, les unes par rapport aux autres, en observant que FdMen dépend de FdLog, FdTxt dépend de FdMen, et FdNav de FdTxt.
- Sur l'axe horizontal, placer les trois zones FdMen, FdTxt et FdNav par rapport au bord gauche de la scène (en utilisant une variable Xmax, que vous aurez définie en début de programme).

3

Communiquer ou interagir

Les animations réalisées au cours des chapitres précédents sont exécutées en boucle, de la première à la dernière image. La tête de lecture se déplace d'une image à l'autre, et l'utilisateur n'a aucun moyen d'en modifier le cours, ni de transmettre une quelconque information.

Or tout l'intérêt d'un programme est de produire un résultat en fonction d'informations transmises par l'utilisateur. L'application a besoin de données précises qui lui sont communiquées par l'intermédiaire de formulaires, de déplacements de souris ou encore de clics. En contrepartie, l'application réagit en affichant les informations saisies par l'utilisateur, en modifiant la couleur ou la forme de la zone cliquée. On dit alors qu'il y a interaction ou encore que l'application est interactive.

Pour réaliser de telles applications, nous sommes amenés à définir le comportement des objets en fonction des actions de l'utilisateur sur ceux-ci. Ces actions sont traitées en utilisant la notion d'événements.

Dans ce chapitre, nous aborderons les différentes techniques de communication entre une application et l'utilisateur. Au cours de la section « Les différents modes de communication », nous étudierons comment saisir une valeur au clavier, puis comment afficher le résultat d'un calcul en cours d'exécution. Nous examinerons ensuite en section « La gestion des événements » comment associer une action à un événement. Pour cela nous définirons les notions d'événement et de gestionnaire d'événement.

Pour finir, en section « Les techniques de programmation incontournables », nous réaliserons les bases d'un jeu Flash interactif, afin d'étudier les techniques fondamentales de programmation telles que l'incrémentation, ou encore la modification de la couleur d'un objet en cours d'animation.

Les différents modes de communication

Comme nous l'avons observé au cours du chapitre introductif, une application communique avec l'utilisateur en affichant ou en réceptionnant des valeurs textuelles ou numériques. Ces valeurs sont par exemple transmises par l'intermédiaire du clavier pour être ensuite traitées et modifiées directement par l'application. De telles informations sont appelées des informations dynamiques puisqu'elles sont transformées en cours d'exécution du programme.

> **Remarque**
>
> Les informations dynamiques sont affichées non pas dans la fenêtre de sortie (comme nous avons pu le réaliser au cours du chapitre 1, « Traiter les données », section « Afficher la valeur d'une variable »), mais directement dans l'animation Flash.

Observons sur un exemple simple comment réaliser chacune de ces techniques.

Une calculatrice pour faire des additions

Pour examiner le fonctionnement des entrées/sorties, construisons une application qui va nous permettre d'additionner deux valeurs. Celles-ci sont saisies au clavier, par l'utilisateur. Le résultat de l'addition est ensuite affiché après validation des valeurs saisies.

L'application se présente sous la forme suivante :

Figure 3-1

L'application addition.swf est constituée de 5 objets permettant la saisie de 2 valeurs (❶ et ❸) et l'affichage du résultat (❺).

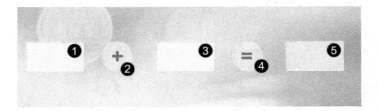

> **Extension Web**
>
> Vous trouverez cet exemple dans le fichier `Addition.fla`, sous le répertoire `Exemples/Chapitre3`.

La mise en place de l'application `Addition.fla` s'effectue en plusieurs temps :

• Définition des objets nécessaires à l'application.

• Positionnement des objets à l'écran.

• Description des comportements de chaque objet, en fonction des actions de l'utilisateur.

Afin de faire comprendre au lecteur la démarche pour construire cette application, chacune des étapes va donner lieu à une description détaillée en français et sera suivie de sa traduction commentée en ActionScript 2.

Définition des objets

L'application `Addition.fla` est composée de 5 objets placés à l'écran selon un ordre précis (voir figure 3-1).

- Les objets ❶ et ❸ permettent la saisie des deux valeurs à additionner.
- L'objet ❷ indique à l'utilisateur que l'opération réalisée est une simple addition.
- L'objet ❹ est, quant à lui, un peu plus complexe, puisqu'il va permettre de valider la saisie des valeurs afin d'afficher le calcul résultant.
- L'objet ❺ est utilisé pour afficher le résultat de l'addition.

Ces objets sont construits chacun à partir d'un symbole dont les caractéristiques assurent la réalisation des fonctions attendues. Nous les décrivons ci-après.

Le symbole SaisirClp

Le symbole `SaisirClp` est un symbole de type `Clip`. Il est constitué d'une zone de texte et d'un rectangle permettant de colorer le fond de la zone de saisie. La zone de texte est placée sur un calque nommé `Texte`, le rectangle sur un second calque nommé `Fond`. Le calque `Texte` est placé au-dessus du calque `Fond`.

Figure 3-2

Le symbole SaisirClp.

Pour que l'utilisateur puisse saisir une valeur, nous devons transformer la zone de texte en type Texte de saisie. Pour ce faire, avant de tracer la zone de texte, allez dans le panneau de propriétés de l'outil Texte et choisissez l'item Texte de saisie, dans la liste (voir figure 3-2).

Ensuite, afin de récupérer la valeur saisie, il convient de nommer la zone de texte, dans le champ Nom de l'occurrence situé juste en dessous du type de la zone de texte (voir figure 3-2).

Remarque

Pour des soucis de clarté, nous choisissons de prendre la convention de nommer les zones de texte de saisie labelIn quelle que soit la finalité du symbole dans lequel se situe la zone de texte.

L'objet AfficherClp

Le symbole AfficherClp est un symbole de type Clip. Il est constitué d'une zone de texte et d'un rectangle permettant de colorer le fond de la zone d'affichage. La zone de texte est placée sur un calque nommé Texte, le rectangle sur un second calque nommé Fond. Le calque Texte est placé au-dessus du calque Fond.

Figure 3-3

Le symbole AfficherClp.

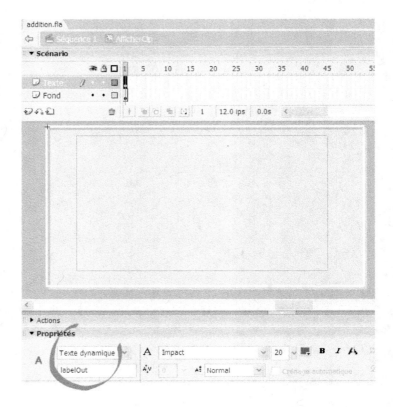

Pour que l'application puisse afficher un message dans la zone de texte, nous devons la transformer en type `Texte dynamique`. Pour ce faire, avant de tracer la zone de texte, allez dans le panneau de propriétés de l'outil texte et choisissez l'item Texte dynamique, dans la liste (voir figure 3-3).

Afin de transmettre la valeur à afficher, il convient de nommer la zone de texte dans le champ `Nom de l'occurrence`, situé juste en dessous du type de la zone de texte (voir figure 3-3).

Remarque

Par souci de clarté, nous choisissons de prendre la convention de nommer les zones de texte dynamique `labelOut` quelle que soit la finalité du symbole dans lequel se situe la zone de texte.

Les symboles OpérateurClp et ValiderClp

Les symboles `OperateurClp` et `ValiderClp` sont de type `Clip`. Ils sont constitués chacun d'un calque `Fond` et d'un calque `Texte` sur lequel est tracé le signe « + » pour le symbole `OperateurClp`, et le signe « = » pour le symbole `ValiderClp`.

Figure 3-4

Le symbole OpérateurClp.

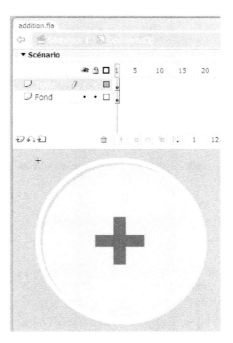

Ces deux symboles ne contiennent pas de zone de texte dynamique ni de saisie, puisqu'ils restent identiques tout au long de l'application.

Figure 3-5

*Le symbole
ValiderClp.*

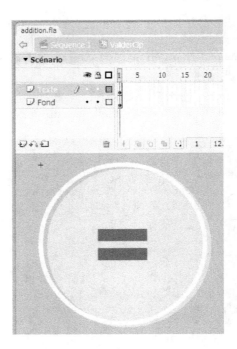

Création des objets

Les objets sont créés par l'intermédiaire de la méthode attachMovie().

> **Pour en savoir plus**
> La création d'un objet par programme est décrite au cours du chapitre 2, « Les symboles », section « Les différentes façons de créer des occurrences ».

Les objets ❶ et ❸ permettant la saisie des deux valeurs à additionner sont créés par les instructions :

```
attachMovie("SaisirClp", "valeur_1", 10);
attachMovie("SaisirClp", "valeur_2", 20);
```

> **Remarque**
> Les deux objets valeur_1 et valeur_2 sont créés à partir du même symbole SaisirClp. Seule la différence du nom des occurrences permet de distinguer le premier objet du second.

L'objet ❷, indiquant à l'utilisateur que l'opération réalisée est une simple addition, est créé par l'instruction suivante :

```
attachMovie("OpérateurClp", "signe", 30);
```

Ce nouvel objet a pour nom signe.

L'objet ❹ permettant la validation de la saisie des valeurs est créé par l'instruction ci-dessous ; il a pour nom `egal`.

```
attachMovie("ValiderClp", "egal", 40);
```

Pour finir, l'objet ❺ utilisé pour afficher le résultat est défini grâce à l'instruction ci-après ; il a pour nom `resultat`.

```
attachMovie("AfficherClp", "resultat", 50);
```

Remarque

Si un symbole ne s'affiche pas à l'écran après sa création par `attachMovie()`, vérifiez que la liaison `Exportez pour ActionScript` a bien été effectuée (voir chapitre 2, section « Créer une occurrence par programme »).

Positionnement des objets à l'écran

Les objets sont placés de façon à les rendre indépendants de la taille de la scène et des objets eux-mêmes. Pour cela, nous devons placer ces derniers en utilisant des valeurs calculées à partir de la taille de la scène (`hauteur` et `largeur`) et de la taille des objets affichés. Aucune valeur déterminée de façon fixe ne doit être codée directement dans le programme.

Ainsi, nous supposons que les éléments de la calculatrice sont placés à mi-hauteur de la fenêtre, et un écart de 5 % de la largeur de la fenêtre sépare le premier objet du bord gauche de la fenêtre (voir figure 3-6). Chaque objet est ensuite espacé de ce même écart.

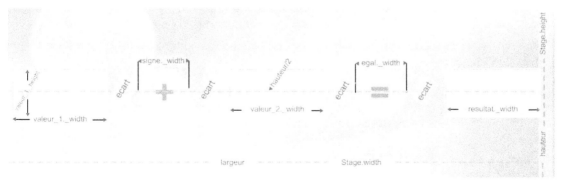

Figure 3-6

Les objets sont placés sur la scène compte tenu de leur largeur et d'un écart donné.

La hauteur de la scène, ainsi que sa largeur sont calculées à partir de l'objet `Stage` de la façon suivante :

```
var largeur:Number = Stage.width;
var hauteur:Number = Stage.height;
```

Position sur l'axe des Y

Pour placer un objet à mi-hauteur de la fenêtre, il suffit alors de le positionner à la moitié de la hauteur de la fenêtre, comme ceci :

```
objet._x = hauteur / 2;
```

Pour placer un objet sur la scène, Flash utilise le point de référence défini lors de la création du symbole dont est issu l'objet. Selon la position du point de référence (en haut, à gauche, au centre…), l'objet affiché n'est pas forcément placé à la mi-hauteur de la scène.

Question

Quelles sont les instructions qui permettent de placer similairement, les objets resultat, valeur_1, valeur_2, egal et signe sur la scène, si l'on suppose que le point de référence des symboles AfficherClp, SaisirClp, ValiderClp et OperateurClp est centré sur le bord gauche du clip ?

Réponse

Lorsque le point de référence est centré sur le bord gauche du clip, il n'est plus besoin de retrancher la moitié de la hauteur du clip pour le placer au centre de la scène. L'instruction :

```
valeur_1._y = hauteur /2;
```

suffit à placer l'objet valeur_1 à mi-hauteur de la scène. Les autres objets se placent ensuite de la même façon par rapport à ce dernier (voir extension Web, fichier QuestionReponsePosition.fla sous le répertoire Exemples/Chapitre3).

Ainsi, pour notre exemple, nous avons choisi de prendre comme point de référence le coin supérieur gauche du symbole. Pour placer les objets à mi-hauteur, nous devons donc retirer la moitié de la hauteur de l'objet (voir figure 3-6).

Le code permettant de placer le premier objet à mi-hauteur quelles que soient les hauteurs de l'objet et de la scène s'écrit :

```
valeur_1._y = (hauteur - valeur_1._height) /2;
```

Ensuite, comme tous les autres objets se situent à la même hauteur que l'objet valeur_1, nous pouvons initialiser leur position, sur l'axe des Y à valeur_1._y, comme suit :

```
signe._y = valeur_1._y;
valeur_2._y = valeur_1._y;
egal._y = valeur_1._y;
resultat._y = valeur_1._y;
```

Remarque

Pour être sûrs que les objets se positionnent de façon harmonieuse, nous avons pris soin de les dessiner tous de la même hauteur.

Position sur l'axe des X

Un écart de 5 % de la largeur de la fenêtre sépare le premier objet du bord gauche de la fenêtre. Cet écart est calculé par l'instruction :

```
var ecart:Number = 5 * largeur / 100;
```

L'objet ❶ (valeur_1) est ensuite placé sur l'axe des X, par l'instruction :

```
valeur_1._x = ecart;
```

L'objet suivant (❷ - signe) est placé juste après la première valeur à saisir avec également un écart de 5 % de la largeur de la fenêtre. Le calcul de sa position exacte s'effectue grâce à l'instruction (voir figure 3-6) :

```
signe._x = valeur_1._x + valeur_1. _width + ecart;
```

Remarque

En utilisant la position et la largeur de l'objet précédent, nous rendons le positionnement des objets indépendants de leur forme. Si vous modifiez la taille et la forme d'un ou des symboles, l'affichage reste cohérent, les objets ne peuvent se chevaucher.

Les trois autres objets composant la calculatrice sont positionnés de la même façon, dans leur ordre d'apparition, en tenant compte de la position de l'objet précédent, de sa largeur et de l'écart imposé entre chaque objet.

```
valeur_2._x = signe._x + signe. _width + ecart;
egal._x = valeur_2._x + valeur_2. _width + ecart;
resultat._x = egal._x + egal. _width + ecart;
```

Saisir une information au clavier

Une fois tous les objets positionnés, examinons comment les valeurs saisies au clavier sont transmises au programme pour être additionnées.

Les valeurs sont saisies par l'intermédiaire des objets valeur_1 et valeur_2 *via* le clavier, après que l'utilisateur ait cliqué sur chacun de ces objets. Les valeurs ainsi saisies sont enregistrées dans des variables (ici a et b), en utilisant le champ de texte labelIn, créé lors de la mise en place du symbole SaisirClp, comme suit :

```
// Déclaration des variables pour mémoriser les valeurs saisies
var a, b:Number;
// La première valeur est saisie dans la zone de texte
// labelIn de l'objet valeur_1
a = valeur_1.labelIn.text;
trace("a : " + a);
// La seconde valeur est saisie dans la zone de texte
// labelIn de l'objet valeur_2
b = valeur_2.labelIn.text;
trace("b : " + b);
```

> **Remarque**
>
> Observez qu'il est obligatoire, pour accéder aux valeurs saisies, de placer le terme `.text` derrière le nom de la zone de saisie.

Les commandes `trace()` ne sont pas obligatoires. Leur présence permet de vérifier que les valeurs saisies sont effectivement bien enregistrées dans les variables `a` et `b`.

Afficher une information

Lorsque les deux valeurs sont saisies, le résultat de l'addition est stocké dans une troisième variable nommée `c`. Cette variable est ensuite utilisée pour afficher son contenu, via l'objet `resultat`, comme le montrent les instructions ci-après.

```
// Déclaration de la variable mémorisant le résultat de l'addition
var c:Number;
// Calcul de l'addition
c = a + b;
trace ("c : "+ c);
// Le résultat est affiché par l'intermédiaire de la zone de
// texte dynamique nommée labelOut.
resultat.labelOut.text = c;
```

De la même façon, la commande `trace()` n'est pas obligatoire. Elle permet juste de vérifier que l'addition a bien été effectuée.

Exécution de l'application

Le programme tel que nous l'avons réalisé s'exécute correctement – il n'y a pas d'erreur de syntaxe. Mais il ne réalise pas la fonction attendue, à savoir afficher le résultat de l'addition. En effet, les valeurs saisies par l'utilisateur ne sont pas transmises au programme. Elles ne sont pas enregistrées dans les variables `a` et `b`. Les commandes `trace()` affichent des valeurs vides (voir figure 3-7).

Figure 3-7

Les valeurs saisies au clavier ne sont pas enregistrées dans les variables a et b.

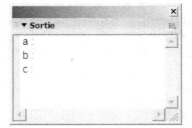

Que se passe-t-il ?

Pour que les valeurs soient transmises à l'application, l'utilisateur doit valider leur saisie soit en tapant sur la touche Entrée du clavier, soit en cliquant sur le bouton `egal`.

Or, ces deux actions ne sont pas directement compréhensibles par le lecteur Flash. Le fait de taper sur une touche du clavier ou de cliquer sur un objet doit être traduit en langage informatique. Cette traduction passe par la mise en place d'un système d'écoute du clavier ou de la souris qui s'effectue grâce aux gestionnaires d'événements.

> **Pour en savoir plus**
> La suite de cet exemple est traitée en fin de la section « La gestion des événements ».

La gestion des événements

ActionScript 2 est un langage de programmation événementielle. Il a été conçu de façon à faciliter la description des comportements de l'animation en fonction des actions réalisées par l'utilisateur. Ainsi, chaque action ou non action provoquent un comportement spécifique. Ces comportements sont décrits par l'intermédiaire d'un gestionnaire d'événement.

Qu'est ce qu'un événement ?

La notion d'événement est très simple à comprendre. Dans la vie réelle, nous agissons très souvent en fonction d'événements. Reprenons l'exemple de la recette de l'œuf coque décrite au chapitre introductif de cet ouvrage. D'un point de vue programmation événementielle, nous pouvons décrire les comportements suivants :

• lorsque l'eau bout (événement), placer l'œuf dans la casserole (action) ;

ou encore :

• lorsque le minuteur sonne (événement), éteindre la plaque électrique, prendre une cuillère, retirer l'œuf de la casserole à l'aide de la cuillère et poser l'œuf dans le coquetier (série d'actions).

Les événements sont associés au temps (attendre que l'eau bouille) ou à un changement d'état d'un objet (le minuteur sonne). Ensuite, à chaque événement sont associées une ou plusieurs actions (placer l'œuf, retirer l'œuf…).

Les types d'événements sous Flash sont, bien entendu, très différents de ceux de la vie réelle. Ils sont en général associés à un mouvement, à un clic de souris, ou encore à une frappe de clavier. Le fait qu'aucune action ne soit réalisée dans un laps de temps donné peut également constituer un événement. Les événements sont donc liés soit au temps qui passe, soit à une action de l'utilisateur sur un périphérique (clavier, souris…).

Les différents types d'événements

ActionScript 2 propose un très grand nombre d'événements à gérer. Certains se produisent pendant la lecture de l'animation, lorsque la tête de lecture se déplace d'image en image, d'autres répondent à une action de l'utilisateur.

Comme nous avons pu le constater avec la calculatrice, une animation ne gère pas d'événement, par défaut. Elle s'exécute de façon continue, sans qu'aucun événement ne soit traité. C'est au programmeur de déterminer quel type d'événement l'application doit recevoir.

Plus précisément, ce n'est pas l'application en tant que telle qui gère les événements, mais ce sont les objets définis au sein de l'application. Ainsi, lorsque l'utilisateur clique sur un bouton `Jouer`, seul ce bouton reçoit l'événement correspondant au clic.

Remarque

Chaque événement ne peut être traité que par un seul objet à la fois. Par contre, un objet est capable de traiter plusieurs types d'événements.

Un clic ou un déplacement de souris sur le bouton `Jouer` ont pour résultat un comportement propre à l'événement reçu. Le premier démarre par exemple un jeu, alors que le second modifie la couleur d'un autre bouton.

Pour réaliser l'association, type d'événement-objet, la technique consiste à appliquer à l'objet donné, le nom de l'événement à traiter. La syntaxe est la suivante :

```
NomDeL'Objet.nomDeL'Evenement
```

où

- `NomDeL'Objet` correspond au nom d'un objet créé par une méthode telle que `attach Movie()`, ou encore défini par l'intermédiaire du panneau de propriétés.

- `NomDeL'Evenement` est un nom d'événement défini par le langage ActionScript 2.

Le langage ActionScript 2 définit un grand nombre d'événements. Parmi ceux-ci, il existe des événements de base que l'on utilise de façon constante. Il s'agit des événements associés au bouton et ceux liés au temps. Ils s'appliquent aux objets de types clip d'animation et bouton.

Les événements liés au bouton

Les boutons sont des éléments d'interaction très importants dans les présentations Flash (site Web, animations…). Le développement d'applications Flash ne peut s'effectuer sans une bonne connaissance des événements standards liés à ces éléments graphiques (clic, déplacement de la souris…).

Ainsi, les événements ayant pour nom `onRelease`, `onRollOver`, `onRollOut` et `onPress` vont permettre de contrôler les actions et réactions d'un objet en fonction de la position du curseur et de l'état du bouton de la souris (cliqué, relâché…).

Par exemple, l'association des termes `egal.onRelease` fait que l'objet `egal` devient en mesure de traiter l'événement `onRelease`, c'est-à-dire l'événement associé au relâchement d'un bouton de la souris.

Les événements liés au temps

Les événements liés au temps sont détectés par le lecteur Flash en fonction du déplacement de la tête de lecture. L'événement le plus couramment utilisé pour gérer le temps a pour nom `onEnterFrame`. Il est déclenché automatiquement à chaque fois que la tête de lecture passe sur une image de la ligne de temps. Ainsi, si votre animation est définie sur 24 images par seconde, l'événement `onEnterFrame` est déclenché 24 fois par seconde.

L'association des termes `bSavon.onEnterFrame` utilisée au cours du chapitre introductif de cet ouvrage (section « Qu'est-ce qu'un programme sous Flash ? ») fait que l'objet `bSavon` détecte l'événement `onEnterFrame` tous les 24e de seconde.

Lorsqu'un objet est en mesure de détecter un événement, il convient ensuite de décrire la ou les actions à réaliser pour cet événement. Cette description s'effectue à l'intérieur d'un gestionnaire d'événement.

Définir un gestionnaire d'événement

À un événement sont associés un comportement, une action. Chaque objet capable de recevoir un événement doit traiter ce dernier en réalisant l'action attendue par l'utilisateur (un clic de souris sur un bouton `Jouer` lance le jeu attendu).

La mise en place d'un élément d'interaction s'effectue donc en deux temps :

1. Définir l'association type d'événement-objet.

2. Décrire les actions réalisées à réception de l'événement.

Remarque

L'association type d'événement–description des actions à réaliser constitue, dans le jargon informatique, un gestionnaire d'événement.

Pour créer un gestionnaire d'événement, la syntaxe est la suivante :

```
nomDeL'Objet.nomDeL'Evénement = function():Void {
// instructions décrivant l'action
}
```

L'instruction `nomDeL'Objet.nomDeL'Evénement` définit le nom de l'objet ainsi que l'événement perçu par l'objet. Les actions à réaliser lorsque l'objet reçoit l'événement, sont ensuite décrites dans le bloc `function() { }`. Ces actions sont associées à l'objet recevant l'événement, par l'intermédiaire du signe « = ».

Pour en savoir plus

Les fonctions associées à un gestionnaire d'événement sont traitées plus en détail au chapitre 7 « Les fonctions », section « Les fonctions littérales ».

Les gestionnaires d'événements pour le bouton egal

Examinons sur un exemple plus concret comment écrire différents gestionnaires d'événements pour le bouton nommé egal, décrit en section précédente, de façon à ce que lorsque l'utilisateur :

- Clique ou relâche le bouton de la souris alors que le curseur de la souris se trouve sur le bouton egal, un message personnalisé apparaît dans la fenêtre de sortie.

- Fait simplement passer le curseur de la souris sur ce même bouton, un message approprié apparaît également dans la fenêtre de sortie.

Extension Web

Vous trouverez cet exemple dans le fichier GestionnaireEvenement.fla, sous le répertoire Exemples/Chapitre3.

Événement lié à une action de l'utilisateur

- Événement onPress

L'événement onPress est utilisé pour détecter le fait que l'utilisateur appuie sur le bouton de la souris, lorsque le curseur se trouve sur l'objet auquel est associé l'événement. Le gestionnaire d'événement s'écrit sous la forme suivante :

```
egal.onPress = function():Void {
   trace("Vous venez d'appuyer sur le bouton egal");
}
```

Ainsi, lorsque l'utilisateur clique sur le bouton egal, le message Vous venez d'appuyer sur le bouton egal apparaît dans la fenêtre de sortie.

Remarque

Dès qu'un gestionnaire d'événement est défini pour un objet, le curseur ne s'affiche plus de la même façon, lorsque ce dernier se trouve sur l'objet. Une icône représentant une main apparaît, alors qu'auparavant il y avait une flèche. Le changement du curseur indique que le gestionnaire d'événement est correctement défini et bien pris en compte par le lecteur Flash.

- Événement onRelease

L'événement onRelease est utilisé pour détecter le fait que l'utilisateur cesse d'appuyer sur le bouton de la souris, lorsque le curseur se trouve sur l'objet auquel est associé l'événement. Le gestionnaire d'événement s'écrit sous la forme suivante :

```
egal.onRelease = function():Void {
   trace("Le bouton de la souris vient d'être relâché ");
}
```

Ainsi, lorsque l'utilisateur relâche le bouton de la souris, le curseur étant positionné sur le bouton egal, le message Le bouton de la souris vient d'être relâché apparaît dans la fenêtre de sortie.

• Événement `onRollOver`

L'événement `onRollOver` est utilisé pour détecter le fait que le curseur de la souris se trouve sur l'objet auquel est associé l'événement. Le gestionnaire d'événement s'écrit sous la forme suivante :

```
egal.onRollOver = function():Void {
  trace("Le curseur de la souris est sur le bouton egal ");
  }
```

Ainsi, lorsque le curseur passe sur le bouton `egal`, le message `Le curseur de la souris est sur le bouton egal` apparaît dans la fenêtre de sortie.

• Événement `onRollOut`

L'événement `onRollOut` est utilisé pour détecter le fait que le curseur de la souris sort de l'objet auquel est associé l'événement. Le gestionnaire d'événement s'écrit sous la forme suivante :

```
egal.onRollOut = function():Void {
  trace("Le curseur de la souris est sorti du bouton egal");
  }
```

Ainsi, lorsque le curseur sort du bouton `egal`, le message `Le curseur de la souris est sorti du bouton egal` apparaît dans la fenêtre de sortie.

Événement lié au temps

• Événement `onEnterFrame`

L'événement `onEnterFrame` est utilisé pour détecter le déplacement de la tête de lecture du lecteur Flash, sur l'objet auquel est associé l'événement. Le gestionnaire d'événement s'écrit sous la forme suivante :

```
egal.onEnterFrame = function():Void {
  trace("Événement onEnterFrame déclenché");
  }
```

En supposant que votre animation est lue à raison de 18 images par seconde, le message `Événement onEnterFrame déclenché` est affiché donc 18 fois par seconde.

Pour en savoir plus

Pour définir la cadence d'une animation (nombre d'images affichées par seconde) reportez-vous au chapitre introductif, « À la source d'un programme », section « Le scénario, les calques, les images et les images clés ».

Une calculatrice pour faire des additions (suite et fin)

Comme nous avons pu l'observer au cours de la section « Exécution de l'application » de ce chapitre, le résultat de l'addition ne peut s'afficher qu'après validation des valeurs saisies.

Nous vous proposons de réaliser cette validation en cliquant sur le bouton egal de la calculatrice. Pour cela, nous devons écrire un gestionnaire d'événement onRelease pour l'objet egal, dans lequel nous plaçons les instructions de calcul de l'addition et l'affichage du résultat dans l'objet resultat. Le gestionnaire d'événement s'écrit comme suit :

```
egal.onRelease = function():Void {
  var a, b, c:Number;
  a = valeur_1.labelIn.text;
  trace("a : " + a);
  b = valeur_2.labelIn.text;
  trace("b : " + b);
  c = a + b;
  trace ("c : "+ c);
  resultat.labelOut.text = c;
}
```

L'exécution du programme montre que les valeurs sont bien enregistrées dans les variables a et b après avoir cliqué sur le bouton egal (voir figure 3-8). Cependant, vous pouvez constater que le résultat affiché ne correspond pas à celui attendu.

Figure 3-8

Les valeurs saisies au clavier sont des caractères et non des valeurs numériques.

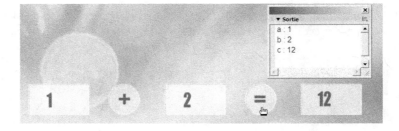

Les valeurs saisies et enregistrées dans les variables a et b correspondent à des chaînes de caractères. L'addition de deux variables contenant des caractères a pour résultat de placer les deux chaînes l'une derrière l'autre dans la variable c. Ainsi, l'addition des caractères 1 et 2 a pour résultat le mot 12. Dans le jargon informatique, l'addition de caractères est aussi appelée la *concaténation* de caractères.

Pour obtenir un résultat correct, nous devons traduire les valeurs saisies en valeurs numériques. Pour cela ActionScript 2 propose la fonction prédéfinie Number() qui convertit une chaîne de caractères passée en paramètre, en valeur numérique.

Remarque

Les caractères passés en paramètres sont nécessairement des caractères numériques. Ainsi, la chaîne 12 peut être convertie en valeur numérique alors que douze ne peut l'être.

```
egal.onRelease = function():Void {
  var a, b, c:Number;
  a = Number (valeur_1.labelIn.text);
```

```
    b = Number (valeur_2.labelIn.text);
    c = a + b;
    resultat.labelOut.text = c;
}
```

Ainsi corrigée, l'application fournit désormais un résultat correct (voir figure 3-9).

Figure 3-9
La calculatrice sait
enfin additionner !

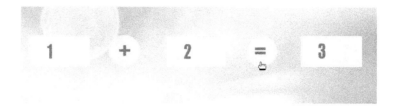

Question

Pourquoi vaut-il mieux utiliser l'événement `onRelease` au lieu de l'événement `onPress` pour valider la saisie d'une valeur ?

Réponse

Avec l'événement `onPress` la validation des valeurs s'effectue au moment où l'on presse le bouton de la souris. Avec l'événement `onRelease`, la validation n'est réalisée que lorsque l'on relâche le bouton. Dans le cas où la saisie est erronée, nous avons la possibilité, avec l'événement `onRelease`, de relâcher le bouton de la souris en dehors du bouton `egal` pour empêcher la validation et corriger l'erreur. Avec l'événement `onPress` l'erreur ne peut être corrigée, l'événement étant pris en compte dès le début du clic, sans possibilité de revenir en arrière (voir extension Web, fichier `QuestionReponseOnPress.fla` sous le répertoire `Exemples/Chapitre3`).

Les techniques de programmation incontournables

Tout bouton, tout élément constituant l'interface graphique d'une application possède un comportement spécifique que nous devons traduire sous la forme de programmes ActionScript 2. Ainsi, décrire les actions à réaliser lors d'un clic de souris constitue le cœur d'un programme basé sur la programmation événementielle. Ces actions sont décrites par des instructions qui font appel le plus souvent à des techniques de base indispensables à connaître. Parmi celles-ci, examinons l'incrémentation qui est un procédé très utilisé en informatique.

Dans l'environnement Flash, l'incrémentation est très utile en particulier pour déplacer un objet sur la scène. Aussi, nous nous proposons de réaliser un petit jeu simple qui va nous permettre de saisir tout l'intérêt de cette technique associée à la gestion des événements.

Ce jeu nous permettra également d'examiner des techniques plus spécifiques à Flash, comme changer la couleur d'un objet en cours d'animation, ou déplacer un objet à l'aide de la souris.

Cahier des charges

Le jeu consiste à faire éclater des bulles de savon à l'aide d'un curseur. Le curseur ne se déplace qu'horizontalement et se situe vers le bas de la scène.

Au lancement de l'animation, la scène se présente comme le montre la figure 3-10.

Figure 3-10

Le jeu a pour objectif de faire éclater les bulles à l'aide du curseur triangulaire.

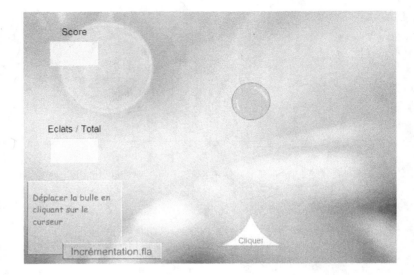

Lorsque le curseur de la souris se trouve sur le curseur triangulaire, le texte `Cliquer` remplace le terme `Jouer` afin d'inviter l'utilisateur à démarrer le jeu.

Lorsque l'utilisateur clique sur le curseur Jouer, celui-ci change de couleur et une bulle de savon apparaît et descend à la verticale. Le curseur se déplace de gauche à droite et inversement, en fonction de la position de la souris. L'utilisateur doit déplacer le curseur de façon à se placer sous la bulle et faire éclater la bulle.

Comme pour la calculatrice, la mise en place de ce jeu s'effectue en plusieurs temps :

• Définition des objets nécessaires à l'application.

• Positionnement des objets à l'écran.

• Description des comportements de chaque objet en fonction des actions de l'utilisateur.

Remarque

Toutes les fonctionnalités du jeu ne pourront être réalisées dans ce chapitre. Elles le seront au cours des chapitres à venir, lorsque les techniques (test, boucle,...) nécessaires à leur mise en œuvre auront été étudiées en détail.

Définition des objets

- La bulle

  La bulle est un simple objet défini comme un symbole de type `Clip`. Le symbole est nommé `BulleClp`. Elle représente une bulle de savon, comme le montre la figure 3-11.

Figure 3-11

Le symbole BulleClp.

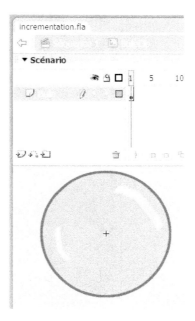

- Le curseur

  Le curseur représenté par la figure 3-12 est un symbole de type `Clip` nommé `BoutonClp`. Il est composé de deux calques nommés `Texte` et `Forme`.

  Sur le premier calque se trouve une zone de texte dynamique dans lequel est placé le texte `Cliquer`. La zone de texte est nommée `labelOut` dans la fenêtre de propriétés associée (voir figure 3-12-❶). Elle permet la modification de texte placé sur le bouton, en cours d'exécution du jeu.

  Pour modifier la couleur du fond du bouton lorsque le curseur de la souris se trouve dessus, nous plaçons sur le second calque deux objets :

  1. Le contour du triangle, tracé en noir (voir figure 3-12-❷).

  2. La couleur de fond du bouton (triangle sans bord), placée à l'intérieur d'un symbole (voir figure 3-12-❸).

  3. Le symbole représentant le fond est nommé `FondClp`. La copie de ce symbole (l'instance), placée dans le clip `BoutonClp` est nommée `fond`, dans la fenêtre de propriétés associée (voir figure 3-12-❹).

Figure 3-12

Le symbole BoutonClp.

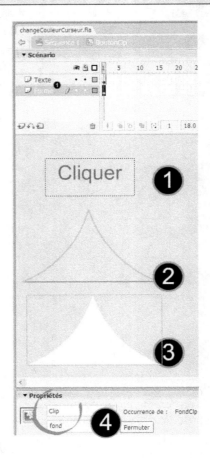

- Les zones de texte

  Les deux zones de texte sont utilisées pour afficher le nombre de bulles éclatées par le curseur, ainsi que le score réalisé. Ces deux zones d'affichage sont issues du même symbole nommé AfficherClp.

  Le symbole AfficherClp est un symbole de type Clip. Il est constitué de deux zones de texte dynamique et d'un rectangle permettant de colorer le fond de la zone d'affichage. Les deux zones de texte sont placées sur un calque nommé Texte, le rectangle sur un second calque nommé Fond. Le calque Texte est placé au-dessus du calque Fond.

  Chaque zone de texte porte un nom dans la fenêtre de propriétés qui les distingue l'une de l'autre. Celle située au-dessus du rectangle est nommée titreOut, celle située au centre a pour nom labelOut (voir figure 3-13).

Figure 3-13

Le symbole `BulleClp`.

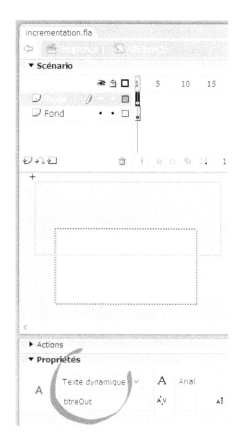

Positionnement des objets à l'écran

Comme le montre la figure 3-10, nous devons placer les objets de façon à ce que :

- La bulle se situe au centre de l'écran.

- Le curseur soit centré horizontalement, vers le bas de la scène.

- Un écart de 5 % de la largeur de la fenêtre sépare les deux zones de texte du bord gauche de la fenêtre. La zone de texte correspondant à l'affichage du score se situe au premier tiers de la hauteur, tandis que la zone de texte affichant le nombre de bulles éclatées se trouve dans le second tiers.

Ces contraintes sont réalisées grâce aux instructions suivantes :

```
// Stocker la hauteur et la largeur de la scène
var largeur:Number = Stage.width;
var hauteur:Number = Stage.height;

// Calculer un écart de 5 % de la largeur de la fenêtre
```

```
var ecart:Number = 5 * largeur / 100;

// Créer les objets bSavon et btnJouer
attachMovie("BulleClp", "bSavon", 200);
attachMovie("BoutonClp", "btnJouer", 100);

// Placer le curseur au centre sur l'axe des x et vers le bas
btnJouer._x = largeur / 2;
btnJouer._y = hauteur - btnJouer._height;

// Placer la bulle au centre de la scène
bSavon._x = (largeur ) / 2;
bSavon._y = (hauteur) / 2;

// Créer les deux zones de texte
attachMovie("AfficherClp", "score", 20);
attachMovie("AfficherClp", "eclats", 30);

//Placer les zones de texte sur le bord gauche de la scène
score._x = ecart;
score._y = (hauteur - score._height) / 3;
eclats._x = ecart;
eclats._y = 2*(hauteur - eclats._height) / 3;

// Donner un titre aux deux zones de texte
score.titreOut.text = "Score";
eclats.titreOut.text = "Eclats / Total";
```

La bulle se déplace vers le bas, à chaque clic

Pour déplacer un objet sur la scène, il suffit de modifier ses coordonnées en X et en Y. Déplacer un objet vers la droite ou vers la gauche s'effectue en modifiant les coordonnées en X, alors que déplacer un objet vers le haut ou le bas, s'accomplit en modifiant les coordonnées en Y.

Ici, la bulle doit être déplacée vers le bas lorsque l'utilisateur clique sur le curseur. En supposant que la bulle soit placée en 150 sur l'axe des Y, pour voir descendre la bulle au moment du clic, il suffit de la déplacer en 151 au premier clic, puis en 152 au clic suivant, puis en 153…

Pour en savoir plus

Le système de coordonnées qui permet de placer des objets sur la scène est décrit au chapitre introductif de cet ouvrage, section « Qu'est-ce qu'un programme sous Flash ? »

La propriété _y de l'objet à déplacer prend les valeurs 150, 151, 152, … Elle augmente de 1 à chaque clic.

Pour augmenter (dans le jargon informatique on dit « incrémenter ») une valeur de 1, la solution consiste à utiliser l'instruction suivante :

```
a = a + 1
```

En effet, comme nous avons pu le remarquer au cours du chapitre 1, « Traiter les données », section « Quelques confusions à éviter », cette instruction ajoute 1 à la valeur de a située à droite du signe = et enregistre la valeur augmentée de 1 dans la même variable a grâce au signe d'affectation. L'enregistrement efface la valeur précédemment enregistrée.

Pour réaliser l'incrémentation sur la bulle de savon, il suffit de remplacer la variable a par la position de l'objet sur l'axe des Y, à savoir bSavon._y, et d'insérer l'instruction dans le gestionnaire d'événement btnJouer.onRelease, comme suit :

```
btnJouer.onRelease = function():Void {
        bSavon._y = bSavon._y + 1;
}
```

De cette façon, à chaque fois que l'utilisateur clique sur le curseur, la position de la bulle (bSavon._y) est incrémentée de 1, ce qui a pour résultat de la déplacer d'un pixel vers le bas de la scène (voir figure 3-14).

Figure 3-14

Le centre de la bulle se déplace de 1 pixel à chaque clic.

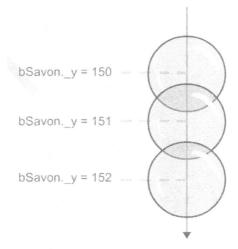

Code complet de incrementation.fla

Extension Web

Vous trouverez cet exemple dans le fichier Incrementation.fla, sous le répertoire Exemples/ Chapitre3.

```
// Stocker la hauteur et la largeur de la scène
var largeur:Number = Stage.width;
var hauteur:Number = Stage.height;

// Calculer un écart de 5 % de la largeur de la fenêtre
var ecart:Number = 5 * largeur / 100;

// Créer les objets bSavon et btnJouer
attachMovie("BulleClp", "bSavon", 200);
attachMovie("BoutonClp", "btnJouer", 100);

// Placer le curseur au centre sur l'axe des x et vers le bas
btnJouer._x = largeur / 2;
btnJouer._y = hauteur - btnJouer._height;

// Placer la bulle au centre de la scène
bSavon._x = (largeur ) / 2;
bSavon._y = (hauteur) / 2;

// Créer les deux zones de texte
attachMovie("AfficherClp", "score", 20);
attachMovie("AfficherClp", "eclats", 30);

//Placer les zones de texte sur le bord gauche de la scène
score._x = ecart;
score._y = (hauteur - score._height) / 3;
eclats._x = ecart;
eclats._y = 2*(hauteur - eclats._height) / 3;

// Donner un titre aux deux zones de texte
score.titreOut.text = "Score";
eclats.titreOut.text = "Eclats / Total";

// Définir un gestionnaire d'événement onRelease pour le curseur
btnJouer.onRelease = function():Void {
    //Déplacer la bulle d'un pixel vers le bas à chaque clic
        bSavon._y = bSavon._y + 1;
}
```

La bulle se déplace toute seule en un seul clic

L'objectif n'est plus ici de déplacer la bulle en cliquant sur le curseur – ce qui est plutôt fastidieux –, mais que la bulle se déplace toute seule vers le bas de la fenêtre dès que l'utilisateur clique sur le curseur.

Pour cela, deux événements sont à traiter :

• L'événement onRelease, puisque l'utilisateur doit cliquer sur le curseur pour lancer l'animation.

- L'événement onEnterFrame pour que la bulle se déplace d'un cran vers le bas à chaque fois que ce dernier est déclenché par le lecteur Flash.

Extension Web

Vous trouverez cet exemple dans le fichier AnimationBulle.fla, sous le répertoire Exemples/ Chapitre3.

Le gestionnaire d'événement onEnterFrame est composé des instructions suivantes :

```
bSavon.onEnterFrame = function():Void {
    bSavon._y = bSavon._y + 1;
}
```

Il permet de réaliser le déplacement de l'objet bSavon toutes les 18 images par seconde.

Remarque

Lorsque l'objet sur lequel est appliqué le gestionnaire d'événement est utilisé à l'intérieur du gestionnaire d'événement, il est conseillé de remplacer le nom de l'objet par le terme this. Ainsi le gestionnaire précédent s'écrit :

```
bSavon.onEnterFrame = function() {
    this._y = this._y + 1;
}
```

Le terme this (traduire par « celui-ci ») est remplacé, au moment de la lecture de l'animation, par l'objet sur lequel est appliqué le gestionnaire d'événement soit, ici, l'objet bSavon.

Pour en savoir plus

L'intérêt et le mode de fonctionnement de this sont développés au cours des chapitres 8, « Classes et objets » et 9, « Les principes du concept objet ».

Le déplacement automatique n'est réalisé que lorsque l'utilisateur clique sur le curseur, c'est pourquoi nous devons insérer le gestionnaire d'événement onEnterFrame à l'intérieur du gestionnaire d'événement onRelease, comme suit :

```
btnJouer.onRelease = function():Void {
    bSavon.onEnterFrame = function() {
        this._y = this._y + 1;
    }
}
```

En insérant le gestionnaire onEnterFrame de la sorte, nous sommes assurés que ce dernier ne se déclenchera que lorsque l'utilisateur aura cliqué sur le curseur. L'animation de la bulle ne s'effectue qu'à cette condition.

Code complet de animationBulle.fla

Les deux gestionnaires d'événements `onRelease` et `onEnterFrame` s'insèrent dans le code ActionScript 2 précédent de la façon suivante :

```
// Stocker la hauteur et la largeur de la scène
var largeur:Number = Stage.width;
var hauteur:Number = Stage.height;

// Calculer un écart de 5 % de la largeur de la fenêtre
var ecart:Number = 5 * largeur / 100;

// Créer les objets bSavon et btnJouer
attachMovie("BulleClp", "bSavon", 200);
attachMovie("BoutonClp", "btnJouer", 100);

// Placer le curseur au centre sur l'axe des x et vers le bas
btnJouer._x = largeur / 2;
btnJouer._y = hauteur - btnJouer._height;

// Placer la bulle au centre de la scène
bSavon._x = (largeur ) / 2;
bSavon._y = (hauteur) / 2;

// Créer les deux zones de texte
attachMovie("AfficherClp", "score", 20);
attachMovie("AfficherClp", "eclats", 30);

//Placer les zones de texte sur le bord gauche de la scène
score._x = ecart;
score._y = (hauteur - score._height) / 3;
eclats._x = ecart;
eclats._y = 2*(hauteur - eclats._height) /3;

// Donner un titre aux deux zones de texte
score.titreOut.text = "Score";
eclats.titreOut.text = "Eclats / Total";

// Définir un gestionnaire d'événement onRelease pour le curseur
btnJouer.onRelease = function():Void {
   // Définir un gestionnaire d'événement onEnterFrame
   // pour la bulle de savon
   bSavon.onEnterFrame = function():Void {
     // La bulle se déplace d'un point à chaque
     // émission de l'événement
     this._y = this._y + 1;
   }
}
```

La bulle se déplace plus vite depuis l'extérieur de la fenêtre

La bulle ne se déplace pas très vite, aussi nous aimerions augmenter sa vitesse de déplacement.

Le déplacement de la bulle est réalisé par le pas d'incrémentation.

> **Remarque**
> Lorsque l'instruction d'incrémentation s'écrit i = i + n, n est appelé le pas d'incrémentation.

Jusqu'à présent nous avons déplacé la bulle de 1 en 1 pixel. Mais rien ne nous interdit de modifier cette valeur, de façon à ce que la bulle se déplace plus rapidement vers le bas de la scène.

Nous pouvons ainsi écrire :

```
bSavon.onEnterFrame = function():Void {
    this._y = this._y + 10;
}
```

Dans ce cas, la bulle se déplace de 10 en 10 et non plus de 1 en 1.

Pour des raisons de facilité de développement, il est conseillé de ne pas écrire une valeur spécifique d'incrémentation, mais de l'enregistrer dans une variable déclarée en début de programme. Ainsi, si vous n'êtes pas satisfait de la façon dont se déplace la bulle, vous n'avez qu'à modifier la variable et non aller rechercher où se trouve l'instruction d'incrémentation pour en modifier la valeur.

Aussi, nous déclarons la variable vitesse de la façon suivante :

```
var vitesse:Number = 10;
```

et nous transformons le gestionnaire onEnterFrame comme suit :

```
bSavon.onEnterFrame = function():Void {
    this._y = this._y + vitesse;
}
```

> **Pour en savoir plus**
> L'utilisation de la variable vitesse nous sera également très utile lorsque nous animerons plusieurs bulles avec des vitesses différentes calculées aléatoirement. Voir l'exercice 5.4 du chapitre 5 « Les répétitions ».

Cela fait, la bulle de déplace beaucoup plus vite.

Pour finir, nous devons déplacer la position initiale d'affichage de la bulle. En effet, dans le jeu, les bulles traversent la scène de haut en bas. Elles ne partent pas du centre de l'écran. Pour cela, nous transformons l'instruction :

```
bSavon._y = (hauteur) / 2;
```

en

```
bSavon._y = -bSavon._height;
```

Ainsi initialisé, l'objet bSavon s'affiche non plus au centre mais en dehors de l'écran, au-dessus de la scène, comme le montre la figure 3-15.

Figure 3-15

La bulle est placée au-dessus de la scène et descend dès le premier clic sur le curseur.

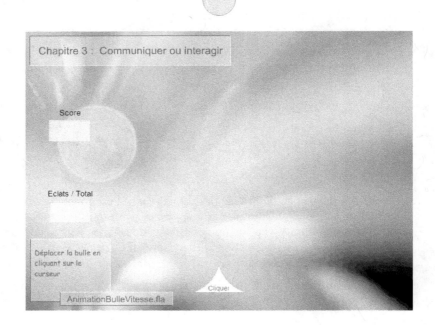

Chapitre 3 : Communiquer ou interagir

Score

Eclats / Total

Déplacer la bulle en cliquant sur le curseur

Cliquer

AnimationBulleVitesse.fla

Extension Web

Vous trouverez cet exemple dans le fichier `AnimationBulleVitesse.fla`, sous le répertoire `Exemples/Chapitre3`.

Code complet de animationBulleVitesse.fla

La nouvelle position de la bulle et son déplacement plus rapide s'insèrent dans le code ActionScript 2 précédent, de la façon suivante :

```
// Stocker la hauteur et la largeur de la scène
var largeur:Number = Stage.width;
var hauteur:Number = Stage.height;

// Calculer un écart de 5 % de la largeur de la fenêtre
var ecart:Number = 5 * largeur / 100;

// Déclarer et initialiser la variable vitesse
```

```
var vitesse:Number = 10;

// Créer les objets bSavon et btnJouer
attachMovie("BulleClp", "bSavon", 200);
attachMovie("BoutonClp", "btnJouer", 100);

// Placer le curseur au centre sur l'axe des x et vers le bas
btnJouer._x = largeur / 2;
btnJouer._y = hauteur - btnJouer._height;

// Placer la bulle au centre de la scène en X
// et en dehors de la scène en Y
bSavon._x = (largeur ) / 2;
bSavon._y = -bSavon._height;

// Créer les deux zones de texte
attachMovie("AfficherClp", "score", 20);
attachMovie("AfficherClp", "eclats", 30);

//Placer les zones de texte sur le bord gauche de la scène
score._x = ecart;
score._y = (hauteur - score._height) / 3;
eclats._x = ecart;
eclats._y = 2*(hauteur - eclats._height) /3;

// Donner un titre aux deux zones de texte
score.titreOut.text = "Score";
eclats.titreOut.text = "Eclats / Total";

// Définir un gestionnaire d'événement onRelease pour le curseur
btnJouer.onRelease = function():Void {
   bSavon.onEnterFrame = function () {
      this._y = this._y + vitesse;
   }
}
```

Notation condensée de l'incrémentation

L'incrémentation est une technique de base de programmation, quel que soit le langage utilisé. Ce type d'instruction est si courant, que les développeurs de langage en ont défini une forme condensée, afin de simplifier l'écriture des programmes. Ainsi, depuis le langage C, en passant par Java, JavaScript, PHP ou ActionScript 2, la convention d'écriture de l'incrémentation est devenue la suivante :

	Instruction développée	Instruction condensée
Incrément de 1	i = i + 1;	i++;
Incrément de n	i = i + n;	i += n;
Décrément de 1	i = i - 1;	i--;
Décrément de n	i = i - n;	i -= n;

L'incrémentation permet d'augmenter la valeur de 1 ou de n selon l'instruction choisie. À l'inverse, la décrémentation diminue la valeur de 1 ou de n.

Il est également possible d'utiliser ce mode d'écriture pour les opérateurs tels que la multiplication ou la division. Ainsi :

`i*=n;`   se traduit par :   `i = i * n;`

ou encore :

`i/=n;`   se traduit par :   `i = i / n;`

Question

Que se passe-t-il si l'on remplace `this._y+=vitesse` par `this._y/=vitesse` dans le gestionnaire d'événement `bSavon.onEnterFrame` ?

Réponse

Dans le premier cas (`this._y+=vitesse`), l'objet se déplace vers le bas avec un écart correspondant à la valeur stockée dans la variable `vitesse`. Dans le deuxième cas, la position de l'objet est divisée par `vitesse`.

Si l'on suppose que l'objet est placé en 400 en Y, et que `vitesse` vaut 2, la position suivante vaudra 200 (400 / 2), puis 100 (200 / 2), puis 50 (100 / 2)... L'objet se déplace donc vers le haut, se rapprochant de plus en plus lentement vers 0. En effet, plus le nombre est divisé, plus le résultat s'approche de 0 (voir extension Web, fichier `QuestionReponseVitesse.fla` sous le répertoire `Exemples/Chapitre3`).

Le curseur change de couleur

Examinons maintenant une technique plus spécifique au langage ActionScript 2, à savoir changer la couleur d'un objet en cours d'animation. Pour cela, nous allons modifier la couleur du bouton d'action du jeu (appelé curseur au cours des sections précédente) lorsque le curseur de la souris survole ce dernier.

Définir les gestionnaires d'événements

Lorsque le curseur de la souris se trouve en dehors du bouton d'action du jeu, la couleur de fond du bouton est blanche. Lorsque le curseur de la souris se trouve sur le bouton d'action, la couleur change pour devenir vert pâle.

Extension Web

Vous trouverez cet exemple dans le fichier `ChangeCouleur.fla`, sous le répertoire `Exemples/Chapitre3`.

La modification de la couleur ne s'effectue que lorsque la souris survole le bouton d'action du jeu. Les instructions modifiant la couleur doivent donc être insérées à l'intérieur des gestionnaires d'événements de type `onRollOver` et `onRollOut`. Ils concernent uniquement l'objet `btnJouer`. La structure d'appel des gestionnaires s'écrit comme suit :

```
// Lorsque la souris est sur le curseur Jouer
btnJouer.onRollOver = function():Void {
 // Le curseur est de couleur vert clair
 }
// Lorsque la souris n'est plus sur le curseur Jouer
btnJouer.onRollOut = function():Void {
 // Le curseur est de couleur blanche
 }
```

Modifier la couleur du curseur

Pour modifier la couleur d'un objet, nous devons faire appel à une méthode prédéfinie du langage ActionScript 2. La technique consiste à créer un objet qui met en relation la couleur et l'objet à colorier. Cette relation s'effectue grâce au constructeur `Color()`, de la façon suivante :

```
var couleur = new Color(objetAColorier);
```

Pour notre exemple, l'objet à colorier est défini à l'intérieur du symbole `BoutonClip`. Il s'agit de l'occurrence du symbole `FondClip` que nous avons pris soin de nommer `fond`, dans le panneau de propriété associé au symbole (voir figure 3-12).

L'objet `fond` est défini à l'intérieur du symbole `BoutonClip`. Pour modifier sa couleur, nous devons utiliser la notation objet `btnJouer.fond`.

Pour en savoir plus

La notion de constructeur ainsi que les principes de notation objet sont étudiés plus en détail au chapitre 8 « Classes et objets ».

Ainsi, les instructions ci-après ont pour résultat d'associer l'objet `couleur` à la couleur de fond du curseur `btnJouer`.

```
var couleur:color = new Color(btnJouer.fond);
```

Ensuite, la couleur de l'objet est réellement modifiée grâce à la méthode `setRGB()` comme suit :

```
couleur.setRGB(uneValeurEnHexadécimale);
```

La valeur passée en paramètre de la fonction `setRGB()` est une valeur hexadécimale composée de six lettres (`RRVVBB`) précédée des caractères `0x` afin de préciser qu'il s'agit bien d'une valeur hexadécimale.

Les deux premières (`RR`) définissent la quantité de rouge, les secondes (`VV`) la quantité de vert et les troisièmes (`BB`) la quantité de bleu. Les quantités de couleur varient elles-mêmes de `00` – pas de couleur à `FF` – au maximum de couleur. Ainsi la valeur `FF0000` correspond au rouge maximum, la valeur `00FF00` au vert maximum et `0000FF` au bleu maximum. La même quantité de rouge, de vert et de bleu donne un gris plus ou moins foncé selon la quantité de couleur. Ainsi 000000 donne du noir (pas de couleur du tout), 999999 un gris moyen et FFFFFF du blanc (quantité maximale de couleur) .

> **Remarque**
>
> Vous trouverez la valeur hexadécimale d'une couleur en affichant le panneau Mélangeur (Maj + F9). Lorsque vous sélectionnez une couleur à partir de ce panneau, vous voyez afficher sa valeur en hexadécimal précédé d'un #.
>
> Attention, le caractère # ne doit pas être placé dans la valeur passée en paramètre de la fonction setRGB().

Figure 3-16

La valeur hexadécimale d'une couleur est affichée dans le panneau Mélangeur.

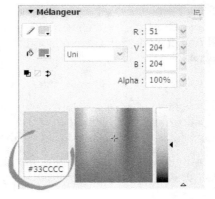

Pour notre exemple, la couleur choisie est un vert clair dont la valeur hexadécimale vaut 0x33CCCC. La modification de la couleur du curseur en fonction de la position de la souris s'écrit donc comme suit :

```
// Lorsque la souris est sur le curseur
btnJouer.onRollOver = function () {
  // Le curseur est de couleur vert clair
  couleur.setRGB(0x33CCCC);

}
// Lorsque la souris n'est plus sur le curseur
btnJouer.onRollOut = function () {
  // Le curseur est de couleur blanche
  couleur.setRGB(0xFFFFFF);
}
```

Code complet de changeCouleurCurseur.fla

La mise en place de la couleur et des gestionnaires onRollOver et onRollOut s'insère dans le code ActionScript 2 précédent de la façon suivante :

```
// Stocker la hauteur et la largeur de la scène
var largeur:Number = Stage.width;
```

```
var hauteur:Number = Stage.height;

// Calculer un écart de 5 % de la largeur de la fenêtre
var ecart:Number = 5 * largeur / 100;
var vitesse:Number = 10;
// Déclarer la variable couleur
var couleur:color;

// Créer les objets bSavon et btnJouer
attachMovie("BulleClp", "bSavon", 200);
attachMovie("BoutonClp", "btnJouer", 100);

// Placer le curseur au centre sur l'axe des x et vers le bas
btnJouer._x = largeur / 2;
btnJouer._y = hauteur - btnJouer._height;

// Associer un objet couleur à la couleur de fond du curseur
couleur = new Color(btnJouer.fond);

// Placer la bulle au centre de la scène en X
// et en dehors de la scène en Y
bSavon._x = (largeur ) / 2;
bSavon._y = -bSavon._height;

// Créer les deux zones de texte
attachMovie("AfficherClp", "score", 20);
attachMovie("AfficherClp", "eclats", 30);

//Placer les zones de texte sur le bord gauche de la scène
score._x = ecart;
score._y = (hauteur - score._height) / 3;
eclats._x = ecart;
eclats._y = 2*(hauteur - eclats._height) / 3;

// Donner un titre aux deux zones de texte
score.titreOut.text = "Score";
eclats.titreOut.text = "Eclats / Total";

// Définir un gestionnaire d'événement onRelease pour le curseur
btnJouer.onRelease = function():Void {
   bSavon.onEnterFrame = function () {
     this._y += vitesse;
   }
}
// Définir un gestionnaire d'événement onRollOver pour le curseur
btnJouer.onRollOver = function():Void {
 // du vert pâle
 couleur.setRGB(0x33CCCC);
}
// Définir un gestionnaire d'événement onRollOut pour le curseur
btnJouer.onRollOut = function():Void {
```

```
// du blanc
couleur.setRGB(0xFFFFFF);
}
```

Le curseur se déplace horizontalement

Dans notre jeu, le curseur se déplace horizontalement pour permettre à l'utilisateur de toucher le plus de bulles possible. Le mouvement du curseur est lié au déplacement de la souris.

Pour déplacer un objet en fonction des mouvements de la souris, ActionScript 2 propose les méthodes startDrag() et stopDrag(). La syntaxe d'utilisation de ces méthodes est la suivante :

```
objetADéplacer.startDrag();
objetADéplacer.stopDrag();
```

La première instruction fait que l'objet à déplacer « s'accroche » au curseur de la souris et le suit dans tous ses mouvements. La seconde instruction stoppe le processus, et l'objet se pose dès l'appel de la méthode stopDrag().

Ces instructions ne peuvent pas être placées ainsi dans un programme. Il est nécessaire de les insérer dans les gestionnaires d'événements onPress et onRelease. En effet, l'objet suit le déplacement de la souris lorsque l'utilisateur clique sur celui-ci et il s'arrête lorsque l'utilisateur cesse de cliquer, c'est-à-dire lorsqu'il relâche le bouton de la souris. La structure des gestionnaires d'événements s'écrit donc comme suit :

```
btnJouer.onPress = function():Void {
 // Déplacer l'objet cliqué avec la souris
 this.startDrag();
}

// Définir un gestionnaire d'événement onRelease pour le curseur
btnJouer.onRelease = function():Void {
 // Relâcher l'objet en relâchant le bouton de la souris
 this.stopDrag();
}
```

Ainsi mis en place, le curseur btnJouer se déplace avec la souris sur toute la scène et non sur un axe horizontal.

Pour réaliser un déplacement avec contrainte (déplacement horizontal, vertical ou dans une zone déterminée), la méthode startDrag() dispose de paramètres définissant le périmètre de déplacement de l'objet (voir figure 3-17). La syntaxe d'appel de la méthode avec paramètres est la suivante :

```
startDrag(verrouiller, gauche, haut, droite, bas)
```

où :

• verrouiller correspond à une valeur booléenne qui indique la façon de positionner le curseur de la souris sur l'objet au moment de « l'accrochage ». Lorsque verrouiller vaut `false`, le curseur de la souris reste sur le point où l'utilisateur a cliqué, sinon le curseur se positionne automatiquement sur le point de référence de l'objet défini lors de la création du symbole.

- `gauche`, `haut`, `droite`, `bas` définissent la zone dans laquelle l'objet peut se déplacer avec la souris, comme le montre la figure 3-17.

Figure 3-17

Les paramètres de la méthode startDrag() définissent la zone de déplacement de l'objet sélectionné.

Pour notre jeu, le curseur doit se déplacer le long d'une ligne horizontale passant par la position initiale du curseur. Il ne peut se déplacer en hauteur. Les valeurs `haut` et `bas` sont donc identiques et initialisées à la position du curseur en `Y`. Le curseur se déplace sur toute la largeur de la scène, aussi la valeur `gauche` vaut `0` et la valeur `droite` correspond à la largeur de la scène.

Ainsi, le gestionnaire d'événement :

```
btnJouer.onPress = function () {
  this.startDrag(true,0, this._y, largeur, this._y);
}
```

réalise le déplacement horizontal demandé. Le terme `this` remplace ici l'objet `btnJouer`. Lorsque `btnJouer` reçoit un événement de type `onPress`, celui-ci se déplace (`this.startDrag()`) sur une droite horizontale positionnée à la même hauteur que l'objet lui-même (`this._y`).

Extension Web

Vous trouverez cet exemple dans le fichier `DeplaceCurseur.fla`, sous le répertoire `Exemples/Chapitre3`.

Code complet de deplaceCurseur.fla

Le déplacement du curseur et les gestionnaires `onPress` et `onRelease` s'insèrent dans le code ActionScript 2 précédent de la façon suivante :

```
// Stocker la hauteur et la largeur de la scène
var largeur:Number = Stage.width;
var hauteur:Number = Stage.height;

// Calculer un écart de 5 % de la largeur de la fenêtre
```

```actionscript
var ecart:Number = 5 * largeur / 100;

// Calculer une vitesse au hasard
var vitesse:Number = 10;
var couleur;

// Créer les objets bSavon et btnJouer
attachMovie("BulleClp", "bSavon", 200);
attachMovie("BoutonClp", "btnJouer", 100);

// Placer le curseur au centre sur l'axe des x et vers le bas
btnJouer._x = largeur / 2;
btnJouer._y = hauteur - btnJouer._height;

// Associer un objet couleur à la couleur de fond du curseur
couleur = new Color(btnJouer.fond);

// Placer la bulle au centre de la scène en X
// et en dehors de la scène en Y
bSavon._x = (largeur ) / 2;
bSavon._y = -bSavon._height;

// Créer les deux zones de texte
attachMovie("AfficherClp", "score", 20);
attachMovie("AfficherClp", "eclats", 30);

//Placer les zones de texte sur le bord gauche de la scène
score._x = ecart;
score._y = (hauteur - score._height) / 3;
eclats._x = ecart;
eclats._y =  2*(hauteur - eclats._height) / 3;

// Donner un titre aux deux zones de texte
score.titreOut.text = "Score";
eclats.titreOut.text = "Eclats / Total";

// Définir un gestionnaire d'événement onPress pour le curseur
btnJouer.onPress = function():Void {
 this.startDrag(true,0, this._y, largeur, this._y);
}

// Définir un gestionnaire d'événement onRelease pour le curseur
btnJouer.onRelease = function():Void {
 this.stopDrag();
 bSavon.onEnterFrame = function():Void {
        this._y += vitesse;
 }
}

btnJouer.onRollOver = function():Void {
 couleur.setRGB(0x33CCCC);
}
btnJouer.onRollOut = function():Void {
 couleur.setRGB(0xFFFFFF);
}
```

Mémento

Saisie d'une valeur au clavier

La saisie d'une valeur au clavier s'effectue par l'intermédiaire d'une *zone de texte de saisie* nommée par exemple labelIn dans la fenêtre de propriétés. Si la zone de saisie est définie à l'intérieur d'un objet, l'instruction suivante enregistre la valeur rentrée dans la variable a.

```
a = objet.labelIn.text;
```

Afficher une valeur en cours d'animation

L'affichage d'une valeur en cours d'animation s'effectue par l'intermédiaire d'une *zone de texte dynamique* nommée par exemple labelOut dans la fenêtre de propriétés. Si la zone de texte est définie à l'intérieur d'un objet, l'instruction suivante affiche le contenu de la variable a, à l'écran.

```
objet.labelOut.text = a;
```

Les valeurs saisies au clavier sont de type textuel. La méthode Number() permet de les transformer en valeurs numériques.

Définir un gestionnaire d'événement

Pour créer un gestionnaire d'événement, la syntaxe est la suivante :

```
NomDeL'Objet.nomDeL'Evenement = function():Void {
// instructions décrivant l'action
}
```

Les événements onPress, onRelease, onRollOver et onRollOut sont utilisés pour définir les gestionnaires d'événements liés à la souris. Le gestionnaire ci-après a pour résultat de colorier en rouge un objet, lorsque l'utilisateur clique sur ce dernier.

```
var couleur: Color = new Color(objet);
objet.onPress = function():Void {
 couleur.setRGB(0xFF0000);
}
```

L'événement onEnterframe est associé à la cadence de l'animation. Le gestionnaire ci-après a pour résultat de déplacer un objet automatiquement le long de l'axe horizontal.

```
objet.onEnterFrame = function():Void {
    objet._x = objet._x + vitesse;
}
```

L'instruction objet._x = objet._x + vitesse; est une instruction très courante en programmation. Elle permet d'augmenter une variable de la valeur enregistrée dans vitesse. On dit que objet._x est « incrémenté » de vitesse. La variable vitesse est appelée « pas d'incrémentation ».

Exercices

Saisir ou afficher un texte en cours d'animation

Exercice 3.1

L'objectif est d'écrire un formulaire demandant la saisie du login et du mot de passe d'un utilisateur comme le montre la figure 3-18.

Figure 3-18

Saisir un login et son mot de passe.

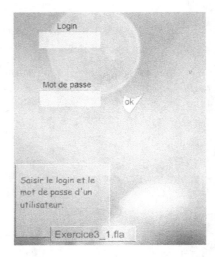

La réalisation de cette application passe par les étapes suivantes :

Extension Web

Pour vous faciliter la tâche, les symboles proposés dans cet exercice sont définis dans le fichier Exercice3_1.fla situé dans le répertoire Exercices/SupportPourRéaliserLesExercices/Chapitre3. Dans ce même répertoire, vous pouvez accéder à l'application telle que nous souhaitons la voir fonctionner (Exercice3_1.swf) une fois réalisée.

Définition des objets nécessaires à l'application

a. Créer un symbole SaisirClp composé :

- D'une zone rectangulaire représentant le fond de la zone de saisie.

- D'une zone de texte de saisie nommée labelIn, centrée sur la zone rectangulaire.

- D'une zone de texte dynamique nommée labelOut, située au-dessus de la zone de saisie.

b. Créer un symbole `BoutonClp` pour valider la saisie de données.

c. À l'aide de la méthode `attachMovie()`, créer les objets `login`, `motDePasse` et `OK` à partir des symboles `SaisirClp` et `BoutonClp`, respectivement. `Login` et `motDePasse` sont tous les deux issus du même symbole.

Positionnement des objets à l'écran

d. Placer les objets `login`, `motDePasse` et `OK`, sur la scène sachant que :

* L'objet `login` se situe dans le quart supérieur gauche de la scène. Un écart de 5 % de la largeur de la scène le sépare de son bord gauche.

* L'objet `motDePasse` se trouve juste en dessous de l'objet `login`.

* L'objet `OK` se trouve à côté de l'objet `motDePasse` avec un écart de 5 % de la largeur de la scène.

e. Afin de distinguer le champ de saisie du login de celui du mot de passe, le texte « Login » est placé dans le champ `labelOut` de l'objet `login`, et « Mot de passe » est placé dans le champ `labelOut` de l'objet `motDePasse`.

> **Remarque**
> La saisie du mot de passe peut être sécurisée en initialisant la propriété `password` du champ `labelIn` de l'objet `motDePasse` à `true`. Dans ce cas, les caractères saisis ne sont pas affichés dans la zone de texte.

Description des actions

Lorsque l'utilisateur valide la saisie des informations entrées par l'intermédiaire des objets `login` et `motDePasse`, l'application affiche les valeurs saisies dans une simple fenêtre de sortie.

f. Insérer les commandes `trace()` dans le gestionnaire d'événement approprié de façon à afficher les informations saisies lorsque l'utilisateur clique sur l'objet `OK`.

Exercice 3.2

Dans le jeu de bulles présenté en exemple de ce chapitre, le texte situé sur le curseur n'est pas le même si l'utilisateur clique ou non dessus. Le texte « Jouer » apparaît lorsque l'utilisateur clique sur le curseur. Dans tous les autres cas, le texte « Cliquer » est affiché sur le curseur.

> **Extension Web**
> Vous trouverez dans le répertoire `Exercices/SupportPourRéaliserLesExercices/Chapitre3` l'application telle que nous souhaitons la voir fonctionner (`Exercice3_2.swf`), une fois réalisée.

a. Reprendre l'exemple `DeplaceCurseur` étudié en section « Les techniques de programmation incontournables – Le curseur se déplace horizontalement », et rechercher l'objet `btnJouer`.

b. Quels sont les événements à prendre en compte pour modifier le texte du curseur ?

c. Pour ces événements, créer ou modifier les gestionnaires appropriés de façon à remplacer le texte `Cliquer` par le message `Jouer` lorsque l'utilisateur clique sur le curseur.

Apprendre à gérer les événements liés à la souris et comprendre la notion d'incrémentation

Exercice 3.3

L'objectif est de déplacer un objet en cliquant sur des flèches qui donnent la direction du déplacement. L'application se présente sous la forme suivante (voir figure 3-19) :

Figure 3-19

La bulle se déplace dans la direction indiquée par la flèche cliquée.

Les huit flèches déterminent chacune une direction. Lorsque l'utilisateur clique sur l'une d'entre elles, la bulle se déplace d'un pixel dans la direction désignée par la flèche.

Extension Web

Pour vous faciliter la tâche, les symboles proposés dans cet exercice sont définis dans le fichier `Exercice3_3.fla` situé dans le répertoire `Exercices/SupportPourRealiserLesExercices/Chapitre3`. Dans ce même répertoire, vous pouvez accéder à l'application telle que nous souhaitons la voir fonctionner (`Exercice3_3.swf`) une fois réalisée.

Pour réaliser cette application, vous devez suivre les étapes suivantes :

Créer et placer les objets

a. Créer graphiquement une bulle et une flèche verticale. La bulle est un symbole de type `Clip` nommé `BulleClp`, et la flèche est également un symbole de type `Clip` nommé `FlecheClp`.

b. Les huit flèches placées sur la scène sont des objets créés à partir du symbole `Fleche-Clp`. À l'aide de la méthode `attachMovie()`, créez et nommez chacune d'elle respectivement `FlecheN`, `FlecheS`, `FlecheW`, `FlecheE`, `FlecheNE`, `FlecheNW`, `FlecheSE` et `FlecheSW`.

c. À l'aide des propriétés `_x`, `_y` et `_rotation`, placer et orienter chacune des flèches de façon à obtenir les huit flèches telles que celles présentées sur la figure 3-19.

Remarque

Chaque flèche est positionnée à mi-hauteur de la fenêtre, avec un écart de 10 % de la largeur de la fenêtre, à partir du bord droit de la scène. Chaque flèche forme un angle de 45° avec la suivante.

Description des actions

Lorsque l'utilisateur clique sur une flèche, la bulle se déplace d'un pixel. Plus précisément :

- La flèche `FlecheNE` déplace la bulle d'un pixel vers le haut et vers la droite de l'écran.
- La flèche `FlecheSE` déplace la bulle d'un pixel vers le bas et vers la droite de l'écran.
- La flèche `FlecheNW` déplace la bulle d'un pixel vers le haut et vers la gauche de l'écran.
- La flèche `FlecheSW` déplace la bulle d'un pixel vers le bas et vers la gauche de l'écran.
- La flèche `FlecheN` déplace la bulle d'un pixel vers le haut de l'écran.
- La flèche `FlecheS` déplace la bulle d'un pixel vers le bas de l'écran.
- La flèche `FlecheW` déplace la bulle d'un pixel vers la gauche de l'écran.
- La flèche `FlecheE` déplace la bulle d'un pixel vers la droite de l'écran.

d. Compte tenu des différents déplacements proposés, écrire les gestionnaires d'événements pour chacune des flèches en prenant soin d'incrémenter de façon appropriée les propriétés `_x` et/ou `_y` de la bulle.

Comprendre la gestion des événements associés au temps

Exercice 3.4

L'objectif est de créer une application composée de clips dont l'animation est contrôlée par des boutons `Lecture`, `Pause` et `Stop`. L'application se présente sous la forme suivante (voir figure 3-20) :

Extension Web

Pour vous faciliter la tâche, les symboles proposés dans cet exercice sont définis dans le fichier `Exercice3_4.fla` situé dans le répertoire `Exercices/SupportPourRéaliserLesExercices/Chapitre3`. Dans ce même répertoire, vous pouvez accéder à l'application telle que nous souhaitons la voir fonctionner (`Exercice3_4.swf`) une fois réalisée.

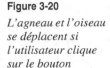

Figure 3-20

L'agneau et l'oiseau se déplacent si l'utilisateur clique sur le bouton Lecture.

Cahier des charges

Lorsque l'animation est lancée, seul le bouton Lecture est visible. Ni les clips animés ni les autres boutons ne sont présents sur la scène.

Quand l'utilisateur clique sur le bouton Lecture :

- Les clips animés sont lancés et traversent la scène de part en part. Un des deux clips avance plus vite que l'autre.

- Le bouton Pause remplace le bouton Lecture.

- Le bouton Stop est placé à côté du bouton Pause.

Quand l'utilisateur clique sur le bouton de Pause :

- Les clips animés sont toujours animés mais ne se déplacent plus à travers la scène.

- Le bouton Lecture remplace le bouton Pause afin de pouvoir relancer l'animation.

Quand l'utilisateur clique sur le bouton de Stop :

- Les clips animés ne sont plus animés et ne se déplacent plus à travers la scène.

- Le bouton Lecture remplace le bouton Pause afin de pouvoir relancer l'animation.

Créer et placer les objets

Les symboles AgneauClp, OiseauClp, StopBtn, LectureBtn ont été créés au cours des exemples et des exercices du chapitre précédent. Seul le bouton Pause reste à créer, nommez-le PauseBtn.

a. Créez les occurrences des symboles à l'aide de la méthode attachMovie() et nommez-les respectivement : agneau, piaf, stopper, lire et faireUnePause.

b. Placez les clips animés en dehors de la scène, l'agneau à mi-hauteur de la scène et l'oiseau légèrement au-dessus de l'agneau. Pour cela vous devez utiliser les propriétés `_height`, `_width`, `_x` et `_y` des deux objets. Vous pouvez également utiliser une variable `ecart` pour augmenter ou diminuer l'écart entre les deux clips.

c. Placer les boutons de la façon suivante :

- Le bouton `lire` se trouve aux deux tiers de la largeur de la fenêtre, avec un écart de 5 % de la scène par rapport au bas de la scène.
- Le bouton `faireUnePause` se superpose au bouton `lire`. Il n'est pas visible quand le bouton `lecture` l'est.

Remarque

Pour rendre un objet invisible, vous devez mettre à `false` la propriété `_visible` de l'objet. À l'inverse, si la propriété vaut `true` l'objet est visible.

- Un écart de 5 % de la scène sépare le bouton `stopper` du bouton `lire`. Le bouton `stopper` n'est pas visible lorsque le bouton `lecture` l'est.

Description des actions

d. Le déplacement des clips

En utilisant la notion d'incrémentation, écrire les gestionnaires d'événements `onEnter Frame` pour les objets `piaf` et `agneau`, de manière à ce qu'ils se déplacent horizontalement, de la gauche vers la droite. L'oiseau allant plus vite que l'agneau, utiliser deux pas d'incrémentation distincts.

e. La gestion des boutons

Associez les boutons `lire`, `faireUnePause` et `stopper` à l'événement `onRelease`.

Les actions réalisées par le bouton `lire` sont les suivantes :

- Rendre invisible le bouton `Lire`.
- Rendre visible les boutons `faireUnePause` et `stopper`.
- Lancer l'animation des clips `piaf` et `agneau` avec la méthode `play()`.
- Lancer le déplacement des clips `piaf` et `agneau` (voir paragraphe précédent) en initialisant les pas d'incrémentation à deux valeurs distinctes.

Les actions réalisées par le bouton `faireUnePause` sont les suivantes :

- Rendre visible le bouton `Lire`
- Rendre invisible le bouton `faireUnePause`.
- Arrêter le déplacement des clips `piaf` et `agneau`. Pour cela vous initialiserez les pas d'incrémentation des deux clips à `0`.
- Lancer le déplacement des clips `piaf` et `agneau` (voir paragraphe précédent).

Les actions réalisées par le bouton stopper sont les suivantes :

• Rendre visible le bouton Lire.

• Rendre invisible le bouton faireUnePause.

• Arrêter le déplacement des clips piaf et agneau. Pour cela vous initialiserez les pas d'incrémentation des deux clips à 0.

• Arrêter l'animation des clips piaf et agneau en utilisant la méthode stop().

Pour en savoir plus

Les méthodes play() et stop() sont étudiées en section « Les méthodes associées au clip » du Chapitre 2 « Les symboles ».

Le projet « Portfolio multimédia »

Les notions développées au cours de ce chapitre ne sont pas suffisantes pour commencer à développer l'application dans son intégralité. Néanmoins, comme nous l'avons précisé au chapitre d'introduction à cet ouvrage, un programme est fait de briques qui, assemblées les unes aux autres, font de lui une application à part entière.

Aussi, pour ce chapitre, nous allons aborder la mise en place du menu et de la barre de navigation avec les vignettes.

Extension Web

Pour vous faciliter la tâche, vous trouverez les fichiers images ainsi que symboles proposés pour réaliser ce projet dans le répertoire Projet\SupportPourRéaliserLeProjet\Chapitre3. Dans ce même répertoire, vous pouvez accéder aux deux applications à réaliser telles que nous souhaitons les voir fonctionner (MenuSimple.swf et PhotoEtVignette.swf) une fois terminées.

Le menu Photos

La conception du menu va nous permettre de mieux comprendre le placement des items au sein du menu, en fonction de leur nombre et de leur taille, ainsi que la synchronisation des événements et des actions afin de le rendre fonctionnel.

Le but, pour cette section, est de construire un menu indépendamment du nombre d'items et des thèmes qu'il traite. Bien que les notions acquises ne nous permettent pas encore de réaliser totalement cet objectif, nous allons construire les objets et élaborer le programme en ce sens.

Comme le montre la figure 3-21, le menu Photo est constitué d'un en-tête et de trois items. L'en-tête a pour titre Photos, les items Villes, Fleurs et Mers.

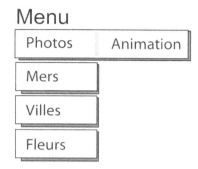

Le symbole ItemMenuClp

Un seul symbole sert à décrire les items et l'en-tête du menu (quel que soit le thème du menu). Ce symbole est constitué d'un fond (un rectangle et son ombre par exemple) et d'un texte dynamique.

- Construire le symbole ItemMenuClp en tenant compte des indications précédentes (la forme et la couleur sont à votre choix).

- Nommer la zone de texte dynamique labelOut.

Les occurrences du symbole ItemMenuClp

Le menu Photos est construit à partir du symbole ItemMenuClp.

- En utilisant la méthode attachMovie(), créer quatre occurrences du symbole ItemMenuClp. Nommez-les respectivement item0, item1, item2, item3.

Remarque

La numérotation des items de 0 à 3 est un choix volontaire qui nous sera très utile lorsque nous aurons appris à utiliser les boucles (voir chapitre 5, « Les répétitions », section « Automatiser la création d'occurrences »).

- Placer les noms des rubriques (Photos, Villes, Fleurs, Mers) en utilisant la zone de texte dynamique labelOut de chacun des items.

- Positionner les occurrences les unes par rapport aux autres, en remarquant que l'indice de l'item ainsi que sa taille peuvent être utilisés pour calculer leur position respective (voir figure 3-22).

Pour l'instant, nous affichons le menu dans le coin supérieur gauche de la scène. La mise en place du menu à l'intérieur de la zone de menu (voir chapitre 2 « Les symboles », section « Le projet Portfolio multimédia ») est décrite au chapitre 5 « Les répétitions ».

Figure 3-22

La position des items est calculée en fonction de leur emplacement dans le menu et de la hauteur d'un item.

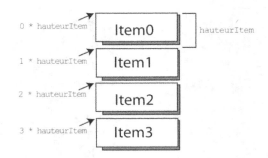

Les événements

Lorsque la position des items est tout à fait correcte, il convient de mettre en place différents gestionnaires d'événements afin de rendre le menu fonctionnel.

Les règles d'affichage du menu sont les suivantes :

- L'`item0` est toujours visible. Les items `1` à `3` sont visibles lorsque l'utilisateur clique sur l'`item0`.

  Décrire le gestionnaire d'événement `onPress` pour l'objet `item0`, de façon à afficher les items `1` à `3` à réception de cet événement.

- Lorsque l'utilisateur clique sur un des items (`1` à `3`), ceux-ci s'effacent.

  Sachant que l'instruction :

  ```
  item1.removeMovieClip()
  ```

  détruit en mémoire et efface l'occurrence `item1`, écrire le gestionnaire d'événement `onRelease` pour chacun des objets `item1` à `3`, de façon à les effacer à réception de cet événement.

- Lorsque l'utilisateur survole un des items, celui-ci devient plus foncé. Il retourne à l'état normal lorsque la souris ne le survole plus.

> **Remarque**
>
> N'oubliez pas d'employer le terme `this`, à l'intérieur des gestionnaires d'événement. Ils seront réutilisables beaucoup plus facilement lors de l'amélioration de votre code, au cours des chapitres suivants.

Mettre en place les gestionnaires d'événement `onRollOver` et `onRollOut` pour chacun des objets `item0` à `3`, de façon à modifier la propriété `_alpha` de l'item concerné par le survol.

Pour finir, observons que le menu ne s'efface que lorsque l'utilisateur sélectionne les items `1` à `3`. S'il revient sur l'`item 0` ou s'il reste sur ce dernier, le menu ne se referme pas.

En effet, pour effacer le menu à partir de l'`item 0`, l'utilisateur doit cliquer à nouveau sur celui-ci. Le gestionnaire `onPress` possède deux comportements distincts :

- soit il affiche le menu si ce dernier n'est pas visible ;
- soit il efface le menu si ce dernier est affiché.

Pour réaliser ces deux comportements, il est nécessaire de vérifier la situation dans laquelle le menu se trouve à l'aide de structures de test. Ce cas sera donc traité en section « Projet le Portfolio multimédia » du chapitre 4, « Faire des choix ».

La barre de navigation

L'objectif est de placer cinq vignettes côte à côte dans lesquelles est affiché un extrait de la photo grand format. Lorsque l'on clique sur une des vignettes, la photo grand format s'affiche sur la scène (voir figure 3-23).

Les vignettes ainsi que la photo grand format sont placées sur la scène par rapport à l'origine de la fenêtre. La mise en place du menu à l'intérieur des zones Photo et Navigation (voir chapitre 2 « Les symboles », section « Projet le Portfolio multimédia ») est décrite au chapitre 5 « Les répétitions ».

Figure 3-23

La position des vignettes est calculée en fonction de leur emplacement dans la barre et de la taille de la photo.

Créer et positionner la zone Photo

La zone Photo est constituée de deux occurrences du symbole FondPhotoClp. La première est utilisée pour démarquer la zone d'affichage, la seconde pour charger le fichier JPEG correspondant à la photo.

> **Remarque**
>
> Un fichier image chargé dynamiquement dans une occurrence de symbole efface le contenu du symbole. Si l'on souhaite placer l'image sur une zone de couleur, nous devons créer deux objets, un pour la zone de couleur, l'autre pour l'image.

- En utilisant la méthode attachMovie(), créer deux occurrences du symbole FondPhotoClp. Nommez-les respectivement FdPho et Photo. Ces deux symboles sont placés tous deux à l'origine de la scène.

Créer et positionner les vignettes

En utilisant la méthode attachMovie(), créer cinq occurrences du symbole FondVignetteClp. Nommez-les respectivement vignette0, vignette1, vignette2, vignette3, vignette4.

En vous aidant de la façon dont les items ont été placés dans le menu lors de l'exercice précédent, positionnez chaque vignette :

- Sur l'axe des x en fonction de sa largeur, de sa position dans la barre de navigation et de la largeur de la zone d'affichage de la photo.
- Sur l'axe des y en fonction de la hauteur de la zone d'affichage de la photo et des vignettes.
- La variable espace permet d'ajuster l'écart entre les vignettes et la photo.

Charger les images dans les vignettes

Les photos placées dans les vignettes ne sont pas enregistrées dans la bibliothèque du fichier source. Elles sont lues et chargées par l'application lors de son lancement.

Pour charger une image enregistrée sur votre disque dur, vous devez utiliser la méthode loadMovie() comme suit :

```
vignette0.loadMovie("../Photos/Mers/Vignette0.jpg");
```

Grâce à cette instruction, le fichier Vignette0.jpg placé dans le répertoire Photos/Mers est chargé et affiché dans l'objet vignette0. Le répertoire Photos se trouve dans un répertoire situé au-dessus de celui dans lequel se trouve l'application.

> **Remarque**
>
> Les fichiers Vignette0.jpg, ..., Vignette4.jpg sont des extraits des images grand format, enregistrées dans les fichiers Mer0.jpg, ..., Mer1.jpg respectivement. La taille des vignettes est de 70 x 70 pixels, celle des photos grand format, 330 x 475.

- En vous aidant de l'instruction précédente, charger les cinq vignettes à l'intérieur des objets vignette0, vignette1, vignette2, vignette3, vignette4.

Rendre les vignettes cliquables

Lorsque l'utilisateur clique sur une vignette, la photo correspondante s'affiche en grand, dans la zone Photo. Pour réaliser cette opération, la première idée consiste à écrire un gestionnaire d'événement onRelease pour chacune des vignettes, comme suit :

```
vignette0.onRelease = function():Void {
   Photo.loadMovie("../Photos/Mers/Mer0.jpg");
}
```

Or, si vous testez cet exemple, vous constaterez que l'objet vignette0 ne reçoit pas l'événement onRelease (le curseur ne change pas de forme).

En effet, le chargement d'une image dans un objet par la méthode loadMovie() empêche la mise en place d'un gestionnaire d'événement sur l'objet tant que l'on n'a pas vérifié que l'image a bien été chargée. Pour réaliser cette vérification, nous devons définir un système d'écoute afin de pouvoir tester le bon déroulement du chargement. Ceci demande des connaissances un peu plus élaborées que celles acquises jusqu'à présent. Aussi, nous utiliserons et expliquerons de façon plus détaillée cette technique au cours du chapitre 9 « Les principes du concept Objet », section « Afficher la photo et les données d'une personne ».

En attendant, nous allons contourner le problème en créant cinq objets identiques à vignette0, ..., vignette4. Ces objets (sans photo) placés sous chacune des vignettes avec photo, recevront les événements onRelease et afficheront les photos appropriées. Pour réaliser cette technique vous devez :

- Créer quatre nouvelles occurrences du symbole FondVignetteClp et les nommer evtSurVignette0, ..., evtSurVignette4.

- Placer chacune des occurrences à la même position que sa vignette correspondante, en prenant soin de la placer sur un calque de valeur inférieure (sinon les objets evtSurVignette0, ..., evtSurVignette4 s'affichent sur les vignette0, ..., vignette4 et les cachent).

- Créer un gestionnaire d'événements onRelease pour chacune des occurrences evtSurVignette0, ..., evtSurVignette4. Chaque gestionnaire charge et affiche à l'aide de la méthode loadMovie() la photo grand format appropriée, au centre de la zone Photo.

Pour améliorer l'interactivité

Vous pouvez améliorer l'effet cliquable de votre vignette en modifiant la luminosité de la vignette et en traçant un pourtour de couleur différente lorsque le curseur de la souris survole la vignette. Pour cela vous devez :

- Initialiser la propriété _alpha des vignettes vignette0, ..., vignette4 à 80 au moment de leur création.

- Lorsque le curseur survole une vignette (onRollOver), la propriété _alpha devient égale à 100 ; lorsque le curseur sort de la vignette (onRollOut), la propriété redevient égale à 80.

- Créer un symbole `BordVignetteClp` dans lequel vous tracez un rectangle vide et avec des bords de couleur rouge par exemple.

- Pour chaque gestionnaire d'événement `onRollOver`, créer une occurrence du symbole `BordVignetteClp` nommée `bord`. Les coordonnées de `bord` sont identiques à celles de la vignette survolée.

- Pour chaque gestionnaire d'événement `onRollOut` détruit l'occurrence `bord` grâce à l'instruction `removeMovieClip();`.

Remarque

En réalisant le projet tel que nous vous l'avons proposé ici, vous vous êtes très certainement rendu compte combien il était fastidieux de décrire chaque objet et chaque gestionnaire d'événement en copiant/collant le précédant et en modifiant uniquement le numéro de l'objet. Pour éviter cette opération, nous utiliserons en temps voulu les boucles qui faciliteront la tâche d'édition du code, et le raccourciront de façon notable.

4

Faire des choix

Avec les gestionnaires d'événements, il est possible de réaliser des comportements différenciés en fonction des actions (choisies) de l'utilisateur. Les gestionnaires d'événements permettent donc, dans une certaine mesure, de concevoir des programmes qui ne sont pas exécutés de façon séquentielle (de la première ligne jusqu'à la dernière).

Les gestionnaires d'événements ne sont pas les seuls outils de programmation pour réaliser des choix. Il existe d'autres structures de programmation qui permettent de rompre l'ordre d'exécution d'une application. Il s'agit des structures conditionnelles où une ou plusieurs instructions sont ignorées en fonction du résultat d'un test précis. Le programme s'exécute alors, en tenant compte de contraintes imposées par le programmeur et non pas par l'utilisateur.

Dans ce chapitre, nous abordons la notion de choix ou de test, en reprenant l'algorithme de l'œuf coque, pour le transformer en un algorithme de l'œuf coque *ou* poché (voir section « L'algorithme de l'œuf coque ou poché »).

Ensuite, à la section « L'instruction if-else », nous étudierons la structure if-else proposée par le langage ActionScript 2, qui permet de réaliser des choix.

Au cours de la section « Les techniques de programmation incontournables », nous expliquerons comment compter des valeurs et nous apprendrons également à utiliser les variables « drapeaux » à l'intérieur des structures de test.

Enfin, à la section « L'instruction switch, ou comment faire des choix multiples », nous examinerons le concept de choix multiples par l'intermédiaire de la structure switch.

L'algorithme de l'œuf coque ou poché

Pour mieux comprendre la notion de choix, nous allons reprendre l'algorithme de l'œuf coque pour le transformer en algorithme de l'œuf coque ou poché. L'énoncé ainsi transformé nous oblige à modifier la liste des objets manipulés, ainsi que celle des opérations à réaliser.

Définition des objets manipulés

Pour obtenir un œuf poché au lieu d'un œuf coque, nous devons ajouter à notre liste deux nouveaux ingrédients, le sel et le vinaigre, et un nouvel objet, une assiette.

```
Casserole
plaque électrique
eau
œuf
coquetier
minuteur
électricité
table
cuillère
sel
assiette
vinaigre
```

Liste des opérations

De la même façon, nous devons modifier la liste des opérations, afin de prendre en compte les nouvelles données :

```
Verser l'eau dans la casserole, le sel, le vinaigre dans l'eau, faire bouillir l'eau.
Prendre la casserole, l'œuf, de l'eau, le minuteur, le coquetier, le sel, le vinaigre,
➥la cuillère.
Allumer ou éteindre la plaque électrique.
Attendre que le minuteur sonne.
Mettre le minuteur sur 3 minutes.
Casser l'œuf.
Poser la casserole sur la plaque, le coquetier, l'assiette, le minuteur sur la table,
➥l'œuf dans la casserole, l'œuf dans le coquetier, l'œuf dans l'assiette.
```

Ordonner la liste des opérations

Ainsi modifiée, la liste des opérations doit être réordonnée afin de rechercher le moment le mieux adapté pour ajouter les nouvelles opérations.

En choisissant de prendre le sel et le vinaigre en même temps que l'eau et la casserole, nous plaçons les nouvelles instructions prendre... entre les instructions 2 et 3 définies à la section « Ordonner la liste des opérations » du chapitre introductif, « À la source d'un programme ».

En décidant de casser l'œuf au lieu de le placer directement dans l'eau bouillante, nous modifions les instructions `placer...` et `poser...` du même exemple.

Nous obtenons la liste des opérations suivantes :

```
 1.  Prendre une casserole.
 2.  Verser l'eau du robinet dans la casserole.
 3.  Poser la casserole sur la plaque électrique.
 4.  Prendre le sel et le verser dans l'eau.
 5.  Prendre le vinaigre et le verser dans l'eau.
 4.  Allumer la plaque électrique.
 6.  Faire bouillir l'eau.
 7.  Prendre l'œuf.
 8.  Casser l'œuf.
 9.  Placer l'œuf dans la casserole.
10.  Prendre le minuteur.
11.  Mettre le minuteur sur 3 minutes.
12.  Prendre un coquetier.
13.  Prendre une assiette.
14.  Poser le coquetier sur la table.
15.  Poser l'assiette sur la table.
16.  Attendre que le minuteur sonne.
17.  Éteindre la plaque électrique.
18.  Prendre une cuillère.
19.  Retirer l'œuf de la casserole à l'aide de la cuillère.
20.  Poser l'œuf dans le coquetier.
21.  Poser l'œuf dans l'assiette.
```

Écrite ainsi, cette marche à suivre nous permet d'obtenir un œuf poché puisque l'œuf est obligatoirement cassé lors de l'instruction n°8.

Les instructions 12 et 13, 14 et 15, 20 et 21 sont réalisées quel que soit le choix de la recette, alors qu'il n'est pas nécessaire de prendre le coquetier pour la recette de l'œuf poché et inversement. Pour éviter de réaliser des actions inutiles, nous devons introduire un test, en posant une condition devant chaque instruction spécifique aux deux modes de cuisson, c'est-à-dire :

```
 1.  Prendre une casserole.
 2.  Verser l'eau du robinet dans la casserole.
 3.  Poser la casserole sur la plaque électrique.
 4.  Si (œuf poché) Prendre le sel et le verser dans l'eau.
 5.  Si (œuf poché) Prendre le vinaigre et le verser dans l'eau.
 4.  Allumer la plaque électrique.
 6.  Faire bouillir l'eau.
 7.  Prendre l'œuf.
 8.  Si (œuf poché) Casser l'œuf.
 9.  Placer l'œuf dans la casserole.
10.  Prendre le minuteur.
11.  Mettre le minuteur sur 3 minutes.
12.  Si (œuf coque) Prendre un coquetier.
13.  Si (œuf poché) Prendre une assiette.
```

```
14. Si (œuf coque) Poser le coquetier sur la table.
15. Si (œuf poché) Poser l'assiette sur la table.
16. Attendre que le minuteur sonne.
17. Éteindre la plaque électrique.
18. Prendre une cuillère.
19. Retirer l'œuf de la casserole à l'aide de la cuillère.
20. Si (œuf coque) Poser l'œuf dans le coquetier.
21. Si (œuf poché) Poser l'œuf dans l'assiette.
```

Dans cette situation, nous obtenons un œuf coque ou poché, selon notre choix. Observons cependant que le test Si (œuf poché) est identique pour les instructions 4, 5, 8, 13 15 et 21. Pour cette raison, et sachant que chaque test représente un coût en termes de temps d'exécution, il est conseillé de regrouper au même endroit toutes les instructions relatives à un même test.

C'est pourquoi nous distinguons six blocs d'instructions distincts :

- les instructions soumises à la condition de l'œuf poché (II Préparer un œuf poché et V Obtenir un œuf poché) ;

- les instructions soumises à la condition de l'œuf coque (III Préparer un œuf coque et VI Obtenir un œuf coque) ;

- les instructions réalisables quelle que soit la condition (I Préparer les ingrédients et IV Faire cuire).

Dans ce cas, la nouvelle marche à suivre s'écrit :

Instructions	Bloc d'instructions
1. Prendre une casserole. 2. Verser l'eau du robinet dans la casserole. 3. Poser la casserole sur la plaque électrique. 4. Allumer la plaque électrique. 6. Faire bouillir l'eau. 7. Prendre l'œuf.	I Préparer les ingrédients
Si (œuf poché)	
1. Prendre le sel et le verser dans l'eau. 2. Prendre le vinaigre et le verser dans l'eau. 3. Prendre une assiette. 4. Poser l'assiette sur la table. 5. Casser l'œuf.	II Préparer un œuf poché
Sinon	
1. Prendre un coquetier. 2. Poser le coquetier sur la table.	III Préparer un œuf coque

Instructions	Bloc d'instructions
8. Placer l'œuf dans la casserole.	IV Faire cuire
9. Prendre le minuteur.	
10. Mettre le minuteur sur 3 minutes.	
11. Attendre que le minuteur sonne.	
12. Éteindre la plaque électrique.	
13. Prendre une cuillère.	
14. Retirer l'œuf de la casserole à l'aide de la cuillère.	
Si (œuf poché)	
1. Poser l'œuf dans l'assiette.	V Obtenir un œuf poché
Sinon	
1. Poser l'œuf dans le coquetier.	VI Obtenir un œuf coque

La réalisation du bloc I Préparer les ingrédients permet de mettre en place tous les objets nécessaires à la réalisation de la recette œuf poché ou œuf coque. Ensuite, en exécutant le test Si (oeuf poché), deux solutions sont possibles :

- La proposition (œuf poché) est vraie, et alors les instructions 1 à 5 du bloc II Préparer un œuf poché sont exécutées.

- La proposition (œuf poché) est fausse, et les instructions qui suivent ne sont pas exécutées. Seules les instructions placées dans le bloc sinon (III Préparer un œuf coque) sont exécutées.

Le mode de cuisson est identique quelle que soit la recette choisie, le bloc IV Faire cuire est réalisé en dehors de toute condition. Le second test Si (oeuf poché) permet de prendre le meilleur support pour déposer l'œuf une fois cuit.

Remarque

Un bloc d'instructions peut être composé d'une seule ou de plusieurs instructions.

Pour programmer un choix, nous avons placé un test (une condition) devant les instructions concernées. En programmation, il en est de même. Le langage ActionScript 2 propose plusieurs instructions de test, à savoir la structure if-else, que nous étudions ci-après, et la structure switch que nous analysons à la section « L'instruction switch, ou comment faire des choix multiples », un peu plus loin dans ce chapitre.

L'instruction if-else

L'instruction if-else se traduit en français par les termes si-sinon. Elle permet de programmer un choix, en plaçant derrière le terme if une condition, comme nous avons placé une condition derrière le terme si de l'algorithme de l'œuf coque ou poché.

L'instruction `if-else` se construit de la façon suivante :

- en suivant une syntaxe, ou forme précise du langage ActionScript 2 (voir section « Syntaxe d'if-else ») ;

- en précisant la condition à tester (voir section « Comment écrire une condition »).

Nous présentons, en fin de cette section, différents exemples utilisant la structure de test `if-else` à partir de l'exemple du jeu de bulles développé au chapitre précédent.

Syntaxe d'if-else

L'écriture de l'instruction `if-else` obéit aux règles de syntaxe suivantes :

```
if (condition)    // si la condition est vraie
{                 // faire
    plusieurs instructions;
}                 // fait
else              // sinon (la condition ci-dessus est fausse)
{                 //faire
    plusieurs instructions;
}                 //fait
```

- Si la condition située après le mot-clé `if` et placée obligatoirement entre parenthèses est vraie, alors les instructions placées dans le bloc défini par les accolades ouvrante et fermante immédiatement après sont exécutées.

- Si la condition est fausse, alors les instructions définies dans le bloc situé après le mot-clé `else` sont exécutées.

De cette façon, un seul des deux blocs peut être exécuté à la fois, selon que la condition est vérifiée ou non.

> **Remarque**
>
> La ligne d'instruction `if(condition)` ou `else` ne se termine jamais par un point-virgule (`;`).

Les accolades `{` et `}` définissent un bloc d'instructions. Cela permet de regrouper ensemble toutes les instructions relatives à un même test (comme nous avons pu le faire en créant les blocs II `Préparer un œuf poché` et III `Préparer un œuf coque`, lors de la mise en place de l'algorithme de l'œuf coque ou poché).

L'écriture du bloc `else` n'est pas obligatoire. Il est possible de n'écrire qu'un bloc `if` sans programmer d'instruction dans le cas où la condition n'est pas vérifiée. En d'autres termes, il peut y avoir des `if` sans `else`.

S'il existe un bloc `else`, celui-ci est obligatoirement « accroché » à un `if`. Autrement dit, il ne peut y avoir d'`else` sans `if`.

Le langage ActionScript propose une syntaxe simplifiée lorsqu'il n'y a qu'une seule instruction à exécuter dans l'un des deux blocs `if` ou `else`. Dans ce cas, les accolades ouvrante et fermante ne sont pas obligatoires :

```
if (condition) une seule instruction;
else    une seule instruction;
```

ou :

```
if (condition)
{                        // faire
plusieurs instructions;
}                        // fait
else    une seule instruction;
```

ou encore :

```
if (condition) une seule instruction;
else
{                        // faire
plusieurs instructions;
}                        // fait
```

Une fois connue la syntaxe générale de la structure if-else, nous devons écrire la condition (placée entre parenthèses, juste après if) permettant à l'ordinateur d'exécuter le test.

Comment écrire une condition

L'écriture d'une condition en ActionScript 2 fait appel aux notions d'opérateurs relationnels et conditionnels.

Les opérateurs relationnels

Une condition est formée par l'écriture de la comparaison de deux expressions, une expression pouvant être une valeur numérique ou une expression arithmétique. Pour comparer deux expressions, le langage ActionScript 2 dispose de six symboles représentant les opérateurs relationnels traditionnels en mathématiques.

Opérateur	Signification pour des valeurs numériques	Signification pour des valeurs de type caractère
= =	égal	identique
<	inférieur	plus petit dans l'ordre alphabétique
<=	strictement inférieur ou égal	plus petit ou identique dans l'ordre alphabétique
>	supérieur	plus grand dans l'ordre alphabétique
>=	strictement supérieur ou égal	plus grand ou identique dans l'ordre alphabétique
!=	différent	différent

Un opérateur relationnel permet de comparer deux expressions de même type. La comparaison d'une valeur numérique avec une suite de caractères n'est valide que si la suite de caractères est composée de caractères numériques.

Lorsqu'il s'agit de comparer deux expressions composées d'opérateurs arithmétiques (+ - * / %), les opérateurs relationnels sont moins prioritaires par rapport aux opérateurs arithmétiques. De cette façon, les expressions mathématiques sont d'abord calculées avant d'être comparées.

Notons que pour tester l'égalité entre deux expressions, nous devons utiliser le symbole == et non pas un simple =. En effet, en ActionScript 2, le signe = n'est pas un signe d'égalité au sens de la comparaison, mais le signe de l'affectation, qui permet de placer une valeur dans une variable.

Question

En initialisant les variables a, b, mot, test et valNum de la façon suivante :

```
var a:Number = 3, b:Number = 5;
var mot:String = "ascete", test:String = "ascenceur";
var valNum :String = "2.5";
```

examinez si les conditions suivantes sont vraies ou fausses :

- (a != b)
- (a + 2 == b)
- (a + 8 < 2 * b)
- (a > valNum)
- (test <= mot)
- (mot == "wagon")

Réponse

- La condition (a != b) est vraie car 3 est différent de 5.
- La condition (a + 2 == b) est vraie car 3 + 2 vaut 5.
- La condition (a + 8 < 2 * b) est fausse car 3 + 8 est plus grand que 2 * 5.
- La condition (a > valNum) est vraie car même si les variables a et valNum ne sont pas de même type, le lecteur Flash peut les comparer. Elles contiennent toutes deux des valeurs numériques. 3 est bien supérieur à 2.5.
- La condition (test <= mot) est vraie car le caractère "ascenceur" est placé avant "ascete" dans l'ordre alphabétique.
- La condition (mot == "wagon") est fausse car le mot "ascete" est différent du caractère "wagon".

Extension Web

Vous trouverez cet exemple dans le fichier QuestionReponseTest.fla sous le répertoire Exemples/ Chapitre4.

Les opérateurs logiques

Les opérateurs logiques sont utilisés pour associer plusieurs conditions simples et, de cette façon, créer des conditions multiples en un seul test. Il existe trois grands opérateurs logiques, symbolisés par les caractères suivants :

Opérateur	Signification
!	NON logique
&&	ET logique
||	OU logique

Question

En initialisant les variables x, y, z et r de la façon suivante :

```
var x:Number = 3, y:Number = 5, z:Number = 2, r:Number = 6;
```

examinez si les conditions suivantes sont vraies ou fausses :

- `(x < y) && (z < r)`
- `(x > y) || (z < r)`
- `!(z < r)`

Réponse

- Sachant que la condition `(x < y) && (z < r)` est vraie si les deux expressions `(x < y)` **et** `(z < r)` sont toutes les deux vraies et devient fausse si l'une des deux expressions est fausse, l'expression donnée en exemple est vraie. En effet `(3 < 5)` est vraie et `(2 < 6)` est vraie.
- Sachant que la condition `(x > y) || (z < r)` est vraie si l'une des expressions `(x > y)` **ou** `(z < r)` est vraie et devient fausse si les deux expressions sont fausses, l'expression donnée en exemple est vraie car `(3 > 5)` est fausse, mais `(2 < 6)` est vraie.
- Sachant que la condition `!(z < r)` est vraie si l'expression `(z < r)` est fausse et devient fausse si l'expression est vraie, alors l'expression donnée en exemple est fausse car `(2 < 6)` est vraie.

Exemple, le jeu de bulles

Pour mettre en pratique les notions théoriques abordées aux deux sections précédentes, nous allons reprendre le jeu de bulles commencé au chapitre précédent (voir section « Les techniques de programmation incontournables », chapitre 3, « Communiquer ou interagir ») avec pour objectif d'améliorer son fonctionnement en modifiant par exemple le parcours de la bulle lorsque celle-ci sort de l'écran ou lorsqu'elle est touchée par le curseur.

La bulle remonte quand elle sort de la scène

Lorsque la bulle sort de la scène, le jeu n'a plus grand intérêt… Nous ne pouvons plus toucher la bulle avec le curseur. Pour la voir descendre à nouveau sous nos yeux, nous devons la replacer en haut de la scène dès qu'elle sort totalement de la fenêtre.

Pour savoir si la bulle se trouve sur la scène ou en dehors, nous devons tester si la position de la bulle selon l'axe des y dépasse la hauteur de la fenêtre. Ce test s'écrit en ActionScript :

```
if (bSavon._y > hauteur + bSavon._height/2) {
    // replacer la bulle au-dessus de la scène n'importe où
    // sur la largeur de la scène
```

La condition placée entre parenthèses de la structure if précise que les actions sont réalisées seulement si la position en y de bSavon dépasse la hauteur de la scène plus la moitié de la hauteur de la bulle. En effet, le point de référence du symbole `BulleClp` est défini au centre de la bulle (voir figure 4-1-❶). Lorsque ce point dépasse la hauteur de la scène, la moitié supérieure de la bulle reste encore visible. En ajoutant `bSavon._height/2` à `hauteur`, la bulle sort totalement de la scène avant d'être remontée en haut de la scène (voir figure 4-1-❷).

Figure 4-1

Positions d'une bulle sur l'axe des y.

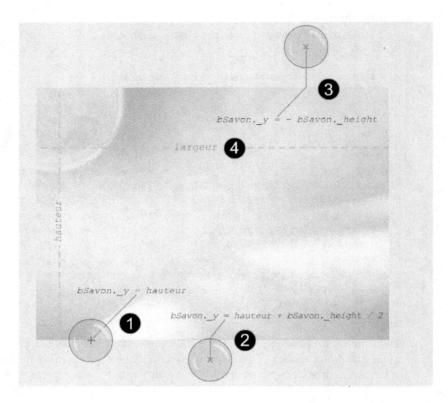

Pour replacer la bulle au-dessus de la scène, la technique consiste à modifier la coordonnée en `y` de la bulle de façon à ce que celle-ci se trouve au-dessus et en dehors de la scène.

Pour ce faire, nous proposons de placer l'objet `bSavon` à une hauteur qui corresponde à son diamètre, soit `–bSavon._height` (voir figure 4-1-❸). L'instruction :

```
bSavon._y = - bSavon._height;
```

placée à l'intérieur du bloc `if` réalise ce positionnement.

Pour rendre le jeu plus attractif, la bulle doit apparaître n'importe où sur la largeur de la scène. Cette opération est réalisée en calculant une valeur aléatoire comprise entre `0` et `largeur` grâce à l'instruction :

```
bSavon._x =  Math.random() * largeur;
```

`Math.random()` est une fonction prédéfinie du langage ActionScript 2 qui calcule une valeur aléatoire comprise entre 0 et 1. En multipliant cette valeur par `largeur`, nous sommes assurés que la position en x de l'objet `bSavon` est comprise entre 0 et `largeur` (voir figure 4-1-❹).

Le déplacement répétitif de la bulle du haut vers le bas s'effectue à chaque émission de l'événement `onEnterFrame`. En effet, la coordonnée en y de la bulle est incrémentée à l'intérieur du gestionnaire `onEnterFrame`. Le test doit donc être effectué à chaque fois que cette valeur est modifiée.

L'ensemble du bloc `if`, tel que nous l'avons construit, s'insère dans le gestionnaire `onEnterFrame` comme suit :

```
// Définir un gestionnaire d'événements onPress pour le curseur
btnJouer.onPress = function():Void {
    this.labelOut.text = "Jouer";
    this.startDrag(true,0, this._y, largeur, this._y);
    bSavon.onEnterFrame = function():Void {
        this._y  +=vitesse;
        if (this._y > hauteur + this._height/2) {
            this._y = -this._height;
            this._x =  Math.random() * largeur;
        }
    }
}
```

Remarque

Le gestionnaire `onEnterFrame` est appliqué à l'objet `bSavon` (`bSavon.onEnterFrame`). Il n'est donc pas utile d'employer le terme `bSavon` à l'intérieur de celui-ci. Le terme `this` est plus approprié comme nous pourrons le voir au cours des chapitres suivants.

La bulle remonte quand elle rencontre le curseur

Lorsque le joueur déplace le curseur et touche une bulle, celle-ci est de nouveau placée en haut de la scène.

Les actions à réaliser sont donc identiques, mais le test qui permet de les réaliser est différent. En effet, il s'agit ici de détecter que les objets `btnJouer` et `bSavon` se rencontrent. Pour cela nous devons utiliser une méthode prédéfinie d'ActionScript 2 nommée `hitTest()`. Cette méthode détecte si deux objets placés sur la scène se touchent. La syntaxe d'utilisation de la méthode `hitTest()` est la suivante :

```
if (objetA.hitTest(objetB) == true ) {
  trace(" L'objet A est entré en collision avec l'objet B");
}
```

La réalisation du test s'effectue en deux temps :

- Tout d'abord, la méthode `hitTest()` est exécutée afin de savoir si les deux objets testés entrent en collision. Si c'est le cas, la méthode retourne en résultat la valeur `true`, et `false` sinon.

- La seconde partie du test consiste à vérifier si le résultat retourné par la méthode `hitTest()` est égal à `true` ou non. S'il y a égalité, le bloc `if` est exécuté. Dans le cas contraire, c'est le bloc `else` qui l'est.

Remarque

Par facilité d'écriture, un test d'égalité avec une valeur booléenne s'écrit plus simplement :

```
if (objetA.hitTest(objetB))
```

Lorsque la condition est écrite ainsi, la méthode `hitTest()` est exécutée, et la structure `if (objetA.hitTest(objetB))` est traduite littéralement par `if (true)` ou `if (false)` selon la situation. Dans le premier cas, le bloc `if` est exécuté, alors que dans le second cas, le bloc `else` est exécuté s'il existe.

Pour notre exemple, le test s'écrit en remplaçant `objetA` et `objetB` par `bSavon` et `btnJouer` :

```
if ((bSavon.hitTest(btnJouer)) {
  // replacer la bulle au-dessus de la scène n'importe où
  // sur la largeur de la scène
}
```

Les actions à réaliser lorsque le curseur touche la bulle sont identiques à celles exécutées lorsque la bulle sort de l'écran. Autrement dit, lorsque la bulle sort de la fenêtre *ou* lorsqu'elle est touchée par le curseur, la bulle est replacée en haut de la scène.

Ainsi, en associant les deux conditions `bSavon.hitTest(btnJouer)` et `(this._y > hauteur + this._height / 2)` avec l'opérateur logique ou (`||`), nous allons pouvoir réaliser les mêmes actions, quelle que soit la situation.

Le test complet permettant de déplacer la bulle quel que soit le cas s'écrit donc de la façon suivante :

```
// Définir un gestionnaire d'événements onPress pour le curseur
btnJouer.onPress = function():Void {
    this.labelOut.text = "Jouer";
    this.startDrag(true,0, this._y, largeur, this._y);
    bSavon.onEnterFrame = function():Void {
        this._y+=vitesse;
        if ((this._y > hauteur + this._height/2) ||
          (this.hitTest(btnJouer))) {
            this._y = -this._height;
            this._x =  Math.random() * largeur;
        }
    }
}
```

Question

Que se passe-t-il si l'on écrit `btnJouer.hitTest(this)` au lieu de `this.hitTest(btnJouer)` ?

Réponse

Le test reste valide. Détecter que l'objet `btnJouer` touche `this` (bSavon) est équivalent à voir que `bSavon` touche `btnJouer`. Attention cependant à ne pas écrire `bSavon.hitTest(this)` ! En effet `this` représente `bSavon` (le gestionnaire est appliqué à `bSavon`). En écrivant cela, l'application teste si l'objet `bSavon` touche l'objet... `bSavon` ! Ce qui est toujours vrai. La bulle est placée en haut de la scène, à chaque émission de l'événement `onEnterFrame`. L'utilisateur ne peut jamais voir la bulle descendre.

Deux erreurs à éviter

Deux types d'erreurs sont à éviter par le programmeur débutant. Il s'agit des erreurs issues d'une mauvaise construction des blocs `if` ou `else` et d'un placement incorrect du point-virgule.

La construction de blocs

Lors de la construction d'un bloc `if-else`, veillez à bien vérifier le nombre d'accolades ouvrantes et fermantes. Par exemple :

```
if (première > deuxième)
    trace(deuxième + "   " + première);
laPlusGrande = première;
else
    {
    trace(première+" "+deuxième);
    laPlusGrande = deuxième;
    }
```

En exécutant pas à pas cet extrait de programme, nous observons qu'il n'y a pas d'accolade (`{`) ouvrante derrière l'instruction `if`. Cette dernière ne possède donc pas de bloc composé de plusieurs instructions. Seule l'instruction d'affichage `trace(deuxième + "   " + première);` se situe dans le test `if`. L'exécution de la structure `if` s'achève donc juste après l'affichage des valeurs dans l'ordre croissant.

Ensuite, l'instruction `laPlusGrande = première;` est théoriquement exécutée en dehors de toute condition. Cependant, l'instruction suivante est `else`, alors que l'instruction `if` s'est achevée précédemment. Le lecteur Flash ne peut attribuer ce `else` à un `if`. Il y a donc erreur du type `else rencontré sans if correspondant`.

De la même façon, il y a erreur de lecture lorsque le programme est construit sur la forme suivante :

```
if (première > deuxième)
{....
}
laPlusGrande = première;
```

```
else
{...
}
```

Le point-virgule

Dans le langage ActionScript 2, le point-virgule constitue une instruction à part entière qui représente l'instruction vide. Par conséquent, écrire le programme suivant ne provoque aucune erreur à la lecture de l'animation :

```
if (première > deuxième);
    trace(deuxième + "   " + première);
```

L'exécution de cet extrait de programme a pour résultat :

Si première est plus grand que deuxième, l'ordinateur exécute le ; (point-virgule) situé immédiatement après la condition, c'est-à-dire rien. L'instruction if est terminée, puisqu'il n'y a pas d'accolades ouvrante et fermante. Seule l'instruction ; est soumise à if.

Le message affichant les valeurs par ordre croissant ne fait pas partie du test. Il est donc affiché, quelles que soient les valeurs de première et deuxième.

Des if-else imbriqués

Dans le cas de choix arborescents – un choix étant fait, d'autres sont à faire, et ainsi de suite –, il est possible de placer des structures if-else à l'intérieur d'if-else. On dit alors que les structures if-else sont imbriquées les unes dans les autres.

Lorsque ces imbrications sont nombreuses, il est possible de les représenter à l'aide d'un graphique de structure arborescente, dont voici un exemple :

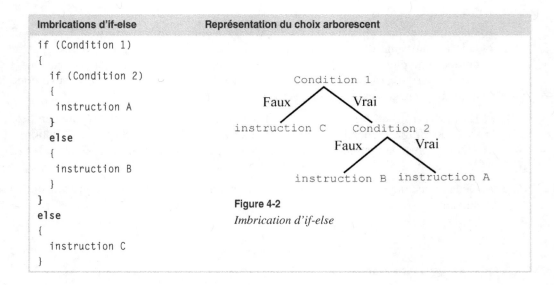

Imbrications d'if-else	Représentation du choix arborescent

```
if (Condition 1)
{
  if (Condition 2)
  {
   instruction A
  }
  else
  {
   instruction B
  }
}
else
{
  instruction C
}
```

Figure 4-2
Imbrication d'if-else

Quand il y a moins d'else que d'if

Une instruction `if` peut ne pas contenir d'instruction `else`. Dans de tels cas, il peut paraître difficile de savoir à quel `if` est associé le dernier `else`. Comparons les deux exemples suivants :

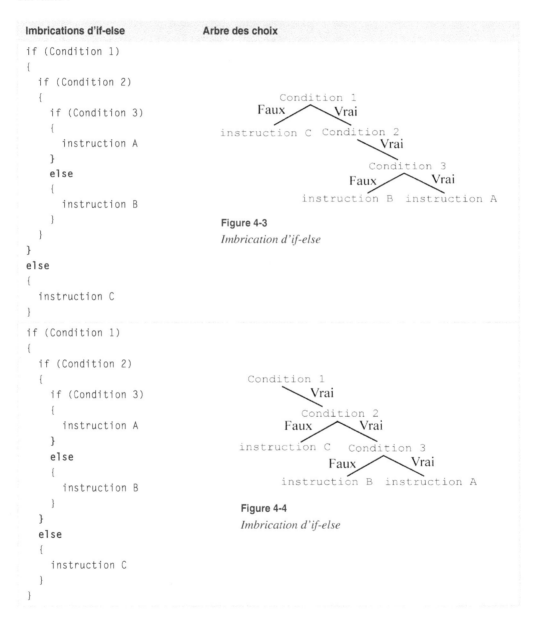

Imbrications d'if-else	Arbre des choix

```
if (Condition 1)
{
  if (Condition 2)
  {
    if (Condition 3)
    {
      instruction A
    }
    else
    {
      instruction B
    }
  }
}
else
{
  instruction C
}
```

Figure 4-3
Imbrication d'if-else

```
if (Condition 1)
{
  if (Condition 2)
  {
    if (Condition 3)
    {
      instruction A
    }
    else
    {
      instruction B
    }
  }
  else
  {
    instruction C
  }
}
```

Figure 4-4
Imbrication d'if-else

Du premier au deuxième exemple, par le jeu des fermetures d'accolades, le dernier bloc else est déplacé d'un bloc vers le haut. Ce déplacement modifie la structure arborescente. Les algorithmes associés ont des résultats totalement différents.

Remarque

• Pour déterminer quel if se rapporte à quel else, observons qu'un « bloc else » se rapporte toujours au dernier « bloc if » rencontré auquel un else n'a pas encore été attribué.

• Les blocs if et else étant délimités par les accolades ouvrantes et fermantes, il est conseillé, pour éviter toute erreur, de bien relier chaque accolade ouvrante avec sa fermante.

Les techniques de programmation incontournables

L'objectif ici est d'améliorer sensiblement le jeu de bulles, en y ajoutant l'affichage d'un score et en simplifiant le lancement du jeu et la manipulation du curseur. Ces changements utilisent des techniques de programmation usuelles telles que le comptage de valeurs (voir section « Calculer un score ») ou la mise en place de variables « drapeau » (voir section « Le bouton à bascule »).

Calculer un score

Le score est une valeur numérique qui augmente à chaque fois que le joueur touche une bulle et qui diminue dans le cas contraire. Il existe différentes méthodes pour calculer cette valeur. Pour notre cas, nous prenons pour hypothèse que :

• chaque bulle est dotée d'un coefficient variant entre 0 et 5 ;

• le score correspond à la somme des coefficients des bulles touchées par le curseur ;

• lorsque le joueur manque une bulle, le score diminue de 5 points.

Le score ainsi calculé est affiché dans la zone de texte Score (voir figure 4-5-❶).

Parallèlement, nous affichons dans la zone de texte Eclats / Total (voir figure 4-5-❷) le nombre de bulles touchées par le joueur ainsi que le nombre de bulles effectivement lancées pendant toute la durée du jeu.

Figure 4-5

Le score et le nombre de bulles lancées et/ou touchées sont affichés dans les zones de texte ❶ et ❷.

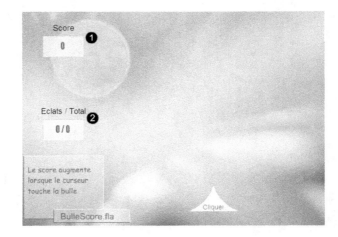

Pour calculer chacune de ces valeurs (score, nombre de bulles lancées et/ou touchées) nous devons savoir compter les bulles.

Compter des objets, accumuler des valeurs

Le comptage des valeurs, quelles qu'elles soient, est une technique très utilisée en informatique. Il existe deux façons de compter :

• Le **comptage** d'un certain nombre de valeurs. Par exemple, compter le nombre de pièces se trouvant dans votre porte-monnaie.

• L'**accumulation** de valeurs. Calculer la valeur de votre porte-monnaie, le nombre d'euros et de centimes dont vous disposez (la valeur de chaque pièce est accumulée).

Le comptage et l'accumulation de valeurs sont des techniques indépendantes du langage utilisé. Elles s'appliquent dans bien des cas, du plus simple au plus complexe.

Ainsi, pour notre cas, connaître le nombre de bulles lancées et/ou touchées consiste à simplement compter les bulles en fonction de la situation (bulles touchées ou non), alors que pour calculer le score, nous devons accumuler le coefficient associé à chaque bulle. Examinons plus précisément la marche à suivre pour obtenir ces différentes valeurs.

Compter les bulles

Pour connaître le nombre total de bulles lancées au cours de la partie, il suffit d'en ajouter une à la totalité à chaque fois qu'une bulle est remontée au-dessus de la scène, c'est-à-dire dès qu'elle sort de l'écran ou qu'elle rencontre le curseur.

En supposant que la variable nbBullesTotal représente le nombre total de bulles créées lors de la partie, l'instruction permettant d'en ajouter une au nombre total s'écrit :

```
nbBullesTotal++;
```

Pour en savoir plus

La notion d'incrémentation est étudiée au cours du chapitre 3 « Communiquer ou interagir », section « La bulle se déplace toute seule en un seul clic ». La notation condensée de l'incrémentation est décrite également au cours du chapitre 3, section « Notation condensée de l'incrémentation ».

Le nombre de bulles total est incrémenté uniquement lorsque la bulle sort de la scène ou lorsqu'elle est touchée par le curseur. L'instruction d'incrémentation doit donc être insérée à l'intérieur du test suivant :

```
if ((bSavon._y > hauteur + bSavon._height/2) ||
    (bSavon.hitTest(btnJouer)) ) {
        nbBullesTotal++;
        // replacer la bulle au-dessus de la scène n'importe où
        // sur la largeur de la scène
}
```

> **Remarque**
>
> Au lancement du jeu, le nombre total de bulles est nul, la variable `nbBullesTotal` doit donc être initialisée à 0, avant toute opération.

De la même façon, pour connaître le nombre de bulles touchées, il suffit d'en ajouter une au nombre total de bulles touchées. En supposant que la variable `nbBullesTouchees` représente cette valeur, l'instruction `nbBullesTouchees++;` placée à l'intérieur du test `if ((bSavon.hitTest(btnJouer)))` permet d'incrémenter le nombre de bulles touchées. La variable `nbBullesTouchees` doit être également initialisée à 0, dès le lancement du jeu.

> **Remarque**
>
> Le compteur `nbBullesTouchees` ne doit pas être incrémenté lorsque la bulle sort de l'écran ; il est nécessaire d'insérer un test vérifiant que la bulle a bien été touchée, à l'intérieur du test à double condition, comme suit :
>
> ```
> if ((bSavon._y > hauteur + bSavon._height/2) ||
>     (bSavon.hitTest(btnJouer)) ) {
>         nbBullesTotal++;
>         // replacer la bulle au-dessus de la scène n'importe où
>         // sur la largeur de la scène
>         if ((bSavon.hitTest(btnJouer)){
>           nbBullesTouchees++;
>         }
> }
> ```

Accumuler les coefficients

Pour calculer le score, la méthode est un peu moins simple. Le calcul s'effectue uniquement lorsque le curseur touche une bulle. Dans ce cas, nous devons :

* calculer le coefficient associé à la bulle en tirant au hasard un nombre entre 0 et 5 ;

* accumuler le coefficient au score déjà obtenu.

* diminuer le score de 5 points, si une bulle n'est pas touchée par le curseur.

Ces différentes opérations sont réalisées par les instructions suivantes :

```
❶ valeurBulle =  Math.random()*5;
❷ scoreBulles =  scoreBulles + Math.round(valeurBulle);
❸ scoreBulles =  scoreBulles - 5;
```

où `valeurBulle` est une valeur calculée au hasard, et `scoreBulles` représente le score réalisé par le joueur.

❶ En multipliant `Math.random()` par 5 nous sommes assurés que `valeurBulle` prend ses valeurs entre 0 et 5, `Math.random()` tirant une valeur au hasard entre 0 et 1.

❷ La variable `scoreBulles` augmente progressivement la valeur tirée au hasard, par accumulation de la valeur précédente de `scoreBulles` avec la nouvelle valeur de `valeurBulle`.

La valeur calculée par `Math.random()` est un chiffre à virgule, alors que le score correspond à une valeur entière. Il convient donc d'arrondir la valeur en utilisant la méthode `Math.round()`.

❸ La valeur du score est diminuée de 5 points par rapport à la valeur précédente.

Ces différents calculs s'effectuent soit lorsque le curseur rencontre une bulle soit, à l'inverse, lorsque le curseur ne touche pas la bulle. Les instructions doivent donc être placées à l'intérieur d'une structure de test de type `if-else`, comme suit :

```
if (bSavon.hitTest(btnJouer)) {
    valeurBulle = Math.random()*5;
    scoreBulles += Math.round(valeurBulle);
    nbBullesTouchees++;
}
else {
    scoreBulles -= 5;
}
```

Remarque

• Les instructions :

```
scoreBulles = scoreBulles + Math.round(valeurBulle);
scoreBulles = scoreBulles - 5;
```

peuvent s'écrire d'une façon plus condensée comme suit :

```
scoreBulles += Math.round(valeurBulle);
scoreBulles -= 5;
```

• La variable `scoreBulles` doit être obligatoirement déclarée et initialisée à 0 dès le lancement du jeu, sous peine de fausser le résultat.

Code complet de bulleScore.fla

La mise en place du score et des différents compteurs de bulles s'insère dans le code ActionScript 2 comme ci-après.

Extension Web

Vous trouverez cet exemple dans le fichier `BulleScore.fla` sous le répertoire `Exemples/Chapitre4`.

Notez les instructions (en gras) permettant l'affichage des variables `nbBullesTouchees`, `scoreBulles` et `nbBullesTotal` dans les zones de texte ayant pour titre `Score` et `Eclats / Total`. Ces instructions doivent être insérées dans le code au moment de l'initialisation des variables, puis à chaque fois qu'un événement `onEnterFrame` est traité par la bulle, de façon à ce que les valeurs affichées correspondent aux exploits de l'utilisateur.

```
var largeur:Number = Stage.width;
var hauteur:Number = Stage.height;
```

```
// Calculer un écart de 5 % de la largeur de la fenêtre
var ecart:Number = 5 * largeur / 100;
var vitesse:Number = 10;

// Déclarer la variable couleur
var couleur:Color;

// Déclaration et initialisation des compteurs de bulles
var nbBullesTouchees:Number = 0;
var scoreBulles:Number = 0;
var nbBullesTotal:Number = 0;

// Créer les objets bSavon et btnJouer
attachMovie("BulleClp", "bSavon", 100);
attachMovie("BoutonClp", "btnJouer", 200);

// Placer le curseur au centre sur l'axe des x et vers le bas
btnJouer._x = largeur / 2;
btnJouer._y = hauteur  - btnJouer._height;
btnJouer.labelOut.text = "Cliquer";

// Associer un objet couleur à la couleur de fond du curseur
couleur = new Color(btnJouer.fond);

// Placer la bulle au centre de la scène en X
// et en dehors de la scène en Y
bSavon._x = (largeur ) / 2;
bSavon._y = -bSavon._height;

// Créer les deux zones de texte
attachMovie("AfficherClp", "score", 20);
attachMovie("AfficherClp", "eclats", 30);

//Placer les zones de texte sur le bord gauche de la scène
score._x = ecart;
score._y = (hauteur - score._height) / 4;
eclats._x = ecart;
eclats._y = 3*(hauteur - eclats._height) /4;

// Donner un titre aux deux zones de texte
score.titreOut.text = "Score";
eclats.titreOut.text = "Eclats / Total";

// Afficher les valeurs initiales du score et
// des compteurs de bulles
eclats.labelOut.text = nbBullesTouchees + " / " + nbBullesTotal;
score.labelOut.text = scoreBulles;

// Définir un gestionnaire d'événements onPress pour le curseur
btnJouer.onPress = function():Void {
   this.labelOut.text = "Jouer";
   this.startDrag(true,0, this._y, largeur, this._y);
```

```
    bSavon.onEnterFrame = function():Void {
        this._y  +=vitesse;
        score.labelOut.text = scoreBulles;
        eclats.labelOut.text = nbBullesTouchees + " / " +
                            nbBullesTotal;
        if ((this._y > hauteur + this._height/2) ||
            (this.hitTest(btnJouer)) ) {
                nbBullesTotal++;
                if (this.hitTest(btnJouer)) {
                    valeurBulle =  Math.random()*5;
                    nbBullesTouchees++;
                    scoreBulles += Math.round(valeurBulle);
                }
                else {
                    scoreBulles -= 5;
                }
                this._y = -this._height;
                this._x = Math.random()*largeur;
        }
    }
}

// Définir un gestionnaire d'événements onRelease pour le curseur
btnJouer.onRelease = function():Void {
this.stopDrag();
this.labelOut.text = "Cliquer";
}

btnJouer.onRollOver = function():Void {
couleur.setRGB(0x33CCCC);
}

btnJouer.onRollOut = function():Void {
couleur.setRGB(0xFFFFFF);
}
```

Le bouton à bascule

Nous souhaitons modifier le mode de fonctionnement du curseur. En effet, pour démarrer le jeu, le joueur doit cliquer sur le curseur et maintenir le clic pour déplacer le curseur et continuer à jouer. Ce mode d'interaction est peu ergonomique.

Nous nous proposons de modifier le lancement du jeu de façon à ce que le joueur n'ait plus à maintenir le clic pour continuer à jouer. La méthode est la suivante :

• Le jeu démarre au premier clic sur le curseur. Le joueur peut relâcher le bouton de la souris et continuer à déplacer le curseur. Le jeu fonctionne alors comme précédemment, en affichant le score ainsi que le nombre de bulles touchées et créées.

• Le jeu s'arrête lorsque le joueur clique une seconde fois sur le curseur.

• Pour recommencer à jouer, le joueur clique une nouvelle fois sur le curseur.

Le curseur fait office de bouton à bascule. Son comportement est similaire à celui d'un interrupteur qui éteint une lampe lorsqu'elle est allumée et inversement allume une lampe éteinte. Ici, un clic sur le curseur lance le jeu si celui-ci est arrêté, et stoppe le jeu s'il est en cours de fonctionnement.

Les variables « drapeau »

Pour réaliser le comportement d'un bouton à bascule, la technique consiste à utiliser une variable « drapeau » (*flag* en anglais) dont la valeur change en fonction de celle qu'elle contient.

> **Remarque**
>
> Le terme « drapeau » fait allusion au système de fonctionnement des boîtes aux lettres américaines munies d'un drapeau rouge. Lorsque le facteur dépose du courrier, le drapeau est relevé. Le facteur abaisse le drapeau pour indiquer la présence de courrier. Lorsque le destinataire prend son courrier, il relève le drapeau, indiquant que la boîte est désormais vide. Ainsi, la position (état) du drapeau indique la présence (drapeau abaissé) ou non (drapeau levé) de courrier, dans la boîte aux lettres.

Plus précisément, une variable « drapeau » est susceptible de contenir deux valeurs (état abaissé ou levé). Le plus souvent il s'agit de valeurs booléennes (true ou false). Le changement d'état du drapeau s'effectue de la façon suivante :

```
Si (drapeau est vrai) {
    Réaliser les actions concernées par l'état « vrai »;
    Mettre le drapeau à faux;
}
Sinon {
    Réaliser les actions concernées par l'état « faux »;
    Mettre le drapeau à vrai
}
```

Concernant le jeu de bulles, la traduction de cet algorithme en ActionScript 2 s'effectue en supposant que l'état :

• « faux » correspond au jeu arrêté ;

• « vrai » correspond au jeu en cours de fonctionnement.

La variable « drapeau » est nommée jeuEnCours. Elle est initialisée à false, le jeu ne fonctionnant pas au lancement de l'application. La structure générale du programme est la suivante :

```
// La variable jeuEnCours représente l'état du jeu
// Au début, le jeu est arrêté, jeuEnCours est initialisé à false
var jeuEnCours:Boolean = false;
// Lorsque l'on clique sur le curseur :
btnJouer.onPress = function():Void {
  // Si le jeu est arrêté
  if (jeuEnCours == false) {
    // Lancer le jeu
```

```
      jeuEnCours = true;
   }
   // Si le jeu est en cours de fonctionnement
   else {
      jeuLancer = false;
      // Stopper le jeu
      jeuLancer = false;
   }
}
```

Examinons maintenant quelles instructions sont à insérer dans les bloc `if` ou `else`, pour lancer ou stopper le jeu.

Lancer le jeu

Lorsque le jeu est lancé :

- la bulle descend ;

- le curseur peut se déplacer à l'horizontale ;

- le score s'affiche au fur et à mesure des bulles touchées.

Les instructions réalisant toutes ces actions sont celles écrites dans le bloc `btnJouer.onPress` du programme `bulleScore.fla` précédent. Pour lancer le jeu, il suffit donc d'insérer l'ensemble de ces instructions à l'intérieur du test `if (jeuLancer == true)`. Reportez-vous à la section « Le gestionnaire `btnJouer.onPress` de `bulleBoutonBascule.fla` » ci-après, pour examiner le nouveau code du gestionnaire `btnJouer.onPress`.

Arrêter le jeu

Lorsque le jeu est arrêté :

- La bulle est placée en haut de la scène et reste invisible.

  Pour que la bulle reste invisible, il convient de la placer en haut de la scène, de façon aléatoire, sur toute la largeur de la scène grâce aux instructions :

```
bSavon._x = Math.random()*largeur;
bSavon._y = -bSavon._height;
```

  La bulle ne doit plus se déplacer vers le bas. Pour cela nous devons l'empêcher de traiter les événements de type `onEnterFrame`. Cette action est réalisée par l'instruction :

```
delete bSavon.onEnterFrame;
```

  En détruisant le gestionnaire d'événements, l'opérateur `delete` empêche l'objet `bSavon` de réceptionner l'événement `onEnterFrame`. La position de la bulle n'est plus incrémentée. La bulle reste sur place.

- Le curseur reste à la position où le dernier clic s'est effectué. Il ne peut plus être déplacé. Pour stopper le déplacement du curseur, il suffit de faire appel à la méthode `stopDrag()`, comme suit :

```
btnJouer.stopDrag();
```

Le déplacement de la bulle vers le haut de la scène ainsi que l'arrêt de l'animation sont des actions effectuées pour donner la sensation au joueur que le jeu est arrêté. L'ensemble de ces instructions doit être placé à l'intérieur du bloc `else { jeuxLancer = false; }`. Reportez-vous à la section « Le gestionnaire `btnJouer.onPress` de `bulleBoutonBascule.fla` » ci-après, pour examiner le nouveau code du gestionnaire `btnJouer.onPress`.

Question

Comment donner la sensation au joueur qu'il commence une nouvelle partie à chaque fois qu'il relance le jeu ?

Réponse

Lorsque le joueur stoppe le jeu puis le relance, le nouveau score est calculé à partir du score précédent. Pour donner la sensation au joueur qu'il débute une nouvelle partie, la technique consiste à repartir d'un score nul, en réinitialisant toutes les valeurs – score, nombre total de bulles et/ou touchées à 0, grâce aux instructions :

```
nbBullesTotal = 0;
scoreBulles = 0;
nbBullesTouchees = 0;
```

L'initialisation de ces valeurs est effectuée lorsque le jeu est stoppé, de façon à ce que les valeurs soient correctement réinitialisées pour la partie suivante.

Le gestionnaire btnJouer.onPress de bulleBoutonBascule.fla

La mise en place du curseur sous forme d'un bouton à bascule s'insère dans le code du gestionnaire d'événements `onPress` de l'objet `btnJouer`, comme ci-après.

Extension Web

Vous trouverez cet exemple dans le fichier `BulleBoutonBascule.fla` sous le répertoire `Exemples/Chapitre4`.

```
var jeuLancer:Boolean = false;
// Définir un gestionnaire d'événements onPress pour le curseur
btnJouer.onPress = function():Void {
  // Si le jeu est arrêté
  if (jeuEnCours == false) {
    jeuEnCours = true;
    this.labelOut.text = "Jouer";
    this.startDrag(true,0, this._y, largeur, this._y);
    // Lancer le jeu
    bSavon.onEnterFrame = function():Void {
      this._y +=vitesse;
      eclats.labelOut.text = nbBullesTouchees + " / " +
                             nbBullesTotal;
      score.labelOut.text = scoreBulles;
      if ((this._y > hauteur + this._height/2) ||
          (this.hitTest(btnJouer)) ) {
```

```
                nbBullesTotal++;
                if (this.hitTest(btnJouer)) {
                    valeurBulle =  Math.random()*5;
                    nbBullesTouchees++;
                    scoreBulles += Math.round(valeurBulle);
                }
                else scoreBulles -= 5;
                this._y = -this._height;
                this._x = Math.random()*largeur;
            }
        } // fin du gestionnaire bSavon.onEnterFrame
    } // fin du if
    // Si le jeu est en cours de fonctionnement
    else {
        jeuEnCours = false;
        // Arrêter le jeu
        this.labelOut.text = "Cliquer";
        delete  bSavon.onEnterFrame;
        bSavon._x = Math.random()*largeur;
        bSavon._y = -bSavon._height;
        this.stopDrag();
        // Réinitialiser le score et les compteurs de bulles
        // pour créer une nouvelle partie
        nbBullesTotal = 0;
        scoreBulles = 0;
        nbBullesTouchees = 0;
    }
}
```

Remarque

Dans le bloc else{ jeuxLancer = false; }, le terme this fait référence à l'objet btnJouer. En effet ce bloc d'instructions fait partie du gestionnaire btnJouer.onPress. Ici, pour déplacer la bulle, nous devons faire appel explicitement à bSavon.

L'instruction switch, ou comment faire des choix multiples

Lorsque le nombre de choix possibles est plus grand que deux, l'utilisation de la structure if-else devient rapidement fastidieuse. Les imbrications des blocs demandent à être vérifiées avec précision, sous peine d'erreur de compilation ou d'exécution.

C'est pourquoi, le langage ActionScript 2 propose l'instruction switch (traduire par « selon » ou « suivant »), qui permet de programmer des choix multiples selon une syntaxe plus claire.

Construction du switch

L'écriture de l'instruction switch obéit aux règles de syntaxe suivantes :

```
switch (valeur)
{
  case étiquette 1 :
        // Une ou plusieurs instructions
  break;
  case étiquette 2 :
  case étiquette 3 :
        // Une ou plusieurs instructions
  break;
  default :
        // Une ou plusieurs instructions
}
```

La variable valeur est évaluée. Suivant celle-ci, le programme recherche l'étiquette correspondant à la valeur obtenue et définie à partir des instructions case étiquette.

• Si le programme trouve une étiquette correspondant au contenu de la variable valeur, il exécute la ou les instructions qui suivent l'étiquette, jusqu'à rencontrer le mot-clé break.

• S'il n'existe pas d'étiquette correspondant à valeur, alors le programme exécute les instructions de l'étiquette default.

Remarque

• Une étiquette peut contenir aucune, une ou plusieurs instructions.

• L'instruction break permet de sortir du bloc switch. S'il n'y a pas de break pour une étiquette donnée, le programme exécute les instructions de l'étiquette suivante.

Une calculatrice à quatre opérations

Pour mettre en pratique l'utilisation de la structure switch, nous allons transformer l'application AdditionFinal.fla construite au chapitre 3 de façon à obtenir une calculatrice qui effectue les quatre opérations élémentaires : addition, soustraction, multiplication et division.

Pour en savoir plus

L'application AdditionFinal.fla est développée en sections « Une calculatrice pour faire des additions » et « Définir un gestionnaire d'événements » du chapitre 3 « Communiquer ou interagir ».

Le mode de fonctionnement de la calculatrice reprend le celui de l'application additionFinal.fla. La différence réside dans la gestion de l'opérateur.

L'objet correspondant à l'opérateur n'est plus une simple zone d'affichage (voir figure 4-6), mais une zone de saisie permettant à l'utilisateur d'indiquer quelle opération il souhaite effectuer.

Figure 4-6

L'opérateur est saisi par l'intermédiaire de l'objet signe.

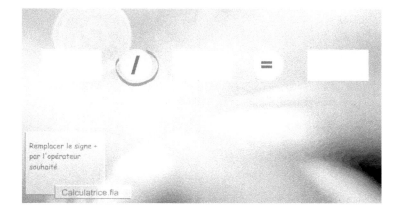

Sachant cela, nous devons, à partir du fichier `AdditionFinal.fla` :

- Transformer le symbole `OpérateurClp`, en modifiant la zone de texte statique en zone de texte de saisie, et en la nommant `labelIn`. L'objet créé à partir de ce symbole s'appelle toujours `signe`.

Pour en savoir plus

La manipulation des zones de texte de saisie est décrite au cours du chapitre 3, « Communiquer ou interagir », section « Les différents modes de communication ».

- À l'aide de l'objet `signe.labelIn`, récupérer le signe de l'opérateur saisi dans une variable de type `String` nommée `operateur`.

Remarque

Pour connaître le type de l'opération à réaliser, la structure `switch` évalue le contenu de la variable `operateur`.

- À l'intérieur de la structure `switch`, traiter les différents types d'opérations en créant autant d'étiquettes qu'il y a d'opérateurs, c'est-à-dire quatre. Compte tenu du fonctionnement de la structure `switch`, chaque étiquette correspond au caractère représentant l'opération demandée (+ pour l'addition, - pour la soustraction, etc.).

- Pour chacune des étiquettes, réaliser l'opération souhaitée et afficher le résultat dans la zone d'affichage `resultat.labelOut.text`.

Le gestionnaire egal.onRelease de calculatrice.fla

La mise en place de la structure `switch` s'insère dans le code du gestionnaire d'événements `onRelease` de l'objet `egal`, comme ci-après.

```actionscript
// Définir un gestionnaire d'événements onRelease
// pour le bouton egal
egal.onRelease = function():Void {
  var a, b :Number;
  // Transformer la valeur saisie depuis l'objet valeur_1
  // en valeur numérique
  a = Number(valeur_1.labelIn.text);
  // Transformer la valeur saisie depuis l'objet valeur_2
  // en valeur numérique
  b = Number(valeur_2.labelIn.text);
  // Récupérer le signe de l'opération et le stocker dans opérateur
  var operateur:String = signe.labelIn.text;
  switch (operateur) {
    default :
    case "+" :
    // Placer le résultat de l'addition dans l'objet resultat
     resultat.labelOut.text = a + b;
    break;
    case "-" :
    // Placer le résultat de la soustraction dans l'objet resultat
      resultat.labelOut.text = a - b;
    break;
    case "*" :
   // Placer le résultat de la multiplication dans l'objet resultat
      resultat.labelOut.text  = a * b;
    break;
    case "/" :
      // Placer le résultat de la division dans l'objet resultat
        resultat.labelOut.text  = a / b;
    break;
  }
}
```

Après avoir saisi les deux valeurs et l'opérateur, l'utilisateur valide ses choix en cliquant sur le signe égal. La variable `operateur` est évaluée. Le lecteur Flash compare cette valeur aux étiquettes proposées dans la structure `switch`.

Ainsi, par exemple :

- si l'utilisateur saisit les valeurs 4, * et 2, le lecteur Flash trouve la correspondance avec l'étiquette "*", il exécute les instructions associées à cette étiquette. Le résultat affiché est 8.

- si l'utilisateur saisit les valeurs 2, % et 5, le lecteur Flash ne trouve aucune correspondance entre le caractère % et les étiquettes proposées. Il exécute alors les instructions de l'étiquette `default`. Cette dernière ne contient aucune instruction et précède l'étiquette

"+". Puisque aucune instruction break ne sépare ces deux étiquettes, le lecteur Flash exécute les instructions de l'étiquette "+". Le résultat affiché est 7.

Remarque

L'erreur de saisie d'une valeur peut être évitée en utilisant l'option Caractère située dans le panneau de propriétés d'une zone de texte de type Texte Dynamique ou Texte de Saisie. Par cet intermédiaire, il est possible de contraindre l'affichage ou la saisie de valeurs à un jeu de caractères spécifiques. Ainsi la zone de saisie des objets valeur_1 et valeur_2 (voir figure 4-7), est restreinte aux chiffres compris entre 0 et 9 et au caractère de ponctuation « . ».

Figure 4-7

L'option Caractère (Flash MX 2004) ou Intégrer (Flash 8) d'une zone de texte dynamique ou de saisie permet de restreindre le type de caractères à afficher.

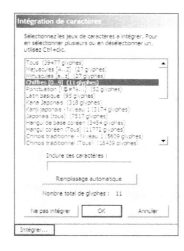

Question

Que se passe-t-il si l'utilisateur effectue une division par 0 :

Réponse

Le programme affiche le terme Infinity dans la zone de texte resultat.labelOut.text. Pour remplacer le terme Infinity par « Infini », vous devez tester la valeur du quotient de façon à modifier l'affichage du résultat comme suit :

```
case "/" :
   // Vérifier si on divise par 0 ou non
   if ( b == 0) {
     resultat.labelOut.text = "infini";
   } else {
     resultat.labelOut.text  = a / b;
   }
break;
```

Comment choisir entre if-else et switch ?

Dans la plupart des langages (C, Java...), la structure switch ne permet de tester que des égalités de valeurs. Elle n'est pas utilisée pour rechercher si la valeur est plus grande, plus petite ou différente d'une certaine étiquette. À l'inverse, l'instruction if-else peut être employée dans tous les cas en testant tout type de variable, selon toute condition.

Cependant, avec le langage ActionScript, il est possible de tester avec la structure switch si une variable appartient à un intervalle de valeurs ou non. La technique consiste à remplacer la valeur testée par un booléen, et les étiquettes par les différents intervalles à tester, comme suit :

```
switch(true) {
    case (objet._x < 0) :
        trace (" objet._x < 0");
    break;
    case (objet._x >=0 && objet._x <= largeur) :
        trace("L'objet se situe sur la scène");
    break;
    case (objet._x > largeur) :
        trace ("objet._x > largeur");
    break;
}
```

Lorsque la structure switch est exécutée, chacune des étiquettes est évaluée comme une condition dont le résultat est vrai ou faux. Ce résultat est ensuite comparé à la valeur testée, soit ici true.

Ainsi, par exemple, si l'objet étudié se trouve au milieu de la scène, la coordonnée en x, est supérieure à 0 et inférieure ou égal à la largeur. L'étiquette (objet._x >=0 && objet _x <= largeur) vaut true. Il y a donc égalité entre l'étiquette et l'expression true placée à l'intérieur du switch. L'instruction associée à l'étiquette trace("L'objet se situe sur la scène" est alors exécutée.

Notez que si plusieurs étiquettes sont évaluées à true, seule la première de ces étiquettes voit ses instructions exécutées.

Ainsi, pour choisir entre la structure if-else et switch, tout n'est donc qu'une histoire de probabilités. En effet, si toutes les conditions ont une probabilité voisine ou équivalente d'être réalisées, la structure switch est plus efficace. Elle ne demande qu'une seule évaluation, alors que dans les instructions if-else imbriquées, chaque condition doit être évaluée.

Enfin, si une condition parmi d'autres conditions envisagées a une plus grande probabilité d'être satisfaite, celle-ci doit être placée en premier test dans une structure if-else, de façon à éviter à l'ordinateur d'effectuer de trop nombreux tests inutiles.

Mémento

> Les structures de test permettent d'exécuter ou non un bloc d'instructions en fonction de la véracité d'une condition.

Vérifier si un objet est sur la scène ou non

```
if  (objet._x >=0 && objet._x <= largeur){
    trace("L'objet se situe sur la scène");
}
else {
   if (objet._x < 0){
      trace ("L'objet se trouve à gauche de la scène");
   }
   else {
      trace ("L'objet se trouve à droite de la scène");
   }
}
```

Ici, deux structures if-else sont imbriquées. La première vérifie si la position en x d'un objet est comprise entre 0 et largeur. Dans ce cas, l'objet se situe bien à l'intérieur de la scène (en x). Sinon, deux autres solutions sont possibles : soit la position est inférieure à 0, l'objet se trouve à gauche de la scène, soit elle est supérieure à largeur (le cas inférieur à largeur étant traité par la toute première condition), l'objet se trouve alors à droite de la scène.

Vérifier si un objet entre en collision avec un autre

La méthode hitTest détecte si deux objets placés sur la scène entrent en collision. La syntaxe d'utilisation de la méthode hitTest() est la suivante :

```
if (objetA.hitTest(objetB)) {
   trace(" L'objet A est entré en collision avec l'objet B");
}
```

La technique des variables drapeau

Une variable « drapeau » est utilisée pour modifier le comportement de l'application en fonction de l'état du drapeau (true ou false). Le changement d'état du drapeau s'effectue de la façon suivante :

```
Si (drapeau est vrai) {
    Réaliser les actions concernées par l'état « vrai »;
    Mettre le drapeau à faux;
}
Sinon {
    Réaliser les actions concernées par l'état « faux »;
    Mettre le drapeau à vrai ;
}
```

Choisir une option parmi d'autres

```
switch (option) {
    case "MenuFichier" :
    // Afficher les options du menu Fichier
```

```
        break;
        case "MenuEdition" :
        // Afficher les options du menu Édition
        break;
        case "MenuAffichage" :
        // Afficher les options du menu Affichage
        break;
        default :
        // Traiter les autres cas
    }
```

La structure switch simplifie l'écriture des tests à choix multiples. Suivant la valeur contenue dans la variable option, l'une des quatre étiquettes proposées (MenuFichier, MenuEdition, MenuAffichage ou default) est exécutée.

Exercices

> **Extension Web**
>
> Pour vous faciliter la tâche, les symboles proposés pour chacun des exercices sont définis dans le fichier Exercice4_*.fla (* variant de 1 à 7), situé dans le répertoire Exercices/SupportPourRéaliserLes Exercices/Chapitre4. Dans ce même répertoire, vous pouvez accéder à l'application telle que nous souhaitons la voir fonctionner (Exercice4_*.swf) une fois réalisée.

Rechercher la plus grande valeur parmi d'autres (le meilleur score)

Exercice 4.1

L'objectif de cet exercice est d'afficher un tableau de scores (voir figure 4-8) dès que l'utilisateur clique sur le curseur pour arrêter la partie. Le tableau affiche le score de la partie courante, le meilleur score réalisé lors de la session et le taux de bulles éclatées.

La mise en place du tableau de scores s'effectue en trois temps :

1. Création du symbole représentant le tableau de scores :

Le tableau est un clip nommé ScoreFinalClp composé de trois symboles AfficherScore Clp nommés respectivement score (voir figure 4-8-❶), meilleurScore (voir figure 4-8-❷) et tauxBulle (voir figure 4-8-❸). Le symbole AfficherScoreClp est composé d'un fond et d'une zone de texte dynamique nommée labelOut.

2. Affichage du tableau de scores :

Le tableau de scores s'affiche lorsque le joueur clique sur le curseur pour arrêter le jeu. Repérez, dans le gestionnaire associé à btnJouer (voir le fichier bulleBouton Bascule.fla donné en exemple, section « Le bouton à bascule »), le lieu où placer les instructions de création du tableau de scores.

Figure 4-8

Le tableau des scores.

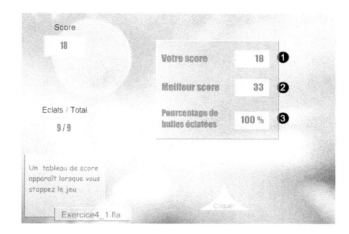

À cet endroit :

- Créer l'objet `tableauScore` à partir du symbole `ScoreFinalClp`. Centrer l'objet `tableauScore` sur la scène.
- Afficher le score courant à l'aide de la zone de texte dynamique `score`. Le score correspond à la variable `scoreBulle`.
- Calculer le meilleur score. Vous devez pour cela créer une variable `scoreMax` et l'initialiser à 0. Pour calculer le meilleur score, la technique consiste à vérifier si le score (`scoreBulle`) est plus grand que le meilleur score (`scoreMax`). Si tel est le cas, cela signifie que le meilleur score n'est plus `scoreMax` mais `scoreBulle`. Il convient donc d'enregistrer cette valeur dans la variable `scoreMax`. Afficher ensuite le meilleur score à l'aide de la zone de texte dynamique `meilleurScore`.
- Calculer le pourcentage de bulles éclatées par rapport au nombre de bulles créées, en utilisant la formule :

```
NombreDeBullesEclatées / nombreDeBullesCréées * 100
```

- Afficher le taux de bulles éclatées à l'aide de la zone de texte dynamique `tauxBulle`.

3. Effacer le tableau de scores :

Le joueur relance le jeu en cliquant sur le curseur. Le tableau doit s'effacer pour laisser place à la bulle. Pour supprimer le tableau, utilisez la méthode `removeMovieClip()`.

Comprendre les niveaux d'imbrication

Exercice 4.2

Le jeu de bulles s'arrête automatiquement au bout de 50 bulles lancées. Le tableau de scores apparaît alors.

Pour arrêter le jeu à la 50e bulle lancée, il est nécessaire d'insérer un nouveau test vérifiant si le nombre de bulles total est plus grand que 50.

Repérez dans le gestionnaire associé à `btnJouer` de l'exercice précédent le lieu où placer ce test.

Si le nombre de bulles dépasse 50, vous devez :

- Vérifier si le score effectué est meilleur que le précédent et mettre à jour la variable `scoreMax` le cas échéant.

- Afficher le tableau de scores.

- Réinitialiser les différents compteurs.

- Arrêter l'animation de la bulle.

- Replacer la bulle vers le haut de la scène.

- Stopper le déplacement du curseur.

Si le nombre de bulles est inférieur à 50, le jeu continue sauf si le joueur clique sur le curseur. Dans ce cas, l'animation est arrêtée, les scores et les compteurs ne sont pas réinitialisés, le curseur ne se déplace plus.

Exercice 4.3

Une bulle se déplace sur la scène sans sortir de l'écran. Lorsqu'elle se trouve sur un de ses bords, elle rebondit. La bulle se déplace plus ou moins vite, en fonction d'une valeur calculée aléatoirement. Pour réaliser cette animation, vous devez :

1. Définir les valeurs maximales de la scène et placer la bulle sur la scène, au hasard.

2. Calculer une vitesse de déplacement sur la verticale et sur l'horizontale.

3. Lancer l'animation en détectant l'événement `onEnterFrame`. La bulle se déplace en fonction des vitesses calculées à l'étape précédente.

4. Pour faire rebondir la bulle :

   a. Vérifier que sa position en x ne dépasse pas la valeur maximale (bord droit de la scène).

   - Si tel est le cas, modifier la vitesse de façon à déplacer la bulle vers la gauche.

   - Sinon, vérifier que sa position en x ne dépasse pas la valeur minimale (bord gauche de la scène). Si tel est le cas, modifier la vitesse de façon à déplacer la bulle vers la droite.

   b. Vérifier que sa position en y ne dépasse pas la valeur maximale (bord inférieur de la scène).

   - Si tel est le cas, modifier la vitesse de façon à déplacer la bulle vers le haut.

   - Sinon, vérifier que sa position en y ne dépasse pas la valeur minimale (bord supérieur de la scène). Si tel est le cas, modifier la vitesse de façon à déplacer la bulle vers le bas.

> **Remarque**
>
> • Pour donner la sensation que la bulle entre en collision avec les bords de la scène, le test vérifiant que la bulle ne dépasse pas les limites de la scène doit tenir compte de la position du point de référence du symbole `BulleClp`.
>
> • Pour changer le sens de déplacement de la bulle, il suffit de rendre la vitesse positive ou négative, selon l'orientation choisie.

Exercice 4.4

Réaliser le même exercice que précédemment en modifiant la façon de repérer les limites de la scène. Le test ne s'effectue plus sur la position de la bulle, mais en détectant une collision (méthode `hitTest()`) entre la bulle et un cadre symbolisé sous la forme de deux verticales et deux horizontales.

1. Créer un symbole `BordureClp` représentant une droite verticale de la hauteur de la scène.

2. Créer quatre occurrences de ce symbole (`Haut`, `Bas`, `Droit` et `Gauche`) et les placer de façon à entourer la scène (vous devez modifier la taille et l'orientation des objets `Droit` et `Gauche`).

3. Déplacer la bulle, en détectant l'événement `onEnterFrame`.

4. Si la bulle entre en collision avec l'un des 4 objets `Haut`, `Bas`, `Droit` et `Gauche`, modifier la vitesse de façon à ce qu'elle se déplace à nouveau sur la scène.

Exercice 4.5

Reprendre l'exercice 3-4 du chapitre précédent.

L'oiseau et l'agneau reviennent à leur position initiale lorsqu'ils sortent de la scène. L'agneau revient directement à sa position de départ alors que l'oiseau fait demi-tour et traverse la scène dans le sens inverse. Les deux traversent à nouveau la scène. L'animation boucle de façon infinie. Les boutons `Lecture`, `Pause` et `Stop` ont les mêmes comportements que ceux définis lors de l'exercice 3-4 du chapitre précédent.

1. Animation de l'agneau

   L'agneau va uniquement de la gauche vers la droite. Tester la position de l'agneau lors de son déplacement. Si sa position en x dépasse la largeur de la scène, replacer l'agneau sur le côté gauche de la scène.

2. Animation de l'oiseau

   L'oiseau va de la gauche vers la droite puis de la droite vers la gauche, etc. L'oiseau sort donc de la scène par la gauche ou par la droite.

   • Tester la position de l'oiseau lors de son déplacement. Si sa position en x dépasse la largeur de la scène (sortie à droite) ou devient négative (sortie à gauche), changer l'oiseau d'orientation et modifier son sens de déplacement.

- Pour aller de la droite vers la gauche, la position en x de l'oiseau est incrémentée de vitesseOiseau. À l'inverse, pour aller de la gauche vers la droite, la position est incrémentée de −vitesseOiseau. La vitesse passe donc d'une valeur négative à une valeur positive en fonction du sens de déplacement de l'oiseau. Ce changement est facilement réalisable en utilisant l'instruction :

```
vitesseOiseau *= -1;
```

À chaque fois que cette instruction est exécutée, la variable change de signe (son contenu est multiplié par -1), l'oiseau se déplace donc dans le sens inverse.

- Pour changer l'orientation de l'oiseau (tête en avant vers la gauche ou tête en avant vers la droite), la méthode consiste à effectuer une mise à l'échelle inverse. En effet, faire une mise à l'échelle de -100 sur l'axe des x a pour effet de réaliser une symétrie par rapport à l'axe vertical lorsque l'objet est affiché à l'échelle 100. Ainsi l'instruction :

```
oiseau._xscale *= -1;
```

change l'orientation de l'oiseau à chaque fois qu'elle est appelée.

3. Faire une pause, ou stopper l'animation

Lorsque l'utilisateur clique sur le bouton Pause ou Stop, les objets cessent leur course à travers l'écran. Si l'utilisateur clique à nouveau sur le bouton Lecture, les objets recommencent à se déplacer. L'oiseau se déplace dans le sens où il volait avant la pause.

- Que se passe-t-il si vous appuyez sur le bouton Pause ou Stop, puis Lecture alors que l'oiseau se déplace de la droite vers la gauche ? Pourquoi ?

- Pour corriger ce défaut, il convient de mémoriser la vitesse de l'oiseau (et donc le sens de déplacement) lorsque l'utilisateur clique sur Pause ou Stop, puis d'initialiser la vitesse de l'oiseau à cette valeur lorsque l'utilisateur clique sur le bouton Lecture.

- La variable permettant de mémoriser cette valeur doit être correctement initialisée au moment de sa déclaration.

Manipuler les choix multiples

Exercice 4.6

Modifier l'exercice 4.4, de façon à remplacer les tests if-else, vérifiant que la bulle reste sur la scène par une structure switch. Les étiquettes de la structure switch sont composées de tests d'inégalités de valeurs.

Exercice 4.7

Nous souhaitons calculer automatiquement le nombre de jours correspondant à un mois donné. Le nombre de jours du mois de février variant selon l'année (bissextile ou non), l'application demande de saisir le mois et l'année comme suit :

Figure 4-9

*Champs de saisie
du mois et de l'année.*

Le nombre de jours dans un mois peut varier entre les valeurs 28, 29, 30 ou 31, suivant le mois et l'année. Les mois de janvier, mars, mai, juillet, août, octobre et décembre sont des mois de 31 jours. Les mois d'avril, juin, septembre et novembre sont des mois de 30 jours. Seul le mois de février est particulier, puisque son nombre de jours est de 29 pour les années bissextiles, et de 28 dans le cas contraire. Sachant cela, nous devons :

1. Enregistrer les valeurs du mois et de l'année saisies dans les zones de texte, dans les variables moisLu et anLu. Évaluer la variable moisLu par l'intermédiaire de la structure switch.

2. Créer autant d'étiquettes qu'il y a de mois dans une année, c'est-à-dire 12. Chaque étiquette est une chaîne de caractères correspondant au nom du mois de l'année (janvier, février, etc.).

3. Regrouper les étiquettes relatives aux mois à 31 jours et stocker cette dernière valeur dans une variable spécifique.

4. Regrouper les étiquettes relatives aux mois à 30 jours et stocker cette dernière valeur dans une variable spécifique.

5. Pour l'étiquette relative au mois de février, tester la valeur de l'année pour savoir si celle qui est concernée est bissextile ou non. Une année est bissextile tous les quatre ans, sauf lorsque le millésime est divisible par 100 et non pas par 400. En d'autres termes, pour qu'une année soit bissextile, il suffit que l'année soit un nombre divisible par quatre et non divisible par 100 ou alors par 400. Dans tous les autres cas, l'année n'est pas bissextile.

6. Afficher le résultat par l'intermédiaire d'un objet composé de trois zones d'affichage comme le montre la figure ci-après.

Figure 4-10

Affichage du nombre de jours d'un mois et d'une année donnés.

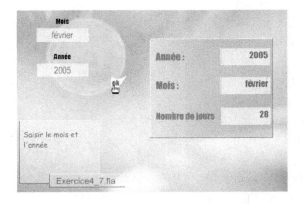

Remarque

Vous pouvez transformer le symbole `ScoreFinalClp` créé au cours de l'exercice 4-1 en modifiant les titres et labels des champs.

---

7. Pour revenir à la fenêtre de saisie du mois et de l'année, créer un gestionnaire d'événements sur l'objet correspondant à la zone d'affichage des résultats. Ce gestionnaire détruit la zone d'affichage lorsque l'utilisateur clique dessus.

Le projet « Portfolio multimédia »

L'objectif est d'améliorer les programmes réalisés à la fin du chapitre 3, « Communiquer ou interagir », en utilisant les concepts développés au cours de ce chapitre. Nous vous proposons de perfectionner le menu et d'étudier le déplacement des vignettes dans la barre de navigation.

Le menu

Extension Web

Pour vous faciliter la tâche, la mise en place des objets proposés dans cet exercice sont définis dans le fichier `MenuIf.fla` situé dans le répertoire `Projet/SupportPourRéaliserLesExercices/Chapitre4`. Dans ce même répertoire, vous pouvez accéder à l'application telle que nous souhaitons la voir fonctionner (`MenuIf.swf`) une fois réalisée.

Un menu à deux états – visible ou invisible

Le menu créé au cours du chapitre précédent ne s'efface que lorsque l'utilisateur sélectionne les items 1 à 3. S'il revient sur l'en-tête ou s'il reste sur ce dernier, le menu ne se referme pas alors qu'il le devrait.

Pour effacer le menu à partir de l'item0 (en-tête), l'utilisateur doit cliquer à nouveau sur celui-ci. Le gestionnaire onPress possède donc deux comportements distincts :

- soit il affiche le menu, si ce dernier n'est pas visible ;

- soit il efface le menu, si ce dernier est affiché.

Les deux comportements sont définis au sein du gestionnaire d'événements item0.onPress et utilisent le concept de la variable drapeau étudié en section « Les techniques de programmation incontournables », paragraphe « Le bouton à bascule » de ce chapitre.

Ainsi, pour réaliser le menu à deux états, l'algorithme est le suivant :

```
Initialiser le drapeau à vrai    // état menu invisible
Lorsque l'on clique sur l'en-tête du menu
  Si (drapeau est vrai) {        // état menu invisible
    Afficher le menu;
    Mettre le drapeau à faux lorsque l'on clique sur un
    des items et effacer le menu
  }
  Sinon {                        // état menu visible
    Effacer le menu;
    Mettre le drapeau à vrai
  }
```

Pour traduire cet algorithme en ActionScript, nous vous conseillons de déclarer la variable drapeau comme variable booléenne nommée invisible. De cette façon, si invisible est vrai, le menu n'apparaît pas. À l'inverse, si invisible est faux, le menu s'affiche.

Déplacement animé des items

L'amélioration du menu passe également par une transformation de l'affichage des items. Nous souhaitons voir ces derniers non plus s'afficher directement, mais glisser à partir de l'en-tête jusqu'à leur position finale. La position finale d'un item est déterminée à la fois par sa position au sein du menu (1er item, 2e item...) et sa hauteur.

Le déplacement sous forme de glissement d'un item s'effectue à l'aide d'un gestionnaire d'événements onEnterFrame placé à l'intérieur du gestionnaire item0.onPress. Les items n'apparaissant que lorsque l'utilisateur clique sur l'en-tête du menu.

Pour réaliser le déplacement d'un item, la méthode est la suivante :

```
Lorsqu'un des items du menu capture l'événement onEnterFrame
    Placer celui-ci en x,
    Déplacer celui-ci en y en utilisant une variable
    d'incrémentation
    Si la position en y de celui-ci dépasse sa position * sa hauteur
        Positionner celui-ci à sa position * sa hauteur
        Et stopper la réception de l'événement onEnterFrame;
```

Cet algorithme doit être répété pour tous les items du menu.

Défilement de la barre de navigation

La barre de navigation telle que nous souhaitons la voir fonctionner dans l'application finale ne permet d'afficher que trois vignettes simultanément.

Pour accéder aux autres vignettes disponibles dans la barre de navigation, nous devons les déplacer vers la droite ou vers la gauche à l'aide de boutons, comme le montre la figure suivante.

Figure 4-11

Les boutons-flèches permettent de faire dérouler les vignettes vers la droite ou la gauche.

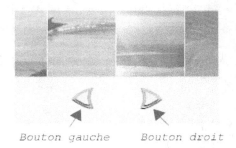

Bouton gauche   Bouton droit

Avant d'écrire le programme réalisant la barre de navigation dans son intégralité, nous vous proposons de réaliser un prototype plus simple et donc plus facile à développer. Ce prototype sera ensuite intégré dans l'application générale (voir chapitre 5 « Les répétitions », section « Le projet Portfolio multimédia » paragraphe « Intégration du menu et des vignettes dans l'interface projet »).

Extension Web

Pour vous faciliter la tâche, la mise en place des objet proposés dans cet exercice est définie dans le fichier `DeplacementVignette.fla` situé dans le répertoire `Projet/SupportPourRéaliserLesExercices/Chapitre4`. Dans ce même répertoire, vous pouvez accéder à l'application telle que nous souhaitons la voir fonctionner (`DeplacementVignette.swf`) une fois réalisée.

Cahier des charges

Le bouton droit permet de déplacer les vignettes vers la gauche, et inversement le bouton gauche permet de déplacer les vignettes vers la droite.

Les vignettes sont créées et affichées de la gauche vers la droite. Au lancement de l'application, il n'est donc pas possible de les déplacer vers la droite. C'est pourquoi le bouton gauche reste invisible. Le bouton gauche apparaît dès qu'il devient possible de déplacer les vignettes vers la droite.

Lorsque l'on arrive à l'extrémité droite de l'ensemble des vignettes, c'est-à-dire quand il n'y a plus de vignettes à visualiser, le défilement s'arrête et le bouton droit disparaît.

Le bouton droit apparaît dès qu'il devient possible de déplacer à nouveau les vignettes vers la gauche.

Les vignettes défilent par simple survol sur les boutons. Lorsque le curseur de la souris ne se trouve pas sur les boutons, le défilement des vignettes s'arrête.

Les différentes situations sont résumées sur la figure 4-12.

Figure 4-12

Le choix des possibilités de défilement des vignettes s'effectue en fonction de leur position par rapport à la zone de visibilité.

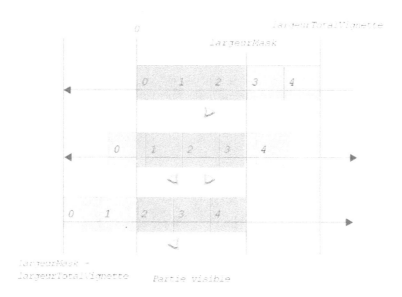

Déplacement des vignettes vers la gauche

Les vignettes défilent vers la gauche lorsque le curseur de la souris se trouve sur le bouton droit. Pour cela vous devez :

• Rendre le bouton agauche invisible dès sa création.

• Définir le gestionnaire d'événements onRollOver pour le bouton adroite.

• À l'intérieur du gestionnaire onRollOver, pour chaque vignette créée :

    – Définir un gestionnaire d'événements onEnterFrame, et à l'intérieur de ce gestionnaire, déplacer la vignette concernée vers la gauche en incrémentant la position de la vignette en x avec la variable vitesseVignette.

    – Si la position de la vignette autorise un déplacement vers la droite, rendre le bouton gauche visible.

– Arrêter le défilement de la vignette en utilisant la commande delete. En examinant la figure 4.12, déterminer pour chaque vignette la valeur à partir de laquelle ces dernières doivent arrêter leur déplacement.

– Lorsque le défilement n'est plus possible, rendre le bouton droit invisible.

Déplacement des vignettes vers la droite

Les vignettes défilent vers la droite lorsque le curseur de la souris se trouve sur le bouton gauche. Pour cela vous devez :

- Définir le gestionnaire d'événements onRollOver pour le bouton agauche.

- À l'intérieur du gestionnaire onRollOver, pour chaque vignette créée :

  – Définir le gestionnaire d'événements onEnterFrame, et à l'intérieur de ce gestionnaire, déplacer la vignette concernée vers la droite en incrémentant la position de la vignette en x avec la variable vitesseVignette.

  – Si la position de la vignette autorise un déplacement vers la gauche, rendre le bouton droit visible.

  – Arrêter le défilement de la vignette en utilisant la commande delete. En examinant la figure 4.12, déterminez, pour chaque vignette, la valeur à partir de laquelle ces dernières doivent arrêter leur déplacement.

  – Lorsque le défilement n'est plus possible, rendre le bouton gauche invisible.

5

Les répétitions

La répétition est une des notions fondamentales de la programmation. En effet, beaucoup de traitements informatiques sont répétitifs. Par exemple, la création d'un agenda électronique nécessite de saisir un nom, un prénom et un numéro de téléphone autant de fois qu'il y a de personnes dans l'agenda.

Dans de tels cas, la solution n'est pas d'écrire un programme qui comporte autant d'instructions de saisie qu'il y a de personnes, mais de faire répéter par le programme le jeu d'instructions nécessaires à la saisie d'une seule personne. Pour ce faire, le programmeur utilise des instructions spécifiques, appelées structures de répétition, ou *boucles*, qui permettent de déterminer la ou les instructions à répéter.

Dans ce chapitre, nous aborderons la notion de répétition à partir d'un exemple imagé (voir section « Combien d'œufs à cuire ? »).

Nous étudierons ensuite les différentes structures de boucles proposées par le langage ActionScript (voir les sections « La boucle while », « La boucle do...while » et « La boucle for »). Pour chacune de ces structures, nous présenterons et analyserons un exemple afin d'examiner les différentes techniques de programmation associées aux structures répétitives.

Pour finir, en section « La boucle interne à Flash », nous observerons que le gestionnaire d'événements onEnterFrame peut être considéré comme une structure répétitive.

Combien d'œufs à cuire ?

Pour bien comprendre la notion de répétition ou de boucle, nous allons améliorer l'algorithme de l'œuf poché, de sorte que le programme demande à l'utilisateur de choisir le nombre d'œufs qu'il souhaite manger. Pour cela, nous reprenons uniquement les instructions

nécessaires à la réalisation de la cuisson de l'œuf poché (voir au chapitre 4, la section
« L'algorithme de l'œuf coque ou poché »).

```
1. Prendre l'œuf.
2. Prendre le sel et le verser dans l'eau.
3. Prendre le vinaigre et le verser dans l'eau.
4. Casser l'œuf.
5. Placer l'œuf dans la casserole.
6. Faire cuire.
7. Prendre une assiette.
8. Poser l'assiette sur la table.
9. Poser l'œuf dans l'assiette.
```

L'exécution de ce bloc d'instructions nous permet de cuire un seul œuf. Si nous désirons
en cuire plusieurs, nous devons exécuter les instructions 1 et 4 autant de fois que nous
souhaitons cuire d'œufs. Observons que, dans ce bloc, aucune autre instruction n'est à
répéter, sous peine de trop saler l'eau de cuisson ou d'y verser trop de vinaigre. La marche
à suivre devient dès lors :

```
1. Prendre le sel et le verser dans l'eau.
2. Prendre le vinaigre et le verser dans l'eau.
Début répéter :
      1. Prendre l'œuf.
      2. Casser l'œuf.
      3. Placer l'œuf dans la casserole
      4. Poser la question : "Souhaitez-vous un autre œuf ?"
      5. Attendre la réponse.
Tant que la réponse est OUI, retourner à Début répéter.
3. Faire cuire.
4. Prendre une assiette.
5. Poser l'assiette sur la table.
6. Poser l'œuf dans l'assiette
```

Analysons les résultats possibles de cette nouvelle marche à suivre :

Dans tous les cas, nous prenons le sel et le vinaigre.

Ensuite, nous entrons sans condition dans une structure de répétition.

Nous prenons et cassons un œuf, quelle que soit la suite des opérations. De cette façon, si
la boucle n'est exécutée qu'une seule fois, un œuf est quand même préparé.

Puis le programme nous demande si nous souhaitons un nouvel œuf à cuire.

Si notre réponse est oui, le programme retourne au début de la structure répétitive, place
l'œuf cassé dans la casserole et demande de nouveau si nous souhaitons un œuf, etc.

Si la réponse est négative, la répétition s'arrête, la cuisson des œufs commence alors.

> **Remarque**
>
> - Pour écrire une boucle, il est nécessaire de déterminer où se trouve le début de la boucle et où se situe la fin (Début répéter et Tant que pour notre exemple).
> - La sortie de la structure répétitive est soumise à la réalisation ou non d'une condition (la réponse fournie est-elle affirmative ou non ?).
> - Le résultat du test de sortie de boucle est modifiable par une instruction placée à l'intérieur de la boucle (la valeur de la réponse est modifiée par l'instruction 4. Attendre la réponse).

> **Question**
>
> Que se passe-t-il si l'on place les instructions :
>
> ```
> 4. Prendre une assiette.
> 5. Poser l'assiette sur la table.
> ```
>
> à l'intérieur de la structure de répétition :
>
> ```
> Début répéter :
> …
> Tant que la réponse est OUI, retourner à Début répéter.
> ```
> ?
>
> **Réponse**
>
> L'instruction est répétée autant de fois que l'on souhaite d'œufs. Il y aura autant d'assiettes posées sur la table que d'œufs cuits.

Dans le langage informatique, la construction d'une répétition, ou boucle, suit le même modèle. Dans le langage ActionScript, il existe trois types de boucles appelées boucles « ordinaires » et décrites par les constructions suivantes :

```
while        Tant que
do...while   Faire... tant que
for          Pour
```

Dans la suite de ce chapitre, nous allons, pour chacune de ces boucles :

- Étudier la syntaxe.

- Analyser les principes de fonctionnement.

- Donner un exemple qui introduise aux techniques spécifiques à ActionScript, comme récupérer le chemin d'accès à un clip, ainsi qu'aux concepts fondamentaux de la programmation graphique, à savoir calculer automatiquement la position d'un objet sur une ligne et/ou une colonne.

La boucle while

La boucle while est une structure répétitive dont les instructions sont exécutées après avoir testé la condition d'exécution de la boucle. Avec la boucle while, la décision de commencer ou de poursuivre la répétition s'effectue en début de boucle. Pour construire une telle structure, il est nécessaire de suivre les règles de syntaxe décrites ci-après.

Syntaxe

La boucle `while` s'écrit de deux façons différentes en fonction du nombre d'instructions qu'elle comprend. Dans le cas où une seule instruction doit être répétée, la boucle s'écrit :

```
while (expression conditionnelle)
une seule instruction;
```

Si la boucle est composée d'au moins deux instructions, celles-ci sont encadrées par des accolades, ouvrante et fermante, de façon à déterminer où débute et se termine la boucle.

```
while (expression conditionnelle)
{
    plusieurs instructions;
}
```

Principes de fonctionnement

Le terme `while` se traduit par `tant que`. La structure répétitive s'exécute selon les principes suivants :

• Tant que l'expression à l'intérieur des parenthèses reste vraie, la ou les instructions composant la boucle sont exécutées.

• Le programme sort de la boucle dès que l'expression à l'intérieur des parenthèses devient fausse.

Une instruction est placée à l'intérieur de la boucle pour modifier le résultat du test à l'entrée de la boucle, de façon à stopper les répétitions.

Si l'expression à l'intérieur des parenthèses est fausse dès le départ, les instructions ne sont jamais exécutées.

Observons qu'il n'y a pas de point-virgule à la fin de l'instruction `while (expression)`.

Un exemple simple

Examinons le fonctionnement de la boucle `while` sur un exemple très simple. Les instructions sont les suivantes :

```
var i:Number = 5;
while (i < 10) {
    trace("Boucle n° "+ i );
}
```

Une boucle sans fin

D'un point de vue syntaxique, le bloc d'instructions précédent est correct. Cependant, lors de son exécution, le programme ne fonctionne pas réellement comme nous le souhaiterions. En effet, la fenêtre de sortie a du mal à s'afficher, et il est difficile de quitter correctement le programme. Au bout d'un certain temps, un message (voir figure 5-1) apparaît indiquant que l'exécution du script prend trop de ressources système.

Figure 5-1

L'exécution du script ne fonctionne pas correctement.

Que se passe-t-il ?

La variable i est déclarée et initialisée à 5. Ensuite le lecteur Flash vérifie que i est bien inférieur à 10, avant d'entrer dans le bloc d'instructions de la boucle while. La variable i vaut 5, le résultat du test (i < 10) est donc vrai, la fenêtre de sortie affiche le commentaire Boucle n°5.

Cela fait, le lecteur Flash remonte en début de boucle, vérifie à nouveau que i est bien inférieur à 10. Et puisque cela est vrai (i ne change pas de valeur), la fenêtre de sortie affiche à nouveau le commentaire Boucle n°5.

Le lecteur flash retourne alors en début de boucle et comme i n'a toujours pas changé de valeur, le test reste vrai et la commande trace() est encore exécutée.

Est-il besoin de continuer l'exécution de ce programme ? Le programme tourne sans fin et est condamné à afficher éternellement Boucle n°5. Dans cette situation, on dit alors que le programme « boucle ».

Comment faire pour sortir de cette boucle sans fin ?

Nous devons placer, à l'intérieur de la boucle, une instruction qui modifie la valeur de i, de façon à ce que le test (i < 10) devienne à un moment donné faux, et que le programme puisse enfin sortir de la boucle.

Comment être sûr de sortir d'une boucle ?

Ainsi, partant de 5, i doit progressivement devenir plus grand que 10. Pour cela nous devons incrémenter la variable i, en insérant par exemple l'instruction i++ comme suit :

```
var i:Number = 5;
while (i < 10) {
    trace("Boucle n° "+ i );
    i++;
}
```

L'instruction i++ est insérée en fin de boucle, de façon à afficher sa valeur, avant qu'elle ne soit incrémentée. Lorsque le lecteur Flash parcourt la boucle, il exécute la commande trace(), puis il augmente la variable i de 1.

À chaque tour de boucle, la valeur de i est ainsi modifiée. À la fin de la première itération, i vaut 6. Ensuite i prend les valeurs 7, 8, 9 et 10. Les messages Boucle n°5, Boucle n°6, Boucle n°7... apparaissent dans la fenêtre de sortie. Lorsque i prend la valeur 10, le test (i < 10) devient faux. La boucle cesse donc d'être exécutée.

Question

Que se passe-t-il si, dans l'exemple précédent, la variable i est initialisée à 10 au lieu de 5 ?

Réponse

Lorsque le lecteur Flash vérifie si i est bien inférieur à 10 pour entrer dans la boucle while, le résultat du test (i < 10) est faux. Le programme ne peut entrer dans la boucle, et les instructions placées à l'intérieur ne sont donc pas exécutées. La fenêtre de sortie ne s'affiche pas.

L'instruction i++ est donc une instruction fondamentale pour le bon déroulement de la boucle. C'est elle qui permet de compter les tours de boucle et de faire que la répétition s'arrête au bout d'un certain nombre de tours.

Remarque

La variable i est appelée compteur de boucles. Traditionnellement, en programmation, les lettres i, j et k sont utilisées pour représenter une variable compteur.

La variable i prend donc un ensemble de valeurs successives, prévisibles et déterminées par la valeur initiale qu'on lui donne et son pas d'incrémentation. Cet ensemble de valeurs peut être utilisé pour créer, par exemple, des clips de façon systématique.

Pour en savoir plus

Le pas d'incrémentation est défini en section « La boucle for », en fin de ce chapitre.

Automatiser la création d'occurrences

En effet, jusqu'à présent, pour créer plusieurs occurrences d'un même symbole, nous devions écrire la suite d'instructions :

```
attachMovie("PhotoClp", "photo1", 1);
attachMovie("PhotoClp", "photo2", 2);
attachMovie("PhotoClp", "photo3", 3);
attachMovie("PhotoClp", "photo4", 4);
attachMovie("PhotoClp", "photo5", 5);
attachMovie("PhotoClp", "photo6", 6);
attachMovie("PhotoClp", "photo7", 7);
attachMovie("PhotoClp", "photo8", 8);
attachMovie("PhotoClp", "photo9", 9);
```

qui a pour résultat de créer 9 occurrences du symbole `PhotoClp`, ayant pour nom `photo1`, `photo2... photo9`.

Même si cette séquence d'instructions est syntaxiquement correcte, il n'est pas très pratique de l'écrire ainsi. Il est en effet beaucoup plus simple de créer ces mêmes occurrences à l'aide d'une boucle, comme suit :

```
var i:Number = 1;
while (i < 10) {
    attachMovie("PhotoClp", "photo"+i, i);
    i++;
}
```

Pour mieux comprendre en pratique le déroulement de cette boucle, examinons l'évolution des variables en l'exécutant pas à pas.

	i	attachMovie	Explication
`var i:Number = 1;`	1		Initialisation
`while (i < 10) {`			i est inférieur à 10. On entre dans la boucle.
`attachMovie("PhotoCLp", "photo"+i, i);`	1	`"photo"+1`	La première occurrence `photo1` est créée sur le calque 1, grâce à la concaténation du terme `"photo"` et de la valeur contenue dans i.
`i++;`	2		i est incrémenté de 1.
`}`	2		Fin de boucle. Le programme retourne en début de boucle.
`while (i < 10) {`	2		i est inférieur à 10. On entre dans la boucle.
`attachMovie("PhotoCLp", "photo"+i, i);`	2	`"photo"+2`	La seconde occurrence `photo2` est créée sur le calque 2, grâce à la concaténation du terme `"photo"` et de la valeur contenue dans i.
`i++;`	3		i est incrémenté de 1.
`}`	3		Fin de boucle. Le programme retourne en début de boucle.
`while (i < 10) {`	3		i est inférieur à 10. On entre dans la boucle.
`attachMovie("PhotoCLp", "photo"+i, i);`	3	`"photo"+3`	La troisième occurrence `photo3` est créée sur le calque 3, grâce à la concaténation du terme `"photo"` et de la valeur contenue dans i.
`i++;`	4		i est incrémenté de 1.
`}`	4		Fin de boucle. Le programme retourne en début de boucle.
`while (i < 10) {`	4		i est inférieur à 10. On entre dans la boucle.
`...`	4	`"photo"+4`	Les occurrences 4, 5, 6, 7 et 8 sont créées de la même façon, i étant incrémenté de 1 à chaque tour de boucle.
	5	`"photo"+5`	
	6	`"photo"+6`	
	7	`"photo"+7`	
	8	`"photo"+8`	

	i	attachMovie	Explication
`i++;`	9		i est incrémenté de 1
`attachMovie("PhotoCLp", "photo"+i, i);`	9	`"photo"+9`	La neuvième occurrence photo9 est créée sur le calque 9, grâce à la concaténation du terme `"photo"` et de la valeur contenue dans i.
`i++;`	10		i est incrémenté de 1
`}`	10		Fin de boucle. Le programme retourne en début de boucle.
`while (i < 10) {`	10		i est supérieur à 10, le programme n'entre pas dans la boucle.

Ainsi, grâce à la boucle `while`, nous avons créé les 9 occurrences photo1, photo2, photo3... et photo9 par programme, sans avoir à copier-coller, puis modifier à chaque fois la même instruction.

Les occurrences sont placées, par défaut, à l'origine de la scène comme le montre la figure 5-2. En effet, aucune instruction ne modifie les propriétés _x et _y de chacune des occurrences créées.

Pour en savoir plus

La manipulation des occurrences créées de façon automatique est expliquée en section « La boucle do...while » ci-après.

Figure 5-2

Les 10 occurrences photo0, photo1... sont placées par défaut à l'origine de la scène.

Remarque

Observons qu'en utilisant une structure répétitive, il devient très facile de créer 100 occurrences en modifiant simplement le test (i < 10) par (i < 100). Imaginez combien il aurait été fastidieux de créer les 100 occurrences en écrivant les 100 appels à la fonction `attachMovie()` !

Question

Que se passe-t-il si l'on remplace la méthode `attachMovie()` par

```
attachMovie("PhotoCLp", "photo"+i, i + 100);?
```

Réponse

En ajoutant 100 à l'indice i, nous créons des occurrences du symbole `PhotoClp` à partir du niveau 100, la première occurrence étant placée sur le calque 101. De cette façon, il devient possible de créer autant d'occurrences de symbole que l'on souhaite, à tous les niveaux de profondeur imaginables. La méthode `getNextHighestDepth()`permet également de créer des occurrences à des niveaux de profondeur déterminés par le lecteur Flash.

La boucle do...while

Le langage ActionScript propose une autre structure répétitive, analogue à la boucle `while`, mais dont les instructions sont exécutées avant même d'avoir testé la condition d'exécution de la boucle. Il s'agit de la boucle `do…while`.

Syntaxe

La boucle `do…while` se traduit par les termes `faire… tant que`. Cette structure s'écrit de deux façons différentes en fonction du nombre d'instructions qu'elle comprend.

Dans le cas où une seule instruction doit être répétée, la boucle s'écrit de la façon suivante :

```
do
    une seule instruction;
while (expression conditionnelle);
```

Si la boucle est composée d'au moins deux instructions, celles-ci sont encadrées par des accolades, ouvrante et fermante, de façon à déterminer où commence et se termine la boucle.

```
do {
    plusieurs instructions;
} while (expression conditionnelle);
```

Principes de fonctionnement

Ainsi décrite, la boucle `do…while` s'exécute selon les principes suivants :

- Les instructions situées à l'intérieur de la boucle sont exécutées tant que l'expression conditionnelle placée entre parenthèses `()` est vraie.

- Les instructions sont exécutées au moins une fois, puisque l'expression conditionnelle est examinée en fin de boucle, après exécution des instructions.

Si la condition mentionnée entre parenthèses reste toujours vraie, les instructions de la boucle sont répétées à l'infini. On dit que le programme « boucle ».

Une instruction modifiant le résultat du test de sortie de boucle est placée à l'intérieur de la boucle, de façon à stopper les répétitions au moment souhaité.

Observons qu'un point-virgule est placé à la fin de l'instruction `while (expression);`.

Une nuit étoilée

L'objectif de cet exemple est double : apprendre à construire une boucle `do…while` et étudier comment manipuler les objets créés à la volée (dynamiquement, en cours d'exécution du programme).

Pour cela, nous vous proposons de dessiner une nuit remplie d'étoiles brillantes et scintillantes comme le montre la figure 5-3.

Figure 5-3

Une nuit composée de 20 étoiles issues du même symbole.

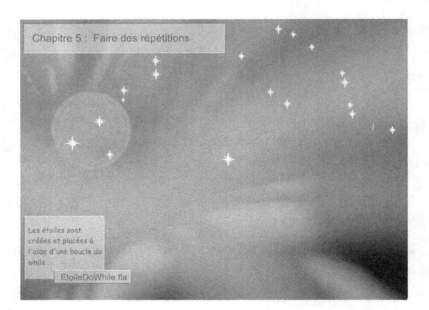

Cahier des charges

Toutes les étoiles sont issues du même symbole nommé `AnimStarClp`. Ce symbole est de type `MovieClip`. Il contient 40 images construites à l'aide d'interpolations modifiant la taille et la transparence de l'étoile, et faisant apparaître l'étoile scintillante.

Extension Web

Vous pourrez examiner le symbole `AnimStarClp` dans le fichier `EtoileDoWhile.fla`, sous le répertoire `Exemples/chapitre5`.

Les étoiles sont au nombre de 20. Elles sont placées au hasard sur la moitié supérieure de la scène. Elles sont de tailles inégales et leur scintillement n'est pas synchronisé.

Créer 20 étoiles avec la boucle do…while

La création des 20 étoiles s'effectue à l'aide d'une boucle do…while, comme le montrent les instructions suivantes :

```
❶ var i:Number = 0;
// Début de la boucle do...while
❷ do {
   // Créer une étoile
❸   attachMovie("AnimStarClp", "etoile"+i, i);
   // Passer à l'occurrence suivante
❹   i++;
❺ }while (i < 20);
```

Le fonctionnement de la boucle do…while est très proche de celui de la boucle while. Après avoir créé et initialisé i à 0 (❶), le lecteur Flash entre dans la boucle do…while, sans test préalable (❷). Il crée alors une première étoile grâce à la méthode attachMovie()(❸). La variable i est ensuite incrémentée de 1 (i++, ❹). Le programme arrive en fin de boucle et vérifie si i est inférieur à 20 (while (i < 20), ❺). Puisque i vaut 1, le test est vrai et le programme remonte en début de boucle (do, ❷) pour créer un nouveau symbole (❸), incrémenter i de 1 (❹)…

Lorsque i vaut 19, 20 étoiles ont été créées (de etoile0 à etoile19). Le compteur i est à nouveau incrémenté de 1 (❹) et prend la valeur 20. Le test de fin de boucle s'avère alors faux (❺). Le programme sort alors de la boucle.

À l'issue de la boucle, les étoiles sont créées et placées par défaut à l'origine de la scène. Pour simuler une nuit étoilée, nous devons les placer au hasard sur la moitié supérieure de la scène. Pour cela nous avons à modifier les propriétés _x et _y de chacune des étoiles créées par la méthode attachMovie().

Mais par quel nom appeler l'objet représentant une étoile ? "etoile"+i, etoile0, etoile1 ou etoilei ?

Pour répondre à cette question, examinons plus attentivement ce qu'il se passe lorsque nous manipulons un objet créé par la méthode attachMovie(). Les deux instructions suivantes :

```
attachMovie("AnimStarClp", "etoile", 10);
etoile._x = 100;
```

créent, puis placent l'objet etoile en 100 sur l'axe horizontal. La manipulation de l'objet etoile, créé par la méthode attachMovie(), s'effectue en utilisant le terme etoile sans les "". Le terme "etoile" avec "" est une simple chaîne de caractères et en aucun cas il ne représente un objet.

Concrètement, de la première instruction à la seconde, le lecteur Flash a transformé la chaîne "etoile" en un objet nommé etoile qui correspond alors au nom de l'occurrence à traiter. Si l'on examine le contenu d'objet etoile, en l'affichant à l'aide de la commande trace(), nous nous apercevons qu'il contient le chemin d'accès à l'objet, soit _level0.etoile.

> **Remarque**
>
> Plusieurs fichiers .swf (document) peuvent être lus et affichés en même temps à des niveaux d'affichage différents afin d'éviter qu'une animation en efface une autre. Ces niveaux sont définis à l'aide de la propriété _leveln où n représente le niveau du document affiché. Par défaut, tout objet est placé sur le niveau le plus bas, _level0. La méthode loadMovieNum() permet de modifier le niveau d'affichage d'un document.

Ainsi, pour manipuler les 20 étoiles créées à l'intérieur de la boucle, nous devons donc transformer les termes "etoile"+i en nom d'occurrence.

Récupérer le nom d'une occurrence

Transformons la chaîne "etoile"+i en un objet contenant le chemin d'accès _level0.etoilei (i variant de 0 à 19). La technique consiste à utiliser l'expression suivante :

```
_root["etoile"+i];
```

Grâce à cette expression, le lecteur Flash évalue les termes placés entre crochets et les transforme en chemin d'accès à l'objet. Le nom de l'occurrence est alors entièrement déterminé. Le chemin est décrit par rapport à _level0 car l'expression utilise le terme _root.

> **Remarque**
>
> Notez qu'il n'y a pas de « . » entre le terme _root et le crochet « [».

Ainsi, l'instruction :

```
trace (_root["etoile"+i]);
```

placée à l'intérieur de la boucle do…while affiche le chemin d'accès aux objets etoilei.

Plus généralement, lorsque l'occurrence d'un symbole B appelée par exemple objet est créée à l'intérieur d'un autre objet A comme suit :

```
A.attachMovie("B", "objet", 1);
```

l'évaluation du chemin d'accès à objet s'effectue grâce à l'expression :

```
A["objet"]
```

> **Remarque**
>
> Il est également possible d'évaluer le chemin d'accès à un objet lorsque celui-ci est créé à l'aide des méthodes duplicateMovieClip(), ou createEmptyMovieClip().

Placer les étoiles au hasard

Forts de notre savoir, nous allons maintenant placer les étoiles au hasard sur la scène. Pour cela nous utilisons la méthode `Math.random()`. Les étoiles sont placées sur toute la largeur de la scène et sur sa moitié supérieure grâce aux instructions suivantes :

```
var hauteur:Number = Stage.height;
var largeur:Number = Stage.width;
_root["etoile"+i]._x = Math.random()*largeur;
_root["etoile"+i]._y = Math.random()*hauteur/2;
```

Ces deux instructions sont insérées dans la boucle `do…while`, juste après la création des objets, par la méthode `attachMovie()`.

Pour en savoir plus

Le positionnement d'un objet sur la scène ainsi que la méthode `Math.random()` sont étudiés plus précisément au chapitre 4 « Faire des choix », en section « Exemple, le jeu de bulles ».

Observons que l'expression `_root["etoile"+i]` est évaluée pour chacune des deux instructions. Elle le sera à chaque fois que nous aurons à modifier une propriété particulière de l'objet concerné.

Pour éviter d'avoir à évaluer plusieurs fois la même expression, il est intéressant de stocker le résultat de l'évaluation dans un objet de type `MovieClip` comme suit :

```
// Déclaration d »un objet de type MovieClip
var cetteEtoile:MovieClip;
cetteEtoile = _root["etoile"+i];
```

L'objet `cetteEtoile` représente alors, à chaque tour de boucle, l'étoile courante, c'est-à-dire celle portant le numéro correspondant à l'indice i. Plus précisément, l'objet `cetteEtoile` prend la valeur `_level0.etoile`i, pour i variant de 0 à 19. Le positionnement des étoiles s'effectue ensuite comme suit :

```
cetteEtoile._x = Math.random()*largeur;
cetteEtoile._y = Math.random()*hauteur/2;
```

Ces instructions sont placées à l'intérieur de la boucle `do…while`, juste après la création des objets par la méthode `attachMovie()`. Seule l'instruction de déclaration de l'objet `cetteEtoile` est à placer en dehors de la boucle. Il n'est nul besoin de répéter une instruction de déclaration de variable.

Modifier la taille des étoiles

Les étoiles ne sont pas toutes de la même taille. Nous devons effectuer un changement d'échelle variable. Pour respecter la forme du symbole, le changement d'échelle doit être identique tant en largeur qu'en hauteur. Pour cela nous tirons au hasard une seule valeur de changement d'échelle (entre 10 et 30 %), et nous appliquons ce même coefficient sur les deux propriétés _xscale et _yscale comme suit :

```
var taille:Number;
taille = Math.random()*20+10;
cetteEtoile._yscale = taille;
cetteEtoile._xscale = taille;
```

Ces instructions sont placées à l'intérieur de la boucle do…while, juste après le positionnement des objets. L'instruction de déclaration de la variable taille est placée en dehors de la boucle.

Faire scintiller les étoiles

Si vous lancez l'animation à ce stade des opérations, vous constaterez que les étoiles se trouvent bien dans la moitié supérieure de la scène et qu'elles ont toutes une taille différente. Cependant un détail choque : elles scintillent toutes de façon très synchronisée !

En effet, lorsque l'animation est lancée, chaque clip joue sa propre animation à partir de la première image du clip, en utilisant la même cadence d'affichage. Pour différencier la synchronisation des clips, nous allons lancer l'animation de chaque clip non plus à partir de la 1re image, mais à partir d'une image tirée au hasard.

Le numéro de l'image à partir de laquelle le clip est animé doit correspondre à une valeur comprise entre 1 et le nombre d'images contenues dans le clip. L'instruction permettant d'obtenir une telle valeur s'écrit :

```
var debut:Number;
debut = Math.random()*cetteEtoile._totalframes +1;
```

Pour finir, le lancement de l'animation d'une étoile à partir d'une image donnée est réalisé par l'instruction suivante :

```
cetteEtoile.gotoAndPlay(Math.round(debut));
```

Ces instructions sont placées à l'intérieur de la boucle do…while, juste après le changement d'échelle des étoiles. L'instruction de déclaration de la variable debut est placée en dehors de la boucle.

Pour en savoir plus

La propriété _totalframes et la méthode gotoAndPlay() des objets de type MovieClip sont étudiées au chapitre 2 « Les symboles », section « Propriétés et méthodes d'un objet ».

Code complet de etoileDoWhile.fla

L'intégralité du code permettant d'obtenir une nuit étoilée s'écrit comme suit :

```
// Déclaration des variables
var hauteur:Number = Stage.height;
var largeur:Number = Stage.width;
var i:Number = 0;
```

```
var taille, debut:Number;

// Déclaration d'un objet de type MovieClip
var cetteEtoile:MovieClip;

// Début de la boucle do...while
do {
   // Créer une étoile
   attachMovie("AnimStarClp", "etoile"+i, i);
   // Récupérer le nom de l'occurrence courante et
   // le stocker dans cetteEtoile
   cetteEtoile = _root["etoile"+i];
   // Placer l'occurrence courante au hasard dans
   // la moitié supérieure de la scène
   cetteEtoile._x = Math.random()*largeur;
   cetteEtoile._y = Math.random()*hauteur/2 ;
   // Diminuer la taille l'occurrence courante de 10 à 30 %
   taille = Math.random()*20+10;
   cetteEtoile._yscale = taille;
   cetteEtoile._xscale = taille;
   // Faire jouer le clip à partir d'une image tirée au hasard
   debut = Math.random()*cetteEtoile._totalframes +1;
   cetteEtoile.gotoAndPlay(Math.round(debut));
   // Passer à l'occurrence suivante
   i++;
} while (i < 20);
```

Question

Étudiez ce qui se passe si l'on remplace les instructions :

```
var i:Number = 0;
do {
 // Création des étoiles
} while (i < 20);
```

par :

```
var i:Number = 0;
do {
 // Création des étoiles
} while (i < 0);
```

Réponse

La variable i est déclarée et initialisée à 0. Dans les deux cas, les instructions placées à l'intérieur de la boucle do...while sont exécutées puisqu'il n'y a pas de test préalable à l'entrée de la boucle. Une étoile est donc créée et placée au hasard sur la scène. En remplaçant la condition (i < 20) par (i < 0), le test est faux dès le départ. Le programme sort de la boucle. Celle-ci n'est donc exécutée qu'une seule fois. La nuit n'est étoilée que d'une seule étoile !

La boucle for

L'instruction `for` permet d'écrire des boucles dont on connaît à l'avance le nombre d'itérations (de tours) à exécuter. Elle est équivalente à l'instruction while mais est plus simple à écrire.

Syntaxe

La boucle `for` s'écrit, elle aussi, de deux façons différentes en fonction du nombre d'instructions qu'elle comprend.

Dans le cas où une seule instruction doit être répétée, la boucle s'écrit :

```
for (initialisation; condition; incrément)
une seule instruction;
```

Si la boucle est composée d'au moins deux instructions, celles-ci sont encadrées par deux accolades, ouvrante et fermante, de façon à déterminer où débute et se termine la boucle.

```
for (initialisation; condition; incrément)
{
    plusieurs instructions;
}
```

Les termes `Initialisation`, `Condition` et `Incrément` sont des instructions séparées obligatoirement par des points-virgules (;). Ces instructions définissent une variable, ou indice, qui contrôle le bon déroulement de la boucle. Ainsi :

- `Initialisation` permet d'initialiser la variable représentant l'indice de la boucle (exemple : $i = 0$, i étant l'indice). Elle est la première instruction exécutée à l'entrée de la boucle.

- `Condition` définit la condition à vérifier pour continuer à exécuter la boucle (exemple : $i < 10$). Elle est examinée avant chaque tour de boucle, y compris au premier.

- `Incrément` est l'instruction qui permet de modifier le résultat du test précédent en augmentant ou diminuant la valeur de la variable testée. L'incrément peut être augmenté ou diminué de N. N est appelé le « pas d'incrémentation » (exemple : $i = i + 2$). Cette instruction est exécutée à la fin de chaque tour de boucle.

Pour en savoir plus

Il existe une autre boucle `for` appelée `for-in`. Ce type de boucle est utilisé pour examiner le contenu des propriétés d'un objet. Nous l'étudierons au cours du chapitre 9 « Les principes du concept "objet" », section « La boucle `for-in` ».

Principes de fonctionnement

Les boucles `for` réalisent un nombre précis de boucles dépendant de la valeur initiale, de la valeur finale et du pas d'incrémentation. Voyons sur différents exemples comment ces boucles sont exécutées :

Int i;	Valeur initiale	Valeur finale	Pas d'incrémentation	Nombre de boucles	Valeurs prises par i
for (i = 0; i < 5; i = i +1)	0	4	1	5	0, 1, 2, 3, 4
for (i = 4; i <= 12; i = i + 2)	4	12	2	5	4, 6, 8, 10, 12
for (i = 5; i > 0; i = i − 1)	5	1	− 1	5	5, 4, 3, 2, 1

> **Remarques**
> * Le nombre de tours est identique dans chacune de ces boucles, malgré une définition différente pour chacune des instructions de contrôle.
> * L'écriture de l'instruction Incrément, qui augmente ou diminue de 1 la variable de contrôle de la boucle, s'écrit plus simplement i++, ou i-- .

Le trombinoscope – 1re version

L'objectif de cet exemple est d'apprendre à construire des boucles for simples et imbriquées, et de s'initier au placement automatique des objets sur la scène. Pour cela nous allons travailler à la mise en place d'un trombinoscope virtuel. Cet exemple sera utilisé par la suite, pour aborder les notions de tableaux et de programmation objet.

Cahier des charges

Le trombinoscope est un tableau de vignettes représentant les personnes enregistrées dans un agenda électronique par exemple. Ici nous ne présentons que la partie affichage des photos en lignes et colonnes comme le montre la figure 5-4.

Figure 5-4

*Présentation
du trombinoscope
sous forme de tableau.*

L'affichage des photos s'effectue automatiquement, par programme, en tenant compte de la taille des photos (100 pixels en largeur et en hauteur). L'écart entre les photos est constant et déterminé par le programmeur.

Les photos sont enregistrées dans un répertoire nommé Photos et se nomment respectivement MiniPhoto0.jpg, MiniPhoto1.jpg... MiniPhoto6.jpg.

Les photos sont chargées en cours d'exécution de l'application et non dans la bibliothèque du fichier .fla.

Avant de réaliser l'affichage sous la forme d'un tableau à deux lignes et trois colonnes, examinons tout d'abord comment placer les photos sur une seule ligne, puis sur une seule colonne.

Des photos sur une ligne horizontale

L'objectif ici est de placer, par programme, une série de photos sur une ligne horizontale comme le montre la figure 5-5.

Figure 5-5

*Les photos sont
alignées en tenant
compte de leur taille
et d'un écart donné.*

Pour obtenir l'affichage des quatre photos sur une ligne horizontale placée au centre de la scène, nous devons utiliser, sans connaître les structures répétitives, la série d'instructions ci-après :

```
attachMovie("PhotoClp", "photo0", 0);
photo0.loadMovie("Photos/MiniPhoto0.jpg");
photo0._x =( photo0._width + ecartInterPhoto)*0 + ecartDuBord;
photo0._y = (hauteur- photo0._height) /2;
attachMovie("PhotoClp", "photo1", 1);
photo1.loadMovie("Photos/MiniPhoto1.jpg");
photo1._x =( photo1._width + ecartInterPhoto)*1+ ecartDuBord;
photo1._y = (hauteur- photo1._height) /2;
attachMovie("PhotoClp", "photo2", 2);
photo2.loadMovie("Photos/MiniPhoto2.jpg");
photo2._x =( photo2._width + ecartInterPhoto)*2+ ecartDuBord;
photo2._y = (hauteur- photo2._height) /2;
attachMovie("PhotoClp", "photo3", 3);
photo2.loadMovie("Photos/MiniPhoto3.jpg");
photo3._x =( photo3._width + ecartInterPhoto)*3+ ecartDuBord;
photo3._y = (hauteur- photo3._height) /2;
```

Dans cette suite d'instructions, nous avons mis volontairement en avant (en gras) la structure répétitive des différents éléments utilisés.

Remarque

Le chargement des photos s'effectue par l'intermédiaire de la méthode loadMovie() appliquée à l'objet photo0 (photo0.loadMovie()). De cette façon, les opérations telles que le déplacement, la transformation d'une image, s'effectuent non pas sur l'image mais sur l'objet dans lequel est placée l'image (soit ici, photo0).

Le nom des occurrences et des photos

Les instructions permettant la création d'un objet et le chargement d'une photo en son sein (attachMovie() et loadMovie()) sont composées d'éléments constants et d'éléments variants. Ces derniers sont les éléments numériques variant de 0 à 3.

La création du nom des occurrences peut donc être traitée à l'intérieur d'une boucle for, de la même façon qu'en section « La boucle do...while ». Les instructions sont les suivantes :

```
for (var i:Number = 0; i < 4;  i++ ) {
❶      attachMovie("PhotoClp", "photo"+i, i);
❷      cettePhoto = _root["photo"+i];
❸      cettePhoto.loadMovie("Photos/MiniPhoto"+i+".jpg");
}
```

Les instructions ❶, ❷ et ❸ sont répétées pour i partant de 0 jusqu'à i égal à 3. Lorsque i prend la valeur 4, la condition i < 4 n'est plus vérifiée, le programme sort de la boucle.

L'instruction ❶ crée une occurrence dont le nom est ensuite obtenu en utilisant l'expression _root["photo"+i]. Le nom est enregistré dans un objet de type MovieClip nommé cette Photo (❷). L'objet cettePhoto représente alors l'occurrence correspondant à "photo"+i pour i variant de 0 à 3.

Ensuite, chaque fichier image est chargé (❸) dans l'objet cettePhoto.

Remarque

Les noms des fichiers sont identiques, seule une valeur numérique représentant le numéro de la photo et incrémentée de 1 en 1 (MiniPhoto0, MiniPhoto1...) permet de les distinguer les unes des autres.

Le nom des fichiers images possède un numéro qui permet d'utiliser la méthode loadMovie() de façon systématique. Chaque fichier est chargé en appelant la méthode loadMovie() avec, comme chaîne de caractères, "Photos/MiniPhoto"+i+".jpg" en paramètre. De cette façon, à chaque tour de boucle, le nom du fichier chargé diffère par sa valeur numérique. L'image est chargée dans le clip dont le numéro correspond au numéro du fichier.

Le positionnement en hauteur

Chaque photo se trouve à mi-hauteur de la scène. Le point de référence des occurrences photo0, photo1... se situe en haut et à droite de l'objet.

Pour placer chaque photo à mi-hauteur, nous utilisons l'instruction :

```
cettePhoto._y = (hauteur- cettePhoto._height) / 2;
```

de façon à placer le centre (en y) de la photo au centre (en y) de la scène (voir figure 5-5).

Cette instruction est à insérer à l'intérieur de la boucle for, juste après avoir chargé le fichier image.

Le positionnement en largeur

La première photo (numérotée photo0) est placée à ecartDuBord (soit 0+ecartDuBord) de la scène en partant de la gauche.

Pour placer la photo suivante (numérotée photo1), il suffit d'ajouter à ecartDuBord une fois la largeur de la photo, ainsi que la valeur ecartInterPhoto qui permet d'obtenir un écart entre les deux photos (voir figure 5-5).

Pour placer la troisième photo (numérotée photo2), nous devons ajouter 2 fois la largeur d'une photo (celle des deux photos précédentes) ainsi que 2 fois ecartInterPhoto.

> **Remarque**
> Il y a correspondance entre le numéro de la photo et le nombre de fois que nous devons ajouter la largeur d'une photo et l'écart entre deux photos.

Ainsi l'instruction :

```
cettePhoto._x = (cettePhoto._width + ecartInterPhoto)*i +
ecartDuBord;
```

insérée dans la boucle for, juste après avoir positionné cettePhoto en y, reprend cette concordance et place, par programme, chaque photo les unes à la suite des autres.

Code complet de photoForHorizontal.fla

> **Extension Web**
> Vous pourrez tester cet exemple en examinant le fichier PhotoForHorizontal.fla, sous le répertoire Exemples/chapitre5.

L'intégralité du code permettant d'obtenir les photos placées sur une ligne horizontale s'écrit comme suit :

```
// Déclaration des variables
var hauteur:Number = Stage.height;
var largeur:Number = Stage.width;
var ecartInterPhoto:Number = 10;
var ecartDuBord:Number = 30;
var cettePhoto:MovieClip;
// Pour i allant de 0 à 4
for (var i:Number = 0; i < 4;  i++ ) {
```

```
    // créer une occurrence "photo"+i
    attachMovie("PhotoClp", "photo"+i, i);
    // Évaluer le nom de l'occurrence et enregistrer
    // son nom dans cettePhoto
    cettePhoto = _root["photo"+i];
    // Charger le fichier image dans cettePhoto
    cettePhoto.loadMovie("Photos/MiniPhoto"+i+".jpg");
    // Placer chaque photo en fonction de son numéro
    cettePhoto._x = (cettePhoto._width + ecartInterPhoto)*i +
    ecartDuBord;
    cettePhoto._y = (hauteur- cettePhoto._height) /2;
}
```

En exécutant cette boucle, nous obtenons le tableau d'évolution des variables suivant :

	I	_x	_y	cettePhoto	Explication
`var ecartInterPhoto:Number = 10;` `var ecartDuBord:Number = 30;`	-	-	-	-	Déclaration et initialisation des constantes.
`for (var i:Number = 0; i < 4; i++)`	0	-	-		Début de boucle. i est initialisé à 0. i est inférieur à 4. On entre dans la boucle.

`attachMovie("PhotoCLp",`
`➥"photo"+i, i);`
`cettePhoto = _root["photo"+i];`
`cettePhoto.loadMovie`
`➥("Photos/MiniPhoto"+i+".jpg");`
	0	-	-	`_level.photo0`	L'occurrence photo0 est créée sur le calque 0, grâce à la concaténation du terme "photo" et de la valeur contenue dans i. Le chemin d'accès à l'objet est placé dans l'objet cettePhoto. Le fichier MiniPhoto0.jpg est chargé dans l'objet cette Photo.

`cettePhoto._x = (cettePhoto.`
`➥_width + ecartInterPhoto)*i`
`➥+ ecartDuBord;`
	0	30	-	`_level.photo0`	_x = (80 + 10) * 0 + 30

`cettePhoto._y =` `➥(hauteur- cettePhoto._height) /2;`	0	30	110	`_level.photo0`	_y = (300 - 80) / 2
`for (var i:Number = 0; i < 4; i++)`	1	-	-		Retour en début de boucle, i++, i est inférieur à 4. On entre dans la boucle.

`attachMovie("PhotoCLp",`
`➥"photo"+i, i);`
`cettePhoto = _root["photo"+i];`
`cettePhoto.loadMovie`
`➥("Photos/MiniPhoto"+i+".jpg");`
	1	-	-	`_level.photo1`	L'occurrence photo1 est créée sur le calque 1, grâce à la concaténation du terme "photo" et de la valeur contenue dans i. Le chemin d'accès à l'objet est placé dans l'objet cettePhoto. Le fichier MiniPhoto1.jpg est chargé dans l'objet cette Photo.

	I	_x	_y	cettePhoto	Explication

`cettePhoto._x = (cettePhoto.`
`➡_width + ecartInterPhoto)*i`
`➡+ ecartDuBord;`
	1	120	-	_level.photo1	_x = (80 + 10) * 1 + 30

`cettePhoto._y =` `➡(hauteur- cettePhoto._height) /2;`	1	30	110	_level.photo1	_y = (300 – 80) / 2
`for (var i:Number = 0; i < 4; i++)`	1	-	-		Retour en début de boucle, i++, i est inférieur à 4. On entre dans la boucle.

`attachMovie("PhotoCLp",`
`➡"photo"+i, i);`
`cettePhoto = _root["photo"+i];`
`cettePhoto.loadMovie`
`➡("Photos/MiniPhoto"+i+".jpg");`
	2	-	-	_level.photo2	L'occurrence photo2 est créée sur le calque 2, grâce à la concaténation du terme "photo" et de la valeur contenue dans i. Le chemin d'accès à l'objet est placé dans l'objet cettePhoto. Le fichier MiniPhoto2.jpg est chargé dans l'objet cette Photo.

`cettePhoto._x = (cettePhoto.`
`➡_width + ecartInterPhoto)*i`
`➡+ ecartDuBord;`
	2	210	-	_level.photo2	_x = (80 + 10) * 2 + 30

`cettePhoto._y =` `➡(hauteur- cettePhoto._height) /2;`	2	210	110	_level.photo2	_y = (300 – 80) / 2
`for (var i:Number = 0; i < 4; i++)`	3	-	-		Retour en début de boucle, i++, i est inférieur à 4. On entre dans la boucle.

`attachMovie("PhotoCLp",`
`➡"photo"+i, i);`
`cettePhoto = _root["photo"+i];`
`cettePhoto.loadMovie`
`➡("Photos/MiniPhoto"+i+".jpg");`
	3	-	-	_level.photo3	L'occurrence photo3 est créée sur le calque 3, grâce à la concaténation du terme "photo" et de la valeur contenue dans i. Le chemin d'accès à l'objet est placé dans l'objet cettePhoto. Le fichier MiniPhoto3.jpg est chargé dans l'objet cette Photo.

`cettePhoto._x = (cettePhoto.`
`➡_width + ecartInterPhoto)*i`
`➡+ ecartDuBord;`
	3	300	-	_level.photo3	_x = (80 + 10) * 3 + 30

`cettePhoto._y =` `➡(hauteur- cettePhoto._height) /2;`	3	300	110	_level.photo3	_y = (300 – 80) / 2
`for (var i:Number = 0; i < 4; i++)`	4	-	-		Retour en début de boucle, i++, i n'est plus inférieur à 4. On sort de la boucle.

Des photos sur une ligne verticale

L'objectif ici est de placer, par programme, une série de photos sur une ligne verticale comme le montre la figure 5-6.

Figure 5-6

Les photos sont placées sur une ligne verticale centrée sur la scène.

La mise en place des photos sur une colonne au lieu d'une ligne procède de la même démarche que celle décrite en section précédente, à savoir :

- Création d'un objet photo*i* (*i* variant de 0 à 2) ;

- Enregistrement du chemin d'accès à cet objet dans cettePhoto ;

- Placement en y ;

- Placement en x ;

La différence s'opère dans le placement le long de l'axe des y au lieu de l'axe des x. Ainsi, pour que les photos se placent de haut en bas, nous devons positionner la première photo à un certain écart du bord supérieur puis ajouter, à chaque nouvelle photo à afficher, la hauteur d'une photo et un écart donné. La formule est quasi identique à celle utilisée pour le placement en x (voir section précédente) et s'écrit :

```
cettePhoto._y = (cettePhoto._height + ecartInterPhoto)*j +
ecartDuBord;
```

Le placement en x est constant et situé au centre de la scène. Compte tenu du point d'ancrage du symbole PhotoClp, chaque photo est positionnée à la moitié de la largeur de la scène moins la moitié de la largeur d'une photo. La commande est la suivante :

```
cettePhoto._x = (largeur - cettePhoto._width)/2;
```

Ces instructions sont à insérer à l'intérieur d'une boucle for, juste après avoir créé les objets nécessaires au chargement du fichier image.

Code complet de photoForVertical.fla

Extension Web

Vous pourrez tester cet exemple en examinant le fichier `PhotoForVertical.fla`, sous le répertoire `Exemples/chapitre5`.

L'intégralité du code permettant d'obtenir les photos placées sur une ligne verticale s'écrit comme suit :

```
// Déclaration des variables
var hauteur:Number = Stage.height;
var largeur:Number = Stage.width;
var ecartInterPhoto:Number = 10;
var ecartDuBord:Number = 10;
var cettePhoto:MovieClip;
// Pour j allant de 0 à 2
for (var j:Number = 0; j < 3; j++ ) {
    // créer une occurrence "photo"+j
    attachMovie("PhotoClp", "photo"+j, j);
    // Évaluer le nom de l'occurrence et enregistrer
    // son nom dans cettePhoto
    cettePhoto = _root["photo"+j];
    // Charger le fichier image dans cettePhoto
    cettePhoto.loadMovie("Photos/MiniPhoto"+j+".jpg");
    // Placer chaque photo en fonction de son numéro
    cettePhoto._y =(cettePhoto._height + ecartInterPhoto)*j +
    ecartDuBord;
    cettePhoto._x = (largeur - cettePhoto._width)/2;
}
```

Remarque

Pour différencier la boucle d'affichage sur l'axe des x de celle sur l'axe des y, l'usage est d'utiliser la variable i pour l'axe horizontal et j pour l'axe vertical.

Un tableau de photos

L'affichage des photos sous la forme d'un tableau constitué de lignes et de colonnes utilise les mêmes techniques de création d'objets et de placements que celles étudiées au cours des deux sections précédentes.

Cependant, pour placer automatiquement une photo, à la fois en x et en y, nous aurons à faire varier deux indices (i et j), de façon à calculer la position d'une photo pour une ligne et une colonne données. Pour cela nous devons utiliser deux boucles imbriquées.

Les boucles imbriquées

On dit que deux boucles sont imbriquées lorsqu'une des deux se trouve à l'intérieur de l'autre. Par exemple, dans le code suivant :

```
for (var j:Number = 0; j < 2;  j++ ) {
  for (var i:Number = 0; i < 3;  i++ ) {
    trace(" i : " + i  + " j : " + j);
  }
}
```

la boucle « i » (en gras) est placée à l'intérieur de la boucle « j ».

Pour mieux comprendre le fonctionnement des boucles imbriquées, examinons le tableau d'évolution des variables i et j, lorsque les deux boucles précédentes sont exécutées.

	j	i	Explication
`for (var j:Number = 0; j < 2;  j++ ) {`	0	–	Début de boucle « j ». j est initialisé à 0. j est inférieur à 2. On entre dans la boucle « j ».
`for (var i:Number = 0; i < 3;  i++ ) {`	0	0	Début de boucle « i ». i est initialisé à 0. i est inférieur à 3. On entre dans la boucle « i ».
`trace(" i : " + i  + " j : " +j);`	0	0	Le texte i : 0 j : 0 s'affiche dans la fenêtre de sortie.
`for (var i:Number = 0; i < 3;  i++ ) {`	0	1	Retour en début de la boucle « i », i++, i est inférieur à 3. On entre dans la boucle « i ».
`trace(" i : " + i  + " j : " +j);`	0	1	Le texte i : 1 j : 0 s'affiche dans la fenêtre de sortie.
`for (var i:Number = 0; i < 3;  i++ ) {`	0	2	Retour en début de la boucle « i », i++, i est inférieur à 3. On entre dans la boucle « i ».
`trace(" i : " + i  + " j : " +j);`	0	2	Le texte i : 2 j : 0 s'affiche dans la fenêtre de sortie.
`for (var i:Number = 0; i < 3;  i++ ) {`	0	3	Retour en début de boucle « i », i++, i n'est plus inférieur strictement à 3. On sort de la boucle « i ».
`for (var j:Number = 0; j < 2;  j++ ) {`	1	–	Retour en début de la boucle « j », j++, j est inférieur à 2. On entre dans la boucle « j ».
`for (var i:Number = 0; i < 3;  i++ ) {`	1	0	Début de boucle « i ». i est initialisé à 0. i est inférieur à 3. On entre dans la boucle « i ».
`trace(" i : " + i  + " j : " +j);`	1	0	Le texte i : 0 j : 1 s'affiche dans la fenêtre de sortie.
`for (var i:Number = 0; i < 3;  i++ ) {`	1	1	Retour en début de la boucle « i », i++, i est inférieur à 3. On entre dans la boucle « i ».
`trace(" i : " + i  + " j : " +j);`	1	1	Le texte i : 1 j : 1 s'affiche dans la fenêtre de sortie.
`for (var i:Number = 0; i < 3;  i++ ) {`	1	2	Retour en début de la boucle « i », i++, i est inférieur à 3. On entre dans la boucle « i ».
`trace(" i : " + i  + " j : " +j);`	1	2	Le texte i : 2 j : 1 s'affiche dans la fenêtre de sortie.
`for (var i:Number = 0; i < 3;  i++ ) {`	1	3	Retour en début de boucle « i », i++, i n'est plus inférieur strictement à 3. On sort de la boucle « i ».
`for (var j:Number = 0; j < 2;  j++ ) {`	2	–	Retour en début de la boucle « j », j++, j n'est plus inférieur strictement à 2. On sort de la boucle « j ».

Comme vous pouvez le constater sur cet exemple très simple, la boucle « i » est exécutée deux fois puisqu'elle est placée à l'intérieur de la boucle « j », le compteur j variant de 0 à 1. Au cours de ces deux exécutions, le compteur i varie à chaque fois de 0 à 3.

> **Remarque**
>
> La boucle intérieure (i) est exécutée dans son intégralité avant de passer à l'indice suivant de la boucle extérieure (j).

Placement en lignes et colonnes

Pour afficher le trombinoscope en lignes et colonnes, la méthode consiste à positionner les photos ligne par ligne sachant que pour chaque ligne, les photos sont placées les unes après les autres pour former à chaque fois une colonne. Le positionnement en x et en y reprend les mêmes calculs que ceux étudiés au cours des sections « Des photos sur une ligne horizontale » et « Des photos sur une ligne verticale».

Concrètement, le passage de ligne à ligne s'effectue à l'aide d'une première boucle d'indice j, et celui de colonne à colonne avec une seconde boucle d'indice i, imbriquée dans la première (voir figure 5-7).

Figure 5-7

Les photos sont placées en ligne et en colonne.

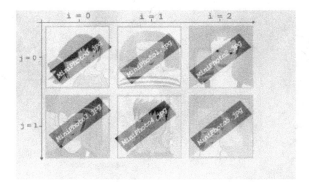

La marche à suivre pour réaliser un tableau de photos en lignes et colonnes est donc la suivante :

```
// Pour chaque ligne
for (var j:Number = 0; j < 2;  j++ ) {
   // Pour chaque colonne
   for (var i:Number = 0; i< 3;  i++ ) {
❶     // Créer une occurrence nommée cettePhoto
❷     // Charger le fichier dans l'objet créé à l'étape précédente
❸     // Positionner la photo sur l'axe des x à l'aide de l'indice i
❹     // Positionner la photo sur l'axe des y à l'aide de l'indice j
   }
}
```

❶ La création de l'occurrence cettePhoto s'effectue comme pour les exemples précédents en utilisant la méthode attachMovie(), puis en évaluant l'expression passée en paramètre de la méthode pour déterminer le chemin d'accès à l'objet créé.

Examinons d'un peu plus près les paramètres de la méthode attachMovie(). Dans les deux exemples précédents nous avions :

```
attachMovie("PhotoClp", "photo"+i, i);
```

ou encore :

```
attachMovie("PhotoClp", "photo"+j, j);
```

selon l'indice utilisé dans la boucle.

Ici, nous ne pouvons utiliser ni l'indice i, ni l'indice j. En effet, dans chacune des deux boucles imbriquées, les indices varient de 0 à 1 pour j (nombre de lignes) et de 0 à 2, pour la boucle i (nombre de colonnes). Or, les six photos à afficher se nomment MiniPhoto0, MiniPhoto1... et MiniPhoto5. Nous devons donc utiliser un compteur différent de i et de j, qui varie de 0 à 5.

Comme la boucle interne i est exécutée en tout 6 fois (2 x 3), nous pouvons insérer un compteur spécifique (compteurPhoto) à l'intérieur de la boucle i variant de 0 à 5, et créer de cette façon 6 occurrences dont le numéro correspond à celui de l'image à afficher. La méthode pour créer et gérer ce compteur est la suivante :

```
var compteurPhoto:Number=0;
for (var j:Number = 0; j < 2;  j++ ) {
  for (var i:Number = 0; i< 3;  i++ ) {
    attachMovie("PhotoClp", "photo"+compteurPhoto, compteurPhoto);
    compteurPhoto++;
  }
```

La variable compteurPhoto est initialisé à 0 au moment de sa déclaration. Ensuite, lors du premier tour de la boucle interne (i), les valeurs du compteur compteurPhoto varient de 0 à 2 et permettent de créer les occurrence photo0, photo1 et photo2. Lors de la seconde exécution de la boucle i, compteurPhoto n'est pas réinitialisé (au contraire de l'indice i). Ses valeurs varient donc de 2 à 5. Elle permettent ainsi de créer les occurrence photo3, photo4 et photo5.

❷ L'évaluation de l'expression "photo"+compteurPhoto s'effectue de la même façon que pour les exemples précédents, en utilisant l'expression _root[] comme suit :

```
cettePhoto = _root["photo"+compteurPhoto];
cettePhoto.loadMovie("Photos/MiniPhoto"+compteurPhoto+".jpg");
```

L'expression _root[] et la méthode loadMovie() utilisent le compteur compteurPhoto. Les images chargées correspondent aux fichiers MiniPhoto0.jpg, MiniPhoto1.jpg... Mini Photo5.jpg.

❸ Le placement selon l'axe des x reprend le même calcul que celui décrit au cours de la section « Des photos sur une ligne horizontale», soit :

```
cettePhoto._x =(cettePhoto._width + ecartInterPhoto)*i +
ecartDuBordGauche;
```

L'indice i représente ici le numéro d'une colonne. L'instruction est placée dans la boucle interne d'indice i.

❹ Le placement selon l'axe des y reprend le même calcul que celui décrit au cours de la section « Des photos sur une ligne verticale », soit :

```
cettePhoto._y =(cettePhoto._height + ecartInterPhoto)*j +
ecartDuBordHaut;
```

L'indice j représente ici le numéro d'une ligne. L'instruction est également placée dans la boucle interne d'indice i.

Code complet de PhotoForImbrique.fla

> **Extension Web**
>
> Vous pourrez tester cet exemple en examinant le fichier `PhotoForImbrique.fla`, sous le répertoire `Exemples/chapitre5`.

L'intégralité du code permettant d'obtenir les photos placées en lignes et colonnes s'écrit comme suit :

```
// Déclaration des variables
var hauteur:Number = Stage.height;
var largeur:Number = Stage.width;
var ecartInterPhoto:Number = 10;
var ecartDuBordHaut:Number=50;
var ecartDuBordGauche:Number=40;
var compteurPhoto:Number=0;
var cettePhoto:MovieClip;
for (var j:Number = 0; j < 2;  j++ ) {
  for (var i:Number = 0; i< 3;  i++ ) {
    attachMovie("PhotoClp", "photo"+compteurPhoto, compteurPhoto);
    cettePhoto = _root["photo"+compteurPhoto];
    cettePhoto.loadMovie("Photos/MiniPhoto"+compteurPhoto+".jpg");
    cettePhoto._x =(cettePhoto._width + ecartInterPhoto)*i +
    ecartDuBordGauche;
    cettePhoto._y =(cettePhoto._height + ecartInterPhoto)*j +
    ecartDuBordHaut;
    compteurPhoto++;
  }
}
```

Question

Que se passe-t-il si l'on échange les deux boucles, en plaçant la boucle j à l'intérieur de la boucle i, comme suit ?

```
for (var i:Number = 0; i< 3;  i++ ) {
   for (var j:Number = 0; j < 2;  j++ ) {
      // Créer une occurrence nommée cettePhoto
      // Charger le fichier dans l'objet créé à l'étape précédente
      // Positionner la photo sur l'axe des x à l'aide de l'indice i
      // Positionner la photo sur l'axe des y à l'aide de l'indice j
   }
}
```

Réponse

Placer la boucle j en boucle interne de la boucle i ne modifie en rien le résultat du programme. Les images sont affichées colonne par colonne, sachant que pour chaque colonne les photos sont placées les unes sous les autres pour former les deux lignes.

Quelle boucle choisir ?

Chacune des trois boucles étudiées dans ce chapitre permet de répéter un ensemble d'instructions. Cependant, les différentes propriétés de chacune d'entre elles font que le programmeur utilisera un type de boucle plutôt qu'un autre, suivant le problème à résoudre.

Choisir entre une boucle do…while et une boucle while

Les boucles do…while et while se ressemblent beaucoup dans leur syntaxe, et il paraît parfois difficile au programmeur débutant de choisir l'une plutôt que l'autre.

Notons cependant que la différence essentielle entre ces deux boucles réside dans la position du test de sortie de boucle. Pour la boucle do…while, la sortie s'effectue en fin de boucle, alors que, pour la boucle while, la sortie se situe dès l'entrée de la boucle.

De ce fait, la boucle do…while est plus souple à manipuler, les instructions qui la composent étant exécutées au moins une fois, quoi qu'il arrive. Pour la boucle while, il est nécessaire de veiller à l'initialisation de la variable figurant dans le test d'entrée de boucle, de façon à être sûr d'exécuter au moins une fois les instructions composant la boucle.

Certains algorithmes demandent à ne jamais répéter, sous certaines conditions, un ensemble d'instructions. Dans de tels cas, la structure while est préférable à la structure do...while.

Choisir entre la boucle for et while

Les boucles for et while sont équivalentes. En effet, en examinant les deux boucles du tableau ci-dessous.

La boucle for	La boucle while
| ```
var i :Number;
for (i = 0; i <= 10; i = i+1 )
{
}
``` | ```
var i :Number = 0;
while (i <= 10)
{
  i = i+1;
}
``` |

nous constatons que, pour chacune d'entre elles, la boucle débute avec i = 0, puis, tant que i est inférieur ou égal à 10, i est incrémenté de 1.

Malgré cette équivalence, pour choisir entre une boucle for et une boucle while, observons que :

- La boucle for est utilisée quand on connaît à l'avance le nombre d'itérations à exécuter.
- La boucle while est employée lorsque le nombre d'itérations est laissé au choix de l'utilisateur du programme ou déterminé à partir du résultat d'un calcul réalisé au cours de la répétition.

La boucle interne à Flash

Les boucles while, do…while et for sont des boucles « ordinaires ». Ces structures répétitives existent dans la plupart des langages de programmation (C, Java, PHP…) et s'utilisent de façon courante.

Il existe, dans l'environnement Flash, un autre type de boucle que nous avons déjà utilisé sans jamais le présenter comme une structure de répétition. Il s'agit de la boucle de scénario.

La boucle de scénario

Lorsque l'on exécute une application Flash, l'animation est réalisée grâce au déplacement de la tête de lecture sur la ligne de temps. La tête de lecture « boucle » sur la ligne de temps puisque, lorsqu'elle arrive sur la dernière image, elle se place à nouveau sur la première image pour rejouer l'animation. Le déplacement continu et répété de la tête de lecture forme donc une structure répétitive. Nous l'appelons « boucle interne à Flash » ou encore « boucle de scénario ».

La principale caractéristique de la boucle interne est de permettre le rafraîchissement de l'écran, c'est-à-dire de remplacer une image par une autre en fonction des instructions placées dans le script.

Remarque

La vitesse de déplacement de la tête de lecture, et donc le rafraîchissement de l'écran, est associée à la cadence de l'animation : c'est-à-dire le nombre d'images affichées (traitées) par seconde.

Pour en savoir plus

Pour modifier la cadence de votre animation, reportez-vous à la section « L'environnement de programmation Flash », paragraphe « Le scénario, les calques, les images et les images clés » du chapitre introductif de cet ouvrage.

Les boucles ordinaires (while, do…while et for) n'ont pas la capacité de rafraîchir l'écran. En effet, lorsqu'un programme (script) placé sur une image du scénario est exécuté, l'affichage résultant (rafraîchissement) n'est réalisé qu'une fois le script intégralement exécuté.

Cela signifie que les boucles ordinaires ne peuvent être utilisées pour déplacer un objet sur la scène. En effet, prenons par exemple le script suivant :

```
bSavon._x =0;
for (var i:Number = 0; i< 10;  i++ ) {
    bSavon._x += 5;
}
```

L'exécution de ce script ne déplace pas, comme nous pourrions l'imaginer, l'objet bSavon de 5 pixels en 5 pixels le long de l'axe des x.

En effet, même si en théorie l'idée est bonne – l'objet bSavon voit sa coordonnée en x augmenter de 5 en 5 à chaque tour de boucle –, en réalité, l'exécution de ce programme a pour effet d'afficher une bulle de savon à 50 pixels du bord de la scène. Nous ne voyons jamais la bulle se déplacer de 5 en 5.

Extension Web

Vous pourrez tester cet exemple en examinant le fichier AnimationFor.fla, sous le répertoire Exemples/chapitre5.

Que se passe-t-il lors de l'exécution du programme ?

Nous l'avons écrit plus haut, une image n'est rafraîchie (affichée) que lorsque l'intégralité du script est exécutée et quand les boucles « ordinaires » ne rafraîchissent pas l'écran. Pour ces deux raisons, la bulle de savon n'est affichée que dès que la boucle for a été totalement exécutée, c'est-à-dire quand i vaut 10 et donc bSavon._x = 50. Aucune image n'est affichée avant cela.

Ainsi, le script exécuté, l'image est affichée avec l'objet bSavon placé à 50 pixels du bord gauche de la scène.

Pour réaliser une animation, nous devons utiliser une boucle de scénario et non une boucle « ordinaire ». L'emploi des boucles de scénario s'effectue en traitant l'événement onEnterFrame.

La boucle d'événements onEnterFrame

L'événement onEnterFrame permet, lorsqu'il est capté, de forcer l'exécution d'une ou plusieurs instructions à chaque fois qu'il y a rafraîchissement de la scène.

Entrer dans une boucle d'événements

Pour entrer dans une boucle d'événements, nous devons faire en sorte de capturer l'événement onEnterFrame à chaque fois qu'il est émis. Cette capture est réalisée par l'intermédiaire d'un gestionnaire d'événements.

Ainsi, pour déplacer la bulle de savon, nous l'avons vu au cours du chapitre 3 « Communiquer ou interagir », nous devons écrire le gestionnaire d'événements suivant :

```
bSavon.onEnterFrame = function():Void {
    this._x +=5;
}
```

De cette façon, à chaque fois que l'objet bSavon réceptionne l'événement onEnterFrame, l'image est rafraîchie et la bulle de savon est affichée avec un décalage vers la droite de 5 pixels.

Sortir d'une boucle d'événements

La boucle onEnterFrame est répétée à l'infini – tant que l'application est en cours d'exécution –, la bulle se déplace vers la droite et sort de la scène, sans jamais s'arrêter. Pour stopper le déplacement et donc sortir de la boucle onEnterFrame, deux solutions sont possibles :

• Supprimer l'objet qui capte l'événement onEnterFrame, grâce à la méthode removeMovie Clip(). Ainsi l'instruction :

```
if (bSvavon._x > 50) bSavon.removeMovieClip();
```

supprime l'objet bSavon de l'animation. L'objet est effacé de la scène dès que sa position est à 50 pixels d'écart du bord droit de la scène.

• Arrêter la réception de l'événement onEnterFrame en utilisant la commande delete comme suit :

```
if (bSvavon._x > 50) delete bSavon.onEnterFrame;
```

Ainsi, lorsque la bulle de savon se trouve à 50 pixels du bord droit de la scène, le gestionnaire onEnterFrame est supprimé. L'objet bSavon ne réceptionnant plus l'événement, l'instruction d'incrémentation this._x +=5 n'est plus exécutée, la bulle est stoppée dans son parcours et reste affichée à sa dernière position.

Extension Web

Les deux solutions sont proposées dans le fichier AnimationBoucleEvt.fla, sous le répertoire Exemples/chapitre5.

Répéter une boucle d'événements

Tout comme deux boucles ordinaires peuvent être imbriquées, il est possible d'inclure une boucle d'événements à l'intérieur d'une boucle « ordinaire ».

Lorsqu'une boucle d'événements onEnterFrame est placée à l'intérieur d'une boucle ordinaire, l'animation réalisée par la boucle d'événements est associée à chaque objet créé par la boucle ordinaire. Ainsi, chaque objet possède son propre gestionnaire d'événements, et donc sa propre animation.

Reprenons par exemple le cas de l'animation d'une nuit étoilée (voir section « La boucle do…while »). Dans cet exemple, le scintillement des étoiles est réalisé par l'intermédiaire d'un clip composé de plusieurs interpolations faisant varier plus ou moins la transparence de l'étoile.

Nous pouvons réaliser cette variation par programme, en définissant une boucle d'événements pour chaque étoile créée à l'intérieur de la boucle do…while. La structure du programme est la suivante :

```
// Définir des variables contrôlant la luminosité
var luminosite, maxLuminosité :Number;
var minLuminosité, vitesseScintillement:Number;
❶ do {
        // Créer une étoile
        attachMovie("StarClp", "etoile"+i, i);
❷       cetteEtoile = _root["etoile"+i];
        // Placer l'occurrence courante au hasard
        // Voir section La boucle do…while - Une nuit étoilée
        // Définir la luminosité initiale de l'étoile courante
❸       luminosite = Math.random()*80;
        cetteEtoile._alpha = luminosite;
        // Définir une vitesse de scintillement
        vitesseScintillement = Math.random()*5+1;
        // Définir un intervalle de luminosité
        maxLuminosité = Math.random()*80+20;
        minLuminosité = Math.random()*10+20;
        // Entrer dans la boucle d'événements de l'étoile courante
❹   cetteEtoile.onEnterFrame = function():Void {
        // Diminuer la luminosité de l'étoile courante
        this._alpha-= vitesseScintillement;
        // Si l'étoile n'est plus assez lumineuse
❺   if (this._alpha < minLuminosité) {
            // calculer une nouvelle luminosité
            luminosite = Math.random()*maxLuminosité;
            this._alpha = luminosite;
            // calculer une nouvelle vitesse de scintillement
            vitesseScintillement = Math.random()*5+1;
            // Calculer un nouvel intervalle de luminosité
            maxLuminosité = Math.random()*80+20;
            minLuminosité = Math.random()*10+20;
        }
    }
```

```
    // Passer à l'occurrence suivante
        i++;
}while (i < 20);
```

Extension Web

Ce script est enregistré dans le fichier `EtoileBoucleEvt.fla` sous le répertoire `Exemples/chapitre5`.

❶ La boucle `do...while` est utilisée pour créer les 20 étoiles. C'est une boucle « ordinaire » exécutée dans son intégralité, avant l'affichage des 20 étoiles.

❷ L'occurrence `cetteEtoile` représente le chemin d'accès à l'objet créé par la méthode `attachMovie()` pour un `i` donné. `cetteEtoile` correspond donc, à chaque tour de boucle effectué, à une des 20 étoiles. Chaque étoile est un clip composé d'une seule image représentant une étoile fixe.

❸ Avant de lancer l'animation, chaque étoile possède sa propre luminosité calculée au hasard entre `0` et `80`. Des valeurs (`maxLuminosité`, `minLuminosité`, `vitesseScintillement`) sont également calculées aléatoirement afin de rendre le scintillement propre à chaque étoile.

❹ Chaque étoile possède sa propre boucle d'événements définie à l'aide du gestionnaire d'événements `cetteEtoile.onEnterFrame`.

❺ Pour chacune des étoiles, le gestionnaire d'événements modifie la transparence de l'objet concerné. Le terme `this` représente l'objet `cetteEtoile`, lequel correspond à une étoile pour un `i` donné. Lorsque l'objet devient trop transparent, une nouvelle luminosité est calculée de façon à voir réapparaître l'étoile courante.

Remarque

Il est obligatoire, dans le gestionnaire d'événements, `onEnterFrame` d'utiliser le terme `this` au lieu de `cetteEtoile`.

Si nous utilisons le terme `cetteEtoile` au lieu de `this` à l'intérieur du gestionnaire d'événements (et beaucoup de programmeurs débutants commettent cette erreur), l'animation ne fonctionne plus correctement. Une seule étoile scintille et toutes les autres restent désespérément fixes.

Que se passe-t-il ?

La boucle `do...while` est une boucle « ordinaire », exécutée dans son intégralité avant tout affichage. Elle permet la création des 20 étoiles et la définition des gestionnaires d'événements pour l'objet `cetteEtoile`. Lorsque la boucle est entièrement exécutée, l'objet `cetteEtoile` contient le chemin d'accès `level0.etoile19` et uniquement ce chemin. Lorsque l'animation est enfin affichée en sortie de la boucle `do...while`, toutes les étoiles sont créées et placées au hasard sur la scène. Les gestionnaires d'événements sont également définis, mais tous s'exécutent sur l'objet `cetteEtoile`, c'est-à-dire l'étoile n°19, puisque, par principe, une boucle « ordinaire » est entièrement traitée avant tout rafraîchissement.

L'emploi du terme this permet d'éviter cet inconvénient. En effet, lors de la création du gestionnaire d'événements d'une étoile donnée, this représente l'étoile courante dans la boucle d'événements et non l'objet courant dans la boucle « ordinaire ». Chaque gestionnaire d'événements s'applique à l'étoile courante et réalise le traitement pour l'étoile chargée en mémoire au moment de la définition du gestionnaire. De cette façon, toutes les étoiles réceptionnent l'événement onEnterFrame et scintillent.

Mémento

Les quatre boucles décrites ci-après ont toutes pour résultat l'affichage de la fenêtre de sortie suivante :

Figure 5-8

Affichage du compteur de boucle.

▼ Sortie

Boucle n° 5
Boucle n° 6
Boucle n° 7
Boucle n° 8
Boucle n° 9

La boucle while

```
var i:Number = 5;
while (i < 10) {
    trace("Boucle n° "+ i );
    i++;
}
```

Dans la boucle while, le test de continuation de boucle s'effectue à l'entrée de la boucle. La variable i (compteur) doit donc être déclarée et initialisée correctement pour être sûr que les instructions placées à l'intérieur de la boucle soient exécutées au moins une fois. L'instruction i++, placée à l'intérieur de la boucle garantit que le test (i < 10) ne reste pas toujours vrai et empêche le programme de boucler à l'infini.

La boucle do…while

```
var i:Number = 5;
do {
    trace("Boucle n° "+ i );
    i++;
} while (i < 10);
```

Dans la boucle do…while, le test de continuation de boucle s'effectue en sortie de boucle. Ainsi, quelle que soit la condition, nous sommes assurés que la boucle est exécutée au moins une fois.

La boucle for

```
for (var i:Number = 5; i < 10; i++) {
   trace("Boucle n° "+ i );
}
```

Dans la boucle for, la déclaration, l'initialisation, le test de continuation de boucle ainsi que l'incrémentation du compteur sont placés à l'intérieur d'une seule et même expression. La boucle for est utilisée quand on connaît à l'avance le nombre d'itérations à exécuter.

La boucle d'événements onEnterFrame

```
var i:Number = 5;
cetObjet.onEnterFrame = function():Void
{
  trace("Boucle n° "+ i );
  i++;
  if ( i >= 10) delete this.onEnterFrame;
}
```

Le gestionnaire d'événements onEnterFrame force l'exécution d'une ou plusieurs instructions à chaque émission de l'événement, c'est-à-dire à chaque fois qu'il y a rafraîchissement de la scène. Les boucles ordinaires (while, do...while et for) n'ont aucun effet sur le rafraîchissement de la scène.

Évaluer une expression et récupérer le nom de l'occurrence

```
attachMovie("StarClp", "etoile"+i, i);
_root["etoile"+i]._x = (_root["etoile"+i]._width + 10)*i;
```

L'expression _root[] évalue les termes placés entre crochets, et détermine le chemin d'accès à l'occurrence créée par la méthode attachMovie(). Chaque occurrence peut être ainsi traitée (positionnée, déplacée, transformée) de façon spécifique, en cours d'exécution.

Exercices

L'objectif de cette série d'exercices est d'améliorer le jeu de bulles développé au cours des chapitres précédents afin d'accroître la complexité du jeu.

Extension Web

Pour vous faciliter la tâche, le fichier Exercice5.fla, à partir duquel nous allons travailler, se trouve dans le répertoire Exercices/SupportPourRéaliserLesExercices/Chapitre5. Dans ce même répertoire, vous pouvez accéder aux différentes applications telles que nous souhaitons les voir fonctionner (Exercice5_1.swf à Exercice5_5.swf) une fois réalisées.

Nous souhaitons créer des niveaux de difficulté croissants de façon à ce que :

- Quel que soit le niveau du joueur, une session lance, en tout et pour tout, 50 bulles.

- Pour chaque session, le joueur obtient un score. Si ce dernier est meilleur que le précédent, le nombre de bulles lancées en même temps, croît.

Remarque

Pour réaliser ces exercices, nous vous proposons d'utiliser, dans l'ordre donné, les trois types de boucles à des fins pédagogiques et parce que nous pensons qu'elles sont le plus appropriées pour la bonne marche du programme (surtout pour les boucles do...while et for).

La boucle while

Au lancement du jeu, le joueur débute avec un niveau égal à 1. Deux bulles sont lancées en même temps.

Exercice 5.1

a. Créez et initialisez une variable niveauJoueur à 1.

b. Créez et initialisez à 0 une variable compteur de boucles (par exemple i).

c. À l'aide d'une boucle while et des deux variables précédentes, créez les deux bulles correspondant au niveau initial du joueur.

d. Placez chaque bulle au hasard sur la toute la largeur et au-dessus de la scène. Vous devez pour cela utiliser l'expression _root[].

e. Afin de vérifier le bon fonctionnement de la boucle, nous allons afficher, à l'intérieur des bulles, leur numéro respectif. Pour cela :

- Modifiez le symbole BulleClp en créant à l'intérieur une zone de texte dynamique nommée labelOut ;

- Pour chaque bulle créée, affichez son numéro, c'est-à-dire le compteur de la boucle.

f. Testez le jeu. Que se passe-t-il ? Pourquoi ?

Imbriquer une boucle d'événements avec une boucle do...while

Lorsque l'utilisateur clique sur le curseur, les bulles ne se déplacent pas vers le bas de l'écran. Pour animer chaque bulle, nous devons définir un gestionnaire d'événements pour chacune d'entre elles en imbriquant la boucle d'événements onEnterFrame à l'intérieur d'une boucle do...while.

Exercice 5.2

a. Repérez le gestionnaire d'événements bSavon.onEnterFrame. Insérer ce gestionnaire à l'intérieur d'une boucle do...while. La boucle doit être exécutée tant que le compteur est inférieur ou égal au niveau du joueur.

b. Le compteur de boucles est incrémenté en fin de boucle, juste avant le test de continuation.

c. L'objet sur lequel s'applique le gestionnaire `onEnterFrame` n'est plus `bSavon`, mais la bulle courante dont le nom est récupéré par l'expression `_root[]` et enregistré dans un objet nommé `cetteBulle`.

d. Modifiez toutes les occurrences `bSavon` en `cetteBulle`.

Remarque

Vous ne devez pas changer le terme `this` en `cetteBulle`. `this` correspond à la bulle courante, il n'y a pas lieu (et c'est même déconseillé) de remplacer ce terme.

---

e. Testez le jeu. Que se passe-t-il lorsque vous cliquez sur le curseur pour arrêter le jeu, ou lorsque vous avez terminé une session ? Pourquoi ?

La boucle for

Lorsque vous stoppez le jeu en cliquant une seconde fois sur le curseur ou, lorsque vous avez terminé une session, seule la bulle n°1 s'arrête. La bulle n°0 poursuit inlassablement sa route. En effet, l'arrêt du gestionnaire d'événements s'effectue sur `cetteBulle` (`delete cetteBulle.onEnterFrame`) qui contient le chemin d'accès à la dernière bulle traitée (d'indice `i` égal à `1`)

Exercice 5.3

Il est donc nécessaire de stopper le gestionnaire d'événements pour toutes les bulles créées :

• Lorsque la session est terminée.

• Lorsque le joueur clique sur le curseur pour interrompre momentanément le jeu.

Pour cela, vous devez, à l'aide d'une boucle `for` :

a. Évaluer le chemin d'accès à la bulle courante.

b. Cesser de réceptionner l'événement `onEnterFrame` pour cette bulle.

c. La placer à nouveau au hasard sur toute la largeur et au-dessus de la scène.

Modifier le calcul du score

Chaque bulle possède son propre coefficient variant entre `0` et `5`. Le score correspond à l'accumulation des coefficients pour chaque bulle touchée par le curseur. Si le coefficient d'une bulle vaut `5`, le score est décrémenté de `5` points.

Exercice 5.4

a. À chaque bulle, définir un coefficient spécifique à la bulle courante. Pour cela utiliser le code suivant :

```
cetteBulle.valeurBulle = Math.round( Math.random()*5);
```

où `cetteBulle` correspond à la bulle courante dans la boucle de création des bulles, et `valeurBulle` devient par l'intermédiaire de la notation « . » une nouvelle propriété de l'objet `cetteBulle`. Chaque bulle possède ainsi un coefficient spécifique.

Pour en savoir plus

La définition de propriété d'objet est étudiée plus précisément au cours du chapitre 8 « Classes et objets », section « Construire et utiliser ses propres classes ». L'ajout d'une propriété est également traité au cours du chapitre 9 « Les principes du concept objet », section « Les classes dynamiques ».

---

b. Afficher le coefficient associé à chaque bulle (voir figure 5-9) à la place du numéro de la bulle (voir exercice 5.1.e).

c. Dans la boucle d'événements `onEnterFrame`, calculer le score en accumulant le coefficient de la bulle courante (`this.valeurBulle`) à chaque fois que le curseur touche une bulle.

d. Lorsque `valeurBulle` vaut `5`, inverser sa valeur de façon à ce que le score diminue de `5` points.

e. Pour chaque bulle remontant au-dessus de la scène, calculer et afficher son nouveau coefficient.

f. En reprenant le principe de la propriété `valeurBulle`, créer une propriété `vitesse` et faire en sorte que chaque bulle descende à une vitesse différente.

Changer le niveau du joueur

Le jeu passe à un niveau supérieur lorsque le joueur améliore son score.

Exercice 5.5

Repérez la structure de test qui permet de savoir si l'utilisateur a amélioré son score par rapport à la session précédente, et, à l'intérieur de cette structure :

a. Incrémenter la variable `niveauJoueur`.

b. Créer une nouvelle bulle à l'aide de la méthode `attachMovie()`.

c. Placer la nouvelle bulle au hasard sur toute la largeur et au-dessus de la scène. Vous devez pour cela utiliser l'expression `_root[]`.

d. Calculer une vitesse de déplacement et un coefficient afin d'initialiser les propriétés `vitesse` et `valeurBulle` respectivement.

e. Afin de connaître le niveau du joueur, créer sur la scène une nouvelle zone d'affichage à l'aide du symbole AfficherClp comme le montre la figure 5-9.

Figure 5-9

Le coefficient est affiché à l'intérieur de la bulle, la zone Niveau indique le degré de difficulté du jeu.

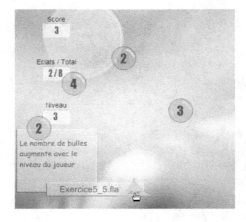

Le projet « Portfolio multimédia »

Nous vous proposons, ici, d'améliorer les différents scripts écrits au cours des chapitres précédents en utilisant les boucles plutôt que la répétition des blocs d'instructions par copier-coller.

Pour cela, vous aurez à modifier les scripts du menu, de la barre de navigation et du défilement des vignettes. Ensuite, afin de lancer le projet portfolio, il conviendra de réunir l'ensemble de ces scripts au sein de l'application projetChapitre5.fla.

> **Extension Web**
>
> À l'intérieur des fichiers MenuBoucle.fla, PhotoEtVignetteBoucle.fla et DéplacementVignette Boucle.fla situés dans le répertoire Projet/SupportPourRéaliserLesExercices/Chapitre5, vous trouverez les scripts à transformer. Dans ce même répertoire, vous pouvez accéder aux différentes applications telles que nous souhaitons les voir fonctionner (MenuBoucle.swf, PhotoEtVignetteBoucle .swf, DéplacementVignetteBoucle.swf) une fois réalisées.

Le menu

Dans le script MenuBoucle.fla, détecter les instructions pouvant être insérées à l'intérieur d'une boucle répétitive.

Modifier les instructions de façon à ce que la répétition soit réalisée par une boucle for. Pour cela, vous devez ne garder qu'un seul des blocs répétés (par exemple le bloc relatif à l'item2) et pour ce bloc :

• Utiliser une variable compteur (par exemple i) à l'intérieur de la méthode attachMovie() afin de créer, à chaque itération, un objet différent.

- Utiliser un objet `cetItem` afin de récupérer le chemin d'accès à l'objet courant.

- Pour chaque gestionnaire d'événements (`onEnterFrame`, `onRollOut`, `onRollOver`, `onPress`) remplacer le terme `item2` par `cetItem`.

- Pour placer les chaînes de caractères « Mers », « Villes » et « Fleurs » dans l'item concerné, la méthode consiste à effectuer un test sur la valeur du compteur de boucles. Par exemple, si le compteur vaut 1, alors `cetItem.labelOut.text = "Villes"`.

> **Remarque**
>
> La mise en place automatique des labels au sein des items ne peut s'effectuer qu'à l'aide de tableaux (voir chapitre 6 « Collectionner des objets », section « Le projet Portfolio multimédia »).

- À l'intérieur du gestionnaire d'événements `onPress`, insérer l'appel à la méthode `remove MovieClip()` à l'intérieur d'une boucle `for` afin d'appliquer la méthode à l'ensemble des items du menu.

- La transformation du gestionnaire d'événements `onEnterFrame` est un peu plus délicate que pour les autres gestionnaires. Pour bien saisir la difficulté, nous vous proposons de :

  - Remplacer le terme 2 par `i`, dans l'opération `this._height*2`, puisque 2 représente ici le numéro de l'item, tout comme `i` à chaque tour de boucle.

  - Tester l'application. Que se passe-t-il ? Pourquoi ?

- Pour résoudre ce problème, vous devez :

  - Définir une propriété `numItem` pour chaque item créé afin d'y enregistrer sa position dans le menu, c'est-à-dire `i`.

  - Calculer la position de chaque item en utilisant la propriété `this.numItem` en lieu et place du compteur `i`.

> **Pour en savoir plus**
>
> La définition de propriété d'objet est présentée au cours de l'exercice 5.4, et étudiée plus précisément au cours du chapitre 8 « Classes et objets ».

La barre de navigation

Dans le script `PhotoEtVignetteBoucle.fla`, détecter les instructions pouvant être insérées à l'intérieur d'une boucle répétitive.

Modifier les instructions de façon à ce que la répétition soit réalisée par une boucle `for`. Pour cela, vous devez ne garder qu'un seul des blocs répétés (par exemple le bloc relatif aux `vignette2` et `evtSurVignette2`) et pour chacun de ces blocs :

- Utiliser une variable compteur (par exemple `i`) à l'intérieur de la méthode `attach Movie()` afin de créer, à chaque itération, un objet différent.

- Définir un objet `cetteVignette` afin de récupérer le chemin d'accès à la vignette courante.

- Créer un objet `cetEvtSurVignette` afin de récupérer le chemin d'accès à la vignette courante permettant la réception des événements.

- Pour chaque gestionnaire d'événements (`onRollOut`, `onRollOver`, `onPress`) remplacer le terme `evtSurVignette2` par `cetEvtSurVignette`.

- À l'intérieur du gestionnaire d'événements `onPress`, remplacer l'instruction :

```
Photo.loadMovie("../Photos/Mers/Mer2.jpg")
```

par

```
Photo.loadMovie("../Photos/Mers/Mer"+i+".jpg");
```

Testez l'application. Que se passe-t-il ? Pourquoi ?

En utilisant la même technique que celle décrite en section précédente, faites en sorte de conserver le numéro de la photo associée à la vignette. Modifier l'appel à la méthode `loadMovie()` en conséquence.

- Pour modifier les transparences des photos lorsque la souris passe sur les vignettes, il est nécessaire de connaître, à l'intérieur des gestionnaires d'événements `onRollOver` et `onRollOut`, le chemin d'accès à chaque `vignette`. Pour cela, vous devez utiliser à la fois l'expression `_root[]` et la propriété correspondant au numéro de la photo.

Le défilement des vignettes

Transformer le script `DéplacementVignetteBoucle.fla` en utilisant la même démarche que celle décrite au cours des deux sections précédentes.

Remarque

Vous devez définir une propriété `numPhoto`, pour chaque vignette créée, afin de calculer la position des vignettes, lors de leur défilement.

Intégration du menu et des vignettes dans l'interface projet

L'intégration des différents éléments de l'interface s'effectue en plaçant non plus les objets (menu, vignette…) directement sur la scène, mais en les rattachant aux zones d'affichage qui leur sont attribuées (voir section « Le projet Portfolio multimédia » du chapitre 2 « Les symboles »).

Extension Web

Pour vous faciliter la tâche, le fichier `ProjetChapitre5.fla`, à partir duquel nous allons travailler, se trouve dans le répertoire `Exercices/SupportPourRéaliserLesExercices/Chapitre5`. Dans ce même répertoire, vous pouvez accéder à l'application telle que nous souhaitons la voir fonctionner (`ProjetChapitre5.swf`) une fois réalisée.

Pour placer un objet à l'intérieur d'une zone d'affichage et non plus directement sur la scène, la méthode est la suivante (voir section « Récupérer le nom d'une occurrence » de ce chapitre) :

```
❶ attachMovie("FondNavigationClp","FdNav",niveauNavigation);
for(var i:Number=0; i <nbVignette;i++) {
❷    FdNav.attachMovie("FondVignetteClp","vignette"+i,
                       niveauNavigation+i+200);
❸    cetteVignette=FdNav["vignette"+i];
     // Placer et gérer les vignettes comme précédemment
}
```

❶ Création de l'objet FdNav à partir du symbole FondNavigationClp. Sans autre indication, l'objet FdNav est placé sur _root.

❷ La méthode attachMovie() est appliquée à FdNav. Chaque vignette placée dans cet objet le sera par rapport au coin supérieur gauche du symbole dont il est issu.

❸ L'évaluation du chemin d'accès au symbole ne s'effectue plus par rapport à _root, mais par rapport à FdNav. Il convient donc d'utiliser l'expression FdNav[] en lieu et place de _root[].

Intégration du menu

En utilisant la même méthode, insérer et modifier le script MenuBoucle.fla dans l'application ProjetChapitre5.fla, de façon à l'intégrer dans l'objet FdMen. Le premier item s'appellera entete, les suivants, construits à l'aide de la boucle for, seront accessibles par l'objet cetItem.

Intégration des vignettes

En utilisant la même méthode, insérer et modifier le script PhotoEtVignetteBoucle.fla dans l'application ProjetChapitre5.fla, de façon à l'intégrer dans l'objet FdNav.

Intégration de la barre de navigation

En utilisant la méthode décrite ci-avant, insérer et modifier le script DéplacementVignette Boucle.fla dans l'application ProjetChapitre5.fla, de façon à l'intégrer dans l'objet FdNav.

Afin de ne rendre visibles que trois vignettes à la fois, créer un nouvel objet mask à partir du symbole MaskNavigationClp, la largeur de ce symbole correspondant à trois fois la largeur d'une vignette.

En utilisant la méthode setMask(), définir l'objet mask comme masque de l'objet FdNav.

Remarque

L'instruction A.setMask(B) a pour résultat de ne laisser apparaître que les objets situés à la fois dans A et dans B. Si la forme définie par B est plus petite que celle définie par A, alors les objets placés dans A et situés à l'extérieur de B ne seront pas visibles (voir figure 5-10).

Figure 5-10

*Tout ce qui est
en dehors de B
est invisible.*

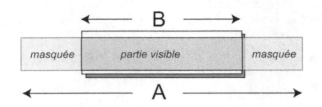

6

Collectionner des objets

Comme nous l'avons observé tout au long de cet ouvrage, l'atout principal de l'ordinateur est sa capacité à manipuler un grand nombre de données pour en extraire de nouvelles informations. Or, les structures de stockage étudiées jusqu'ici, telles que les variables ou les objets, ne permettent pas toujours d'appliquer de traitements systématiques sur des ensembles de valeurs.

Nous étudions dans ce chapitre une nouvelle structure de données, les tableaux, qui permettent la création et la manipulation d'un très grand nombre de valeurs, d'une façon répétitive.

Dans un premier temps (voir section « Les tableaux »), nous étudierons la structure générale d'un tableau et observerons comment les créer. Nous découvrirons également comment créer des tableaux multidimensionnels.

Nous examinerons ensuite comment enregistrer ou consulter les éléments d'un tableau (voir section « Accéder aux éléments d'un tableau »). Au cours de la section « Les outils proposés par ActionScript », nous détaillerons les différentes méthodes propres au langage pour ajouter, supprimer ou trier les éléments d'un tableau.

Pour finir, l'étude de la section « Le trombinoscope – 2e version » vous aidera à mieux comprendre la manipulation de ces structures, grâce à une analyse et une mise en œuvre des différentes techniques de programmation appliquées aux tableaux.

Les tableaux

Pour manipuler plusieurs valeurs à l'intérieur d'un programme, nous devons déclarer autant de variables que de valeurs à traiter.

Ainsi, pour stocker les huit notes d'un élève donné, la technique consiste à déclarer huit variables, comme suit :

```
var note1, note2, note3, note4, note5, note6, note7, note8:Number;
```

Le fait de déclarer autant de variables qu'il y a de valeurs présente les inconvénients suivants :

- Si le nombre de notes est modifié, il est nécessaire de :

  - Déclarer de nouvelles variables.

  - Insérer ces variables dans le programme, en ajoutant de nouvelles instructions afin de les traiter en plus des autres notes.

  - Exécuter à nouveau le programme pour que les modifications soient prises en compte.

- Il faut trouver un nom de variable pour chaque valeur traitée. Imaginez déclarer 1 000 variables portant un nom différent !

Ces inconvénients majeurs sont résolus grâce aux tableaux. En effet, les tableaux sont des structures de données qui regroupent sous un même nom de variable un certain nombre de valeurs. Les tableaux sont proposés par tous les langages de programmation. Ils sont construits par assemblage d'une suite de cases mémoire, comme illustré à la figure 6-1.

Figure 6-1

La taille du tableau
desPrenoms
est égale à 4.

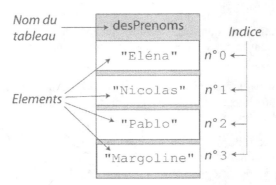

Structure d'un tableau

En ActionScript, un tableau est constitué d'un nom et d'une suite de cases mémoire appelées éléments de tableau. Chaque élément d'un tableau :

- est utilisé pour stocker une donnée qui peut être de n'importe quel type ;

- possède un numéro unique qui permet de retrouver l'élément. Ce numéro correspond à la position de l'élément à l'intérieur du tableau. Ce numéro est également appelé indice. Le premier élément d'un tableau a pour numéro 0 et non 1.

Le nombre d'éléments contenus dans un tableau détermine la longueur ou encore la taille du tableau.

Créer un tableau

Il existe deux façons de créer un tableau en ActionScript, soit en le déclarant à l'aide de l'outil `Array()`, soit en l'initialisant directement avec l'expression `[]`.

La méthode Array()

La méthode `Array()` est une fonction proposée par les concepteurs du langage ActionScript, qui permet de construire des tableaux. La syntaxe d'écriture de cette méthode varie en fonction des paramètres passés lors de son appel.

Remarque

En terminologie objet, on dit que la méthode `Array()` est un constructeur. Les constructeurs sont étudiés plus précisément au cours du chapitre 8, « Classes et objets ».

• Appel sans paramètre

L'instruction suivante utilise le constructeur `Array()` sans paramètre, comme le montre l'instruction :

```
var desPrenoms:Array = new Array();
```

Cette instruction a pour résultat de créer, grâce à l'opérateur `new`, un tableau `desPrenoms` ne contenant qu'une seule case vide.

• Appel avec un seul paramètre numérique

Lorsque l'on passe en argument du constructeur une, et une seule, valeur numérique comme suit :

```
var desPrenoms:Array = new Array(4);
```

Le tableau créé contient autant de cases vides que le nombre spécifié en paramètre. Ici, le tableau `desPrenoms` contient quatre cases vides.

• Appel avec plusieurs paramètres

Lorsque l'on passe en argument du constructeur `Array()` une suite de valeurs comme suit :

```
var desPrenoms:Array = new Array("Eléna", "Nicolas",
                                 "Pablo", "Margoline");
```

chaque terme passé en paramètre du constructeur `Array()` devient un élément du tableau `desPrenoms`. Le premier paramètre est placé à l'indice `0`, le second à l'indice `1`… (voir figure 6-1). Dans cet exemple, `Elena` est placé à l'indice `0` du tableau `desPrenoms` et `Margoline` à l'indice `3`.

> **Question**
>
> Que réalise l'instruction suivante ?
>
> ```
> var desAges:Array = new Array(12, 9, 16, 22);
> ```
>
> **Réponse**
>
> Les paramètres du constructeur `Array()` sont numériques et ils sont en nombre supérieur à 1 (nous ne sommes donc pas dans le cas « Appel avec un seul paramètre numérique » évoqué ci-dessus). Dans cette situation, le lecteur Flash crée un tableau constitué de quatre éléments contenant chacun une valeur numérique. La valeur 12 est enregistrée à l'indice 0 et la valeur 16 à l'indice 2.

En ActionScript, les éléments d'un même tableau peuvent être de types différents, ce qui n'est pas toujours le cas dans d'autres langages de programmation comme le langage C ou Java. Ainsi, la déclaration suivante :

```
var desPrenoms:Array = new Array("Eléna", 12, "Nicolas", 9
                        "Pablo", 16, "Margoline", 22);
```

est valide et a pour résultat de créer un tableau dont les éléments d'indice paire correspondent à des chaînes de caractères (prénoms), et les éléments d'indice impaire à des valeurs numériques (âge).

D'une manière générale le constructeur `Array()` est plutôt utilisé pour créer des tableaux vides avec, selon le cas, un nombre donné d'emplacements.

L'expression [ ]

En pratique, les tableaux sont créés en utilisant l'expression `[]` à la place du constructeur `Array()`.

Ainsi, l'instruction :

```
var desPrenoms = ["Eléna", "Nicolas", "Pablo", "Margoline"];
```

a pour résultat de créer un tableau `desPrenoms` dont le premier élément d'indice 0 est `"Eléna"`, et le dernier d'indice 3 est `"Margoline"`.

Les crochets `[` et `]` indiquent au lecteur Flash qu'il doit créer un tableau, et que toutes les données situées à l'intérieur de ces crochets correspondent aux éléments du tableau. Chaque donnée doit être séparée par une virgule.

Tableau et adresse mémoire

Un tableau est une suite de cases mémoire allouées par le lecteur Flash à l'aide de l'opérateur `new`. Examinons plus attentivement les opérations réalisées lors de l'exécution de l'instruction :

```
var notes:Array = new Array(8);
```

• La variable `notes` est créée dans un premier temps. Cet espace mémoire est pour l'instant vide.

- L'opérateur new réserve ensuite autant de cases mémoire qu'il est indiqué entre parenthèses du constructeur Array(), soit 8.

- L'opérateur new détermine enfin l'adresse de la première case du tableau, et la stocke grâce au signe d'affectation dans la case notes créée à l'étape précédente.

Figure 6-2

L'opérateur new réserve le nombre de cases mémoire demandé (8) et mémorise l'adresse de la première case mémoire dans la variable notes grâce au signe d'affectation.

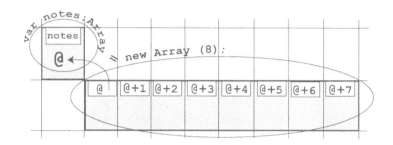

La variable notes ne contient donc pas de valeurs numériques mais une adresse mémoire qui correspond à l'adresse de la première case du tableau. À ce titre, notes n'est plus considéré comme une variable mais comme un objet.

Pour en savoir plus

Les notions d'objet et d'adresse sont développées au cours du chapitre 8, « Classes et objets ».

Tableau à plusieurs dimensions

Les tableaux créés au cours des deux sections précédentes sont des tableaux à une dimension, c'est-à-dire que les données qu'ils contiennent sont représentées par une ligne ou une colonne.

Il est possible de travailler avec des tableaux de deux, trois, voire *n* dimensions.

Remarque

Le langage ActionScript n'a pas d'outils spécifiques pour créer des tableaux à plusieurs dimensions, il ne fournit que des outils de création de tableaux à une dimension.

Pour créer ou plutôt simuler un tableau à plusieurs dimensions, nous devons donc imbriquer des tableaux à l'intérieur de tableaux. Pour simplifier, examinons comment créer un tableau à deux dimensions constitué de 2 lignes et de 3 colonnes.

- Avec le constructeur Array(), la démarche est la suivante :

```
var ligne0:Array = new Array ("Eléna", "Nicolas", "Pablo");
var ligne1:Array = new Array (12, 9, 16);
var tableau:Array = new Array (ligne0, ligne1);
```

Les deux premières instructions créent deux tableaux, ligne0 et ligne1, constitués chacun de trois éléments (3 prénoms et 3 âges respectivement). Grâce à la troisième instruction, ces deux tableaux deviennent à leur tour les éléments de tableau (voir figure 6-3).

• Avec l'expression [], nous devons écrire :

```
var ligne0= ["Eléna", "Nicolas", "Pablo"];
var ligne1 = [12, 9, 16];
var tableau= [ligne0, ligne1];
```

nous obtenons ainsi un tableau constitués de 2 lignes et de trois colonnes comme le montre la figure 6-3.

Figure 6-3

Un tableau de 2 lignes contenant chacune 3 éléments.

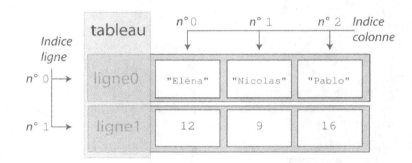

Accéder aux éléments d'un tableau

Un tableau est donc un ensemble d'éléments, chacun d'entre eux pouvant être considéré comme une variable. Chaque élément du tableau peut être manipulé de façon à :

• placer une valeur dans une case du tableau à l'aide de l'affectation ;

• utiliser un élément du tableau dans le calcul d'une expression mathématique ;

• afficher un élément du tableau.

Tableau à une dimension

Sachant que nomDuTableau[0] représente la première case du tableau, l'accès à la n-ième case s'écrit nomDuTableau[n].

Par exemple, l'instruction :

```
desNotes[0] = 12;
```

mémorise la première note d'un étudiant dans la première case du tableau (desNotes[0]). De la même façon, la deuxième note est stockée grâce à l'affectation :

```
desNotes [1] = 15;
```

Et ainsi de suite, jusqu'à stocker la quatrième et dernière note à l'aide de l'instruction :

```
desNotes [3] = 16;
```

Figure 6-4

desNotes est le nom du tableau, et les notes 12, 15, 8, 16 sont des valeurs placées à l'aide du signe d'affectation dans les cases numérotées respectivement 0, 1, 2 et 3 (indices).

Les valeurs placées entre les crochets [] sont appelées les « indices » du tableau.

Remarque

La première case d'un tableau est numérotée à partir de 0 et non de 1 (voir figure 6-4).

Les éléments d'un tableau étant ordonnés grâce aux indices, il est possible d'y accéder à l'aide de constructions itératives (boucle for) , comme le montre l'exemple suivant.

Exemple : consulter les éléments d'un tableau

```
❶ var desPersonnes= ["Eléna",12, "Nicolas", 9, "Pablo", 16];
❷ for (var i:Number = 0; i< 6;  i+=2 ) {
    trace(desPersonnes[i] + " a " + desPersonnes[i+1] + " ans");
}
```

Ces instructions ont pour résultat d'afficher dans la fenêtre de sortie les lignes suivantes :

```
Eléna a 12 ans
Nicolas a 9 ans
Pablo a 16 ans
```

❶ Le tableau est initialisé. Les prénoms sont enregistrés aux indices 0, 2 et 4 et les âges le sont aux indices 1, 3 et 5.

❷ Le programme entre dans une boucle for. La variable i correspond au compteur de boucles. Elle varie entre 0 et 6. Le pas d'incrémentation de la boucle est de 2.

Ainsi, à chaque tour de boucle, la variable i est utilisée comme indice du tableau, la commande trace() affiche en une seule fois le prénom (desPersonnes[i]) et l'âge d'une personne (desPersonnes[i+1]).

La boucle for s'arrête lorsque i vaut 5 (i inférieur strictement à 6), alors que le tableau contient six éléments. En effet, la commande trace() affiche à la fois l'élément courant [i] et le suivant [i+1]. Si la boucle for cessait d'être exécutée pour i valant 6, l'accès à l'élément desPersonnes[i+1] poserait problème, l'élément desPersonnes[7] n'étant pas défini.

Remarque

La somme, la soustraction, la division ou la multiplication directes de deux tableaux sont des opérations impossibles. En effet, chaque opération doit être réalisée élément par élément, comme le montre le tableau suivant :

Correcte	Impossible

var tab1 = [10, 8, 6];
var tab2 = [2, 16, 22];
somme = new Array(3);
for (i = 0; i < 3; i++)
somme[i] = tab1[i] + tab2[i];
	Var tab1 = [10, 8, 6];
	var tab2 = [2, 16, 22];
	somme = new Array(3);
	~~somme = tab1 + tab2;~~

Tableau à deux dimensions

Pour initialiser, modifier ou consulter la valeur d'un élément d'un tableau à deux dimensions, il convient d'utiliser deux indices : un pour les lignes et un pour les colonnes. Chaque indice étant contrôlé par une boucle for, la technique consiste à imbriquer deux boucles de la façon suivante :

```
for (var i:Number = 0; i < nombreDeLignes; i++) {
    for (var j:Number = 0; j < nombreDeColonnes; j++) {
      nomDuTableau[i][j] = uneValeur;
    }
}
```

Les variables i et j sont utilisées comme compteurs de boucles et indices du tableau nomDuTableau. Elles permettent l'accès aux lignes et aux colonnes de nomDuTableau grâce aux doubles crochets entourant les deux indices. Les deux premiers crochets donnent accès aux lignes, et les seconds, aux colonnes.

Exemple : consulter les éléments d'un tableau

```
var ligne0 = ["Eléna", "Nicolas", "Pablo"];
var ligne1 = [12, 9, 16];
var tableau = [ligne0, ligne1];

for (var i:Number = 0; i< 2;  i++ ) {
  for (var j:Number = 0; j< 3;  j++ ) {
    trace(" tableau ["+i+"]["+j+"] = " + tableau[i][j]);
  }
}
```

Ces instructions ont pour résultat d'afficher dans la fenêtre de sortie les lignes suivantes :

```
tableau [0][0] = Eléna

tableau [0][1] = Nicolas

tableau [0][2] = Pablo

tableau [1][0] = 12

tableau [1][1] = 9

tableau [1][2] = 16
```

Les prénoms sont enregistrés sur la première ligne de `tableau` alors que les âges le sont sur la seconde ligne. Les deux boucles `i` et `j` sont imbriquées, la boucle `j` se trouvant à l'intérieur de la boucle `i`. À chaque tour de boucle `i`, la boucle `j` est totalement exécutée pour `j` valant 0 à 2. De cette façon, tous les éléments de la première ligne sont affichés (`tableau[0]`), puis tous ceux de la seconde ligne (`tableau[1]`).

Pour en savoir plus

Les boucles imbriquées sont étudiées en détail au chapitre 5 « Les répétitions », section « Un tableau de photos », paragraphe « Les boucles imbriquées ».

Déterminer la taille du tableau

Le parcours de l'intégralité d'un tableau s'effectue très aisément avec une structure répétitive telle que la boucle `for`. L'indice du tableau varie entre 0 et une valeur qui est fonction du nombre d'éléments défini à l'intérieur du tableau.

En ActionScript, ce nombre n'est pas nécessairement fixe, il peut augmenter ou diminuer en cours d'exécution de l'application. C'est pourquoi il convient, plutôt que d'écrire une valeur fixe (comme nous avons pu le faire au cours des deux exemples précédents), d'utiliser la propriété `length`.

La propriété `length` d'un tableau indique à tout moment la longueur du tableau, c'est-à-dire le nombre d'éléments contenus dans un tableau.

Remarque

Si l'on suppose qu'un tableau a pour longueur `nbElements`, le premier élément d'un tableau est placé à l'indice 0 et le dernier se situe à l'indice `nbElements -1`.

La syntaxe d'utilisation de cette propriété est la suivante :

• pour un tableau à une dimension :

Il suffit d'appliquer la propriété `length` au nom du tableau en utilisant la notation « . », comme suit :

```
var desPersonnes= ["Eléna",12, "Nicolas", 9, "Pablo", 16];
trace ("La longueur du tableau desPersonnes vaut : " +
        desPersonnes.length);
```

La commande `trace()` affiche :

```
La longueur du tableau desPersonnes vaut : 6
```

• pour un tableau à deux dimensions :

La longueur correspondant au nombre de lignes s'effectue en appliquant directement la propriété `length` au nom du tableau.

Par contre, pour connaître la longueur d'une ligne, la technique consiste à appliquer la propriété `length` aux éléments donnant accès aux lignes du tableau, en utilisant les crochets comme suit :

```
var ligne0= ["Eléna", "Nicolas", "Pablo"];
var ligne1 = [12, 9, 16];
var tableau= [ligne0, ligne1];

trace ("Le tableau a " + tableau.length + " lignes ");
trace ("Longueur de la première ligne : " + tableau[0].length);
```

La première instruction `trace()` affiche le nombre de lignes du tableau, soit 2. La seconde affiche la longueur de la première ligne, soit 3.

Question

Comment utiliser la propriété `length` dans les deux exemples de parcours de tableaux précédents ?

Réponse

Dans le premier exemple, la boucle doit s'arrêter un élément avant la fin du tableau pour éviter de sortir des limites du tableau. En effet, si i valait `desPersonnes.length`, l'affichage de l'élément `[i+1]` poserait problème. Nous devons donc écrire :

```
for (var i:Number = 0; i < desPersonnes.length-1; i+=2 ) {
    trace(desPersonnes[i] + " a " + desPersonnes[i+1] + " ans");
}
```

Dans le second exemple, la première boucle examine toutes les lignes enregistrées dans `tableau` grâce au test i < `tableau.length`. La boucle interne j, parcourt tous les éléments d'une ligne grâce au test j < `tableau[i].length` de façon à calculer la longueur de la ligne traitée, à chaque tour de la boucle i. Les deux boucles imbriquées s'écrivent :

```
for (var i:Number = 0; i< tableau.length;  i++ ) {
    for (var j:Number = 0; j< tableau[i].length;  j++ ) {
        trace(" tableau ["+i+"] ["+j+"] = " +tableau[i][j]);
    }
}
```

Nommer les éléments du tableau

ActionScript autorise de nommer les éléments d'un tableau plutôt que de les numéroter par un indice. La syntaxe est la suivante :

```
nomDuTableau[nomDeLelement] = valeur;
```

où `nomDeLelement` est une chaîne de caractères et non une valeur numérique. Ainsi, par exemple, nous pouvons écrire :

```
var age:Array = new Array();
age["Eléna"] = 12;
age["Nicolas"] = 9;
age["Pablo"] = 16;
```

Le tableau `age` doit être obligatoirement créé par le constructeur `Array()` avant de pouvoir insérer des éléments nommés.

Pour récupérer la valeur enregistrée à l'intérieur d'un élément, il est nécessaire de connaître l'identifiant de l'élément, sous peine de ne jamais pouvoir y accéder. Ainsi l'instruction :

```
var quelAge:Number = age["Pablo"];
trace("Pablo a "+ quelAge + " ans ");
```

La suppression d'un élément nommé s'effectue par la commande `delete`, de la façon suivante :

```
delete age["Pablo"];
```

Nommer les éléments d'un tableau plutôt que les numéroter permet de rendre le code plus lisible et surtout d'accéder à un élément d'un tableau sans connaître sa position.

En ActionScript, l'accès à un élément nommé ne peut s'effectuer autrement que par l'identifiant. Il n'est pas possible d'y accéder par un nombre ni d'utiliser les méthodes d'ajout, de suppression et de tri proposées par le langage (voir section ci-après).

Les outils proposés par ActionScript

Un tableau est une liste d'éléments créée et initialisée en début de programme, qui évolue en cours d'exécution de l'application. Le nombre d'éléments peut augmenter ou diminuer en fonction des actions de l'utilisateur. Les éléments peuvent également changer de place, passer du premier indice au dernier ou encore être triés dans un ordre donné.

Toutes ces manipulations (ajout, suppression, tri…) sont des opérations courantes que l'on peut réaliser simplement en utilisant les fonctions prédéfinies du langage ActionScript.

Nous décrivons ci-dessous, regroupées par thème, une grande partie des méthodes définies pour gérer les objets de type `Array`. Nous donnons en exemple, pour chaque thème, un programme qui utilise ces méthodes.

L'ajout d'éléments

Opération	Méthode
Ajoute les éléments passés en paramètre, à la fin du tableau sur lequel est appliquée la méthode.	`push(element1, element2, …)`
Insère les éléments passés en paramètre, au début du tableau sur lequel est appliquée la méthode.	`unshift(element1, element2, …)`
Supprime, ajoute ou remplace des éléments du tableau en fonction des paramètres passés. Le premier paramètre `aPartirDe` indique l'indice de l'élément à partir duquel la modification doit s'effectuer, le second paramètre `nbElement` indique le nombre d'éléments à supprimer. Si ce dernier vaut 0, aucun élément n'est supprimé, et les paramètres suivants sont insérés en fonction de `aPartirDe`.	`splice(aPartirDe, nbElement, element1, element2, …)`
Retourne dans un nouveau tableau les éléments du tableau sur lequel est appliquée la méthode, suivis des éléments fournis en paramètre.	`concat(element1, element2, …)`

Exemples

```
var desPersonnes:Array = new Array("Eléna",12, "Nicolas", 9, "Pablo", 16);
var desAmis = ["Garance", 12, "Elliot", 9];

trace("-------------------------------------------------------");
// ❶ Ajouter un élément directement en modifiant length
desPersonnes[12] = "Lamy";
desPersonnes[13] = 21;
trace("Ajouter un élément en modifiant length");
for (var i:Number = 0; i< desPersonnes.length-1;  i+=2 ) {
    trace(desPersonnes[i] + " a " + desPersonnes[i+1] + " ans");
}
trace ("La longueur du tableau desPersonnes vaut : " +
        desPersonnes.length);

trace("-------------------------------------------------------");
// ❷ Ajouter des éléments avec push()
desPersonnes.push("Isis", 18);
trace("Ajouter des éléments avec push()");
for (var i:Number = 0; i< desPersonnes.length-1;  i+=2 ) {
    trace(desPersonnes[i] + " a " + desPersonnes[i+1] + " ans");
}
trace ("La longueur du tableau desPersonnes vaut : " +
        desPersonnes.length);

trace("-------------------------------------------------------");
// ❸ Ajouter des éléments avec unshift()
desPersonnes.unshift("Elsa", 22);
trace("Ajouter des éléments avec unshift()");
for (var i:Number = 0; i< desPersonnes.length-1;  i+=2 ) {
    trace(desPersonnes[i] + " a " + desPersonnes[i+1] + " ans");
}
```

```
trace ("La longueur du tableau desPersonnes vaut : " +
        desPersonnes.length);

trace("-----------------------------------------------------");
// ❹ Ajouter des éléments avec splice()
desPersonnes.splice(10,0,"Cilou",21);
trace ("Ajouter des éléments avec splice()");
for (var i:Number = 0; i< desPersonnes.length-1;  i+=2 ) {
   trace(desPersonnes[i] + " a " + desPersonnes[i+1] + " ans");
}
trace ("La longueur du tableau desPersonnes vaut : " +
        desPersonnes.length);

trace("-----------------------------------------------------");
// ❺ Ajouter des éléments avec concat()
var nouveauAmis = desPersonnes.concat(desAmis);
trace("Ajouter des éléments avec concat()");
for (var i:Number = 0; i< desPersonnes.length-1;  i+=2 ) {
   trace(desPersonnes[i] + " a " + desPersonnes[i+1] + " ans");
}
trace ("La longueur du tableau desPersonnes vaut : " +
        desPersonnes.length);
trace("-----------------------------------------------------");
trace("Le tableau nouveauAmis après concaténation");
for (var i:Number = 0; i< nouveauAmis.length-1;  i+=2 ) {
   trace(nouveauAmis[i] + " a " + nouveauAmis[i+1] + " ans");
}
trace ("La longueur du tableau nouveauAmis vaut : " +
        nouveauAmis.length);
```

Extension Web

Vous pourrez tester cet exemple en exécutant le fichier `AjouterElements.fla`, sous le répertoire `Exemples/chapitre6`.

Résultat de l'exécution

L'exécution du programme `AjouterElements.fla` a pour résultat d'afficher les messages suivants, dans la fenêtre de sortie :

```
Ajouter un élément en modifiant length

Eléna a 12 ans

Nicolas a 9 ans

Pablo a 16 ans

undefined a undefined ans

undefined a undefined ans

undefined a undefined ans
```

```
Lamy a 21 ans

La longueur du tableau desPersonnes vaut : 14
```

❶ Sans utiliser les méthodes proposées par ActionScript, il est possible d'ajouter des éléments à un tableau en modifiant simplement la taille de ce dernier. Ici, nous avons créé deux nouveaux éléments aux indices 12 et 13, alors qu'aucun n'était défini après l'indice 5. Le lecteur Flash crée de lui-même les six éléments manquants et les insère en tant que undefined entre les éléments initiaux et les deux éléments ajoutés. La taille du tableau augmente automatiquement de 8.

```
----------------------------------------------

Ajouter des éléments avec push()

Eléna a 12 ans

Nicolas a 9 ans

Pablo a 16 ans

undefined a undefined ans

undefined a undefined ans

undefined a undefined ans

Lamy a 21 ans

Isis a 18 ans

La longueur du tableau desPersonnes vaut : 16
```

❷ La méthode push() ajoute les deux éléments passés en paramètres (Isis et 18) en fin du tableau desPrenoms. La taille du tableau augmente automatiquement de 2.

```
----------------------------------------------

Ajouter des éléments avec unshift()

Elsa a 22 ans

Eléna a 12 ans

Nicolas a 9 ans

Pablo a 16 ans

undefined a undefined ans

undefined a undefined ans

undefined a undefined ans

Lamy a 21 ans

Isis a 18 ans

La longueur du tableau desPersonnes vaut : 18
```

❸ La méthode `unshift()` ajoute les deux éléments passés en paramètres (`Elsa` et `22`) au début du tableau `desPrenoms`. La taille du tableau augmente automatiquement de 2.

```
-----------------------------------------
Ajouter des éléments avec splice()
Elsa a 22 ans
Eléna a 12 ans
Nicolas a 9 ans
Pablo a 16 ans
undefined a undefined ans
Cilou a 21 ans
undefined a undefined ans
undefined a undefined ans
Lamy a 21 ans
Isis a 18 ans
La longueur du tableau desPersonnes vaut : 20
```

❹ Les paramètres `Cilou` et `21` sont insérés dans le tableau à partir de la dixième position, le premier paramètre valant `10` et le second `0`. La taille du tableau augmente automatiquement de 2.

```
-----------------------------------------
Ajouter des éléments avec concat()
Elsa a 22 ans
Eléna a 12 ans
Nicolas a 9 ans
Pablo a 16 ans
undefined a undefined ans
Cilou a 21 ans
undefined a undefined ans
undefined a undefined ans
Lamy a 21 ans
Isis a 18 ans
La longueur du tableau desPersonnes vaut : 20
-----------------------------------------
Le tableau nouveauAmis après concaténation
```

```
Elsa a 22 ans

Eléna a 12 ans

Nicolas a 9 ans

Pablo a 16 ans

undefined a undefined ans

Cilou a 21 ans

undefined a undefined ans

undefined a undefined ans

Lamy a 21 ans

Isis a 18 ans

Garance a 12 ans

Elliot a 9 ans

La longueur du tableau nouveauAmis vaut : 24
```

❺ Les contenus des tableaux desPersonnes et desAmis sont placés les uns après les autres dans le tableau nouveauxAmis, grâce au signe d'affectation. Les deux tableaux desPersonnes et desAmis restent inchangés.

La suppression d'éléments

Opération	Méthode
Extrait le dernier élément du tableau sur lequel est appliquée la méthode. La valeur de cet élément est retournée et le tableau est réduit d'un élément.	pop()
Extrait le premier élément du tableau sur lequel est appliquée la méthode. La valeur de cet élément est retournée et le tableau est réduit d'un élément.	shift()
Supprime, ajoute ou remplace des éléments du tableau en fonction des paramètres passés. Le premier paramètre aPartirDe donne l'indice de l'élément à partir duquel la modification doit s'effectuer, le second, nbElement, indique le nombre d'éléments à supprimer. Si ce dernier est supérieur à 0, la méthode supprime le nombre d'éléments indiqué par nbElement. Si nbElement est omis, l'élément aPartirDe et son suivant sont supprimés.	splice(aPartirDe, nbElement)
L'opérateur delete met à undefined le contenu d'un élément sans le supprimer.	delete

Remarque

L'opérateur delete supprime définitivement un élément nommé et efface seulement le contenu d'un élément numéroté (voir section « Nommer les éléments du tableau » ci-avant).

Exemples

```
var desPersonnes:Array = new Array("Eléna", 12, "Nicolas", 9,
                            "Pablo", 16,"Garance", 12,
                            "Elliot", 9, "Lamy", 21, "Isis", 18);

trace("-------------------------------------------------------");
trace("Le tableau initial desPersonnes  ");
trace("-------------------------------------------------------");
for (var i:Number = 0; i< desPersonnes.length-1;  i+=2 ) {
    trace(desPersonnes[i] + " a " + desPersonnes[i+1] + " ans");
}
trace ("La longueur du tableau desPersonnes vaut : " +
        desPersonnes.length);
trace("-------------------------------------------------------");

// ❶ Supprimer des éléments avec length
desPersonnes.length = 12;
trace("Supprimer des éléments avec length ");

for (var i:Number = 0; i< desPersonnes.length-1;  i+=2 ) {
    trace(desPersonnes[i] + " a " + desPersonnes[i+1] + " ans");
}
trace ("La longueur du tableau desPersonnes vaut : " +
        desPersonnes.length);
trace("-------------------------------------------------------");

// ❷ Effacer des éléments avec delete
delete desPersonnes[10];
delete desPersonnes[11];
trace("Effacer des éléments avec delete ");

for (var i:Number = 0; i< desPersonnes.length-1;  i+=2 ) {
    trace(desPersonnes[i] + " a " + desPersonnes[i+1] + " ans");
}
trace ("La longueur du tableau desPersonnes vaut : " +
        desPersonnes.length);
trace("-------------------------------------------------------");

// ❸ Supprimer des éléments avec pop()
desPersonnes.pop();
desPersonnes.pop();
trace("Supprimer des éléments avec pop()");

for (var i:Number = 0; i< desPersonnes.length-1;  i+=2 ) {
    trace(desPersonnes[i] + " a " + desPersonnes[i+1] + " ans");
}
trace ("La longueur du tableau desPersonnes vaut : " +
        desPersonnes.length);
trace("-------------------------------------------------------");
```

```
// ❹ Supprimer des éléments avec shift()
desPersonnes.shift();
desPersonnes.shift();
trace("Supprimer des éléments avec shift()");
for (var i:Number = 0; i< desPersonnes.length-1;  i+=2 ) {
    trace(desPersonnes[i] + " a " + desPersonnes[i+1] + " ans");
}
trace ("La longueur du tableau desPersonnes vaut : " +
        desPersonnes.length);
trace("-----------------------------------------------------");

// ❺ Supprimer des éléments avec splice()
desPersonnes.splice(2,4);
trace("Supprimer des éléments avec splice()");
for (var i:Number = 0; i< desPersonnes.length-1;  i+=2 ) {
    trace(desPersonnes[i] + " a " + desPersonnes[i+1] + " ans");
}
trace ("La longueur du tableau desPersonnes vaut : " +
        desPersonnes.length);
trace("-----------------------------------------------------");
```

Extension Web

Vous pourrez tester cet exemple en exécutant le fichier `SupprimerElements.fla`, sous le répertoire `Exemples/chapitre6`.

Résultat de l'exécution

L'exécution du programme `SupprimerElements.fla` a pour résultat d'afficher les messages suivants, dans la fenêtre de sortie :

```
---------------------------------------------

Le tableau initial desPersonnes

---------------------------------------------

Eléna a 12 ans

Nicolas a 9 ans

Pablo a 16 ans

Garance a 12 ans

Elliot a 9 ans

Lamy a 21 ans

Isis a 18 ans

La longueur du tableau desPersonnes vaut : 14

---------------------------------------------

Supprimer des éléments avec length
```

```
Eléna a 12 ans

Nicolas a 9 ans

Pablo a 16 ans

Garance a 12 ans

Elliot a 9 ans

Lamy a 21 ans

La longueur du tableau desPersonnes vaut : 12
```

❶ Sans utiliser les méthodes proposées par ActionScript, il est possible de supprimer des éléments du tableau, en modifiant simplement la taille de ce dernier. La taille initiale du tableau vaut 14. En modifiant la taille à 12, nous supprimons automatiquement les deux derniers éléments du tableau.

```
--------------------------------------------

Effacer des éléments avec delete

Eléna a 12 ans

Nicolas a 9 ans

Pablo a 16 ans

Garance a 12 ans

Elliot a 9 ans

undefined a undefined ans

La longueur du tableau desPersonnes vaut : 12
```

❷ La commande delete a pour effet d'effacer l'information enregistrée à l'indice indiqué entre crochets, sans pour autant la supprimer de la mémoire. Ainsi, la taille du tableau reste identique, les éléments concernés sont undefined.

```
--------------------------------------------

Supprimer des éléments avec pop()

Eléna a 12 ans

Nicolas a 9 ans

Pablo a 16 ans

Garance a 12 ans

Elliot a 9 ans

La longueur du tableau desPersonnes vaut : 10
```

❸ La méthode pop() est appelée deux fois afin de supprimer les deux derniers éléments du tableau desPrenoms. La taille du tableau diminue automatiquement de 2.

```
---------------------------------------------
Supprimer des éléments avec shift()
Nicolas a 9 ans
Pablo a 16 ans
Garance a 12 ans
Elliot a 9 ans
La longueur du tableau desPersonnes vaut : 8
```

❹ La méthode shift() est appelée deux fois afin de supprimer les deux premiers éléments du tableau desPrenoms. La taille du tableau diminue automatiquement de 2.

```
---------------------------------------------
Supprimer des éléments avec splice()
Nicolas a 9 ans
Elliot a 9 ans
La longueur du tableau desPersonnes vaut : 4
```

❺ Le premier paramètre indique l'indice à partir duquel les éléments sont supprimés, et le second le nombre d'éléments à supprimer. Ici, quatre éléments (Pablo, 16, Garance et 12) sont détruits à partir de l'indice n°2. La taille du tableau diminue automatiquement de 4.

La manipulation de tableaux

Opération	Méthode
Inverse l'ordre de classement des éléments du tableau sur lequel est appliquée la méthode.	reverse()
Effectue un tri alphabétique sur les éléments du tableau sur lequel est appliquée la méthode.	sort()
Extrait un ou plusieurs éléments successifs du tableau sur lequel est appliquée la méthode, sans en altérer la structure.	slice(debut, fin)
Retourne une chaîne de caractères contenant tous les éléments du tableau séparés par un séparateur fourni en paramètre.	join(separateur)
Retourne une chaîne de caractères contenant tous les éléments du tableau séparés par une virgule.	toString()

Exemples

```
var desPersonnes:Array = new Array("Eléna", "Nicolas", "Pablo", "Garance",
                        "Elliot", "Lamy", "Isis");

trace("Le  tableau initial desPersonnes  ");
trace("--------------------------------------------------------");
for (var i:Number = 0; i< desPersonnes.length;  i++ ) {
    trace("Je m'appelle " + desPersonnes[i] );
```

```
   }

   trace("----------------------------------------------------------");
   // ❶ Inverser l'ordre du tableau
   desPersonnes.reverse();
   trace("Inverser l'ordre du tableau ");
   for (var i:Number = 0; i< desPersonnes.length;  i++ ) {
      trace("Je m'appelle " + desPersonnes[i] );
   }

   trace("----------------------------------------------------------");
   // ❷ Trier le tableau dans l'ordre alphabétique
   desPersonnes.sort();
   trace("Trier le tableau dans l'ordre alphabétique ");
   for (var i:Number = 0; i< desPersonnes.length;  i++ ) {
      trace("Je m'appelle " + desPersonnes[i] );
   }

   trace("----------------------------------------------------------");
   // ❸ Récupérer une partie du tableau dans un nouveau tableau
   var nouveauTableau:Array = desPersonnes.slice(2, 6);
   trace("Récupérer une partie du tableau dans un nouveau tableau ");
   for (var i:Number = 0; i< nouveauTableau.length;  i++ ) {
      trace("nouveauTableau ["+i+"] = " + nouveauTableau[i] );
   }

   trace("----------------------------------------------------------");
   // ❹ Récupérer le contenu du tableau dans une chaîne de caractères
   var listeDePrenom:String = nouveauTableau.join(" | ");
   trace("La liste des prénoms après slice() et join() : "+ listeDePrenom);

   trace("----------------------------------------------------------");
   // ❺ Récupérer le contenu du tableau dans une chaîne de caractères
   var listeDePrenomTriee:String = desPersonnes.toString();
   trace("La liste de tous les prénoms triés après toString() : "+ listeDePrenomTriee);
   trace("----------------------------------------------------------");
```

Extension Web

Vous pourrez tester cet exemple en exécutant le fichier TransformerTableau.fla, sous le répertoire Exemples/chapitre6.

Résultat de l'exécution

L'exécution du programme TransformerTableau.fla a pour résultat d'afficher les messages suivants, dans la fenêtre de sortie :

```
Le tableau initial desPersonnes

---------------------------------------------

Je m'appelle Eléna
Je m'appelle Nicolas
```

```
Je m'appelle Pablo

Je m'appelle Garance

Je m'appelle Elliot

Je m'appelle Lamy

Je m'appelle Isis

--------------------------------------------

Inverser l'ordre du tableau

Je m'appelle Isis

Je m'appelle Lamy

Je m'appelle Elliot

Je m'appelle Garance

Je m'appelle Pablo

Je m'appelle Nicolas

Je m'appelle Eléna
```

❶ L'ordre des éléments du tableau desPersonnes s'est inversé. Isis est passée en première position, Eléna en dernière, ainsi que toutes les positions intermédiaires.

```
--------------------------------------------

Trier le tableau dans l'ordre alphabétique

Je m'appelle Elliot

Je m'appelle Eléna

Je m'appelle Garance

Je m'appelle Isis

Je m'appelle Lamy

Je m'appelle Nicolas

Je m'appelle Pablo
```

❷ Les éléments du tableau sont triés dans l'ordre alphabétique. Attention, les capitales passent avant les minuscules, ce qui fait que le mot « Wagon » se situe avant le mot « train » par exemple.

Remarque

Il est possible de modifier les règles de tri de façon à organiser les éléments d'un tableau dans un ordre de notre choix (ordre alphabétique ascendant, descendant, ordre numérique, ordre relatif à la taille des objets…). Pour cela, les règles de tri doivent être définies à l'intérieur d'une fonction, laquelle est passée en paramètre de la méthode sort.

```
--------------------------------------------
Récupérer une partie du tableau dans un nouveau tableau

nouveauTableau [0] = Garance

nouveauTableau [1] = Isis

nouveauTableau [2] = Lamy

nouveauTableau [3] = Nicolas
```

❸ Les quatre éléments du tableau `desPersonnes`, comptés à partir du deuxième élément (`slice(4, 2)`), sont extraits du tableau et enregistrés dans le tableau `nouveauTableau`.

```
--------------------------------------------
La liste des prénoms après slice() et join() : Garance | Isis | Lamy | Nicolas
```

❹ Tous les éléments de `nouveauTableau` sont enregistrés dans une chaîne de caractères, du premier au dernier élément. Chaque élément est séparé par le caractère « | » comme spécifié en paramètre de la méthode `join()`.

```
--------------------------------------------
La liste de tous les prénoms triés après toString() :
➡Elliot,Eléna,Garance,Isis,Lamy,Nicolas,Pablo
```

❺ Tous les éléments du tableau `desPersonnes` sont enregistrés dans une chaîne de caractères. Ici, il n'y a pas de choix possible pour le caractère de séparation, la méthode `toString()` sépare les éléments du tableau avec le caractère « , ».

Le trombinoscope – 2e version

L'objectif est, ici, de modifier et d'améliorer le trombinoscope 1re version en intégrant les notions apprises au cours de ce chapitre. Le nouveau trombinoscope utilise des tableaux et propose quatre fonctionnalités supplémentaires :

- l'affichage du prénom et de l'âge des personnes ;
- l'ajout d'une nouvelle photo ;
- la suppression d'une photo ;
- le tri des photos par ordre alphabétique du prénom.

Cahier des charges

Le trombinoscope version 2 se présente sous la forme suivante :

Figure 6-5

*Le trombinoscope
version 2.*

Fonctionnalités

Les photos se placent horizontalement, les unes à la suite des autres. Si le nombre de photos ne permet pas l'affichage sur une seule ligne, l'application place les photos sur plusieurs lignes comme le montre la figure 6-5.

Lorsque le curseur de la souris survole une des photos, une bulle apparaît indiquant le prénom et l'âge de la personne représentée sur la photo.

Les boutons Ajouter, Trier et Supprimer sont placés dans le bas de la scène. Ils permettent respectivement :

• D'ajouter une nouvelle personne à la liste. Lorsque l'utilisateur clique sur ce bouton, un panneau demandant la saisie du prénom et de l'âge de la personne apparaît. La nouvelle photo s'affiche à la suite des précédentes, après validation de la saisie.

• D'afficher dans l'ordre alphabétique la liste des personnes enregistrées.

• De supprimer une personne de la liste. Après avoir cliqué sur le bouton Supprimer, l'utilisateur choisit l'élément à supprimer en cliquant sur la photo correspondante. Le bouton Supprimer reste enfoncé tant que l'utilisateur n'a pas sélectionné la photo à effacer.

Structure associée aux prénoms

> **Extension Web**
>
> Vous pourrez examiner la structure des données, ainsi que les symboles proposés pour cet exemple le fichier TrombinoscopeV2.fla, sous le répertoire Exemples/chapitre6.

Le trombinoscope nouvelle version met en jeu plusieurs types de données : des photos, des listes de noms et de valeurs numériques. Il existe différentes façons d'organiser ces informations, et selon la structure des données choisie, la charpente générale de l'application sera différente. Pour notre exemple, nous choisissons :

- De définir la liste des prénoms et celle des âges, à l'aide de deux tableaux distincts, l'un pour les prénoms (nommé prenoms), l'autre pour les âges (nommé ages) comme suit :

```
// Le tableau des prénoms
var prenoms = ["Elena", "Marine", "Margoline", "Lamy",
               "Nicolas", "Ivan", "Isis",
               "Pablo", "Annabel"];

// Le tableau des âges
var ages:Array = Array(12, 28, 24, 20, 9, 19, 14, 19, 11, 16);
```

La correspondance entre le prénom et l'âge s'effectue grâce à la position respective des éléments. Si Éléna a son prénom enregistré en position 0 dans le tableau des prénoms, alors son âge est enregistré à l'indice 0 dans le tableau des âges.

- D'enregistrer chaque photo sous le prénom de la personne. Par exemple, le fichier correspondant à la photo d'Éléna a pour nom Elena.jpg, celui de Nicolas, Nicolas.jpg.

Ainsi, avec cette façon de structurer les données, l'affichage des informations concernant Éléna et l'accès à son fichier photo s'effectuent de la façon suivante :

```
trace("Je m'appelle " + prenoms[0] + " et j'ai "+ age[0] +" ans");
trace ("nom du fichier image : " + prenoms[0] + ".jpg");
```

La fenêtre de sortie du lecteur Flash affiche alors les messages suivants :

```
Je m'appelle Elena et j'ai 12 ans

nom du fichier image : Elena.jpg
```

Définitions des objets graphiques

De nouveaux symboles sont à ajouter au trombinoscope. Les boutons pour ajouter, supprimer ou trier les données, la bulle pour afficher le prénom et l'âge d'une personne, et enfin le tableau de saisie du prénom et de l'âge de la personne que l'on souhaite insérer dans le trombinoscope.

Chacun de ces symboles définit un champ de saisie ou d'affichage qui lui est propre et qui, tout comme la structure des données, façonne l'architecture de l'application. Pour notre exemple, nous choisissons de définir :

- Les trois boutons ajouter, trier et supprimer comme occurrences du même symbole BoutonClp.

Figure 6-6

*Les différentes formes
du symbole BoutonClp.*

Le symbole `BoutonClp` est constitué de deux images clés (voir figure 6-6) pour distinguer l'état survolé de l'état normal. Il possède également une zone de texte dynamique nommée `labelOut`, afin d'y placer les mots « ajouter », « trier » et « supprimer » en fonction du bouton traité.

- Le symbole `BulleClp`, pour afficher le prénom et l'âge des personnes dans une bulle lorsque la souris survole leur photo.

Figure 6-7

Le symbole BulleClp.

Le symbole `BulleClp` possède une zone de texte dynamique nommée `labelOut`, ce qui permet de modifier les données prénom et âge en fonction de la position du curseur.

- Le symbole `SaisirNomAgeClp`, utilisé pour afficher le panneau de saisie du nom et de l'âge de la personne lorsque l'utilisateur a choisi d'ajouter une nouvelle photo.

Figure 6-8

Le symbole SaisirNomAgeClp.

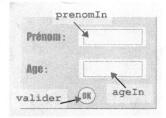

Le symbole `SaisirNomAgeClp` possède trois zones d'interaction, les deux zones de texte de saisie nommées `prenomIn` et `ageIn`, pour entrer le prénom et l'âge de la personne à ajouter, et le symbole `BoutonOKClp`, nommé `valider`, qui permet la validation de la saisie des valeurs lorsque l'utilisateur clique dessus.

Marche à suivre

La mise en place des nouvelles fonctionnalités s'effectue en quatre étapes que nous décrivons ci-après.

> **Remarque**
>
> La suppression d'une image à l'aide du bouton `supprimer` est traitée sous forme d'exercice (voir exercice 6-3 en fin de chapitre).

Afficher une liste de photos

La toute première étape consiste à afficher les photos en tenant compte de la nouvelle structure des données.

L'accès aux photos ne se fait plus en fonction d'un numéro (voir section « Le trombinoscope – 1re version » du chapitre 5 « Les répétitions »), mais en utilisant la liste des prénoms enregistrée dans le tableau `prenoms`. L'affichage des photos s'effectue selon la démarche suivante :

❶ pour chaque élément du tableau `prenoms` :

❷   créer un clip support pour la photo ;

❸   charger la photo dans le clip ;

❹   placer la photo à la suite de la précédente ;

❺   si photo sort de la scène, la placer sur la ligne suivante.

La marche à suivre décrite ci-dessus se traduit en ActionScript par la suite des instructions suivantes :

```
var prenoms = ["Elena", "Marine", "Margoline", "Lamy", "Nicolas",
               "Ivan", "Isis", "Pablo", "Annabel"];
var posX:Number=0, posY:Number=0;
// ❶ Pour chaque prénom du tableau prenoms
for (var i:Number = 0; i< prenoms.length; i++ ) {
    // ❷ Créer un clip pour chaque photo
    attachMovie("PhotoClp", "photo"+i, i+200);
    cettePhoto = this["photo"+i];
    // ❸ Charger la photo dans le clip
    cettePhoto.loadMovie("Photos/"+prenoms[i]+".jpg");
    // ❹ Placer chaque photo les unes derrière les autres
    //    sur une ligne
    cettePhoto._x = (cettePhoto._width + ecartInterPhoto)*posX +
                    ecartDuBordGauche;
    cettePhoto._y = (cettePhoto._height + ecartInterPhoto)*posY +
                    ecartDuBordHaut;
    posX++;
    // ❺ Lorsque que la ligne sort de la scène,
    //    passer à la ligne suivante.
    if (cettePhoto._x > largeur - 2*cettePhoto._width) {
        posX=0;
        posY++;
    }
}
```

Question

Quel est le rôle des variables posX et posY ?

Réponse

La variable posX est utilisée pour positionner les photos le long de l'axe des x. Elle est initialisée à 0 et, pour chaque photo placée, posX est incrémentée de 1 afin de positionner la photo suivante juste après. Le calcul de la position suivante prend en compte la largeur de la photo. Lorsqu'une des photos sort de la scène, posX est de nouveau initialisée à 0. La propriété _x de cettePhoto reprend la valeur ecartDu BordGauche, ce qui a pour conséquence de placer la photo en début de ligne.

La variable posY est utilisée pour passer à la ligne en dessous. Elle est initialisée à 0. Lorsqu'une des photos sort de la scène, posY est incrémentée de 1, ce qui ajoute à la propriété _y de cettePhoto une hauteur de photo.

Afficher une bulle d'info pour chaque photo

La seconde étape a pour objectif d'afficher une bulle d'infos, lorsque la souris survole une photo. Les informations affichées sont le prénom et l'âge de la personne correspondant à la photo survolée. Chaque photo affichée doit donc être en mesure de capturer les événements onRollOver et onRollout.

Or, comme nous avons pu le constater lors de la mise en place de vignettes cliquables du portfolio multimédia (voir section « Le projet Portfolio multimédia » du chapitre 3), le chargement d'une image dans un objet, par la méthode loadMovie(), empêche la mise en place d'un gestionnaire d'événements sur l'objet tant que l'on a pas vérifié que l'image a bien été chargée.

Pour réaliser cette vérification, nous devons définir un système d'écoute afin de pouvoir tester le bon déroulement du chargement. Ceci demande des connaissances un peu plus élaborées que celles acquises jusqu'à présent. Aussi, nous utiliserons et expliquerons de façon plus détaillée cette technique au cours du chapitre 9 « Les principes du concept objet », section « Une personne se présente avec sa photo ».

Pour contourner cette difficulté, une méthode simple consiste à créer autant d'objets identiques à photo0... photo5 mais exempts de photo. Ces objets « jumeaux » nommés photoevt0... photoevt5 sont placés sous chacune des photos et ont la capacité de capter les événements souhaités à la place de la photo.

La mise en place des gestionnaires des événements onRollOver et onRollout s'effectue alors comme suit :

❶ Pour chaque objet photo, créer son « jumeau sans photo » nommé photoevt*i*, *i* variant de 0 à prenom.length. Ces objets ne sont pas visibles, ils sont placés à un niveau inférieur aux objets photo*i*.

❷ Placer chaque objet photoevt*i* en suivant la même technique que pour les objets photo*i*.

❸ Définir le comportement de chaque photoevt*i* lorsque le curseur de la souris survole une photo. Pour cela, créer le gestionnaire d'événements onRollOver, et à l'intérieur :

❹ Créer l'objet `parole` à partir du symbole `bulleClp` et le positionner sur la photo.

❺ Afficher le texte `"Je m'appelle … et j'ai … ans"` dans la bulle en utilisant les tableaux `prenoms` et `ages`. L'affichage du prénom et du nom varie en fonction de la photo survolée, c'est à dire de la position qu'elle occupe dans le tableau `prenoms`.

Pour cela, l'objet survolé, c'est-à-dire `this` dans le gestionnaire correspondant à `photoevti`, doit connaître la place qu'il occupe dans le tableau `prenoms`.

❻ Nous devons donc créer une propriété `numPhoto`, pour chaque objet `photoevti` créé afin de mémoriser l'indice de la photo et donc la position du prénom et de l'âge dans leurs tableaux respectifs.

❼ Utiliser la propriété `numPhoto` pour retrouver le prénom et l'âge de la personne survolée, et afficher le texte « `Je m'appelle … et j'ai … ans` » correspondant.

Pour en savoir plus

La définition de propriétés d'objet est étudiée plus précisément au cours du chapitre 8 « Définir ses propres classes ».

---

❽ Définir le comportement de chaque `photoevti` lorsque le curseur de la souris ne survole plus la photo. Pour cela, créer le gestionnaire d'événements `onRollOut` afin de détruire et donc d'effacer l'objet `parole`.

La marche à suivre décrite ci-dessus se traduit, en ActionScript, par la suite des instructions suivantes :

```
for (var i:Number = 0; i< prenoms.length;  i++ ) {
    // ❶ Insérer pour chaque photo un objet capable de
    //    capturer les événements
    attachMovie("PhotoClp", "photoevt"+i, i+100);
    cettePhotoEvt = this["photoevt"+i];
    // ❷ Placer les objets photoevti comme les objets photoi
    cettePhotoEvt._x = (cettePhotoEvt._width +
                        ecartInterPhoto)*posX + ecartDuBordGauche;
    cettePhotoEvt._y = (cettePhotoEvt._height +
                        ecartInterPhoto)*posY + ecartDuBordHaut;
// ❻ Mémoriser le numéro de la photo
    cettePhotoEvt.numPhoto = i;
}
// ❸ Lorsque le curseur de la souris survole la photo
cettePhotoEvt.onRollOver = function():Void {
    // ❹ Créer la bulle
    attachMovie("BulleClp", "parole", 400);
    parole._x = this._x + this._width/2;
    parole._y = this._y + this._height/2;
    // ❺ et ❼ Afficher dans la bulle le texte correspondant
    //    à la photo survolée
    parole.labelOut.text = "Je m'appelle " +
                        prenoms[this.numPhoto]+ "\net j'ai "+
```

```
                              ages[this.numPhoto]+" ans";
}


// ❽ Lorsque le curseur de la souris sort de la photo
cettePhotoEvt.onRollOut = function():Void  {
    // Effacer la bulle
    parole.removeMovieClip();
}
```

Remarque

L'affichage du texte s'effectue en plaçant la chaîne "Je m'appelle " + prenoms[this.numPhoto]+ "\net j'ai "+ ages[this.numPhoto]+" ans", dans le champ de texte dynamique labelIn de l'objet parole. Le caractère \n est utilisé pour forcer les caractères suivants (et j'ai…) à passer à la ligne.

Ajouter une nouvelle photo

L'ajout d'une nouvelle photo dans le trombinoscope fait l'objet de la troisième étape de notre marche à suivre. La mise en œuvre de cette nouvelle fonctionnalité se décompose de la façon suivante :

Extension Web

Le survol des boutons Ajouter et Trier ne fait pas appel à la structure de tableau, nous ne développerons pas ici leur fonctionnement. Vous pourrez cependant examiner leur mise en place en étudiant le script associé au fichier TrombinoscopeV2.fla, sous le répertoire Exemples/chapitre6.

---

❶ Une nouvelle photo est ajoutée à la suite des autres, lorsque l'utilisateur clique sur le bouton Ajouter situé en bas de la scène. Pour cela, nous devons créer et positionner un objet ajout à partir du symbole BoutonClp.

❷ Lorsque l'utilisateur clique sur le bouton Ajouter, un panneau s'affiche permettant la saisie des données. Il convient donc de définir le gestionnaire ajout.onRelease de la façon suivante :

❸   Créer l'objet saisir à partir du symbole SaisirNomAgeClp (voir figure 6-8) et l'afficher au centre de la scène.

❹   L'utilisateur saisit le prénom et l'âge de la personne à ajouter, puis valide sa saisie en cliquant sur le bouton OK. Ce dernier a pour nom valider (voir figure 6-8). La validation et l'enregistrement des données s'effectuent par conséquent par l'intermédiaire du gestionnaire d'événements saisir.valider.onRelease comme suit :

❺   Le prénom et l'âge de la personne à ajouter sont transmis au programme à l'aide des zones de texte prenomIn et ageIn, respectivement (voir figure 6-8). Ces nouvelles valeurs s'insèrent en fin des tableaux prenoms et ages en utilisant la méthode push().

Remarque

Le nom du fichier portant le prénom de la personne à ajouter doit se trouver obligatoirement dans le répertoire Photos se trouvant dans le répertoire courant de l'application.

---

❻   Pour finir, une fois les valeurs saisies et insérées dans les tableaux, nous devons effacer le panneau `saisir`.

❼   Le panneau effacé, la nouvelle photo doit apparaître. Pour cela il convient d'afficher la nouvelle liste de prénoms en recopiant l'intégralité des instructions décrites en section « Afficher une liste de photos » de ce chapitre. Pour simplifier le code, nous avons choisi de copier ces instructions à l'intérieur d'une fonction, et d'appeler cette dernière en lieu et place. La fonction s'appelle ici `afficherLesPhotos()`.

Pour en savoir plus

La définition et l'appel de fonctions sont étudiés en détail au cours du chapitre 7 « Les fonctions ». La création et la mise en place de la fonction `afficherLesPhotos()` est étudiée plus précisément en section « Le trombinoscope – 3ᵉ version » du chapitre 7.

La marche à suivre décrite ci-dessus se traduit en ActionScript par la suite des instructions suivantes :

```
// ❶ Créer et positionner le bouton ajout
attachMovie("BoutonClp", "ajout", 10);
ajout._x = 2*ecartDuBordGauche;
ajout._y = hauteur - 2*ajout._height;
ajout.labelOut.text="ajouter";
// ❷ Lorsque l'utilisateur clique sur le bouton ajout
ajout.onRelease = function():Void {
    // ❸ Afficher le panneau de saisie du prénom et de l'âge
    attachMovie("SaisirNomAgeClp", "saisir", 230);
    saisir._x = (largeur )/2;
    saisir._y = (hauteur )/2;
    // ❹ Lorsque l'utilisateur clique sur le bouton OK
    saisir.valider.onRelease = function () {
        // ❺ Insérer en fin de tableau le prénom et l'âge saisis
        prenoms.push(saisir.prenomIn.text);
        ages.push(Number(saisir.ageIn.text));
        // ❻ Effacer le panneau de saisie
        saisir.removeMovieClip();
        // ❼ Afficher à nouveau toutes les photos
        afficherLesPhotos();
    }
}
```

Trier les photos

Pour finir, voici la quatrième et dernière étape de la version 2 du trombinoscope. Il s'agit du tri des photos par ordre alphabétique des prénoms. La mise en œuvre ce cette nouvelle fonctionnalité est un peu plus subtile que les précédentes.

En effet, les données « prénoms » et « âges » sont stockées dans deux tableaux distincts. Appliquer un tri sur le seul tableau des prénoms a pour conséquence de modifier l'ordre des prénoms, sans changer celui des âges. Nous devons donc trouver une méthode pour ordonner le tableau des âges de façon à obtenir la bonne correspondance prénom-âge.

Pour cela, la technique consiste à :

❶ Enregistrer les âges dans un tableau nommé (ageNomme), afin de reconnaître l'âge d'une personne non plus par sa position dans le tableau, mais directement par le prénom (voir figure 6-9).

❷ Trier le tableau prenoms à l'aide de la méthode sort().

Figure 6-9

*L'indice du tableau
ageNomme est un prénom
et non une valeur numérique.*

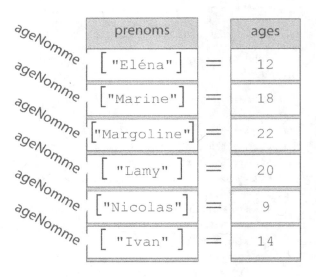

❸ La liste des prénoms étant triée, l'élément ageNomme[prenoms[0]] correspond maintenant à l'âge du premier prénom dans l'ordre alphabétique, et le suivant correspond à l'âge du second prénom dans l'ordre alphabétique. Ainsi, pour obtenir une liste des âges correspondant à la liste des prénoms triée, il suffit de modifier le tableau ages de façon à ce que chaque élément ages[i] prenne la valeur de ageNomme[prenoms[i]].

❹ Le tri des prénoms et des âges est réalisé lorsque l'utilisateur clique sur le bouton Tri. Nous devons insérer les opérations décrites de ❶ à ❸ dans le gestionnaire d'événements tri.onRelease.

❺ Il convient, une fois le tri effectué, d'afficher à nouveau les photos pour les voir se présenter dans l'ordre alphabétique. Pour cela, nous faisons à nouveau appel à la fonction `afficherLesPhotos()`.

La marche à suivre décrite ci-dessus se traduit en ActionScript par la suite des instructions suivantes :

```
// ❹ Lorsque l'utilisateur clique sur le bouton tri
tri.onRelease = function():Void  {
    // Créer un nouveau tableau ageNomme
    var ageNomme = new Array();
    // ❶ Chaque élément du tableau a pour nom le prénom
    //     À chaque prénom correspond l'âge
    for(var i:Number = 0; i< prenoms.length; i++) {
        ageNomme[prenoms[i]]=ages[i];
    }
    // ❷ Trier dans l'ordre alphabétique le tableau prenoms
    prenoms.sort();
    // ❸ Modifier le tableau ages en reprenant
    //     le tableau ageNomme, les prénoms étant triés
    for(var i:Number = 0; i< prenoms.length; i++) {
        ages[i] = ageNomme[prenoms[i]];
    }
    // ❺ Afficher les photos
    afficherLesPhotos();
}
```

Mémento

Un tableau est constitué d'un nom et d'une suite d'éléments utilisés pour stocker chacun une valeur. Chaque élément possède un numéro unique qui permet de le retrouver.

Créer un tableau

* Avec `Array()`

```
var exemple:Array = new Array();
```

Cette instruction a pour résultat de créer un tableau nommé `exemple` ne contenant qu'une seule case vide. Alors que l'instruction :

```
var prixDesPommes:Array = new Array(12, "pommes", 3.5);
```

a pour résultat de créer un tableau nommé `prixDesPommes` contenant trois éléments de types différents.

* Avec l'expression [ ]

```
var prixDesPommes = [12, "pommes", 3.5];
```

Cette instruction est équivalente à la précédente en créant également trois éléments de types différents.

• À deux dimensions, les instructions :

```
var fruit = [12, "pommes", 3.5];
var legume = [5, "carottes", 2.5];
var listeCourse = [fruit, legume];
```

ont pour résultat de créer un tableau de deux éléments (lignes - fruit, legume) nommé listeCourse, contenant chacun un tableau constitué de trois éléments (colonnes).

Accéder aux éléments d'un tableau

L'accès à un élément spécifique d'un tableau s'effectue en plaçant derrière le nom du tableau le numéro de l'indice entre crochets.

La boucle for suivante :

```
for (var i:Number = 0; i < prixDesPommes.length; i++ ) {
    trace(prixDesPommes[i]);
}
```

permet d'afficher chaque élément du tableau prixDesPommes, en faisant varier l'indice i de 0 à la longueur totale du tableau (prixDesPommes.length).

Les deux boucles for imbriquées, qui suivent :

```
for (var i:Number = 0; i< listeCourse.length; i++ ) {
    for (var j:Number = 0; j< listeCourse[i].length; j++ ) {
        trace("listeCourse ["+i+"]["+j+"] = "+listeCourse [i][j]);
    }
}
```

ont pour résultat d'afficher les lignes et les colonnes du tableau listeCourse.

Modifier un tableau avec des méthodes prédéfinies

ActionScript propose différentes méthodes permettant l'ajout, la suppression ou la transformation des éléments d'un tableau.

Ainsi, par exemple, dans la suite d'instruction :

```
prixDesPommes.push("rouge");
prixDesPommes.shift();
prixDesPommes.reverse();
```

La méthode push() ajoute l'élément "rouge" en fin du tableau prixDesPommes.

La méthode shift() supprime le premier élément du tableau prixDesPommes.

La méthode reverse() inverse les éléments du tableau prixDesPommes, le premier se trouvant en dernière position, le dernier en première.

Exercices

Tableau à une dimension

Exercice 6.1

L'objectif de cet exercice est de modifier le jeu de bulles de façon à afficher des bulles de couleur à la place des bulles numérotées. Le choix de la couleur de la bulle s'effectue en fonction de la valeur de la bulle qui sert au calcul du score. Le nombre de couleurs proposées dépend du niveau du joueur. Au niveau 1, il n'y a que deux couleurs possibles, au niveau 2, trois couleurs…

> **Extension Web**
>
> Pour vous faciliter la tâche, le fichier `Exercice6_1.fla` à partir duquel nous allons travailler se trouve dans le répertoire `Exercices/SupportPourRéaliserLesExercices/Chapitre6`. Dans ce même répertoire, vous pouvez accéder à l'application telle que nous souhaitons la voir fonctionner (`Exercice6_1.swf`) une fois réalisée.

Pour réaliser la correspondance entre la valeur de la bulle (valeur tirée au hasard) et la couleur, la technique consiste à définir une liste de couleurs dans un tableau et à obtenir la couleur d'une bulle en utilisant l'indice du tableau de couleurs.

a. Définir un tableau `listeCouleurs` composé de 10 éléments. Chaque élément décrit, sous la forme d'une chaîne de caractères, une valeur hexadécimale représentant une couleur.

> **Pour en savoir plus**
>
> La manipulation des couleurs est expliquée au cours du chapitre 3 « Communiquer ou interagir », section « Les techniques de programmation incontournables », paragraphe « Le curseur change de couleur ».

b. Repérer dans le code les instructions qui calculent la valeur de la bulle. Modifier ces instructions de sorte que la valeur tirée au hasard varie entre 0 et le niveau du joueur – le nombre de couleurs proposées dépendant du niveau du joueur.

c. À l'aide du constructeur `Color()`, créer un objet `couleurBulle` associé à la bulle à afficher.

d. Avec la méthode `setRGB()`, modifier la couleur de la bulle en prenant pour valeur celle rangée dans le tableau `listeCouleurs`, à l'indice correspondant à la valeur de la bulle.

> **Remarque**
>
> Le coloriage d'une bulle s'effectue au moment de la création des bulles, lorsque ces dernières sont replacées en haut de la scène et quand l'utilisateur change de niveau.

Exercice 6.2

Dans l'exercice précédent, le tableau listeCouleurs définit en tout et pour tout 10 couleurs. Pour les niveaux de jeu supérieurs à 10, nous devons être en mesure d'ajouter de nouvelles couleurs. La marche à suivre est la suivante :

a. Repérer, dans le code précédent, le bloc d'instructions qui détecte le changement de niveau de l'utilisateur. Réaliser un test sur ce niveau, et s'il est supérieur au nombre de couleurs définies, créer une nouvelle couleur en procédant de la façon suivante :

b. La valeur d'une couleur s'écrit sous la forme d'une chaîne de caractères dont le format est :

```
"0xRRVVBB"
```

Les termes RR, VV et BB sont des valeurs numériques écrites en code hexadécimal. Pour obtenir cette chaîne vous devez :

- Tirer au hasard trois valeurs comprises entre 0 et 180. La première pour le rouge, la seconde pour le bleu et la troisième pour le vert.

- Transformer chacune de ces valeurs en code hexadécimal en appliquant la méthode toSring(16) sur chacune des valeurs tirées au hasard.

- Assembler chacune de ces valeurs par concaténation, en prenant soin de débuter la chaîne de caractères par le terme 0x. Enregistrer cette chaîne dans une variable (couleur) de type String.

c. Insérer la couleur obtenue à la fin du tableau listeCouleurs.

Remarque

Les valeurs rouge, vert, bleu sont tirées au hasard entre 0 et 180, au lieu de 255, pour éviter d'obtenir des couleurs trop claires, parfois difficiles à percevoir sur notre exemple.

Exercice 6.3

Si l'utilisateur choisit de supprimer une photo du trombinoscope, il doit tout d'abord cliquer sur le bouton supprimer pour cliquer ensuite sur la photo qu'il souhaite effacer. Tant qu'une photo n'a pas été sélectionnée, le bouton supprimer reste enfoncé.

Extension Web

Pour vous faciliter la tâche, le fichier Exercice6_3.fla à partir duquel nous allons travailler se trouve dans le répertoire Exercices/SupportPourRéaliserLesExercices/Chapitre6. Dans ce même répertoire, vous pouvez accéder à l'application telle que nous souhaitons la voir fonctionner (Exercice6_3.swf) une fois réalisée.

La réalisation de ces différentes fonctionnalités s'effectue à travers les étapes suivantes :

Le bouton à bascule

Le bouton `supprimer` est un bouton à bascule. Reportez-vous au chapitre 4 « Faire des choix », section « Les techniques de programmation incontournables », paragraphe « Le bouton à bascule » pour sa mise en œuvre.

Quelques conseils, cependant :

- L'effet bascule est réalisé par le gestionnaire d'événements `supprime.onRelease`, où `supprime` correspond à l'occurrence du symbole `BoutonClp`, et à l'aide d'une variable drapeau nommée `modeSupprimer`, variant de `true` à `false` selon son état.

- Pour donner un effet bouton « normal » et « enfoncé », le symbole `BoutonClp` définit deux images clés `haut` et `bas`. Pour passer de l'une à l'autre, vous devez utiliser la méthode `gotoAndStop("haut")` ou `gotoAndStop("bas")`.

Suppression de l'élément cliqué

La suppression d'une photo s'effectue lorsque l'utilisateur clique sur celle-ci, sachant que le bouton `supprimer` est enfoncé. Vous devez donc, à l'intérieur du gestionnaire `cettePhotoEvt.onPress` :

a. Tester si le drapeau `modeSupprimer` est vrai, et si tel est le cas :

- Supprimer, dans les tableaux `prenoms` et `ages`, l'élément correspondant au numéro de la photo. Vous pouvez utiliser la méthode `slice()`.
- Afficher à nouveau les photos à l'aide de la fonction `afficherLesPhotos()`.

b. Examiner le résultat, que se passe-t-il lorsque vous supprimez une image ? pourquoi ?

Amélioration de l'interactivité

La mise en place du bouton `supprimer` apporte quelque dysfonctionnement dans l'affichage des photos et la gestion des deux autres boutons.

a. Lors de l'affichage de la liste de photos après suppression de l'une d'entre elles, la dernière photo de la liste précédente reste affichée, puisque aucune autre ne vient la remplacer sur le niveau d'affichage correspondant. À l'aide de la méthode `removeMovieClip()`, supprimer les occurrences `photo` et `photoevt` associées à la dernière photo de la liste précédente.

b. Supprimer l'occurrence affichant la bulle avec le prénom et l'âge de la photo survolée, et remettre le bouton `supprimer` en position normale.

c. Si l'utilisateur clique sur le bouton `supprimer`, puis clique sur un des deux autres boutons sans sélectionner de photo à supprimer, le bouton `supprimer` doit revenir automatiquement à son état normal.

Pour cela, vous devez placer à l'intérieur des gestionnaires `ajout.onRelease` et `tri.onRelease` un test vérifiant la valeur du drapeau `modeSupprimer`. Si celui-ci est vrai, vous devez revenir à l'image clé haut de l'objet supprimer, et mettre le drapeau mode Supprimer à faux.

Tableau à deux dimensions

L'objectif est ici de comprendre le traitement des tableaux à deux dimensions ainsi que l'utilisation des boucles imbriquées.

Exercice 6.4

L'application a pour résultat d'afficher la scène suivante :

Figure 6-10
Une étoile composée de puces qui s'enfoncent lorsque le curseur les survole.

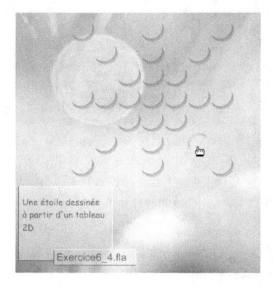

Extension Web

Pour vous faciliter la tâche, le fichier Exercice6_4.fla à partir duquel nous allons travailler se trouve dans le répertoire Exercices/SupportPourRéaliserLesExercices/Chapitre6. Dans ce même répertoire, vous pouvez accéder à l'applications telle que nous souhaitons la voir fonctionner (Exercice6_4.swf) une fois réalisée.

Pour réaliser cette application, la méthode est la suivante :

a. Créer un tableau de sept lignes, composées elles-mêmes de sept éléments (colonnes).

b. À l'aide de boucles imbriquées, initialiser le tableau aux valeurs suivantes :

```
1   0   0   1   0   0   1

0   1   0   1   0   1   0

0   0   1   1   1   0   0

1   1   1   1   1   1   1

0   0   1   1   1   0   0

0   1   0   1   0   1   0

1   0   0   1   0   0   1
```

Remarque

L'ensemble des éléments du tableau est initialisé à 0. Les valeurs 1 sont placées en choisissant de faire évoluer astucieusement les indices du tableau à l'aide de boucles.

---

c. Afficher les puces (voir la bibliothèque du fichier exercice6-4.fla) à l'écran à l'aide de la méthode attachMovie() et en calculant leur position en fonction des compteurs de boucles i et j.

d. Rendre la puce positionnée en [i][j] visible si l'élément du tableau associé vaut 1, et invisible sinon.

e. Réaliser l'effet d'enfoncement de la puce en passant de l'image clé 1 à 2 et inversement lorsque le curseur entre ou sort de l'objet.

Le projet « Portfolio multimédia »

Jusqu'à présent, quelle que soit la rubrique sélectionnée dans le menu Photos, nous ne pouvions afficher qu'une seule catégorie – la Mer. Grâce aux tableaux, nous allons être en mesure d'afficher les photos correspondantes à la rubrique choisie dans le menu Photo.

Extension Web

Pour vous faciliter la tâche, le fichier ProjetChapitre6.fla à partir duquel nous allons travailler se trouve dans le répertoire Exercices/SupportPourRéaliserLesExercices/Chapitre6. Dans ce même répertoire, vous pouvez accéder à l'application telle que nous souhaitons la voir fonctionner (ProjetChapitre6.swf) une fois réalisée.

Définir le tableau Theme

Pour afficher les photos et les vignettes d'une rubrique, nous devons savoir où les trouver, et connaître le nom des fichiers associés ainsi que le nombre de photos pour chacune des rubriques.

Ces informations peuvent être regroupées sous la forme d'un tableau à deux dimensions comme le montre la figure 6-11.

a. En examinant attentivement la figure ci-après, construire le tableau à deux dimensions Theme, à l'aide des tableaux rubrique1, rubrique2, rubrique3.

Figure 6-11

Structure du tableau représentant le menu Photos.

b. Écrire l'instruction permettant d'accéder à la troisième photo de la rubrique Villes.

c. Pour chaque rubrique, chaque indice détermine le même type d'information. Afin de rendre le code plus lisible, définir, à l'aide de variables au nom explicite, des constantes représentant chaque indice du tableau Theme.

Ainsi, par exemple :

```
var quelleRubrique:Number=0;
var indexPhoto:Number=2;
trace(Theme[quelleRubrique][indexPhoto]);
```

permet d'accéder de façon plus claire à la photo n° 2 de la rubrique n° 0.

d. Écrire l'instruction qui permet, en utilisant les valeurs stockées dans le tableau Theme, de construire et d'enregistrer dans la chaîne de caractères quellePhoto, les termes "../Photos/Mers/Mer0.jpg".

Afficher les photos par défaut

Au lancement de l'application, la première photo et les vignettes de la rubrique Mers s'affichent par défaut.

e. Repérez dans le code les instructions permettant l'affichage de la photo "../Photos/Mers/Mer0.jpg". En utilisant l'instruction écrite en d., modifiez l'instruction de façon à charger l'image.

f. De la même façon, repérer les instructions permettant l'affichage des vignettes de la rubrique Mers. Modifiez l'instruction de façon à charger chaque vignette en utilisant les données enregistrées dans le tableau Theme.

Construire les rubriques du menu

Les rubriques du menu s'affichaient jusqu'à présent à l'aide d'un test sur la position de l'item.

g. Modifier les instructions de construction du menu, de façon à écrire le nom des rubriques en utilisant le tableau Theme dans lequel le nom de la photo correspond également au nom des rubriques.

> **Remarque**
>
> Attention, le nom des rubriques est enregistré de l'indice 0 à 2 dans le tableau Theme, alors que le numéro des items varie de 1 à 3.

Associer la rubrique et l'affichage des tableaux

Lorsque l'utilisateur clique sur une des rubriques du menu, la première photo et les vignettes associées à la rubrique choisie remplacent les précédentes.

h. À l'intérieur du gestionnaire onPress des items du menu, enregistrer le numéro de l'item sélectionné dans une variable quelleRubrique.

> **Remarque**
>
> Attention, le nom des rubriques est enregistré de l'indice 0 à 2 dans le tableau Theme, alors que le numéro des items varie de 1 à 3.

i. Enregistrer dans la variable quellePhoto le chemin d'accès et le nom de la première photo, pour la rubrique quelleRubrique. Charger cette photo afin de l'afficher par défaut.

j. Procéder de la même façon pour charger toutes les vignettes de la rubrique quelle Rubrique.

7

Les fonctions

L'étude des chapitres précédents montre qu'un script est constitué d'instructions élémentaires (affectation, comparaison ou encore répétition) et de sous-programmes (calcul d'arrondis, affichage de données, gestionnaire d'événements), appelés fonctions ou encore méthodes.

Ces instructions sont de nature suffisamment générale pour s'adapter à n'importe quel problème. En les utilisant à bon escient, il est possible d'écrire des applications simples mais d'une grande utilité.

Dans le cadre du développement de logiciels de grande envergure, les programmeurs souhaitent aussi définir leurs propres instructions adaptées au problème qu'ils traitent. Pour cela, les langages de programmation offrent la possibilité de créer des fonctions spécifiques, différentes des fonctions natives du langage.

Pour comprendre l'intérêt des fonctions, nous analyserons d'abord le concept d'algorithme paramétré à partir d'un exemple imagé (section « Algorithme paramétré »).

Ensuite, nous étudierons quelques fonctions natives du langage (section « Utilisation des fonctions natives ») afin d'en extraire les principes de fonctionnement. Puis, nous expliquerons comment élaborer et définir vos propres fonctions (section « Construire ses propres fonctions »).

La mise en place de fonctions au sein d'un script modifie sa structure. Nous examinerons au cours de la section « Influence de la structure d'un script sur son comportement », les notions de visibilité des variables, de variables locales et de variables globales à partir d'exemples simples. Pour chacune de ces notions, nous observerons leur répercussion sur le résultat des différents programmes donnés en exemple.

Nous analyserons ensuite (section « Les fonctions communiquent ») comment les fonctions échangent des données par l'intermédiaire des paramètres et du retour de résultat.

Pour finir, nous examinerons comment mettre en œuvre toutes les notions acquises au cours de ce chapitre, en écrivant la troisième version du trombinoscope à l'aide de fonctions.

Algorithme paramétré

Certains algorithmes peuvent être appliqués à des problèmes voisins en modifiant simplement les données pour lesquelles ils ont été construits. En faisant varier certaines valeurs, le programme fournit un résultat différent du précédent. Ces valeurs, caractéristiques du problème à traiter, sont appelées paramètres du programme.

Pour comprendre concrètement ce concept, nous allons reprendre l'algorithme de l'œuf poché pour le transformer en un algorithme qui nous permettra de réaliser un plat de pâtes.

Cuire des pâtes ou comment remplacer l'œuf par des pâtes

Pocher un œuf ou faire cuire des pâtes sont des recettes qui utilisent des procédés à peu près semblables. En reprenant la liste de toutes les opérations nécessaires à la réalisation de l'œuf poché, nous constatons qu'en remplaçant simplement le mot « œuf » par « pâtes » et le mot « vinaigre » par « huile d'olive », nous obtenons un plat de pâtes. Remarquons également que le temps de cuisson diffère d'une recette à l'autre.

```
1.  Prendre une casserole.
2.  Verser l'eau du robinet dans la casserole.
3.  Poser la casserole sur la plaque électrique.
4.  Prendre le sel et le verser dans l'eau.
5.  Prendre l'huile d'olive et la verser dans l'eau.
6.  Allumer la plaque électrique.
7.  Faire bouillir l'eau.
8.  Prendre les pâtes et les placer dans la casserole.
9.  Prendre le minuteur.
10. Mettre le minuteur sur 8 minutes.
11. Prendre une assiette et la poser sur la table.
12. Attendre que le minuteur sonne.
13. Éteindre la plaque électrique.
14. Prendre une cuillère.
15. Retirer les pâtes de la casserole à l'aide de la cuillère.
16. Poser les pâtes dans l'assiette.
```

Pour faire un œuf poché ou des pâtes, il suffit d'employer la même recette, ou méthode, en prenant comme ingrédient un œuf et du vinaigre, ou des pâtes et de l'huile d'olive, et de modifier le temps de cuisson, selon notre choix.

> **Remarque**
>
> Nous avons supprimé l'opération « Casser l'œuf », parce qu'il n'est pas possible de « Casser des pâtes ». Nous supposons pour simplifier le problème que l'œuf est déjà cassé.

Dans la réalité, le fait de remplacer un ingrédient par un autre ne pose pas de difficultés particulières. Dans le monde informatique, c'est plus complexe. En effet, l'ordinateur ne fait qu'exécuter la marche à suivre fournie par le programmeur. Dans notre cas, pour avoir un œuf poché ou des pâtes, le programmeur doit écrire la marche à suivre pour chacune des recettes. La tâche est fastidieuse, puisque chacun des programmes se ressemble, tout en étant différent sur un détail (les ingrédients, le temps de cuisson).

Définir les paramètres

Pour éviter d'avoir à recopier chaque fois des marches à suivre qui ne diffèrent que sur un détail, l'idée est de construire un algorithme général. Cet algorithme ne varie qu'en fonction d'ingrédients déterminés qui font que le programme donne un résultat différent.

En généralisant l'algorithme de l'œuf poché ou des pâtes, on exprime une marche à suivre permettant de réaliser des préparations cuites à l'eau. Pour obtenir un résultat différent (œuf ou pâtes), il suffit de définir comme paramètre de l'algorithme, l'ingrédient à choisir.

La marche à suivre s'écrit en remplaçant les mots « œuf » ou « pâtes » par premierIngrédient, « vinaigre » ou « huile d'olive » par secondIngrédient, et « 3 » ou « 8 » par tempsCuisson.

Instructions	Nom du bloc d'instructions
1. Prendre une casserole.	
2. Verser l'eau du robinet dans la casserole.	
3. Poser la casserole sur la plaque électrique.	cuire(
4. Prendre le sel et le verser dans l'eau.	premierIngrédient,
5. Prendre **secondIngrédient** et le verser dans l'eau.	secondIngrédient,
6. Allumer la plaque électrique.	tempsCuisson)
7. Faire bouillir l'eau.	
8. Prendre **premierIngrédient** et le placer dans la casserole.	
9. Prendre le minuteur.	
10. Mettre le minuteur sur **tempsCuisson** minutes.	
11. Prendre une assiette et la poser sur la table.	
12. Attendre que le minuteur sonne.	
13. Éteindre la plaque électrique.	
14. Prendre une cuillère.	
15. Retirer **premierIngrédient** de la casserole à l'aide de la cuillère.	
16. Poser **premierIngrédient** dans l'assiette.	

Faire un œuf poché équivaut donc à exécuter le bloc d'instructions `cuire(premierIngrédient,` `secondIngrédient, tempsCuisson)` en utilisant comme ingrédients un œuf cassé, du vinaigre, et 3 minutes de temps de cuisson . L'exécution du bloc `cuire(l'œuf cassé, le vinaigre, 3)` a pour conséquence de réaliser les instructions 5, 8, 10, 15 et 16 du bloc d'instructions avec les ingrédients concernés. L'instruction 5, par exemple, s'exécute en remplaçant le terme `secondIngrédient` par `le vinaigre`. Au lieu de lire `prendre secondIngrédient`, il faut lire `prendre le vinaigre`.

De la même façon, faire des pâtes revient à exécuter le bloc d'instructions `cuire(les` `pâtes, l'huile d'olive, 8)`. Le paramètre `premierIngrédient` correspond ici aux pâtes, `secondIngrédient` à l'huile d'olive et `tempsCuisson` à 8 minutes. Les instructions 5, 8, 10, 15 et 16 sont exécutées en conséquence.

Suivant la valeur prise par les différents paramètres, l'exécution de cet algorithme fournit un résultat différent. Ce peut être un œuf poché ou des pâtes.

Donner un nom au bloc d'instructions

Nous constatons qu'en paramétrant un algorithme, nous n'avons plus besoin de recopier plusieurs fois les instructions qui le composent pour obtenir un résultat différent.

En donnant un nom au bloc d'instructions correspondant à l'algorithme général `Cuire()`, nous définissons un sous-programme capable d'être exécuté autant de fois que nécessaire. Il suffit pour cela d'appeler le sous-programme par son nom.

De plus, grâce au paramètre placé entre les parenthèses qui suivent le nom du sous-programme, la fonction s'exécute avec des valeurs différentes, modifiant de ce fait le résultat.

> **Remarque**
> Un algorithme paramétré est défini par :
> • un nom ;
> • un ou plusieurs paramètres.
> En fin d'exécution, il fournit :
> • un résultat qui diffère suivant la valeur du ou des paramètres.

En ActionScript, les algorithmes paramétrés s'appellent des « fonctions » ou encore « méthodes ». Celles-ci permettent de traduire un algorithme paramétré en programme informatique. Avant d'examiner quelle syntaxe utiliser pour les décrire, nous allons tout d'abord étudier quelques fonctions natives du langage, de façon à mieux comprendre comment elles s'utilisent.

Utilisation des fonctions natives

Comme nous avons pu le constater au cours des chapitres précédents, ActionScript propose un ensemble de fonctions prédéfinies très utiles. Notre objectif n'est pas de décrire l'intégralité des fonctions proposées par le langage, car ce seul manuel n'y suffirait pas.

Principes de fonctionnement

Nous souhaitons, à la lumière d'exemples utilisant des fonctions prédéfinies du langage ActionScript, faire comprendre les principes généraux de fonctionnement et de manipulation des fonctions.

Le nom des fonctions

Au cours des chapitres précédents, nous avons utiliser un certain nombre de fonctions parmi lesquelles `Math.random()`, `Math.round()`, `attachMovie()` ou encore `loadMovie()`.

Chacune de ces fonctions réalise un calcul, une action spécifique. Avec la fonction `Math.random()`, nous obtenons une valeur calculée au hasard. La fonction mathématique étant déjà programmée, il n'est pas nécessaire d'écrire nous-mêmes la marche à suivre pour obtenir une valeur au hasard. La fonction `Math.round()`, quant à elle, permet d'arrondir une valeur à l'entier supérieur ou inférieur.

Ce qui distingue chacune de ces deux fonctions est leur nom.

En effet, toute fonction native porte un nom particulier choisi par les concepteurs du langage ActionScript, parce qu'il a un sens. Le nom d'une fonction décrit une action précise.

Remarque

L'exécution d'une fonction native passe par l'écriture, dans une instruction, du nom de la fonction choisie, suivi de paramètres éventuels placés entre parenthèses.

Pour connaître le nom des différentes fonctions proposées par le langage, la méthode la plus simple est de consulter l'aide proposée par l'environnement Flash. Vous pouvez également consulter certains sites spécialisés sur ce langage, ou encore lire des livres plus spécifiques relatifs au traitement des données ou de la vidéo sous ActionScript, par exemple.

Mémoriser le résultat d'une fonction

Toute fonction fournit un résultat :

- un nombre tiré au hasard ;
- une photo chargée sur la scène ;
- un message affiché dans la fenêtre de sortie.

Le résultat d'une fonction peut donc être soit une action visible à l'écran, soit une valeur que l'on stocke le plus souvent dans une variable afin d'éviter de la perdre, et pour l'utiliser dans la suite du programme.

Ainsi par exemple, l'instruction :

```
var auHasard:Number = Math.random() * 100 ;
```

a pour résultat de calculer une valeur au hasard comprise entre 0 et 100, et de l'enregistrer grâce au signe d'affectation = dans la variable auHasard.

Pour en savoir plus

Pour plus d'informations sur le signe =, voir au chapitre 1, « Traiter les données », la section « Les mécanismes de l'affectation ».

Pour mémoriser le résultat d'un calcul, la fonction est placée dans une instruction d'affectation. La fonction située à droite du signe = est exécutée en premier. Après quoi, la variable située à gauche du signe = récupère la valeur calculée lors de l'exécution de la fonction.

Les paramètres d'une fonction

Observons les instructions suivantes :

```
var auHasard:Number = Math.random()*100 ;
var resultat:Number = Math.round(auHasard) ;
loadMovie("../Photos/Pablo.jpg", unObjet)
```

Chacune de ces instructions est un appel à une méthode particulière. La première fonction ne possède aucune valeur placée entre les parenthèses, alors que les deux suivantes en ont une ou deux. Ces valeurs sont appelées les « paramètres » ou encore les « arguments » d'une fonction.

Les fonctions peuvent posséder de 0 à n paramètres.

• La fonction Math.random() ne possède pas de paramètre. Cette fonction donne en résultat une valeur au hasard comprise entre 0.0 et 1.0, indépendamment de toute condition. Aucun paramètre n'est donc nécessaire à sa bonne marche.

Remarque

Signalons que même si la fonction n'a pas de paramètre, il reste nécessaire de placer des parenthèses, ouvrante puis fermante, derrière le nom d'appel de la fonction. Toute fonction possède dans son nom d'appel des parenthèses.

• La fonction Math.round() ne comporte qu'un seul paramètre. Il s'agit de la valeur dont on souhaite extraire l'arrondi. La fonction ne sait exécuter ce calcul que pour une seule valeur à la fois.

Il est également possible de placer entre les parenthèses une expression mathématique ou une autre fonction, plutôt qu'une simple valeur. Ainsi, l'expression Math.round(Math.random()*10) arrondit à la valeur inférieure ou supérieure une valeur tirée au hasard, sans que celle-ci ait été stockée au préalable.

Observons que le paramètre placé entre parenthèses dans la fonction Math.round() ne peut être que de type Number.

> **Pour en savoir plus**
>
> Pour plus d'informations, voir au chapitre 1, « Traiter les données », la section « La notion de type ».

En effet, il n'est pas permis de placer en paramètre de la fonction `Math.round()` un caractère, une suite de caractères ou un booléen. Par exemple, le fait d'écrire `Math.round ("Quatre.cinq")` entraîne une erreur en cours de lecture, l'ordinateur ne sachant pas transformer le terme « `Quatre.cinq` » en la valeur numérique 4.5 (message d'erreur : `Incompatibilité de types`).

> **Remarque**
>
> Dans l'appel de la fonction, le type des paramètres doit être respecté selon le modèle décrit par Action Script, sous peine d'obtenir une erreur lors de l'exécution.

- La fonction `loadMovie(nomDuFichier, objet)` possède deux paramètres. Ces paramètres sont séparés par une virgule. Le premier indique le chemin d'accès et le nom du fichier à charger, le second fournit le nom de l'objet dans lequel le fichier est chargé.

  Si les valeurs passées aux paramètres `nomDuFichier` et `objet` sont inversées dans l'appel de la fonction (`loadMovie(unObjet, "../Photos/Pablo.jpg")`), le lecteur Flash ne peut charger le fichier image. L'appel à la fonction est effectué mais il échoue en silence, aucune erreur n'est détectée. L'erreur n'est décelable qu'en visualisant le résultat – aucune photo n'est affichée.

> **Remarque**
>
> Dans l'appel de la fonction, l'ordre des paramètres doit être respecté, sous peine d'obtenir un résultat différent de celui attendu.

Les fonctions étudiées dans cette section sont celles prédéfinies par ActionScript. Le programmeur les utilise en connaissant le résultat qu'il souhaite obtenir.

ActionScript offre aussi au programmeur la possibilité d'écrire ses propres fonctions de façon à obtenir différents programmes adaptés au problème qu'il doit résoudre. Nous étudions cette technique ci-après.

Construire ses propres fonctions

Une fonction développée par un programmeur s'utilise de la même façon qu'une fonction prédéfinie. Elle s'exécute en plaçant l'instruction d'appel à la fonction dans le programme.

Mais, pour que l'ordinateur puisse lire et exécuter les instructions composant la fonction, il convient de la définir, c'est-à-dire d'établir la liste des instructions qui vont lui permettre de réaliser le comportement attendu.

Définir une fonction

La définition d'une fonction s'effectue au travers d'une syntaxe bien précise qui permet de spécifier le nom d'appel de la fonction ainsi que les instructions qui la composent.

Syntaxe

Pour définir une fonction, il convient d'utiliser la syntaxe suivante :

```
// ❶ En-tête de la fonction
function nomDeLaFonction(parametre1:type, parametre2:type, …):type
{
// ❷ Définition du corps de la fonction
}
```

❶ Le nom d'une fonction est défini grâce à un *en-tête de fonction* qui est composé :

- Du mot-clé `function` qui débute l'en-tête afin de préciser au lecteur Flash que les instructions suivantes concernent la définition d'une nouvelle fonction.

- Du nom de la fonction, choisi par le développeur afin d'identifier la fonction. Ce nom est ensuite utilisé pour appeler la fonction.

Remarque

Le nom d'une fonction est choisi de façon à représenter et résumer tout ce qui est réalisé par son intermédiaire. Bien évidement, il est fortement déconseillé de choisir un nom identique à celui d'une fonction définie par le langage.

- De parenthèses ouvrante et fermante encadrant une suite de paramètres séparés par des virgules. Le type de chacun des paramètres doit être spécifié, comme pour une déclaration de variables. L'utilisation des paramètres est décrite plus bas, à la section « Les paramètres d'une fonction » de ce chapitre.

- D'un type précédé de « : » afin de préciser le type de la valeur retournée par la fonction. La notion de résultat de fonction est étudiée plus bas, à la section « Le résultat d'une fonction » de ce chapitre.

❷ Une fois le nom de la fonction défini, il est nécessaire de l'associer aux instructions décrivant le comportement de la fonction. Pour cela, l'en-tête de la fonction est placé au-dessus du *corps* de la fonction, déterminé par les accolades { et }. Le corps d'une fonction est essentiellement composé de déclarations de variables et d'instructions d'affectation, de tests, de répétitions, d'appels à des fonctions, etc.

Exemple

Pour ce premier exemple, nous choisissons de vous présenter une fonction très simple :

```
function disBonjour():Void{
  trace("Bonjour à tous ! ");
}
```

Cette fonction est composée d'une seule instruction affichant le texte « `Bonjour à tous !` » à l'aide de la commande `trace()`. Elle a pour nom `disBonjour()`, elle ne possède aucun paramètre entre ses parenthèses et ne fournit pas de résultat, de valeur à mémoriser, comme peut en fournir par exemple la fonction `Math.random()`. C'est pourquoi nous avons placé le terme « `:Void` » juste après la parenthèse fermante.

Extension Web

Vous pourrez tester cet exemple en exécutant le fichier `PremiereFonction.fla`, sous le répertoire `Exemples/chapitre7`.

Exécuter une fonction

Si vous exécutez le programme tel quel, c'est-à-dire sans autre instruction que celle définissant la fonction, vous ne verrez rien apparaître à l'écran, outre le panneau de fond habituel. La fenêtre de sortie n'apparaît pas, ni le message `Bonjour à tous !`.

Pourquoi ?

La fonction `disBonjour()` est correctement définie mais elle n'est pas appelée. Pour ce faire, nous devons placer, dans le script, une instruction qui indique que nous souhaitons exécuter les instructions placées à l'intérieur de la fonction. Il s'agit de l'instruction d'appel d'une fonction.

Syntaxe

L'instruction d'appel d'une fonction construite par vos propres soins s'effectue comme suit :

```
nomDeLaFonction(parametre1, parametre2, …);
```

La fonction est appelée par son nom suivi de parenthèses ouvrante et fermante. Ces parenthèses peuvent contenir des valeurs séparées par des virgules selon la définition de la fonction. Le type des valeurs doit correspondre à celui des paramètres déclarés lors de la définition de la fonction.

Si la fonction est définie sans paramètre, l'appel à la fonction s'effectue en plaçant les parenthèses vides derrière le nom de la fonction.

Exemple

L'appel à la fonction `disBonjour()` est réalisé par l'instruction suivante :

```
disBonjour();
```

Pour cet exemple, l'instruction d'appel est placée à la suite de la définition de la fonction. Elle aurait pu être placée avant, sans que cela change quoi que ce soit au résultat de l'exécution. Le programme affiche dans la fenêtre de sortie le message `Bonjour à tous !`.

> **Question**
>
> Que se passe-t-il si l'on appelle la fonction `disBonjour()` en oubliant de la définir ?
>
> **Réponse**
>
> L'appel à une fonction non définie ne provoque pas d'erreur. L'instruction `disBonjour()` est exécutée et elle échoue en silence Pour d'autres langages tels que le C ou Java, le fait d'utiliser une fonction inconnue (non définie) provoque une erreur de compilation. Le programme ne peut être exécuté. Flash est beaucoup plus permissif en exécutant les instructions qu'il connaît, tout en laissant de côté ce qu'il ne comprend pas. Mais cela ne veut pas dire pour autant que le script réalise ce que l'on souhaite faire.

Les fonctions littérales

Les fonctions littérales sont une particularité du langage ActionScript. Ce sont des fonctions dont le nom n'est pas précisé dans l'en-tête de déclaration.

Elles sont surtout utilisées pour décrire des actions en association à un événement précis comme nous avons pu le faire jusqu'à présent en définissant les gestionnaires d'événements.

Syntaxe

Pour définir une fonction littérale, la syntaxe est quasi identique à celle d'une fonction standard :

```
// ❶ En-tête de la fonction
identifiant = function ( parametre1:type, parametre2:type, …):type
{
// ❷ Définition du corps de la fonction
}; // fin de la fonction
```

❶ La forme de l'en-tête de fonction diffère légèrement de celle des fonctions standards. Aucun nom n'est placé entre le terme `function` et les parenthèses. La fonction ne possède pas de nom, elle ne peut être appelée telle quelle.

Pour accéder à une fonction littérale, nous devons la stocker dans une variable. Ainsi, l'en-tête d'une fonction littérale est inséré dans une instruction d'affectation qui permet de préciser :

• le nom de l'identifiant dans lequel sont enregistrées les instructions ;

• les paramètres éventuels de la fonction et leur type ;

• le type de résultat fourni par la fonction.

❷ Tout comme pour les fonctions standards, les instructions composant le corps de la fonction sont placées à l'intérieur des accolades { et }. Un point-virgule termine obligatoirement le bloc d'instructions définissant une fonction littérale.

Exemple

En écrivant la fonction littérale suivante :

```
disAuRevoir = function ():Void{
  trace(" Au revoir tout le monde ! ");
} ;
disAurevoir();
```

nous constatons que la structure d'appel à la fonction ne diffère pas de l'appel des fonctions standards.

Utilité des fonctions littérales

Les fonctions littérales sont le plus souvent utilisées pour définir des gestionnaires d'événements. Les instructions décrivant l'action à réaliser à la réception de l'événement par l'objet sont décrites à l'intérieur d'une fonction sans nom. Les instructions sont stockées à l'intérieur de la propriété associée à l'événement.

Ainsi par exemple, les instructions :

```
unObjet.onRelease = function ():Void{
  trace("Au revoir tout le monde ! ");
};
```

définissent une fonction littérale dont le contenu est enregistré dans la propriété onRelease de l'objet unObjet. Lorsque ce dernier détecte un événement de type onRelease, il exécute les instructions stockées à l'intérieur de la propriété associée, soit les instructions placées dans la fonction littérale.

Pour en savoir plus

La notion de propriété d'un objet est étudiée au chapitre 8, « Classes et objets », à la section « Construire et utiliser ses propres classes ».

Si plusieurs objets possèdent le même comportement pour des événements non nécessairement identiques, il est possible et même souhaitable de nommer la fonction afin de ne pas réécrire le code pour chaque objet.

Dans ce cas, la technique consiste à placer les instructions dans une fonction standard, puis d'associer la fonction et l'événement concerné par le signe de l'affectation. Ainsi, par exemple, les instructions :

```
function disAuRevoir ():Void {
  trace("Au revoir tout le monde ! ");
};

objet.onRelease = disAuRevoir;
unAureObjet.onRollOver = disAuRevoir;
```

ont pour résultat d'afficher le message Au revoir tout le monde ! lorsqu'on clique sur objet ou lorsque le curseur de la souris survole unAutreObjet.

Comment placer les fonctions dans un script

Avec les fonctions, nous voyons apparaître la notion de fonctions *appelées* et de programmes *appelant* des fonctions.

Dans notre exemple, la fonction `disBonjour()` est appelée par le script courant. Pour des raisons pédagogiques, nous avons choisi d'écrire toutes les instructions seulement sur le calque `script` de la première image du scénario principal. Nous appelons ce script le script courant ou encore le script principal.

> **Remarque**
> Il est possible d'écrire des scripts sur d'autres images clés du scénario principal, ou encore sur des occurrences de symbole ou de bouton. Dans ce cas, les variables déclarées à l'intérieur de ces scripts ne sont connues que d'eux-mêmes. Il existe toutefois des mécanismes permettant d'accéder à ces variables.

Toute fonction peut appeler ou être appelée par une autre fonction. Ainsi, rien n'interdit que la fonction `disBonjour()` soit appelée par une autre fonction définie ailleurs dans le script.

Les fonctions sont des programmes distincts les uns des autres. Elles sont définies séparément et placées avant ou après le script courant. L'ordre d'apparition des fonctions dans le script principal importe peu et est laissé au choix du programmeur.

> **Remarque**
> Une fonction littérale doit obligatoirement être définie avant que n'apparaisse l'instruction qui l'appelle.

Pour des raisons de clarté, nous choisissons dans cet ouvrage de définir les fonctions avant le script principal. Ainsi, l'exemple précédent s'écrit de la façon suivante :

```
// Définition de fonction
function disBonjour():Void{
   trace("Bonjour à tous ! ");
}

// Script courant
disBonjour();
```

En examinant la structure générale de ce programme, nous observons qu'il existe deux blocs d'instructions, l'un étant imbriqué dans l'autre, comme illustré à la figure 7-1.

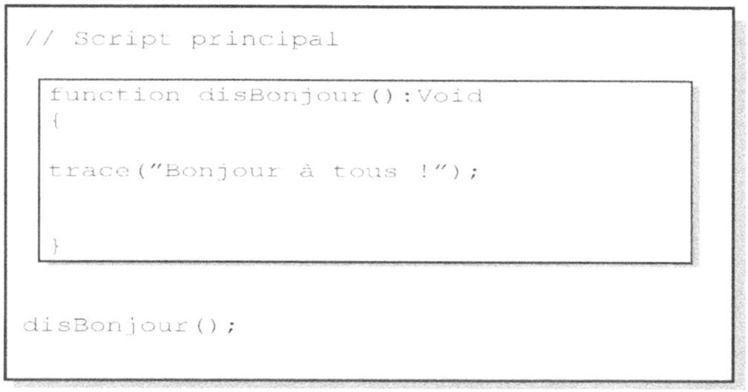

Figure 7-1

*La fonction disBonjour()
est imbriquée dans
le script principal.*

```
// Script principal

function disBonjour():Void
{

trace("Bonjour à tous !");


}

disBonjour();
```

Influence de la structure d'un script sur son comportement

Un script est donc constitué d'un script principal et d'un ensemble de fonctions définissant chacune un bloc d'instructions indépendant.

En réalité, il existe trois principes fondamentaux qui régissent la structure d'un programme écrit en ActionScript. Ces principes sont détaillés ci-dessous.

1. Un programme contient :

   • un ensemble de fonctions définies par le programmeur ;

   • des instructions de déclaration de variables ;

   • des instructions élémentaires (affectation, test, répétition, etc.) ;

   • des appels à des fonctions, prédéfinies ou non.

2. Les fonctions contiennent :

   • des instructions de déclaration de variables ;

   • des instructions élémentaires (affectation, test, répétition, etc.) ;

   • des appels à des fonctions, prédéfinies ou non.

3. Chaque fonction est comparable à une boîte noire dont le contenu n'est pas visible en dehors de la fonction.

De ces trois propriétés découlent les notions de visibilité des variables, de variables locales et de variables globales. Concrètement, ces trois notions sont attachées au lieu de déclaration des variables, comme l'illustre la figure 7-2.

Pour mieux comprendre ces différents concepts, nous allons observer un programme composé d'un script principal, de deux fonctions initialise() et double(), et d'une variable nommée valeur. La fonction initialise() a pour objectif d'initialiser la variable valeur, tandis que la fonction double() multiplie par 2 le contenu de la variable valeur.

Figure 7-2

Les variables peuvent être déclarées à l'intérieur ou à l'extérieur des fonctions, avant ou après elles.

```
// Script principal

// Déclaration de variables
// Instructions élémentaires (if, for,...)
// Appel de fonctions prédéfinies ou non

    function premièreFct(paramètre):type
    {
      //Déclaration de variables

      //Instructions élémentaires (if, for,...)
      //Appel de fonctions prédéfinies ou non
    }

    function secondeFct(paramètre):type
    {
      //Déclaration de variables

      //Instructions élémentaires (if, for,...)
      //Appel de fonctions prédéfinies ou non
    }

// Script principal(suite...)

// Déclaration de variables
// Instructions élémentaires (if, for,...)
// Appel de fonctions prédéfinies ou non
```

Pour chaque exemple, la variable `valeur` est déclarée en un lieu différent du programme. À partir de ces variations, le programme fournit un résultat différent que nous analysons.

La visibilité des variables

Après étude des trois propriétés énoncées ci-dessus, nous observons qu'un script est constitué d'instructions, dont des instructions de déclaration de variables et de fonctions. Il existe, de fait, une notion d'extérieur et d'intérieur aux fonctions.

De plus, la troisième propriété exposée ci-dessus exprime qu'une fonction ne peut pas utiliser, dans ses instructions, une variable déclarée dans une autre fonction. Pour mieux visualiser cette propriété, examinons le programme ci-dessous.

Exemple : Visibilite.fla

```
function initialise():Void{
    var valeur:Number = 2;
    trace("Valeur = " + valeur + " dans initialise() ");
}

function double():Void{
    valeur = valeur * 2;
    trace("Valeur = " + valeur + " dans double() ");
}
```

```
// Script principal
initialise();
double();
```

Dans ce programme, la fonction `double()` cherche à modifier le contenu de la variable `valeur`, alors que celle-ci est déclarée et initialisée à 2 dans la fonction `initialise()`.

Figure 7-3

Une variable déclarée dans une fonction ne peut être utilisée par une autre fonction.

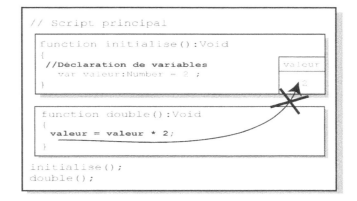

Cette modification n'est pas réalisable, car la variable `valeur` n'est définie qu'à l'intérieur de la fonction `initialise()`. Elle est donc *invisible* depuis la fonction `double()`. Les fonctions sont, par définition, des blocs distincts. La fonction `double()` ne peut agir sur la variable `valeur` qui n'est visible qu'à l'intérieur de la fonction `initialise()`.

C'est pourquoi le fait d'écrire l'instruction `valeur = valeur * 2;` dans la fonction `double()` a pour résultat d'afficher « `Valeur = NaN dans double()` » dans la fenêtre de sortie. La variable `valeur` n'est pas définie dans la fonction, elle est considérée comme `undefined` par le lecteur Flash. Multiplier une variable `undefined` par une valeur numérique a pour résultat de rendre la variable `NaN`, c'est-à-dire de type `Not a Number`.

Remarque

Pour d'autres langages tels que le C ou Java, le fait d'utiliser une variable non déclarée à l'intérieur d'une fonction constitue une erreur de compilation. Le programme ne peut être exécuté. Flash est beaucoup plus permissif puisqu'il ne détecte pas d'erreur. Mais encore une fois, cela ne veut pas dire pour autant que le script réalise ce que l'on souhaite faire.

Variable locale à une fonction

La deuxième propriété énoncée précédemment établit qu'une fonction est formée d'instructions élémentaires, et notamment d'instructions de déclaration de variables.

Par définition, une variable déclarée à l'intérieur d'une fonction est dite variable *locale à la fonction*. Pour l'exemple précédent, la variable `valeur` est locale à la fonction `initialise()`.

Les variables locales n'existent que pendant le temps de l'exécution de la fonction. Elles ne sont pas visibles depuis une autre fonction ou du script principal.

Cependant, le programmeur débutant qui souhaite modifier à tout prix la variable valeur va chercher à contourner, dans un premier temps, le problème précédent en déclarant une seconde variable valeur dans la fonction double(). De cette façon, la variable valeur est définie et connue des deux fonctions. Examinons plus précisément ce que réalise un tel programme.

Exemple : VariableLocale.fla

```
function initialise():Void{
    var valeur:Number = 2;
    trace("Valeur = " + valeur + " dans initialise() ");
}

function double():Void{
    var valeur:Number;
    valeur = valeur * 2;
    trace("Valeur = " + valeur + " dans double() ");
}

// Script principal
initialise();
double();
```

Pour bien comprendre ce qu'effectue ce programme, construisons le tableau d'évolution de chaque variable déclarée dans le programme VariableLocale.fla.

Pour en savoir plus

Le tableau d'évolution d'une variable est décrit au chapitre 1, « Traiter les données », section « Les mécanismes de l'affectation ».

Puisque les fonctions initialise() et double() sont des blocs d'instructions séparés, le lecteur Flash crée un emplacement mémoire pour chaque déclaration de la variable valeur. Il existe deux cases mémoire valeur distinctes portant le même nom. Elles sont distinctes parce qu'elles ne sont pas déclarées aux mêmes endroits. Le tableau des variables déclarées pour chaque bloc est le suivant :

Variable locale à initialise()	valeur	Variable locale à double()	valeur
var valeur:Number = 2 ;	2	var valeur:Number;	undefined

La variable locale à la fonction double() est déclarée mais non initialisée, elle est donc considérée comme undefined par le lecteur Flash. Même si elle porte le même nom que la variable déclarée dans la fonction initialise(), elle ne contient pas la même valeur.

Ainsi, le programme réalise les actions suivantes :

- Appeler la fonction initialise() qui affiche le contenu de la variable valeur définie à l'intérieur de cette fonction, soit 2.

- Sortir de la fonction initialise() et détruire la variable valeur locale à cette fonction.

- Retourner au script principal et appeler la fonction double() qui affiche le contenu de la variable valeur définie à l'intérieur de cette fonction, soit NaN (pour les mêmes raisons que celles décrites à la section précédente).

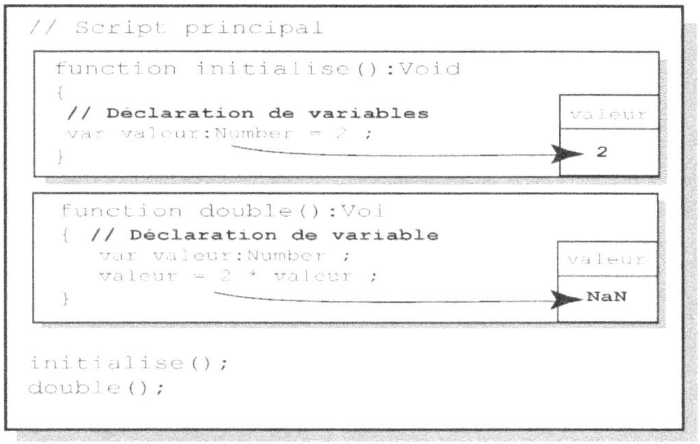

Figure 7-4

Toute variable déclarée à l'intérieur d'une fonction est une variable locale propre à cette fonction.

La variable valeur est déclarée deux fois dans chacun des deux blocs d'instructions, et nous constatons que la fonction double() ne change pas le contenu de la variable valeur déclarée dans la fonction initialise(). En réalité, même si ces deux variables portent le même nom, elles sont totalement différentes, et leur valeur est stockée dans deux cases mémoire distinctes.

En cherchant à résoudre une erreur de visibilité des variables, nous n'avons pas écrit la fonction qui modifie la valeur d'une variable définie en dehors d'elle-même. Cette modification est impossible dans la mesure où la variable valeur n'est connue que de la fonction dans laquelle elle est déclarée, et d'aucune autre.

Variable globale au script principal

En examinant plus attentivement la première propriété définie au tout début de cette section, nous constatons que le script courant contient également des instructions de déclaration, en dehors de toute fonction. Les variables ainsi déclarées sont appelées variables *globales*. Elles sont définies pour l'ensemble du script et sont visibles depuis toutes les fonctions.

Exemple : VariableGlobale.fla

```
function initialise():Void{
    valeur = 2
```

```
        trace("Valeur = " + valeur + " dans initialise() ");
    }

    function double():Void{
        valeur = valeur * 2;
        trace("Valeur = " + valeur + " dans double() ");
    }

    // Script principal
    var valeur:Number;
    initialise();
    double();
    trace("Valeur = " + valeur + " dans le script courant ");
```

La représentation par blocs du programme (voir figure 7-5) montre que la variable valeur est visible tout au long du programme.

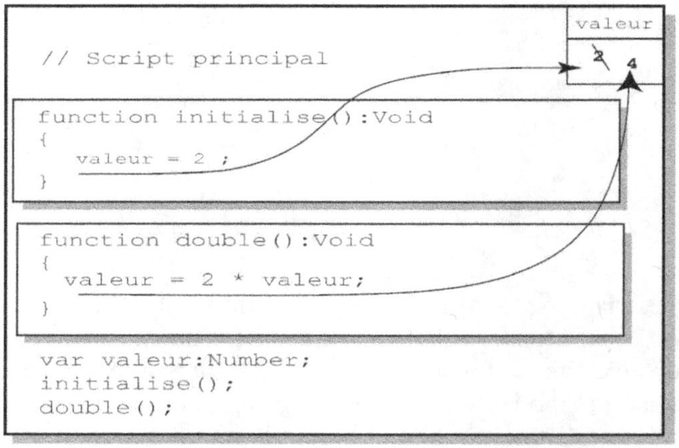

Figure 7-5

Une variable déclarée en dehors de toute fonction est appelée variable globale.

Remarque

La variable valeur n'est plus déclarée à l'intérieur des deux fonctions, mais dans le script principal. La déclaration des variables globales peut s'effectuer avant ou après la définition des fonctions.

Puisque la variable valeur est déclarée à l'extérieur des fonctions initialise() et double(), elle est définie comme étant une variable globale au script courant. La variable valeur existe tout le temps de l'exécution du script, et les fonctions définies en son sein peuvent l'utiliser et modifier son contenu.

L'exécution du programme a pour résultat :

```
valeur = 2 dans initialise()

valeur = 4 dans double()

valeur = 4 dans le script courant
```

La variable `valeur` étant une variable globale, l'ordinateur ne crée qu'un seul emplacement mémoire. Le tableau d'évolution de la variable est le suivant :

Variable globale	Valeur
`valeur = 2 // dans la fonction initialise()`	2
`valeur = 4 // dans la fonction double()`	4
`valeur = 4 // dans le script courant`	4

Puisqu'il n'existe qu'une seule case mémoire nommée `valeur`, celle-ci est commune à toutes les fonctions du programme, qui peuvent y déposer une valeur. Lorsque la fonction `double()` place 4 dans la case mémoire `valeur`, elle écrase la valeur 2 que la fonction `initialise()` avait précédemment placée.

En utilisant le concept de variable globale, nous pouvons écrire une fonction qui modifie le contenu d'une variable définie en dehors de la fonction.

Quelques précisions sur les variables globales

Puisque les variables locales ne sont pas modifiables depuis d'autres fonctions, et que, à l'inverse, les variables globales sont vues depuis toutes les fonctions du programme, le programmeur débutant aura tendance, pour se simplifier la vie, à n'utiliser que des variables globales.

Or, l'utilisation abusive de ce type de variables comporte plusieurs inconvénients que nous détaillons ci-après.

Déclarer plusieurs variables portant le même nom

L'emploi systématique des variables globales peut être source d'erreurs, surtout lorsqu'on prend l'habitude de déclarer des variables portant le même nom. Observons le programme suivant :

```
function initialise():Void{
    var valeur:Number = 2
    trace("Valeur = " + valeur + " dans initialise() ");
}
// Script principal
var valeur:Number = 0;
trace("Valeur = " + valeur + " avant initialise() ");
initialise();
trace("Valeur = " + valeur + " après initialise() ");
```

Dans ce programme, la variable `valeur` est déclarée deux fois, une fois comme variable globale et une autre fois comme variable locale à la fonction `initialise()`.

> **Remarque**
>
> Rien n'interdit de déclarer plusieurs fois une variable portant le même nom dans des blocs d'instructions différents. Toutes les instructions définies à l'intérieur d'un couple d'accolades { et } constituent un bloc d'instructions.

Le fait de déclarer deux fois la même variable n'est cependant pas sans conséquence sur le résultat du programme.

Dans la fonction `initialise()`, les deux variables `valeur` coexistent et représentent deux cases mémoire distinctes. Lorsque l'instruction `valeur = 2` est exécutée, le lecteur Flash ne peut placer la valeur numérique `2` dans les deux cases mémoire à la fois. Il est obligé de choisir. Dans un tel cas, la règle veut que ce soit la variable locale qui soit prise en compte et non la variable globale.

Le résultat final du programme est le suivant :

```
valeur = 0 avant initialise()

valeur = 2 dans initialise()

valeur = 0 après initialise()
```

La modification n'est valable que localement. Lorsque le programme retourne au script principal, la variable locale n'existe plus. Le programme affiche le contenu de la variable globale, soit `0`.

De l'indépendance des fonctions

Comme nous l'avons déjà observé (voir la section « Algorithme paramétré »), une fonction est avant tout un sous-programme indépendant, capable d'être exécuté autant de fois que nécessaire et traitant des données différentes.

En construisant des fonctions qui utilisent des variables globales, nous créons des fonctions qui ne sont plus des modules de programmes indépendants, mais des extraits de programmes travaillant tous sur le même jeu de variables.

Cette dépendance aux variables globales nuit au programme, car il est nécessaire, pour réutiliser de telles fonctions, de modifier tous les noms des variables globales de façon à les rendre compatibles avec les nouveaux programmes.

Par exemple la fonction `double()` ne double que le contenu de la variable `valeur` et d'aucune autre. Pour doubler le contenu d'une variable portant un autre nom, nous devons soit écrire une autre fonction utilisant ce nouveau nom de variable, soit affecter la valeur de la nouvelle variable à `valeur`.

En cas de développement de logiciels importants, comportant des centaines de milliers d'instructions, la transformation et l'amélioration des fonctionnalités du programme se trouvent fortement compromises. L'ensemble du code doit être examiné précisément afin de déterminer où se trouve la variable concernée par la transformation envisagée.

Dans ce cadre, il convient de prendre les règles suivantes :

- Utiliser les variables globales en nombre limité, le choix de ce type de variable s'effectuant en fonction de l'importance de la variable dans le programme. Une variable est considérée comme globale lorsqu'elle est commune à un grand nombre de fonctions.

- Écrire un programme de façon modulaire, chaque fonction travaillant de façon indépendante, à partir de valeurs transmises à l'aide des techniques étudiées à la section suivante.

Les fonctions communiquent

L'emploi systématique des variables globales peut être, comme nous venons de le voir, source d'erreurs. Pour limiter leur utilisation il existe des techniques simples, qui font que deux fonctions communiquent le contenu d'une case mémoire locale de l'une des fonctions à une case mémoire locale de l'autre.

Ces techniques sont basées sur le paramétrage des fonctions et sur le retour de résultat.

Pour mieux cerner le fonctionnement de chacune de ces techniques, reprenons les deux fonctions initialise() et double(), et examinons comment doubler le contenu de la variable valeur sans utiliser de variables globales. Pour simplifier et être plus concis dans nos explications, nous supposons que la fonction double() est appelée par la fonction initialise().

Le passage de paramètres par valeur

Notre contrainte est cette fois de n'utiliser que des variables locales. Ainsi, la variable valeur est locale à la fonction initialise() et, pour multiplier par deux cette valeur, la fonction double() doit connaître effectivement le contenu de la variable valeur.

La fonction initialise() doit communiquer le contenu de la variable valeur à la fonction double(). Cette communication est réalisée en passant le contenu de la variable au paramètre de la fonction double(). Examinons le programme ci-après.

Exemple : ParValeur.fla

```
function initialise():Void{
   var valeur:Number = 2;
   trace("valeur = " + valeur + " avant double() ");
   double(valeur);
   trace("valeur = " + valeur + " après double() ");
}

function double(valeur:Number):Void{
   trace("valeur = " + valeur + " dans double() ");
   valeur = valeur * 2;
   trace("valeur = " + valeur + " dans double() ");
}

// Script principal
initialise();
```

Dans ce programme, deux variables `valeurs` sont déclarées. La première est locale à la fonction `initialise()`, tandis que la seconde est locale à la fonction `double()`. Cependant, comme la seconde est déclarée dans l'en-tête de la fonction, elle est considérée non seulement comme variable locale à la fonction, mais surtout comme paramètre formel de la fonction `double()`.

> **Remarque**
> - Le **paramètre formel** définit la forme de la variable que l'on doit passer en paramètre. Pour bien comprendre cela, rappelons-nous de l'algorithme de l'œuf poché ou des pâtes, dans lequel nous avons utilisé une variable `premierIngrédient` prenant la forme de l'œuf ou des pâtes suivant ce que l'on souhaitait obtenir.
> - Le **paramètre réel** ou encore **paramètre effectif** correspond à la valeur fournie lors de l'appel de la fonction `double()`. C'est la valeur de ce paramètre qui est transmise au paramètre formel lors de l'appel de la fonction.

De cette façon, lorsque la fonction `double()` est appelée depuis la fonction `initialise()` avec comme valeur de paramètre le contenu de `valeur` (soit `2`), la variable `valeur` locale de `double()` prend la valeur `2` (voir figure 7-6).

Figure 7-6

Grâce au paramètre, le contenu d'une variable locale à la fonction appelante (initialise()), est transmis à la fonction appelée (double()).

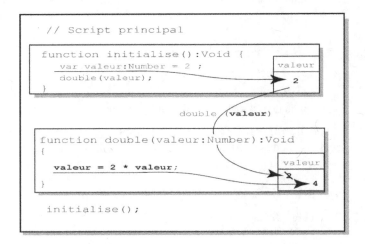

Ensuite, la variable `valeur` locale à la fonction `double()` est multipliée par deux grâce à l'instruction `valeur = 2 * valeur;`. La variable `valeur` vaut donc `4` dans la fonction `double()`. Lorsque le programme sort de la fonction `double()` et retourne à la fonction `initialise()`, il détruit la variable locale de la fonction `double()` et affiche le contenu de la variable `valeur` locale à la fonction `initialise()`, soit encore `2`.

Résultat de l'exécution

```
valeur = 2 avant double()
valeur = 2 dans double()
```

```
valeur = 4 dans double()

valeur = 2 après double()
```

Grâce au paramètre de la fonction `double()`, le contenu de la variable `valeur` locale à la fonction `initialise()` est transmis à la fonction `double()`. Une fois la fonction exécutée, nous constatons que la variable `valeur` de la fonction `initialise()` n'est pas modifiée pour autant.

Remarque

Lorsqu'une fonction communique le contenu d'une variable à une autre fonction par l'intermédiaire d'un paramètre, on dit que le **paramètre est passé par valeur**. Ce type de transmission de données ne permet pas de modifier, dans la fonction appelante, le contenu de la variable passée en paramètre.

En effet, la valeur passée en paramètre est copiée dans la case mémoire associée au paramètre. Même si celui-ci porte le même nom que la variable, il s'agit de deux cases mémoire distinctes. La modification reste donc locale à la fonction. Pour que la modification soit prise en compte, il existe deux techniques :

- le retour de résultat (voir section « Le résultat d'une fonction » ci-après) ;

- le passage de paramètres par référence (voir section « Le passage de paramètres par référence » ci-après).

Syntaxe liée aux paramètres

Les paramètres d'une fonction sont définis dans l'en-tête de la fonction. Leur nombre est variable et dépend des besoins propres à la tâche réalisée par la fonction.

La syntaxe d'écriture de l'en-tête d'une fonction varie selon qu'elle possède ou non des paramètres.

Fonction avec plusieurs paramètres

Ainsi lorsqu'une fonction possède plusieurs paramètres, ceux-ci sont séparés par une virgule lors de leur déclaration. L'en-tête d'une fonction prend alors la forme suivante :

```
function quelconque(a:Number, c:String, t:Boolean):Void;
```

Remarque

Derrière chaque paramètre est placé son type, même si deux paramètres consécutifs sont de type identique.

Lors de l'appel à une fonction possédant plusieurs paramètres, les valeurs sont transmises aux paramètres par ordre d'apparition dans la liste. La première valeur fournie lors de l'appel est passée au premier paramètre défini dans l'en-tête, la seconde valeur est passée au second paramètre…

Ainsi l'instruction d'appel à la fonction `quelconque()` :

```
quelconque(10, "fraises", true):Void;
```

a pour résultat de placer la valeur 10 dans la variable `a`, la chaîne de caractères `"fraises"` dans la variable `c` et la valeur `true` dans la variable `t`.

Question

Que se passe-t-il si l'en-tête d'une fonction nommée `max()` est écrit de la façon suivante ?

```
function max(a, b:Number)
```

Réponse

Le lecteur Flash ne détecte pas d'erreur alors qu'aucun type n'est précisé pour le paramètre `a`. De ce fait, il est possible d'appeler la fonction comme suit :

```
max("un",2);
```

Ce qui a priori n'a pas de sens ; la fonction `max()` recherche la plus grande des deux valeurs passées en paramètre. La comparaison de deux valeurs n'est valide que si elle s'effectue sur des variables de même type. Pour être certain que les valeurs passées en paramètres correspondent aux paramètres formels, vous devez définir le type de tous les paramètres. L'en-tête de la fonction `max()` doit être défini comme suit :

```
function max(a:Number, b:Number)
```

Dans ce cas, l'appel de la fonction avec `"un"` en premier paramètre entraîne une erreur de type « Incompatibilité de types ».

Fonction sans paramètre

Une fonction peut ne pas avoir de paramètre. Son en-tête ne possède alors aucun paramètre entre parenthèses comme la fonction `disBonjour()` présentée en premier exemple de la section « Définir une fonction ».

Le résultat d'une fonction

Pour garder le résultat de la modification du contenu d'une variable en sortie de fonction, une technique consiste à retourner la valeur calculée par l'intermédiaire de l'instruction `return`.

Examinons le programme ci-dessous qui utilise cette technique.

Exemple : ResultatFonction.fla

```
function initialise():Void{
    var valeur:Number = 2;
    trace("valeur = " + valeur + " avant double() ");
    valeur = double(valeur);
    trace("valeur = " + valeur + " après double() ");
}
```

```
function double(v:Number):Number{
   trace("v = " + v + " dans double() ");
   resultat = v * 2;
   trace("resultat = " + resultat + " dans double() ");
   return resultat;
}

// Script principal
initialise();
```

Ici, le contenu de la variable valeur est passé au paramètre v de la fonction double(). Puisque le paramètre formel (v) correspond à une case mémoire distincte de la variable effectivement passée (valeur), il est plus judicieux de le déclarer sous un autre nom d'appel que celui de la variable, de façon à ne pas les confondre.

> **Remarque**
>
> En général, et tant que cela reste possible, nous avons pour convention de donner comme nom d'appel du paramètre formel la première lettre du paramètre réel. Pour notre exemple, valeur est le paramètre réel. Le paramètre formel s'appelle donc v.

Une fois le calcul réalisé à l'intérieur de la fonction double(), la valeur résultante placée dans la variable resultat est transmise à la fonction initialise() qui a appelé la fonction double(). Cette transmission est réalisée grâce à l'instruction return resultat. Le contenu du résultat est alors placé dans la variable valeur grâce au signe d'affectation =, comme l'illustre la figure 7-7.

Figure 7-7

Grâce au retour de résultat, le contenu d'une variable locale à la fonction appelée double() est transmis à la fonction appelante initialise().

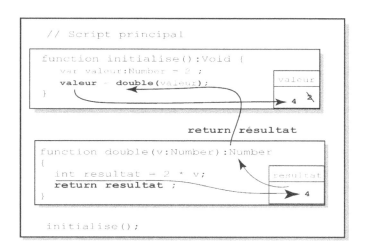

Résultat de l'exécution

```
valeur = 2 avant double()

v = 2 dans double()
```

```
resultat = 4 dans double()
valeur = 4 après double()
```

Grâce à la technique du retour de résultat et du passage de paramètre par valeur, les fonctions peuvent échanger les contenus de variables. Les variables locales sont donc exploitables aussi facilement que les variables globales, tout en évitant les inconvénients liés à ces dernières.

Syntaxe liée au retour de résultat

L'instruction `return` est utilisée pour terminer une fonction. Lorsque le lecteur Flash rencontre l'instruction `return`, il sort de la fonction en ignorant les éventuelles instructions restantes. Il retourne à la fonction ou au script qui a appelé la fonction en gardant en mémoire la valeur à retourner.

L'instruction `return` permet donc la transmission d'une valeur d'une fonction à une autre fonction.

Fonction avec résultat

Comme nous l'avons observé lors de la définition de la fonction `double()`, toute fonction fournissant un résultat contient un `return` placé dans le corps de la fonction. De plus, l'en-tête de la fonction possède obligatoirement un type qui correspond à celui du résultat retourné.

Si une fonction retourne en résultat une variable de type `Number`, son en-tête s'écrit :

```
function nomdelafonction():Number
```

> **Remarque**
> Une fonction ne retourne qu'une et une seule valeur. L'instruction `return a, b;` ne provoque pas d'erreur, mais elle échoue en silence et aucune valeur n'est transmise au programme appelant.

Lorsqu'une fonction fournit plusieurs résultats, la transmission des valeurs ne peut se réaliser par l'intermédiaire de l'instruction `return`. Il est nécessaire dans ce cas d'employer la technique du passage de paramètres par référence décrite en section suivante.

> **Question**
> Que se passe-t-il si l'on écrit l'en-tête de la fonction `double()` de la façon suivante ?
> ```
> function double (valeur:Number):Boolean {
>   // des instructions
>   return valeur;
> }
> ```

Réponse

Le lecteur Flash affiche le message d'erreur suivant :

```
Incompatibilité de types dans l'instruction d'affectation : Boolean détecté au lieu
de Number.
```

En effet, le résultat retourné (valeur) est de type Number, alors que le type de retour précisé dans l'en-tête est Boolean.

Fonction sans résultat

Une fonction peut ne pas fournir de résultat. Tel est en général le cas des fonctions utilisées pour l'affichage de messages. Par exemple, la fonction disBonjour() ne fournit pas de résultat.

Dans ce cas, l'en-tête function disBonjour():Void mentionne que la fonction disBonjour() ne retourne pas de résultat grâce au mot-clé Void placé derrière les parenthèses de la fonction.

Si une fonction ne retourne pas de résultat, son en-tête est de type Void, et l'instruction return ne figure pas dans le corps de la fonction.

Question

Que se passe-t-il si l'on insère l'instruction suivante à la fin de la fonction initialise() ?

```
function initialise():Void {
  // des instructions
  return valeur;
}
```

Réponse

Le lecteur Flash affiche le message d'erreur suivant :

```
Une fonction dont le type de renvoi est Void ne renvoie aucune valeur.
```

En effet, l'en-tête de la fonction initialise() précise qu'elle ne retourne pas de résultat (Void) alors que l'instruction return indique que la fonction retourne la variable valeur.

Le passage de paramètres par référence

Avec la technique du passage de paramètres par référence, les valeurs transmises en paramètres et modifiées par la fonction le sont également pour le script principal. Il est ainsi possible de changer plusieurs valeurs au sein d'une fonction et de transmettre ces transformations à la « variable » passée en paramètre.

La grande différence entre le passage de paramètres par valeur et celui par référence se situe dans le fait que l'on passe, en paramètre d'une fonction, non plus une simple variable (de type Number, ou Boolean), mais l'adresse d'une case mémoire. Grâce à cela, les modifications apportées sur l'objet passé en paramètre et réalisées à l'intérieur de la méthode sont visibles en dehors même de la méthode.

Doubler les valeurs d'un tableau

Pour comprendre en pratique le mécanisme du passage de paramètres par référence, examinons plus attentivement le programme suivant :

```
// ❶ Définition de la fonction double()
function double(tmp:Array):Void{
 for (var i:Number = 0 ; i < tmp.length ; i++)
   tmp[i] = 2 * tmp[i];
}

// ❷ Déclaration du tableau unTableau
var unTableau:Array = new Array(100, 200, 300, 400);

// Affichage du contenu du tableau unTableau
trace ("Avant l'appel de la fonction double()");
for (var i:Number = 0 ; i < unTableau.length ; i++)
   trace("unTableau[ " + i + " ] = " + unTableau[i]);

// ❸ Appel de la fonction double()
double(unTableau);

// Affichage du contenu du tableau unTableau
trace ("Après l'appel de la fonction double()");
for (var i:Number = 0 ; i < unTableau.length ; i++)
   trace("unTableau[ " + i + " ] = " + unTableau[i]);
```

❶ Le paramètre tmp de la nouvelle fonction double() est de type Array. Il s'agit d'un paramètre formel représentant un tableau quelconque. L'opérateur new n'est pas appliqué à ce tableau, aucun espace mémoire supplémentaire n'est donc alloué. La valeur réellement passée en paramètre est l'adresse du tableau (pour notre exemple, unTableau) fournie lors de l'appel de la fonction, et non toutes les valeurs contenues dans le tableau (voir figure 7-8).

❷ L'opérateur new réserve 4 espaces mémoire et détermine l'adresse mémoire du tableau unTableau. Ce dernier est initialisé aux valeurs 100, 200, 300 et 400. La première boucle affiche alors les valeurs :

```
Avant l'appel de la fonction double()
unTableau[ 0 ] = 100
unTableau[ 1 ] = 200
unTableau[ 2 ] = 300
unTableau[ 3 ] = 400
```

> **Pour en savoir plus**
>
> L'opérateur new et la notion d'adresse mémoire sont traités au cours du chapitre 8, « Classes et objets ».

❸ Lors de l'appel de la fonction double() depuis le script principal, le paramètre tmp prend pour valeur l'adresse du tableau unTableau (voir figure 7-8).

Figure 7-8

La valeur passée en paramètre de la fonction double() correspond à l'adresse du tableau unTableau.

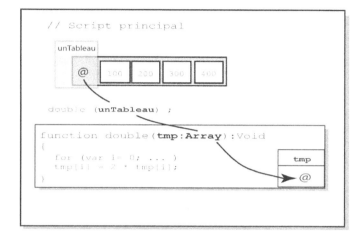

Le tableau tmp contient uniquement l'adresse du tableau unTableau. Ainsi, accéder à la case tmp[i] revient à accéder, par l'intermédiaire de son adresse, à la case unTableau[i] (voir figure 7-8). L'instruction :

```
tmp[i] = 2 * tmp[i];
```

a donc pour effet de doubler les valeurs du tableau se situant à l'adresse @, c'est-à-dire les valeurs du tableau unTableau.

Figure 7-9

Le tableau valeur utilise la même référence que le tableau unTableau.

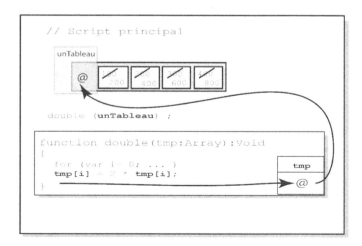

Après exécution de la fonction double(), la seconde boucle for du script principal affiche :

```
Après l'appel de la fonction double()

unTableau[ 0 ] = 200

unTableau[ 1 ] = 400

unTableau[ 2 ] = 600

unTableau[ 3 ] = 800
```

Le tableau unTableau a été modifié par l'intermédiaire du tableau tmp.

Au final, nous constatons que la modification du tableau tmp, déclaré comme paramètre de la fonction double(), entraîne la modification du tableau unTableau alors qu'aucune instruction n'a réellement porté sur ce dernier.

Ainsi, grâce à la technique du passage de paramètres par référence, tout objet passé en paramètre d'une fonction voit, en sortie de la fonction, ses données transformées par cette dernière.

Le trombinoscope – 3e version

L'objectif est de modifier et d'améliorer la lisibilité du code source correspondant à la 2e version du trombinoscope. Pour cela nous réorganisons le code en utilisant :

• les notions de variables locales et globales ;

• de nouvelles fonctions spécifiques.

Rechercher les actions répétitives

La meilleure façon de détecter les instructions susceptibles d'être placées à l'intérieur d'une fonction est de rechercher, dans l'algorithme général, les actions très similaires répétées à différents moments de l'application. Examinons attentivement le code source de la version 2 du trombinoscope.

Extension Web

Vous trouverez le code source de la seconde version du trombinoscope dans le fichier Exercice6_3.fla, sous le répertoire Exercices/chapitre6.

La toute première action réalisée par l'application consiste à afficher l'ensemble des photos définies par l'intermédiaire du tableau prenoms. Cette opération doit être réalisée à chaque fois que le tableau prenoms est modifié. C'est-à-dire lorsqu'un prénom est ajouté ou supprimé (voir la section « La fonction afficherLesPhotos() » ci-après).

Pour créer les deux boutons ajouter et trier et leur mode d'interaction, nous utilisons deux fois le même jeu d'instructions. Pour éviter la répétition de ces instructions, nous allons créer la fonction `boutonDeBase()` (voir la section « La fonction boutonDeBase() » ci-après).

Enfin, le bouton `supprimer` demande de réinitialiser le drapeau `modeSupprimer` et de réafficher correctement ce dernier, dans le cas où l'utilisateur décide de ne plus supprimer une photo. Ces opérations de réinitialisation sont répétées plusieurs fois dans le code, il convient donc de créer une fonction `initBtnSupprimer()` (voir la section « La fonction initBtnSupprimer() » ci-après).

La fonction afficherLesPhotos()

La fonction `afficherLesPhotos()` est utilisée pour afficher l'ensemble des photos placées dans le trombinoscope et mémorisées dans le tableau `prenoms`.

Créer la fonction

L'affichage des photos s'effectue en fonction des valeurs placées dans le tableau `prenoms`. Ce dernier est déclaré comme variable globale au script, la fonction n'a donc besoin d'aucun paramètre d'appel. Elle a pour résultat d'afficher des photos. Elle ne fournit pas de résultat numérique.

Pour toutes ces raisons, l'en-tête de la fonction a pour forme :

```
function afficherLesPhotos():Void
```

Ensuite, le corps de la fonction regroupe l'ensemble des instructions permettant l'affichage des photos défini en section « Afficher une liste de photos » du chapitre 6 « Collectionner des objets ». La fonction `afficherLesPhotos()` s'écrit donc de la façon suivante.

Code source de la fonction afficherLesPhotos()

```
function afficherLesPhotos():Void {
  posX=0; posY=0;
  for (var i:Number = 0; i< prenoms.length;  i++ ) {
    attachMovie("PhotoClp", "photo"+i, i+100);
    attachMovie("PhotoClp", "photoevt"+i, i);
    cettePhoto = _root["photo"+i];
    cettePhotoEvt = _root["photoevt"+i];
    cettePhoto.loadMovie("Photos/"+prenoms[i]+".jpg");
    cettePhoto._x = (cettePhoto._width + ecartInterPhoto)*posX +
                    ecartDuBordGauche;
    cettePhoto._y = (cettePhoto._height + ecartInterPhoto)*posY +
                    ecartDuBordHaut;
    cettePhotoEvt._x = (cettePhotoEvt._width +
                    ecartInterPhoto)*posX + ecartDuBordGauche;
    cettePhotoEvt._y = (cettePhotoEvt._height +
                    ecartInterPhoto)*posY + ecartDuBordHaut;
    posX++;
    cettePhotoEvt.numPhoto = i;
    if (cettePhoto._x  > largeur -  2*cettePhoto._width) {
```

```
      posX=0;
      posY++;
    }
    cettePhotoEvt.onRollOver = function():Void {
      attachMovie("BulleClp", "parole", 200);
      parole._x =this._x+this._width/2;
      parole._y = this._y + this._height/2;
      parole.labelOut.text = "Je m'appelle "
                            + prenoms[this.numPhoto]
                            + "\net j'ai "+ ages[this.numPhoto]
                            + " ans";
    }
    cettePhotoEvt.onRollOut = function():Void  {
      parole.removeMovieClip();
    }
    cettePhotoEvt.onPress = function():Void  {
      var indicePersonne:Number = 0;
      if (modeSupprimer) {
        // Remettre le bouton à l'état initial
        modeSupprimer = false;
        supprime.gotoAndStop("haut");
        // Supprimer le prénom et l'âge à l'indice correspondant à
        // la photo cliquée
        prenoms.splice(this.numPhoto,1);
        ages.splice(this.numPhoto,1);
        //  La liste des éléments à afficher est plus petite, la
        // dernière photo correspondant au dernier élément doit
        // être effacée
        _root["photo"+prenoms.length].removeMovieClip();
        _root["photoevt"+prenoms.length].removeMovieClip();
        parole.removeMovieClip();
        // Afficher à nouveau toutes les photos
        afficherLesPhotos();
      }
    }
  }
}
```

Remarque

Il est possible d'insérer des fonctions à l'intérieur d'une fonction. On dit alors que les fonctions internes sont imbriquées à l'intérieur de la fonction dans laquelle elles sont définies.

Les fonctions littérales permettant la gestion des événements onPress, onRollOver et onRollOut sont définies à l'intérieur de la fonction afficherLesPhotos(). Ces fonctions ne sont connues que lors de l'appel de la fonction.

Appeler la fonction

L'affichage des photos doit être réalisé à différents moments de l'application.

Tout d'abord, dès le lancement de l'application, juste après la déclaration des variables. Puis, lorsqu'une nouvelle photo est insérée ou supprimée, ou encore lorsque l'utilisateur souhaite modifier l'ordre de présentation des photos.

Pour cela, il convient de glisser l'instruction `afficherLesPhotos()` à l'intérieur des gestionnaires d'événements `onRelease` correspondant au bouton d'ajout ou de tri, et à l'intérieur du gestionnaire `onPress` associé à la photo à supprimer.

Extension Web

Vous trouverez le code source de la troisième version du trombinoscope dans le fichier `Le TrombinoscopeV3.fla`, sous le répertoire `Exemples/chapitre7`.

La fonction boutonDeBase()

La fonction `boutonDeBase()` est utilisée pour créer les deux boutons `ajouter` et `trier`. La mise en place de ces deux boutons s'effectue selon le même mode, à savoir :

- créer une occurrence du symbole `BoutonClp` ;

- positionner le bouton sous les photos ;

- placer un label sur le bouton afin de connaître sa fonction (ajouter ou trier) ;

- modifier l'apparence du bouton en fonction de la position du curseur de la souris.

Créer la fonction

La position à l'écran, le label ainsi que le niveau d'affichage de chacun des deux boutons diffèrent. Nous devons paramétrer la fonction `boutonDeBase()` de façon à lui permettre de créer des boutons n'importe où sur la scène et portant un nom différent. Pour cela, l'entête de la fonction définit quatre paramètres comme suit :

```
function boutonDeBase(x:Number, y:Number,
nom:String, n:Number)
```

Les deux premiers paramètres (x et y) sont de type `Number`, ils correspondent aux positions horizontale et verticale du bouton sur la scène. Le troisième paramètre `nom` est de type `String`. Il est utilisé pour modifier le label du bouton (`ajouter` ou `trier` par exemple). Le quatrième et dernier paramètre est de type `Number`. Il indique le niveau d'affichage du bouton. Cette valeur est demandée lors de la création de l'occurrence du symbole `BoutonClp` par la méthode `attachMovie()`.

Lorsque la fonction crée un bouton, celui-ci doit être connu par le script principal. Sans cela, il n'est pas possible de définir le comportement d'ajout ou de tri spécifique au bouton créé. La fonction `boutonDeBase()` doit donc retourner en résultat une valeur qui correspond à l'adresse de l'occurrence créée par la méthode `attachMovie()`. Cette valeur est de type `MovieClip`.

Ainsi, l'en-tête de la fonction a pour forme :

```
function boutonDeBase(x:Number, y:Number,
nom:String, n:Number):MovieClip
```

Ensuite, le corps de la fonction regroupe l'ensemble des instructions permettant la création (❶), le positionnement d'un bouton (❷), l'affichage de son label (❸). Il définit également le comportement général du bouton lorsque la souris le survole ou non (❹ et ❺). Chacune de ces opérations est réalisée sur un objet leBouton de type MovieClip, défini localement dans la fonction boutonDeBase().

Pour finir, la fonction transmet au programme appelant l'adresse du bouton créé à l'aide de l'instruction return (❻).

Code source de la fonction boutonDeBase()

```
function boutonDeBase(x:Number, y:Number,
nom:String, n:Number):MovieClip {
  var leBouton:MovieClip;
❶ attachMovie("BoutonClp", nom, n);
  leBouton=_root[nom];
❷ leBouton._x =x;
  leBouton._y = y;
❸ leBouton.labelIn.text=nom;
  leBouton._alpha = 80;
❹ leBouton.onRollOver = function():Void  {
    this._alpha= 200;
    this.gotoAndStop("bas");
  }
❺ leBouton.onRollOut = function():Void {
    this._alpha= 80;
    this.gotoAndStop("haut");
  }
❻ return leBouton;
}
```

Appeler la fonction

La fonction boutonDeBase() est appelée deux fois ; la première fois pour créer le bouton ajouter (❶) et la seconde pour le bouton trier (❷).

```
var ajout:MovieClip;
❶ ajout = boutonDeBase(2*ecartDuBordGauche, hauteur - 2*28,
                                 "ajouter", 10);
var tri:MovieClip;
❷ tri = boutonDeBase(ajout._x + ajout._width + ecartInterPhoto,
                  hauteur - 2*ajout._height, "trier",15);
```

Les deux objets ajout et tri, de type MovieClip, sont déclarés dans le script principal. Grâce au signe d'affectation et au principe de retour de résultat d'une fonction, chaque objet est associé au bouton créé par la fonction.

Il est ensuite possible de définir séparément un comportement spécifique (ajouter une photo, trier l'ensemble des photos) en écrivant les deux gestionnaires d'événements onRelease suivants :

```
ajout.onRelease = function():Void {
    // ajouter une photo
}
tri.onRelease = function():Void {
    // trier l'ensemble des photos
}
```

Extension Web

Vous trouverez le code source de la troisième version du trombinoscope dans le fichier Le TrombinoscopeV3.fla, sous le répertoire Exemples/chapitre7.

La fonction initBtnSupprimer()

La fonction initBtnSupprimer() est utilisée pour traiter l'effet bascule du bouton supprimer. Selon l'action de l'utilisateur et l'état en cours du bouton, ce dernier est affiché enfoncé ou normal.

Créer la fonction

La fonction initBtnSupprimer() reprend l'algorithme du bouton à bascule décrit au cours du chapitre 4, « Faire des choix », à la section « Le bouton à bascule ».

Selon l'état du bouton supprimer, c'est-à-dire suivant la valeur du drapeau, la fonction affiche le bouton soit enfoncé, soit normal et modifie la valeur du drapeau. La fonction initBtnSupprimer() doit donc connaître l'état du drapeau lors de son appel. Pour cela, nous devons le définir comme paramètre de la fonction. De la même façon, le drapeau étant modifié, sa valeur nouvelle doit être transmise au programme appelant.

Pour ces raisons, l'en-tête de la fonction a pour forme :

```
function initBtnSupprimer(quelMode:Boolean):Boolean {
```

Ensuite, le corps de la fonction regroupe l'ensemble des instructions modifiant l'état du bouton. Si la valeur du drapeau transmise en paramètre vaut true, la fonction retourne false, et inversement si le paramètre vaut false, la fonction retourne true.

Code source de la fonction initBtnSupprimer()

```
function initBtnSupprimer(quelMode:Boolean):Boolean {
// état haut
if (quelMode) {
    supprime._alpha = 80;
    supprime.gotoAndStop("haut");
    return false;
}
// état bas
```

```
  else {
    supprime._alpha = 100;
    supprime.gotoAndStop("bas");
    return true;
  }
}
```

Appeler la fonction

La variable `modeSupprimer` est de type `Boolean`. Elle est déclarée dans le script principal et initialisée à `false` par défaut, aucune suppression de photo n'étant souhaitée au lancement de l'application.

La fonction `initBtnSupprimer()` doit être appelée lorsque :

- L'utilisateur clique sur le bouton `supprimer`. Le gestionnaire d'événements du bouton `supprime` se présente comme suit :

```
supprime.onRelease = function():Void {
  modeSupprimer=initBtnSupprimer(modeSupprimer);
}
```

- À chaque fois que le bouton se trouve en position enfoncée et que l'utilisateur clique soit sur une photo, soit sur un des autres boutons. L'appel s'effectue donc :

  – Soit dans les gestionnaires d'événements des boutons `ajout` ou `tri` comme suit :

```
ajout.onRelease = function():Void {
  if (modeSupprimer)
    modeSupprimer = initBtnSupprimer(modeSupprimer);
  // ajouter une photo
}
tri.onRelease = function():Void {
  if (modeSupprimer)
    modeSupprimer=initBtnSupprimer(modeSupprimer);
  // afficher les photos trier une photo
}
```

  – Soit dans le gestionnaire d'événements de la photo cliquée pour être supprimée, comme suit :

```
cettePhotoEvt.onPress = function():Void {
  if (modeSupprimer) {
    modeSupprimer=initBtnSupprimer(modeSupprimer);
    // supprimer la photo
  }
```

Remarque

La réinitialisation du bouton `supprime` à l'intérieur des gestionnaires des boutons `ajout` ou `tri` permet de traiter le cas où l'utilisateur a fait une erreur en cliquant sur le bouton `supprimer` alors qu'il souhaitait ajouter une photo ou les trier.

Mémento

Dans le langage ActionScript, les algorithmes paramétrés s'appellent des *fonctions* ou encore des *méthodes*.

ActionScript propose un ensemble de fonctions prédéfinies parmi lesquelles se trouvent des fonctions telles que `Math.round()` pour calculer l'arrondi du nombre placé entre parenthèses, ou encore `loadmovie()` pour charger un fichier image dans un clip.

L'étude des fonctions natives du langage montre que :

- Pour exécuter une fonction, il est nécessaire d'écrire dans une instruction le nom de la fonction choisie, suivi des paramètres éventuels, placés entre parenthèses.
- Toute fonction possède, dans son nom d'appel, des parenthèses ouvrante et fermante.
- Le type et l'ordre des paramètres dans l'appel de la fonction doivent être respectés, sous peine d'obtenir une erreur de compilation ou d'exécution.

Le langage ActionScript offre en outre au programmeur la possibilité d'écrire ses propres fonctions. Pour cela vous devez :

- Préciser les instructions composant la fonction, en les plaçant dans le corps de la fonction. Ce dernier est déterminé par des accolades { }.
- Associer le nom de la fonction aux instructions à l'aide d'un en-tête qui précise le nom de la fonction, le type des paramètres (appelés paramètres formels) et le type de résultat retourné. Cet en-tête se rédige sous la forme suivante :

  ```
  function nomDeLaFonction(paramètres):type
  ```

- Établir les paramètres utiles à l'exécution de la fonction en les déclarant à l'intérieur des parenthèses placées juste après le nom de la fonction.

  Lorsqu'une fonction possède plusieurs paramètres, ceux-ci sont séparés par une virgule. Devant chaque paramètre est placé son type, même si deux paramètres consécutifs sont de type identique. Par exemple :

  ```
  function intialise(couleur:String, x:Number, y:Number):Void
  ```

  Lorsqu'une fonction n'a pas de paramètre, son en-tête ne possède aucun paramètre entre parenthèses.

- Préciser le type du résultat fourni par la fonction dans l'en-tête de la fonction, et placer l'instruction `return` dès que le résultat doit être transmis au programme appelant la fonction.

Toute fonction fournissant un résultat possède une instruction `return` placée dans le corps de la fonction. Par exemple :

```
function leTiers(valeur:Number):Number {
 return valeur/3;
 }
```

L'en-tête de la fonction possède obligatoirement un type qui correspond au type de résultat retourné. Notons qu'une fonction ne retourne qu'une et une seule valeur.

Si une fonction ne retourne pas de résultat, son en-tête est de type `Void`, et l'instruction `return` ne figure pas dans le corps de la fonction.

Une fonction peut être appelée (exécutée) depuis une autre fonction ou depuis le script principal. L'appel d'une fonction est réalisé en écrivant une instruction composée du nom de la fonction suivi, entre parenthèses, d'une liste de paramètres. Par exemple :

```
var resultat:Number = leTiers(12);
intialise("0x30EAF3", 200, 250)
```

Les valeurs passées en paramètres lors de l'appel de la fonction sont appelées les *paramètres réels*, ou encore les *paramètres effectifs*.

Exercices

L'objectif est ici de modifier et d'améliorer la lisibilité du programme du jeu de bulles en réorganisant le code de façon à intégrer les notions de variables locales et globales, et en créant des fonctions spécifiques à l'application.

Extension Web

Pour vous faciliter la tâche, le fichier `Exercice7_1.fla` à partir duquel nous allons travailler se trouve dans le répertoire `Exercices/SupportPourRéaliserLesExercices/Chapitre7`. Dans ce même répertoire, vous pouvez accéder à l'application telle que nous souhaitons la voir fonctionner (`Exercice7_1.swf`) une fois réalisée.

Comprendre l'utilisation des fonctions

Exercice 7.1

Après avoir examiné le script de l'application `Exercices/SupportPourRéaliserLesExercices/Chapitre7/Exercice7_1`, décrire les nouvelles fonctions insérées dans le script.

  a. Quels sont leurs en-têtes ?

  b. Combien de paramètres formels possèdent-elles ? Donnez leur type.

  c. Quel est le type du résultat fourni ?

  d. Recherchez l'appel à ces fonctions dans le script principal. Quels sont les paramètres réels ?

e. Après avoir mis en correspondance les paramètres réels et les paramètres formels, expliquez le rôle de chacune des fonctions.

Exercice 7.2

À la lecture du programme suivant :

```
function creerUneCouleur():String {
    var rouge:Number = Math.random()*180;
    var vert:Number = Math.random()*180;
    var bleu:Number = Math.random()*180;
    return "0x"+ rouge.toString(16)
             + vert.toString(16)
             + bleu.toString(16);
}
var couleur:String;
couleur = creerUneCouleur();
trace(couleur);
```

a. Délimitez le bloc définissant la fonction `creerUneCouleur()`.

b. Quelles sont les instructions composant le script principal ?

c. Quel est le type du résultat produit par la fonction `creerUneCouleur()` ?

d. Quelle est la valeur transmise à la variable `couleur` ?

e. Décrivez l'affichage réalisé par le script principal.

Communiquer des valeurs à l'appel d'une fonction

Exercice 7.3

En vous inspirant de la structure de la fonction `creerUneCouleur()` de l'exercice précédent :

a. Écrivez une fonction qui utilise deux paramètres `min` et `max` afin de calculer une couleur au hasard comprise entre ces deux valeurs.

b. Lors de l'appel de la fonction, faites en sorte que la couleur soit calculée entre 100 et 180.

c. Insérez cette fonction à l'intérieur du jeu de bulles et faites en sorte qu'elle soit appelée au moment de la création d'une nouvelle couleur.

Écrire une fonction simple

Exercice 7.4

Écrire la fonction `initialiserUneBulle()`.

a. Écrire l'en-tête de la fonction `initialiserUneBulle()`, sachant que la fonction initialise une seule bulle à la fois et qu'elle ne retourne aucun résultat.

b. Retrouver, dans le script du jeu de bulles (voir exercice précédent), les instructions permettant d'afficher la bulle au hasard, en haut de la scène, avec une couleur définie, choisie parmi celles proposées par le niveau du joueur, et les placer dans le corps de la fonction.

c. Rechercher dans le script les différents endroits où une bulle doit être initialisée. Remplacer les instructions réalisant cette opération par l'appel à la fonction `initialiser UneBulle()`, en choisissant à chaque fois le bon paramètre effectif.

Exercice 7.5

Écrire la fonction `arreterLesBulles()`.

a. Écrire l'en-tête de la fonction `arreterLesBulles()`, sachant que la fonction doit connaître le nombre exact de bulles à stopper. La fonction ne retourne aucun résultat.

b. Retrouver, dans le script du jeu de bulles (voir exercice précédent), les instructions permettant d'arrêter l'animation des bulles et les placer dans le corps de la fonction.

c. Rechercher dans le script les différents endroits où les bulles sont stoppées. Remplacer les instructions réalisant cette opération par l'appel à la fonction `arreterLesBulles()`, en choisissant à chaque fois le paramètre correspondant au nombre de bulles.

Attribuer une fonction à un gestionnaire d'événements

Exercice 7.6

Écrire la fonction `deplacerCetteBulle()`.

Le déplacement des bulles constitue une bonne part du programme du jeu de bulles. Il peut être intéressant de placer les instructions au sein d'une fonction, afin de rendre le programme plus clair.

a. Écrire l'en-tête de la fonction `deplacerCetteBulle()`, sachant que la fonction n'utilise pas de paramètre et qu'elle ne retourne aucun résultat.

b. Rechercher, dans le script du jeu de bulles (voir exercice précédent), les instructions qui composent le gestionnaire d'événements `onEnterFrame`, et les placer dans le corps de la fonction.

c. Remplacer dans le script la fonction littérale `cetteBulle.onEnterFrame = function ():Void { }`, en attribuant le terme `deplacerCetteBulle` à la propriété `onEnterFrame` de l'objet `cetteBulle`.

Le projet « Portfolio multimédia »

L'objectif est ici de structurer l'application Portfolio à l'aide de fonctions. Ceci nous permet de simplifier la lecture et la mise à jour du code, et de créer des menus de thématiques différentes – photos, animations ou vidéos.

Extension Web

Pour vous faciliter la tâche, le fichier `ProjetChapitre7.fla` à partir duquel nous allons travailler se trouve dans le répertoire `Projet/SupportPourRéaliserLeProjet/Chapitre7`. Dans ce même répertoire, vous pouvez accéder à l'application telle que nous souhaitons la voir fonctionner (`ProjetChapitre7.swf`) une fois réalisée.

Structure des données

L'application décrite dans le cahier des charges (voir chapitre 1 « Traiter les données », section « Spécifications fonctionnelles ») est constituée de 3 menus, contenant chacun un nombre de rubriques qui diffèrent en fonction du menu. Chaque rubrique présente une vue grand format des photos, des animations ou des vidéos, et des vignettes dont le nombre varie également en fonction de la rubrique.

Pour manipuler l'ensemble de ces informations, il convient de construire une structure logique permettant de retrouver et d'afficher les menus, les rubriques, les photos et les vignettes associées, en tenant compte des actions de l'utilisateur. Cette structure appelée communément « structure des données » peut prendre différentes formes et conditionne pour une grande part la façon dont l'application est programmée.

Pour ce chapitre, nous vous proposons d'utiliser la structure suivante (voir figure 7-10) :

- Un menu est représenté par un tableau composé d'autant de lignes qu'il y a de rubriques.
- Chaque ligne définit trois éléments :
    - le thème du menu. Par exemple : Photos, Vidéos ou Animations ;
    - la rubrique. Par exemple, pour le menu Photos : Villes, Mers, Fleurs ;
    - le nombre d'éléments à visualiser. Par exemple 12 photos de Villes.

Figure 7-10

Un menu est construit à partir d'un thème et de rubriques. Chaque rubrique contient un nombre d'éléments qui lui est propre.

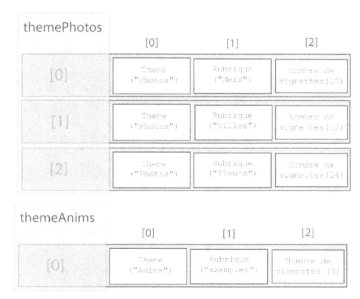

La fonction ajouterUneRubrique()

Pour construire un menu, nous vous proposons d'examiner la fonction suivante :

```
function ajouterUneRubrique(menu:Array, theme:String,
                           rubrique:String, nbElt:Number):Void{
  var nvlleRubrique:Array = new Array();
  nvelleRubrique = [theme, rubrique, nbElt];
  menu.push(nvelleRubrique);
}
```

a. Quels sont les paramètres de la fonction ? Comment sont-ils utilisés dans le corps de fonction ? Distinguez les paramètres passés par valeur de ceux passés par référence.

b. Quelle est l'action de l'instruction menu.push(nvelleRubrique) ?

c. En supposant que le menu Photos soit représenté par le tableau themePhoto défini dans le script principal, quelle instruction permet la création d'une rubrique Mers composée de 11 photos ?

d. Expliquez pourquoi la fonction ajouterUneRubrique() n'a pas besoin de retourner de résultat.

Des fonctions pour retrouver les données

Le tableau utilisé par la fonction ajouterUneRubrique() permet de retrouver toutes les informations nécessaires à l'affichage du portfolio. Ces informations concernent en particulier les chemins d'accès aux photos ou aux vignettes, le nombre de vignettes enregistrées pour une rubrique donnée, ou encore le thème du menu sélectionné.

La fonction quellePhoto()

L'affichage d'une photo ou d'une vignette s'effectue par l'intermédiaire de la méthode loadMovie() qui demande en paramètre le chemin d'accès au fichier image.

a. Pour une rubrique donnée, le chemin d'accès aux photos et aux vignettes se construit en utilisant les informations stockées dans le tableau défini par la fonction ajouterUne Rubrique(). Après exécution de l'instruction :

```
ajouterUneRubrique (themePhoto, "Photos", "Mers", 11);
```

Que contient l'expression suivante :

```
"../"+rubrique[0]+"/"+rubrique[1]+"/" +rubrique[1]+"10.jpg";
```

b. Construire la fonction quellePhoto() qui prend en paramètres le nom de la rubrique ainsi que le numéro de la photo dont on veut connaître le chemin d'accès et qui retourne, en résultat, le chemin d'accès construit selon le modèle présenté ci-avant.

c. En supposant que la rubrique Mers soit définie en ligne 0 du tableau themePhoto défini dans le script principal, déterminer les paramètres à utiliser lors de l'appel à la fonction quellePhoto() pour retrouver la 10e photo de cette rubrique.

La fonction quelleVignette()

a. En vous inspirant de la fonction `quellePhoto()`, écrivez la fonction `quelleVignette()` qui retourne le chemin d'accès à une vignette, connaissant la rubrique et le numéro de la vignette à afficher.

b. Comment écrire l'appel de la fonction `quelleVignette()` pour connaître le chemin d'accès de la 3e vignette de la rubrique `Mers` ?

La fonction combienDeVignettes()

a. Écrivez la fonction `combienDeVignettes()` qui retourne le nombre de vignettes enregistrées pour une rubrique donnée.

b. Comment écrire l'appel de la fonction `combienDeVignettes()` pour connaître le nombre de vignettes de la rubrique `Mers` ?

Les fonctions quelMenu() et quelleRubrique()

En examinant la structure du tableau construit par la fonction `ajouterUneRubrique()` :

a. Écrivez la fonction `quelMenu()` qui retourne le thème du menu passé en paramètre (`Photos`, `Anims` ou `Vidéos`).

b. Écrivez la fonction `quelleRubrique()` qui retourne le thème de la rubrique passée en paramètre (`Mers`, `Villes` ou `Fleurs` pour le menu `Photos`).

Afficher les éléments du portfolio

Les éléments à afficher pour réaliser la nouvelle version du portfolio sont :

- la photo grand format ;
- les vignettes ;
- les menus `Photos` et `Anims`.

Chaque élément doit être placé à l'écran par l'intermédiaire d'une fonction.

La fonction affichePhoto()

a. Écrivez la fonction `affichePhoto()` qui place à l'écran la photo dont la rubrique et le numéro sont spécifiés en paramètres. Vous utiliserez la fonction `quellePhoto()` pour récupérer son chemin d'accès.

b. À l'aide de la fonction `affichePhoto()`, afficher par défaut la première photo de la rubrique `Mers`.

La fonction afficheVignette()

a. En vous inspirant des instructions écrites pour la version précédente du projet, écrire la fonction `afficheVignette()`.

b. Quels paramètres la fonction doit-elle prendre en compte ? Vous utiliserez la fonction `combienDeVignettes()` pour récupérer le nombre de vignettes à afficher.

c. Afficher par défaut les vignettes de la rubrique `Mers`.

La fonction afficheMenu()

On suppose que l'instruction `afficheMenu("Photos", 0, 0, 100)` crée et place à l'écran l'en-tête du menu `Photos` en position `0, 0` de la zone de menu (`FdMen`) et à un niveau d'affichage augmenté de `100` par rapport au niveau défini pour cette même zone.

a. Écrire la fonction `afficheMenu()` en vous inspirant des instructions utilisées dans la version précédente du portfolio.

b. Pour chaque menu affiché, la fonction crée une instance correspondant à l'en-tête du menu. Cette instance est différente d'un menu à l'autre. De quelle façon peut-on récupérer l'instance du menu créé (menu `Photos`, `Anims` ou `Vidéos`) ?

c. Écrire l'appel de la fonction `afficheMenu()` qui :

• crée et place l'en-tête du menu `Photos` à l'origine de la zone de menu ;

• récupère dans un objet `menuPhoto` de type `MovieClip` l'en-tête du menu créé.

d. Afficher l'en-tête du menu `Anims` à 10 pixels d'écart du menu `Photos` (en utilisant par exemple `menuPhoto._width`), et récupérer dans un objet `menuAnim` de type `MovieClip` la valeur de ce second en-tête.

Gérer les interactions de l'utilisateur

Une fois tous les objets du portfolio affichés, il convient de mettre en place leur comportement face aux actions de l'utilisateur.

La fonction cliqueSurVignette()

Lorsque l'utilisateur clique sur une vignette, la photo correspondante s'affiche dans la zone grand format. En vous inspirant des instructions relatives à la navigation du précédent projet :

a. Écrire la fonction `cliqueSurVignette()` qui met en place les trois gestionnaires d'événements `onRelease`, `onRollOut` et `onRollOver` sur la vignette spécifiée en paramètre.

b. Quelles sont les informations à transmettre à la méthode `cliqueSurVignette()` pour que celle-ci puisse afficher la photo correspondant à la vignette cliquée ?

c. La mise en place des gestionnaires d'événements s'effectue pour chaque vignette créée (`cetEvtSurVignette`). Où doit-on placer l'appel à la fonction `cliqueSurVignette()` ?

d. Tester l'application et vérifier que chaque vignette réagit correctement au survol et au clic de la souris.

La fonction defilementVignette()

Les trois premières vignettes sont affichées, mais il n'est pas possible de les faire défiler pour sélectionner les suivantes. La fonction `defilementVignette()` reprend les gestionnaires d'événements associés aux deux boutons-flèches décrits dans la version précédente du projet.

    a. Définir les paramètres de la fonction `defilementVignette()` sachant que :

- Les deux boutons `leBtnD` et `leBtnG` sont créés dans le script principal.

- La position du bouton varie selon le bouton à créer.

- La position des vignettes affecte le comportement des deux boutons (un des deux boutons disparaît lorsque l'on se trouve sur les extrémités de la barre de défilement des vignettes).

- La fonction doit connaître le nombre de vignettes à faire apparaître. Ce nombre diffère selon la rubrique affichée.

- Un bouton peut ne pas être visible lors de sa création.

    b. Reprendre les gestionnaires d'événements du projet précédent et les modifier, en utilisant les paramètres définis dans l'en-tête de la fonction.

    c. Créer les deux boutons `leBtnD` et `leBtnG` dans le script principal, et appliquer la fonction `defilementVignette()` sur chacun des deux boutons en les positionnant correctement par rapport à la barre de défilement.

La fonction cliqueSurMenu()

Lorsque l'utilisateur clique sur un item du menu `Photos` ou `Anims`, les vignettes et la photo associées à la rubrique sélectionnée doivent remplacer les vignettes et la photo précédentes. La fonction `cliqueSurMenu()` reprend les gestionnaires d'événements associés au menu `Photos` décrit dans la version précédente du projet.

    a. Définir les paramètres de la fonction `cliqueSurMenu()` sachant que celle-ci :

- Définit le gestionnaire d'événements `onPress` de l'en-tête du menu passé en paramètre (en-tête créé par la méthode `afficheMenu()`).

- Retrouve le nom des rubriques à partir des tableaux `themeAnim` et `themePhoto` créés dans le script principal.

- Positionne les items de menus à un niveau supérieur à celui de l'en-tête.

    b. Reprendre les gestionnaires d'événements du projet précédent et les modifier, en utilisant les paramètres définis dans l'en-tête de la fonction.

    c. L'affichage de la photo et des vignettes relatives à la rubrique sélectionnée s'effectue grâce aux gestionnaires `onPress` des différents items du menu passé en paramètre.

Remarque

- Vous devez faire appel aux fonctions `affichePhoto()`, `afficheVignette()` et `defilementVignette()` en prenant soin de passer en paramètre la rubrique concernée.
- La fonction `cliqueSurMenu()` est appelée dans le script principal, tout de suite après la création des en-têtes des menus `Photos` et `Anims`.

8

Classes et objets

Tout au long de cet ouvrage, nous avons écrit de nombreux programmes qui utilisent des objets au sens de la programmation orientée objet. Nos bulles de savon ou encore les photos du trombinoscope sont plus que de simples variables, ce sont des objets à part entière.

Dans ce chapitre, nous examinerons de façon très précise ce que sont un objet et une classe, ainsi que les notions de programmation qui y sont attachées.

Pour mieux comprendre les principes fondamentaux de la notion d'objet, nous étudierons en section « La classe Date, une approche vers la notion d'objet », comment créer et gérer des objets définis par le langage ActionScript. À partir de cette étude, nous analyserons les instructions qui font appel aux objets étudiés afin d'en comprendre les principes de notation et d'utilisation.

Nous examinerons ensuite (section « Construire et utiliser ses propres classes ») comment définir de nouveaux types de données. Pour cela, nous déterminerons les caractéristiques syntaxiques d'une classe, et observerons comment manipuler des objets à l'intérieur d'une application et comment utiliser les méthodes qui leurs sont associées.

Afin de clarifier les explications sur des concepts relativement complexes, vous trouverez dans ce chapitre des exemples que nous avons voulu simples et concis. Ces programmes n'utilisent pas de symboles graphiques ni d'événements. Ils ont été écrits afin d'éclairer, à chaque fois, un point précis du concept abordé. L'utilisation plus graphique de la programmation orientée objet est abordée au cours du chapitre 9, « Les principes du concept objet ».

La classe Date, une approche vers la notion d'objet

Le langage ActionScript propose un grand nombre d'outils pour manipuler les données ou traiter l'information disponible au sein d'une animation. Dans cette section, nous examinons comment traiter les dates.

Traitement des dates

Afficher la date ou l'heure à l'instant où l'application est exécutée est une opération qui est demandée dans de multiples situations. De la même façon, certaines applications traitant de la gestion de personnel ou d'abonnés à un service sollicitent, de la part des utilisateurs, la saisie de leur date de naissance.

Toutes ces opérations requièrent donc des outils pouvant interroger le système de l'ordinateur pour connaître la date et l'heure à un instant donné, ou encore de créer une variable pouvant contenir à la fois le jour, le mois et l'année de naissance d'une personne.

Cet outil est fourni par le langage ActionScript sous la forme d'une classe nommée Date.

Déclaration d'un objet de type Date

Pour obtenir une variable de type Date, il convient de la déclarer comme suit :

```
var aujourdHui:Date = new Date();
```

Cette déclaration permet de créer une variable appelée aujourdHui qui contient les valeurs correspondant à l'heure, au jour, au mois et à l'année de l'instant où l'instruction est exécutée.

La déclaration suivante :

```
var anniv:Date = new Date(1993, 3, 16);
```

est une autre façon d'obtenir une variable spécifiant une date donnée, le premier paramètre correspondant à l'année, le second au mois et le troisième au jour.

Remarque

Les mois de l'année sont numérotés de 0 à 11. La valeur 3 correspond donc au mois d'avril. Si l'année est comprise entre 0 et 99, celle-ci est automatiquement placée entre 1900 et 1999.

Avec le type Date, les trois valeurs correspondant au jour, au mois et à l'année sont enregistrées sous un seul nom de variable, par exemple aujourdHui ou anniv.

Le type Date n'est donc pas un type simple mais structuré : les variables aujourdHui et anniv ne sont pas de simples cases mémoire contenant le jour, le mois, l'année et l'heure de la date, elles contiennent l'adresse de la case sous laquelle se trouvent les informations relatives à la date (voir figure 8-1). Cette opération est réalisée grâce à l'opérateur new.

Figure 8-1

Pour chaque objet créé, l'opérateur new réserve un espace mémoire suffisamment grand pour y stocker les données de la classe. L'adresse est alors déterminée.

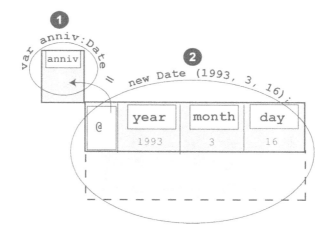

L'opérateur new

La déclaration d'une variable de type Date s'effectue en deux étapes :

```
var anniv:Date = new Date(1993, 3, 16);
        ❶                  ❷
```

❶ La première étape consiste à définir le nom de la case mémoire (voir figure 8-1-❶). Pour notre exemple, la case mémoire porte le nom anniv. À cet instant, les informations caractérisant l'objet anniv ne peuvent être stockées, car l'espace mémoire servant à ce stockage n'est pas encore réservé.

❷ Au cours de la seconde étape, l'opérateur new est appliqué au constructeur Date() afin de :

• calculer et réserver l'espace mémoire nécessaire pour stocker les données (date, jour, mois, heure…) passées en paramètre.

• déterminer l'adresse où seront stockées ces informations (voir figure 8-1-❷).

Cette adresse est enregistrée dans la case mémoire anniv grâce à au signe d'affectation =.

Pour en savoir plus

Le terme Date() placé directement derrière l'opérateur new est appelé un constructeur. Il s'agit d'une fonction particulière de la classe dont nous parlerons plus précisément en section « Construire un type Personne » de ce chapitre.

Remarque

Les variables de type Date ne contiennent pas directement l'information qui les caractérise, mais seulement l'adresse où trouver cette information. Dès lors, ces variables ne s'appellent plus des variables mais des objets.

Les objets, au sens de la programmation objet, ne sont pas des variables de type simple (Number, Boolean, etc.). Ils correspondent à un type qui permet de regrouper plusieurs données sous une même adresse.

Les différentes méthodes de la classe Date

Une fois la date calculée, nous devons avoir la possibilité de la modifier, soit parce que l'utilisateur se rend compte qu'il s'est trompé lors de la saisie des valeurs, soit parce que nous voulons calculer une nouvelle date à partir de celle fournie par l'application.

Pour réaliser ces opérations (consulter et ou modifier une date), le langage ActionScript propose un ensemble de méthodes prédéfinies.

> **Remarque**
> Les méthodes d'une classe sont comparables aux fonctions, mais la terminologie objet les appelle *méthodes*.

Consulter ou modifier une date

Il existe un grand nombre de méthodes associées à la classe Date. Parmi celles-ci nous trouvons :

Méthode	Opération
getDate()	Retourne le jour du mois, en fonction de l'heure locale.
getMonth()	Retourne le mois, en fonction de l'heure locale.
getFullYear()	Renvoie l'année sous la forme de quatre chiffres, en fonction de l'heure locale.
getHours()	Retourne l'heure, en fonction de l'heure locale.
getTime()	Retourne le nombre de millisecondes écoulées depuis le premier janvier 1970 à minuit, temps universel.
setDate()	Définit le jour du mois, en fonction de l'heure locale, et envoie les nouvelles informations horaires, en millisecondes.
setMonth()	Définit le mois, en fonction de l'heure locale, et renvoie les nouvelles informations horaires, en millisecondes.
setFullYear()	Définit l'année complète, en fonction de l'heure locale, et renvoie les nouvelles informations horaires, en millisecondes.
setTime()	Définit la date, en millisecondes, et renvoie les nouvelles informations horaires, en millisecondes.
toString()	Renvoie une chaîne de caractères représentant la date et l'heure stockées dans l'objet Date sur lequel la méthode est appliquée.

> **Remarque**
> Les méthodes commençant par set sont utilisées pour modifier une date, alors que celles débutant par get permettent de récupérer tout ou partie de la date.

Exemple d'utilisation de dates

L'exemple suivant utilise quelques méthodes du tableau précédent.

```
// ❶ Déclaration de l'objet anniv
var anniv:Date = new Date(1996, 3, 16);

// ❷ Définition du tableau des mois
var mois:Array = ["janvier", "février", "mars", "avril", "mai",
                  "juin", "juillet", "août", "septembre",
                  "octobre", "novembre", "décembre"];

// ❸ Affichage du mois de l'année de naissance
trace("Mois n° "+ anniv.getMonth());

// ❹ Affichage de la date de naissance
trace(" Date de naissance : " + anniv.getDate() + " " +
      mois[anniv.getMonth()]+ " " + anniv.getFullYear());

// ❺ Affichage de l'année de la date de naissance
trace("Elle est née en "+ anniv.getFullYear());

// ❻ Modification de l'année de naissance
anniv.setYear(93);
trace("Je me suis trompée, elle est née en "+ anniv.getFullYear());
```

Extension Web

Vous pourrez tester cet exemple en exécutant le fichier LaClasseDate.fla, sous le répertoire Exemples/chapitre8.

---

❶ L'objet anniv est initialisé à 1996 pour l'année, à 3 pour le mois, à 16 pour le jour.

❷ Le tableau mois est composé de la liste des mois de l'année. Le mois de janvier est placé à l'indice 0, le mois de décembre à l'indice 11, ce qui permet d'associer correctement les numéros du mois à leur nom. Le mois de janvier a pour valeur 0 dans la classe Date (voir ❹).

❸ L'application affiche, dans la fenêtre de sortie, la valeur correspondant au mois enregistré dans l'objet anniv soit :

```
Mois n° 3
```

❹ L'application affiche, dans la fenêtre de sortie, la date de naissance soit :

```
Date de naissance : 16 avril 1996
```

L'instruction anniv.getMonth() retourne la valeur 3, ce qui correspond à l'indice du mois d'avril dans le tableau Mois.

❺ L'application affiche, dans la fenêtre de sortie, l'année de naissance soit :

```
Elle est née en 1996
```

❻ L'instruction `anniv.setYear(93)` modifie l'année de naissance. La valeur placée en paramètre est comprise entre 0 et 99, la nouvelle valeur enregistrée est 1993.

❹ L'application affiche, dans la fenêtre de sortie, la nouvelle date de naissance soit :

```
Je me suis trompée, elle est née en 1993
```

Question

Que se passe-t-il si l'utilisateur saisit une date erronée, comme par exemple le 29 février 2005 ?

Réponse

Le lecteur Flash rectifie de lui-même l'erreur, en calculant la date la plus proche de celle demandée. Ainsi, si l'on crée la date :

```
var mauvaiseDate:Date = new Date(2005, 1, 29);
```

La date enregistrée dans `mauvaiseDate` sera le 1er mars 2005.

Question

Que se passe-t-il lorsque l'on crée la date suivante ?

```
var motDate:Date = new Date(2005, "février", 29);
```

Réponse

Le terme `"février"` n'est pas une valeur numérique, mais une suite de caractères, le lecteur Flash signale une erreur de type « Incompatibilité de types. ». L'application ne peut s'exécuter.

Appliquer une méthode à un objet

L'observation des exemples précédents montre que l'appel d'une méthode de la classe `Date` ne s'écrit pas comme une simple instruction d'appel à une méthode (fonction), telle que nous l'avons étudiée jusqu'à présent.

Comparons l'appel à une méthode de la classe `Math` à celui d'une méthode de la classe `Date`.

Par exemple, pour calculer la valeur absolue d'une variable x, les instructions sont les suivantes :

```
var x:Number = 4;
var y:Number = Math.abs(x);
```

Pour retrouver le mois d'une date donnée, les instructions sont :

```
var aujourdHui:Date = new Date();
var mois:Number = aujourdHui.getMonth();
```

Comme nous le constatons, dans le premier cas, la fonction `Math.abs()` s'applique à la variable x, en passant la valeur de x en paramètre. En effet, les variables x et y ne sont pas des objets au sens de la programmation objet. Elles sont de type `Number` et représentent simplement le nom d'une case mémoire dans laquelle l'information est stockée. Aucune méthode, aucun traitement n'est associé à cette information.

Dans la seconde écriture, la méthode getMonth() est appliquée à l'objet aujourdHui par l'intermédiaire d'un point (.) placé entre le nom de l'objet et la méthode. L'objet aujourdHui ne peut être considéré comme une variable. Il est de type Date. L'information représentée par ce type n'est pas simple. Elle représente (voir figure 8-2) les éléments suivants :

- D'une part, une référence (une adresse) vers un ensemble de valeurs stockées dans plusieurs cases mémoire distinctes.

- D'autre part, un ensemble de méthodes propres qui lui sont applicables. Ces méthodes sont l'équivalent d'une boîte à outils qui opère uniquement sur les objets de type Date.

Figure 8-2

Un objet est défini par une adresse sous laquelle sont stockées les données et les méthodes.

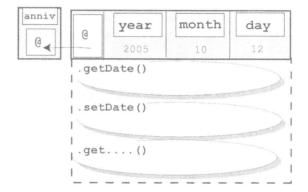

Question

Les instructions suivantes sont-elles valides ?

```
var x:Number = x.Math.sqrt();
var mois:Number = getMonth(mois);
```

Réponse

Aucune des deux instructions n'est valide. En effet, dans la première instruction, la fonction Math.sqrt() est appliquée à x qui n'est pas un objet, mais une variable de type Number.

Dans la seconde instruction, la méthode getMonth() est employée comme une simple fonction, alors qu'elle ne peut être appelée qu'à travers un objet de type Date.

Autrement dit, une classe représente un type constitué à la fois de données (informations, propriétés) et d'outils (méthodes).

Quelle qu'elle soit, une classe correspond à un type, qui spécifie une association de données (informations ou valeurs de tous types) et de méthodes (outils d'accès et de transformation des données). Ces méthodes, définies à l'intérieur d'une classe, ne peuvent s'appliquer qu'aux données de cette même classe.

Figure 8-3

La classe Date définit l'association de données et de méthodes.

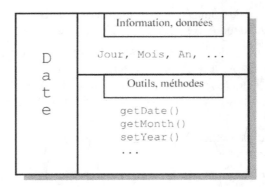

Grâce à cette association, une classe permet la définition de nouveaux types de données, qui structurent l'information à traiter (voir, dans ce chapitre, la section « Construire et utiliser ses propres classes »).

Principes de notation

À cause de cette différence fondamentale de représentation de l'information, l'emploi des méthodes à travers les objets utilise une syntaxe particulière.

Pour un objet de type Date, cette syntaxe est la suivante :

```
// Déclaration et initialisation
var objet:Date = new Date(liste des paramètres éventuels);
// La méthode s'applique à objet
objet.nomDeLaMéthode(liste des paramètres éventuels);
```

Pour appliquer une méthode à un objet, il suffit de placer derrière le nom de l'objet un point suivi du nom de la méthode et de ses paramètres.

Remarque

Par convention :

- tout nom de méthode commence par une minuscule ;
- si le nom de la méthode est composé de plusieurs mots, ceux-ci voient leur premier caractère passer en majuscule ;
- le nom d'une classe commence toujours par une majuscule.

Grâce à cette écriture, l'objet est associé à la méthode de façon à pouvoir modifier l'information (les données) contenue dans l'objet. Cette technique permet de récupérer les différentes données modifiées localement par une méthode. Elle est le principe de base du concept d'objet, décrit et commenté au chapitre suivant.

Construire et utiliser ses propres classes

L'étude de la classe Date montre qu'une classe correspond à un type de données. Ce type est composé de données et de méthodes les exploitant. La classe Date est un type prédéfini du langage ActionScript.

Le langage ActionScript propose un grand nombre de types prédéfinis (classes natives). Ces classes sont des outils précieux et efficaces, qui simplifient le développement des applications. Différentes classes sont examinées au cours des chapitres suivants.

L'intérêt des classes réside aussi dans la possibilité de définir des types structurés, propres à un programme. Grâce à cette faculté, le programme se développe de façon plus sûre, les objets qu'il utilise étant définis en fonction du problème à résoudre.

Avant d'étudier réellement l'intérêt de la programmation objet et ses conséquences sur les modes de programmation (voir le chapitre 9, « Les principes du concept objet »), nous examinerons dans les sections qui suivent comment créer des types spécifiques, et comment utiliser les objets associés à ces nouveaux types.

Définir une classe et un type

Définir une classe, c'est construire un type structuré de données. Avant de comprendre les avantages d'une telle construction, nous abordons ici la notion de type structuré (et donc de classe) d'un point de vue syntaxique.

Pour définir un type, il suffit d'écrire une classe qui, par définition, est constituée de données et de méthodes (voir figure 8-3). La construction d'une classe est réalisée selon les deux principes suivants :

1. **Définition des données** à l'aide d'instructions de déclaration de variables et/ou d'objets. Ces variables sont de type simple, tel que nous l'avons utilisé jusqu'à présent (Number, etc.), ou de type composé, prédéfini ou non (String, Date, etc.).

   Ces données décrivent les informations caractéristiques de l'objet que l'on souhaite définir. Elles sont aussi appelées communément champ, attribut ou membre de la classe.

2. **Construction des méthodes** définies par le programmeur. Ce sont les méthodes associées aux données. Elles se construisent comme de simples fonctions, composées d'un en-tête et d'instructions, comme nous l'avons vu aux chapitres précédents.

   Ces méthodes représentent tous les traitements et comportements de l'objet que l'on cherche à décrire.

En définissant de nouveaux types, nous déterminons les caractéristiques propres aux objets que l'on souhaite programmer. Un type d'objet correspond à l'ensemble des données traitées par le programme, regroupées par thème.

Un objet peut être une personne, si l'application à développer gère le personnel d'une société, ou un livre, s'il s'agit d'un programme destiné à la gestion d'une bibliothèque.

Signalons que l'objet personne peut aussi être utilisé dans le cadre d'un logiciel pour bibliothèque, puisqu'un lecteur empruntant un livre est aussi une personne.

Construire un type Personne

Examinons, sur un exemple simple, la démarche de construction d'un type structuré. Observons pour cela comment construire le type de données qui décrive au mieux la représentation d'une personne.

Cette réalisation passe par deux étapes : « Rechercher les caractéristiques propres à toute personne » et « Définir le comportement d'une personne ».

Rechercher les caractéristiques propres à toute personne

D'une manière générale, toute personne est définie par son nom et son prénom. Il peut être nécessaire dans certains cas, de connaître sa date de naissance.

Les caractéristiques d'une personne sont donc :

- le prénom ;
- le nom ;
- la date de naissance, c'est-à-dire les valeurs correspondant au jour, au mois et à l'année de naissance.

Toutes ces données sont représentables à l'aide de chaînes de caractères et de valeurs numériques enregistrées dans un objet de type Date.

Pour déclarer les données d'une personne, nous écrivons les déclarations suivantes :

```
// Définition du prénom
public var prenom:String;
// Définition du nom
public var nom:String;
// Définition de la date de naissance
public var dateNaissance:Date;
```

Pour en savoir plus

Le terme public est expliqué au chapitre 9 « Les principes du concept objet », section « Les objets contrôlent leur fonctionnement ».

Définir le comportement d'une personne

D'un point de vue informatique, le premier comportement d'un objet, quel qu'il soit, est sa création. Toute classe possède une méthode qui permet de créer des objets en spécifiant pour chacun les valeurs caractéristiques de la classe.

Le constructeur de la classe Personne est donc le premier comportement à définir (voir la méthode Personne() dans le code source ci-dessous).

> **Remarque**
>
> Les méthodes qui ont pour objectif de créer un objet en indiquant une valeur spécifique à chaque attribut de la classe sont appelées des « constructeurs ». Ces méthodes ont la particularité de porter le même nom que la classe.

Ensuite, un comportement attendu d'une personne est qu'elle soit en mesure de se présenter, c'est-à-dire de donner son nom, son prénom (voir la méthode sePresente() dans le code source ci-dessous), et d'indiquer son âge (voir la méthode getAge() dans le code source ci-dessous).

La classe descriptive du type Personne

En ActionScript, une classe est définie dans un fichier d'extension .as.

Pour éditer un fichier d'extension .as dans l'environnent Flash, il suffit de sélectionner l'item Nouveau du menu Fichier. Lorsque la boîte de dialogue Nouveau Document apparaît, double-cliquez sur la rubrique Fichier ActionScript.

Après création du document nommé script-1, insérer les instructions ci-après et sauvegarder le fichier sous le nom de Personne.as.

> **Extension Web**
>
> Vous trouverez le fichier Personne.as, sous le répertoire Exemples/chapitre8.

```actionscript
//Définition de la classe Personne
public class Personne {
  // Définition des attributs de la classe
  public var prenom:String;
  public var nom:String;
  public var dateNaissance:Date;

  // Définition de la fonction constructeur
  public function Personne ( p:String, n:String, j:Number,
                             m:Number, a:Number) {
    prenom = p;
    nom = n
    dateNaissance = new Date(a, m, j);
  }

  // Définition du comportement sePresente()
  public function sePresente():String {
    var age:Number = getAge()
    return "Je m'appelle " + prenom + " " + nom + "\nJ'ai " +
            age + " ans ";
  }

  // Définition de la méthode calculant l'âge de la personne
  public function getAge():Number {
```

```
      var aujourdHui:Date = new Date();
      var age:Number =
            aujourdHui.getFullYear() - dateNaissance.getFullYear();
       return age;
   }
 }
```

La classe `Personne`, décrite à l'intérieur d'un fichier appelé `Personne.as`, définit un type de données composé de trois attributs caractéristiques d'une personne, à savoir son nom, son prénom et sa date de naissance, ainsi que trois comportements différents (`Personne()`, `sePresente()` et `getAge()`).

Le lecteur Flash comprend que les attributs et les méthodes décrivant une `Personne` sont écrits à l'intérieur d'une classe, grâce aux instructions `public class … { }` qui entourent la déclaration des propriétés et la définition des méthodes :

```
public class Personne {
   // définition des attributs
   // définition des méthodes
 }
```

Remarque

Le nom figurant immédiatement après le terme `class` donne le nom de la classe, il correspond obligatoirement au nom du fichier dans lequel sont enregistrées les instructions.

Une classe définit donc un bloc constitué d'instructions et représentable sous la forme suivante (voir figure 8-4) :

Figure 8-4

Les données nom, prenom et dateNaissance du type Personne sont déclarées en dehors de toute fonction. N'importe quelle modification de ces données est donc visible par l'ensemble des méthodes de la classe.

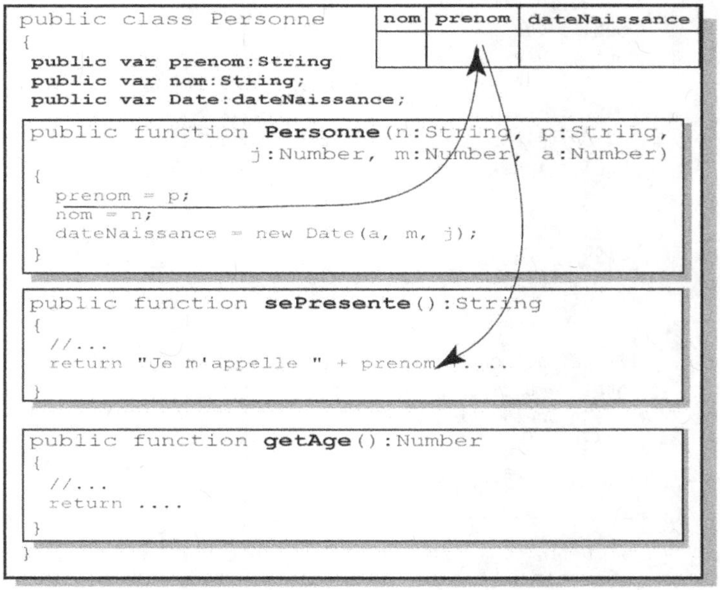

```
public class Personne        | nom | prenom | dateNaissance
{                            |     |        |
 public var prenom:String
 public var nom:String;
 public var Date:dateNaissance;

 public function Personne(n:String, p:String,
                  j:Number, m:Number, a:Number)
 {
   prenom = p;
   nom = n;
   dateNaissance = new Date(a, m, j);
 }

 public function sePresente():String
 {
   //...
   return "Je m'appelle " + prenom ....
 }

 public function getAge():Number
 {
   //...
   return ....
 }
}
```

Quelques observations

Suivant la description de la figure 8-4, nous constatons que les données `nom`, `prenom` et `dateNaissance` sont déclarées en dehors de toute fonction. Par conséquent, chaque méthode a accès à tout moment aux valeurs qu'elle contient, soit pour les consulter, soit pour les modifier.

Les méthodes `sePresente()` et `getAge()` ne font que consulter le contenu des données `nom`, `prenom` et `dateNaissance` pour les afficher ou les utiliser en vue d'obtenir un nouveau résultat.

> **Remarque**
>
> La méthode `getAge()` calcule l'age d'une personne, elle ne modifie pas les propriétés de l'objet. C'est pourquoi nous avons choisi d'utiliser le terme `get`, à l'instar des méthodes de la classe `Date`.

Au contraire, la méthode `Personne()` change le contenu des données `nom`, `prenom` et `dateNaissance`. Ces modifications, réalisées à l'intérieur d'une méthode, sont aussi visibles depuis les autres méthodes de la classe.

Il existe donc deux types de méthodes, celles qui permettent d'accéder aux données de la classe et celles qui modifient ces données.

> **Pour en savoir plus**
>
> Voir, au chapitre 9 « Les principes du concept objet », la section « Les méthodes d'accès aux données ».

Bien entendu, une classe est définie pour être utilisée dans un script (une application) d'extension `.fla`. Nous abordons plus en détail cette opération ci-après.

Définir un objet

Après avoir défini un nouveau type structuré, l'étape suivante consiste à écrire une application qui utilise effectivement un objet de ce type. Pour cela, le programmeur doit déclarer les objets utiles à l'application et faire en sorte que l'espace mémoire nécessaire soit réservé.

Déclarer un objet

Cette opération simple s'écrit comme une instruction de déclaration, avec cette différence que le type de la variable n'est plus un type simple prédéfini, mais un type structuré, tel que nous l'avons construit précédemment. Ainsi, dans :

```
// Déclaration d_un objet chose
var chose:TypeDeL_Objet;
```

`TypeDeL_Objet` correspond à une classe définie par le programmeur. Pour notre exemple, la déclaration d'une personne `untel` est réalisée par l'instruction :

```
var untel:Personne;
```

Cette déclaration crée une case mémoire, nommée untel, destinée à contenir une référence vers l'adresse où sont stockées les informations concernant la personne untel. À ce stade, aucune adresse n'est encore déterminée.

Figure 8-5

La déclaration d'un objet réserve une case mémoire destinée à contenir l'espace mémoire où seront stockées les informations. L'espace mémoire et l'adresse ne sont pas encore réservés pour réaliser ce stockage.

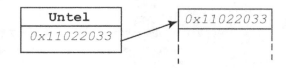

Réserver l'espace mémoire

C'est l'opérateur new qui, comme nous l'avons remarqué lors de l'étude de la classe Date, est chargé de la réservation de l'espace mémoire. Lorsqu'on applique cet opérateur à un objet, il évalue combien d'octets lui sont nécessaires pour stocker l'information contenue dans la classe (propriétés et méthodes de la classe), et détermine l'adresse sous laquelle ces informations seront stockées.

L'opérateur new fait appel au constructeur de la classe afin d'initialiser correctement les propriétés de l'objet à construire.

```
// Réserver de l_espace mémoire pour l_objet chose
chose = new TypeDeL_Objet();
```

Pour notre exemple, la réservation de l'espace mémoire pour définir une personne untel s'écrit :

```
untel = new Personne("Elena", "Lamy", 16, 3, 1993);
```

Notons qu'il est possible de déclarer et de réserver de l'espace mémoire en une seule instruction :

```
var untel:Personne = new Personne("Elena", "Lamy", 16, 3, 1993);
```

Lors de cette réservation, les valeurs passées en paramètres de la fonction constructeur initialisent les propriétés de l'objet untel qui a pour prénom et nom Elena Lamy, et dont la date de naissance est le 16 avril 1993 (voir figure 8-6).

Remarque

L'objet ainsi défini est un représentant particulier de la classe, caractérisé par l'ensemble de ses données. Dans le jargon informatique, on dit que l'objet untel est une « instance » ou encore une « occurrence » de la classe Personne. Les données qui le caractérisent, à savoir nom, prenom et dateNaissance, sont appelées des « variables d'instance ».

Une instance est donc, en mémoire, un programme à part entière composé de variables et de fonctions. Sa structure est telle qu'elle ne peut s'exécuter et se transformer (c'est-à-dire modifier ses propres données) qu'à l'intérieur de cet espace. C'est pourquoi elle est considérée comme une entité indépendante, ou « objet ».

Figure 8-6

Pour chaque objet créé, l'opérateur new réserve un espace mémoire suffisamment grand pour y stocker les données et les méthodes descriptives de la classe. L'adresse est alors déterminée.

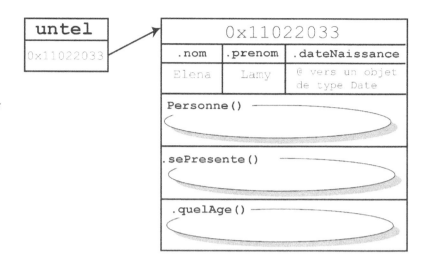

Les instances (occurrences) ont été abordées plusieurs fois au cours des chapitres précédents, notamment au cours du chapitre 2 « Les symboles », section « Les différentes façons de créer des occurrences ».

Même si les objets graphiques ne sont pas créés par l'opérateur new, il s'agit de la même notion. En effet, un symbole placé dans la librairie d'une animation Flash peut être considéré comme l'équivalent graphique d'une classe décrite par un script. Tout comme l'instance d'une classe (Personne) possède des propriétés (nom, prenom...) et des méthodes (getAge(), sePresente()), l'occurrence d'un symbole (MovieClip) possède des propriétés (_x, _y...) et des méthodes (gotoAndPlay()...).

Manipuler un objet

Un objet (une occurrence) ainsi défini est entièrement déterminé par ses données et ses méthodes. Il est dès lors possible de modifier les valeurs qui le caractérisent et d'exploiter ses méthodes.

Accéder aux données de la classe

Pour accéder à une donnée de la classe de façon à la modifier, il suffit d'écrire :

```
// Accéder à un membre de la classe
chose.nomDeLaDonnée = valeur du bon type;
```

en supposant que le champ nomDeLaDonnée soit défini dans la classe correspondant au type de l'objet chose.

Pour notre exemple, la modification du nom et du prénom de untel s'écrit de la façon suivante :

```
untel.prenom = "Nicolas";
untel.nom = "Camden";
```

Les cases mémoire représentant les variables d'instance (nom, prenom et dateNaissance) de l'objet untel sont accessibles *via* l'opérateur point (.).

Remarque

La propriété dateNaissance d'une personne n'est pas directement accessible. Ainsi, pour définir l'année de naissance d'une personne, il convient d'utiliser la méthode setYear() de la classe Date comme suit :

```
untel.dateNaissance.setYear(96);
```

Accéder aux méthodes de la classe

Pour appliquer une méthode de la classe à un objet particulier, la syntaxe utilise le même principe de notation :

```
// appliquer une méthode à l_objet chose
chose.nomDeLaMéthode(liste des paramètres éventuels);
```

en supposant que la méthode ait préalablement été définie pour le type de l'objet chose. Pour notre exemple, l'application de la méthode getAge() à l'objet untel s'écrit :

```
var age:Number = untel.getAge();
```

Remarque

En choisissant des noms de méthodes appropriés, la compréhension des instructions en programmation objet devient très intuitive.

Une application qui utilise des objets Personne

L'exemple suivant montre comment exploiter, dans une application, l'ensemble des données et des méthodes définies dans la classe Personne.

Exemple : code source complet

Extension Web

Vous trouverez l'application CreerDesPersonnes.fla, sous le répertoire Exemples/chapitre8.

```
// ❶ Créer une instance uneFille
var uneFille:Personne = new Personne("Elena", "Lamy", 16, 3, 1993);
// ❷ Utiliser les méthodes de la classe Personne
trace(uneFille.sePresente());
trace ("âge : " + uneFille.getAge());

// ❸ Créer une instance unGarçon
var unGarcon:Personne = new Personne();
trace(unGarcon.sePresente());

// ❹ Modifier les propriétés de l'occurrence unGarçon
```

```
unGarcon.nom = "Camden";
unGarcon.prenom = "Nicolas";
// ❺ Utiliser les méthode de la classe Date
unGarcon.dateNaissance.setDate(10);
unGarcon.dateNaissance.setYear(96);
unGarcon.dateNaissance.setMonth(6);
// ❻ Utiliser les méthodes de la classe Personne
trace(unGarcon.sePresente());
```

Le code source est enregistré sous le nom `CreerDesPersonnes.fla`, dans le même répertoire que `Personne.as`.

Exécution d'une application multifichier

L'application, décrite dans le fichier `CreerDesPersonnes.fla`, utilise le type `Personne` défini dans le fichier `Personne.as`. Deux fichiers distincts sont donc nécessaires pour écrire un programme qui utilise des objets `Personne`.

Bien que cela puisse paraître curieux pour un débutant, l'application `CreerDesPersonnes.fla` s'exécute correctement, malgré cette séparation des fichiers. Examinons comment fonctionne l'ordinateur dans un tel cas.

L'exécution d'une animation dans l'environnement Flash s'effectue en deux temps :

• la phase de lecture script avec transformation en code binaire ;

• la phase d'exécution de l'animation.

Lorsque l'application est conçue avec plusieurs fichiers, ces deux phases sont également indispensables.

Lecture de scripts multifichiers

Lorsque vous testez une animation, le lecteur Flash transforme le script en un code binaire directement compréhensible par l'ordinateur (voir le chapitre introductif « À la source d'un programme », section « Exécuter l'animation »).

Remarque

La phase de transformation d'un code source en un exécutable binaire est appelée, dans le jargon informatique, la phase de compilation. C'est à ce stade que le lecteur Flash détecte les éventuelles erreurs de syntaxe.

Si votre script est défini sur plusieurs fichiers, la question se pose de savoir comment Flash examine l'ensemble de ces fichiers.

Pour simplifier la tâche de la personne qui développe des applications, le lecteur Flash est construit de façon à retrouver les différents scripts nécessaires à l'exécution.

Au cours de la compilation, le lecteur Flash constate de lui-même, au moment de la déclaration des objets, que l'application utilise des objets d'un type non prédéfini par le langage ActionScript.

À partir de ce constat, il recherche, dans le répertoire où se trouve l'application qu'il compile, le fichier dont le nom correspond au nouveau type qu'il vient de détecter et dont l'extension est .as. Tout script définissant une classe ActionScript a pour nom celui de la classe (du type) qu'il définit.

Pour notre exemple, en compilant l'application CreerDesPersonnes.fla, le lecteur Flash détecte le type Personne. Il recherche alors le fichier Personne.as dans le répertoire où se trouve l'application.

• S'il trouve ce fichier, il le compile aussi. En fin de compilation, deux fichiers ont été traités, CreerDesPersonnes.fla et Personne.as. Si le compilateur ne détecte aucune erreur, il intègre le code binaire associé à la classe Personne au fichier CreerDesPersonnes.swf au moment de l'exportation.

• S'il ne trouve pas le fichier Personne.as, il signale une erreur de compilation qui indique qu'il ne peut charger la classe correspondant au type déclaré (Impossible de charger la classe ou l'interface 'Personne'.).

Pour corriger cette erreur, il est possible d'indiquer au lecteur Flash quels sont les répertoires susceptibles de contenir des scripts.

Le chemin de classe (classpath)

Par défaut, le lecteur Flash examine le chemin de classe global défini par l'environnement Flash et recherche les scripts annexes à l'application, soit :

• dans le répertoire où se trouve le fichier .fla à exécuter ;

• dans le répertoire \Program Files\Macromedia\Flash MX 2004\fr\First Run\Classes pour la version Flash MX 2004 ;

• dans le répertoire \Program Files\Macromedia\Flash 8\fr\First Run\Classes pour la version Flash 8.

Il est possible de modifier le chemin de classe global en supprimant ou en ajoutant de nouveaux répertoires où le lecteur Flash pourra rechercher les scripts annexes. Pour cela, vous devez :

• pour la version Flash MX 2004 :

– sélectionner l'item Préférences du menu Édition. Le panneau Préférences ci-après apparaît (figure 8-7) ;

– cliquer sur le bouton ActionScript se situant dans la partie inférieure droite du panneau.

• pour la version Flash 8 :

– sélectionner l'item Préférences du menu Édition. Le panneau Préférences ci-après apparaît (figure 8-8) ;

– sélectionner la rubrique ActionScript se situant sur la partie gauche du panneau, puis cliquer sur le bouton ActionScript de la partie inférieure droite du panneau pour faire apparaître la boîte de dialogue Paramètres d'ActionScript (voir figure 8-9).

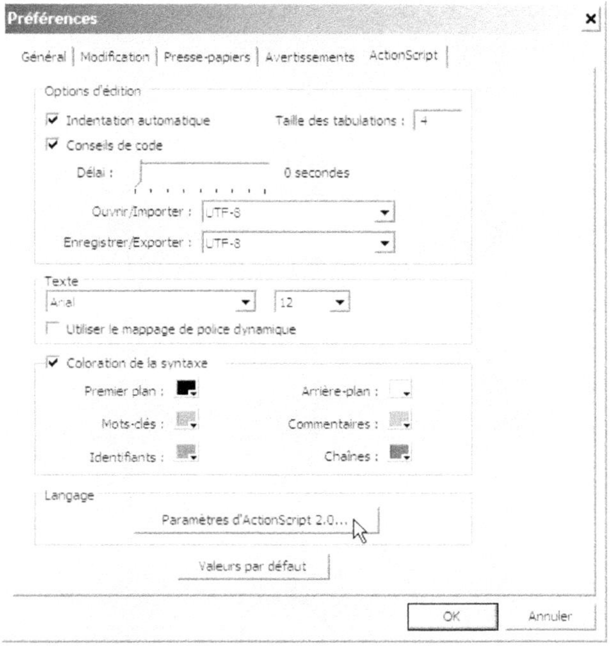

Figure 8-7

*Le panneau
Préférences (version
Flash MX 2004).*

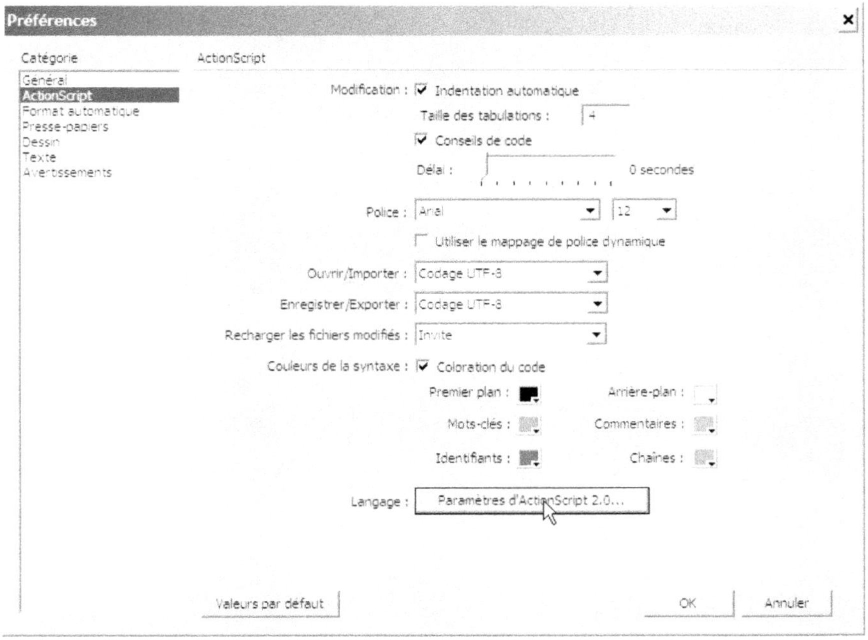

Figure 8-8

*Le panneau
Préférences
(version Flash 8).*

- Lorsque la boîte de dialogue Paramètres d'ActionScript s'affiche (voir figure 8-9), l'ajout d'un chemin de classe s'effectue en cliquant sur le bouton +, la suppression sur le bouton –.

Figure 8-9

La boîte de dialogue Paramètres d'ActionScript.

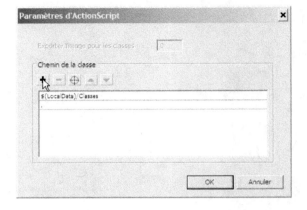

Figure 8-10

Le panneau Paramètres de Publication.

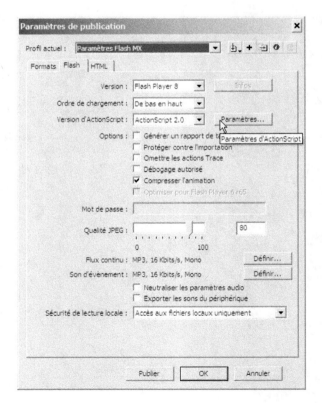

La modification du chemin de classe global reste valide pour toutes les applications et les scripts à venir. Si vous souhaitez modifier le chemin de classe pour un document en particulier, la démarche est la suivante :

- Sélectionnez l'item Paramètres de Publication du menu Fichier. Le panneau Paramètres de Publication ci-après apparaît (figure 8-10).

- Sélectionnez l'onglet Flash de la partie gauche du panneau Paramètres de Publication.

- Cliquez sur le bouton Paramètres... se situant sur la ligne Version d'ActionScript. La boîte de dialogue Paramètres d'ActionScript apparaît (voir figure 8-9).

- L'ajout d'un chemin de classe spécifique au document s'effectue en cliquant sur le bouton +, la suppression sur le bouton -.

Analyse des résultats de l'application CreerDesPersonnes.fla

Au cours des sections précédentes, nous avons observé que tout objet déclaré contenait l'adresse où sont stockées les informations relatives à cet objet. Ainsi, pour accéder aux données et méthodes de chaque objet, il suffit de passer par l'opérateur « . ».

Grâce à cette nouvelle façon de stocker l'information, les transformations d'un objet par l'intermédiaire d'une méthode de sa classe sont visibles pour tous les objets de la même classe. Autrement dit, si une méthode fournit plusieurs résultats, ces modifications sont visibles en dehors de la méthode et pour toute l'application.

Pour mieux comprendre cette technique, examinons comment s'exécute le programme CreerDesPersonnes.

❶ Créer une instance uneFille :

```
var uneFille:Personne = new Personne("Elena", "Lamy", 16, 3, 1993);
```

L'occurrence uneFille est créée grâce au constructeur de la classe Personne. Le nom, le prénom et la date de naissance sont passés en paramètres du constructeur. Ces valeurs sont alors enregistrées directement dans les propriétés de l'objet uneFille.

❷ Utiliser les méthodes de la classe Personne :

```
trace(uneFille.sePresente());
trace ("âge : " + uneFille.getAge());
```

La méthode sePresente() appliquée à l'objet uneFille retourne en résultat une chaîne de caractères qui contient les valeurs enregistrées dans les propriétés de l'occurrence, soit :

```
Je m'appelle Elena Lamy

J'ai 12 ans
```

La méthode getAge() calcule et retourne l'âge à partir de la date de naissance enregistrée dans la propriété dateNaissance de l'occurrence uneFille et la date courante. La fonction trace() affiche :

```
âge : 12 ans
```

❸ Créer une instance unGarcon :

```
var unGarcon:Personne = new Personne();
trace(unGarcon.sePresente());
```

L'occurrence unGarcon est créée grâce au constructeur de la classe Personne. Aucune valeur n'est passée en paramètre du constructeur. Les propriétés de l'objet unGarcon ne contiennent pas de valeurs. Par défaut, le lecteur Flash initialise les propriétés numériques à 0, et les objets à undefined. L'affichage provoqué par l'appel de la méthode sePresente() appliquée à l'objet unGarcon est alors le suivant :

```
Je m'appelle undefined undefined

J'ai 0 ans
```

❹ Modifier les propriétés de l'occurrence unGarcon :

```
unGarcon.nom = "Camden";
unGarcon.prenom = "Nicolas";
```

Les chaînes de caractères "Nicolas" et "Camden" sont directement enregistrées dans les propriétés nom et prenom de l'occurrence unGarcon grâce au signe d'affectation.

❺ Utiliser les méthodes de la classe Date :

```
unGarcon.dateNaissance.setDate(10);
unGarcon.dateNaissance.setYear(96);
unGarcon.dateNaissance.setMonth(6);
```

La propriété dateNaissance est de type Date. Pour modifier le jour, le mois et l'année de naissance, il convient d'appliquer les méthodes setDate(), setMonth() et setYear() à la propriété dateNaissance.

❻ Utiliser les méthodes de la classe Personne :

```
trace(unGarcon.sePresente());
```

La méthode sePresente() appliquée à l'objet unGarcon retourne en résultat une chaîne de caractères qui contient les valeurs enregistrées dans les propriétés de l'occurrence, soit :

```
Je m'appelle Nicolas Camden

J'ai 9 ans
```

Observons que le constructeur Personne() modifie le contenu des trois variables d'instance nom, prenom et dateNaissance de l'objet uneFille. Cette transformation est visible en dehors de l'objet lui-même, puisque la méthode sePresente() affiche à l'écran le résultat de cette modification (voir figure 8-11).

Figure 8-11

Les méthodes appliquées à un objet exploitent les données relatives à cet objet.

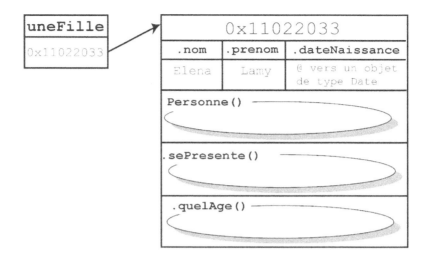

Mémento

La classe Date est une classe prédéfinie du langage ActionScript, qui facilite la manipulation des dates dans une application. Les instructions :

```
var anniv:Date = new Date(1996, 3, 16);
var annee:Number = anniv.getFullYear();
anniv.setYear(93);
```

ont pour résultat de créer un objet anniv dont la valeur correspond à la date du « 16 avril 1993 ». La méthode getFullYear() appliquée à l'objet anniv permet d'enregistrer la valeur de l'année contenue dans l'objet anniv, dans la variable annee. La méthode setYear() modifie l'année enregistrée dans l'objet anniv.

L'étude des objets de type Date montre qu'une classe est une association de données (information ou valeur de tout type) et de méthodes (outils d'accès et de transformation des données).

Le langage ActionScript offre la possibilité au programmeur de développer ses propres classes en utilisant la structure syntaxique suivante :

```
public class Memento {
   // Définition des propriétés
   public résumé:String;
   // Définition des méthodes et du constructeur
   public function Memento() {
    // Instructions
    }
   public quelRésumé () :String {
    // Instructions
    }
 } // Fin de la classe Memento
```

La classe `Memento` est enregistrée dans un fichier nommé obligatoirement `Memento.as`.

Un objet de type `Memento` est utilisé dans une application (fichier d'extension `.fla`) en le déclarant comme suit :

```
var nouveau:Memento = new Memento();
```

La variable `nouveau` est appelée un objet. L'accès aux propriétés ainsi qu'aux méthodes de la classe se fait par l'intermédiaire de l'opérateur point (`.`), comme le montre l'exemple suivant :

```
nouveau.résumé = "Chapitre8 : Classes et objets";
trace(nouveau.quelRésumé());
```

Exercices

Utiliser les objets de la classe Date

Exercice 8.1

> **Extension Web**
>
> Pour vous faciliter la tâche, le fichier `Exercice8_1.fla`, à partir duquel nous allons travailler, se trouve dans le répertoire `Exercices/SupportPourRéaliserLesExercices/Chapitre8`. Dans ce même répertoire, vous pouvez accéder à l'application telle que nous souhaitons la voir fonctionner (`Exercice8_1.swf`) une fois réalisée.

Écrire un programme qui affiche le jour de votre date de naissance.

a. Le jour, le mois et l'année de votre date de naissance sont saisis à l'aide de 3 zones de texte de saisie.

b. Après saisie, construire un objet anniversaire de type `Date`, dont les valeurs correspondent à votre date de naissance.

c. Rechercher, dans la classe `Date`, la méthode qui permet de récupérer le jour de la semaine correspondant à votre date de naissance.

d. Afficher le jour de votre date de naissance en clair (lundi, mardi…) dans une zone de texte dynamique.

> **Remarque**
>
> Lorsque l'utilisateur saisit le mois de naissance, il ne sait pas qu'ActionScript numérote les mois de 0 à 11. Vous devez faire en sorte que le mois entré corresponde au bon mois pour ActionScript.

Créer une classe d'objets

Exercice 8.2

L'objectif est de définir une représentation d'un objet `Livre`.

a. Sachant qu'un livre est défini à partir de son titre, du nom et du prénom de l'auteur, d'une catégorie (Policier, Roman, Junior, Philosophie, Science-fiction), d'un numéro ISBN et d'un code d'enregistrement alphanumérique unique (voir exercice 8.3 ci-après), définissez les données de la classe Livre.

b. Écrivez une application Bibliotheque qui crée un objet livrePoche de type Livre dont les références sont les suivantes :

– Titre : L'arrangement ;

– Catégorie : Roman ;

– Numéro ISBN : 2234023858 ;

– Nom de l'auteur : Kazan ;

– Prénom de l'auteur : Elia ;

Consulter les variables d'instance

Exercice 8.3

Définition des comportements d'un objet de type Livre :

a. Dans la classe Livre, décrivez la méthode afficherUnLivre() qui affiche les caractéristiques du livre concerné.

b. Modifiez l'application Bibliotheque de façon à afficher les caractéristiques de l'objet livrePoche.

c. Le code d'enregistrement d'un livre est construit à partir des deux premières lettres des nom et prénom de l'auteur, de la catégorie du livre et des deux derniers chiffres du code ISBN. Écrire la méthode calculerLeCode() qui permet de calculer ce code.

Remarque

Vous pouvez utiliser la méthode substring() de la classe String pour extraire une sous-chaîne d'un mot.

---

d. Modifiez l'application Bibliotheque de façon à calculer et afficher le code de l'objet livrePoche.

Analyser les résultats d'une application objet

Exercice 8.4

Pour bien comprendre ce que réalise l'application FaireDesTriangles, observez les deux programmes suivants :

• Le fichier Triangle.as

```
class Triangle {
  public var x:Array = new Array(3);
```

```
                public var y:Array = new Array(3);
                public var couleur:String;
                public function Triangle(nxa:Number, nya:Number, nxb:Number,
                                         nyb:Number, nxc:Number, nyc:Number,
                                         nc:String) {
                  couleur = nc;
                  x[0] = nxa;
                  y[0] = nya;
                  x[1] = nxb
                  y[1] = nyb;
                  x[2] = nxc;
                  y[2] = nyc;
                }

                public function afficher():Void  {
                 for (var i:Number=0; i < x.length; i++){
                  trace("x[" + i + "] = \t" +  x[i] + " \ty[" + i + "] = "+ y[i]);
                 }
                 trace("--------------------------------------------------");
                }
                public function deplacer(nx:Number, ny:Number):Void{
                  for (var i:Number=0; i < x.length; i++){
                    x[i] = x[i]+nx;
                    y[i] = y[i]+ny;
                  }
                }
            } // Fin de la classe Triangle
```

• Le fichier CreerUnTriangle.fla

```
                var T:Triangle = new Triangle(0, 0, 100, 0, 50, 100, "0xFF00FF");
                T.afficher();
                T.deplacer(100, 0);
                T.afficher();
```

a. Quel est le programme qui correspond à l'application ?

b. Quel est le programme définissant le type Triangle ?

c. Recherchez les attributs de la classe Triangle, et donnez leur nom.

d. Combien de méthodes sont définies dans la classe Triangle ? Donnez leurs noms.

e. Quels sont les objets utilisés par l'application CreerUnTriangle ? Que valent les tableaux x et y après exécution de l'instruction déclaration ?

f. Sur la représentation graphique ci-dessous, placez, pour l'objet T, les valeurs initiales ainsi que le nom des méthodes.

g. À l'appel de la méthode déplacer(), comment les valeurs sont-elles affectées aux attributs des objets concernés ? Modifiez les cases concernées sur la représentation graphique.

h. Quel est le résultat final de l'application ?

Figure 8-12

Représentation graphique de l'objet T.

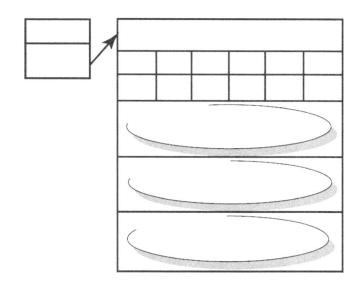

La classe Rectangle

Exercice 8.5

En vous inspirant de la classe `Triangle` et de l'application `CreerUnTriangle` précédentes :

a. Écrire la classe `Rectangle`, sachant que tout rectangle est une forme géométrique possédant :

– une position en `x` et en `y` ;

– une hauteur et une largeur ;

– une couleur.

b. Définir les méthodes `Rectangle()`, `afficher()` et `déplacer()`.

c. Écrire l'application `CreerUnRectangle` qui crée un rectangle `R` en 200, 200; de hauteur égale à 150 pixels et de largeur 100; de couleur jaune (`0xFFFF00`). L'application affiche les coordonnées de `R` avant et après un déplacement de 200 sur l'axe des `y`.

Le projet « Portfolio multimédia »

Nous allons ici réexaminer l'ensemble de la structure des données du portfolio afin de définir ses principaux éléments sous forme de classes.

Il s'agira principalement de définir les propriétés et les comportements généraux pour chacune des classes, sans entrer réellement dans le détail du code. Le codage sera réalisé dans le prochain chapitre, lorsque nous aurons approfondi nos connaissances en matière de programmation objet.

La classe Item

Un menu est composé d'un ensemble d'items. Chacun regroupe les informations suivantes :

- Le clip représentant le fond de l'item et un champ de texte dynamique pour afficher le label.

- Un tableau regroupant des informations telles que le nom du label à placer sur l'item, ainsi que le nombre de photos à afficher pour ce label.

- Une valeur définissant la vitesse de déplacement de l'item au moment du déroulement du menu.

Sachant qu'un item doit pouvoir s'afficher ou s'effacer, écrire l'en-tête des méthodes associées. La classe Item possède un constructeur.

> **Remarque**
>
> Vous pourrez nommer par exemple les propriétés cetItem, info et vitesse, les méthodes afficher() et effacer().

La classe Menu

Un menu est constitué d'un en-tête, d'une liste d'items et d'un booléen décrivant l'état d'affichage du menu (enroulé ou déroulé).

La classe Menu est également constituée d'un constructeur, de méthodes nommées aDerouler(), aEnrouler(), ajouterUnItem().

Dans le fichier Menu.as, écrire la classe Menu, dans laquelle vous définirez les propriétés décrites ci-avant ainsi que l'en-tête des méthodes proposées.

La classe Vignette

Une barre de navigation est composée d'un ensemble de vignettes. Chaque vignette regroupe les informations suivantes :

- Le clip dans lequel est chargée la photo.

- Le numéro correspondant à la photo.

- Le nom de la rubrique ainsi que le chemin d'accès à la photo grand format.

Sachant qu'une vignette doit pouvoir s'afficher, se déplacer vers la droite ou vers la gauche et s'arrêter, écrire l'en-tête des méthodes associées. La classe Vignette possède également un constructeur.

> **Remarque**
>
> Vous pourrez nommer par exemple les propriétés photo, numero et rubrique et chemin, les méthodes sAffiche() et seDeplacerAGauche(), seDeplacerADroite(), arreterLeDeplacement().

La classe BarreNavigation

La barre de navigation est constituée d'un ensemble de vignettes cliquables, dont seule une partie est visible.

Une barre de navigation regroupe les informations suivantes :

- La liste des vignettes dont elle est composée.
- Un masque définissant la zone visible.

La classe `BarreNavigation` est également constituée d'un constructeur, de méthodes nommées `aDroite()`, `aGauche()`, `ajouterUneVignette()`.

Dans le fichier `BarreNavigation.as`, écrire la classe `BarreNavigation` dans laquelle vous définirez les propriétés décrites ci-avant ainsi que l'en-tête des méthodes proposées.

9

Les principes
du concept objet

Au cours du chapitre précédent, nous avons examiné comment mettre en place des objets à l'intérieur d'un script. Cette étude a montré combien la structure générale des programmes se trouvait modifiée par l'emploi des objets.

En réalité, les objets sont beaucoup plus qu'une structure syntaxique. Ils sont régis par des principes essentiels qui constituent les fondements de la programmation objet. Dans ce chapitre, nous étudierons l'ensemble de ces principes.

Nous examinerons ainsi les différentes façons de définir une propriété au sein d'une classe et d'une application (section « Le traitement des propriétés d'une classe »).

Nous expliquerons ensuite (section « Les objets contrôlent leur fonctionnement ») le concept d'encapsulation des données, et nous examinerons pourquoi et comment les objets protègent leurs données.

Puis, nous définirons (section « L'héritage ») la notion d'héritage entre classes. Nous observerons combien cette notion est utile puisqu'elle permet de réutiliser des programmes tout en apportant des variations dans le comportement des objets héritants.

Pour finir, nous réaliserons une application qui met en œuvre, de façon plus concrète, toutes les notions abordées au cours de ces deux derniers chapitres, et qui utilise des clips d'animation et des gestionnaires d'événements.

Le traitement des propriétés d'une classe

Les propriétés d'une classe dessinent la structure de base des objets utilisés par une application. Dans cette section nous allons examiner les différentes façons de définir et de manipuler les données d'une classe.

Les données static

En définissant un type ou une classe, le développeur crée un modèle qui décrit les fonctionnalités des objets utilisés par le programme. Les objets sont créés en mémoire à partir de ce modèle, par copie des données et des méthodes.

Cette copie est réalisée lors de la réservation des emplacements mémoire grâce à l'opérateur new qui initialise les données de l'objet et fournit, en retour, l'adresse où se trouvent les informations stockées.

En réalité, nous allons voir que la programmation objet implique différentes façons de réserver un espace mémoire. Pour cela, nous allons examiner la différence de comportement entre une variable d'instance et une donnée statique.

Il existe deux façons de déclarer les propriétés d'une classe.

• La première consiste à déclarer une propriété comme nous l'avons fait jusqu'à présent.

```
class Personne {
  public var nom:String;
  // …
}
```

Dans ce cas, la propriété est appelée variable d'instance. Pour notre exemple, la propriété nom est une variable d'instance de la classe Personne.

• La seconde consiste à déclarer une variable en mode statique, comme suit :

```
class Personne {
  public static var nbPersonne:Number;
  // …
}
```

Le mot-clé static placé en avant de la déclaration de la variable indique au lecteur Flash que la variable ainsi déclarée est une variable statique. Dans cette situation, le lecteur Flash réserve un espace mémoire unique pour y stocker la valeur associée. Cet espace mémoire est communément accessible pour tous les objets du même type.

Remarque

Lorsque le mot-clé static n'apparaît pas, l'interpréteur réserve, *à chaque* appel de l'opérateur new, un espace mémoire pour y charger les données décrites dans la classe. Il existe autant d'espaces mémoire associés que d'objets créés.

Les données statiques sont appelées variables de classe. Pour notre exemple, la propriété nbPersonne est une variable de classe de la classe Personne.

Exemple : compter des personnes

Pour bien comprendre la différence entre une donnée static et une donnée non static, modifions la classe Personne, afin de pouvoir connaître le nombre d'objets de type Personne créés en cours d'application.

Pour ce faire, l'idée est d'insérer dans la fonction constructeur une instruction qui permet d'incrémenter un compteur de personnes.

La variable représentant ce compteur doit être indépendante des objets créés, de sorte que sa valeur ne soit pas réinitialisée à zéro à chaque création d'objet. Cette variable doit cependant être accessible pour chaque objet de façon qu'elle puisse s'incrémenter de un à chaque fois qu'un objet est construit.

Pour réaliser ces contraintes, le compteur de personnes doit être une variable de classe, c'est-à-dire une variable déclarée avec le mot-clé static. Examinons tout cela dans le programme suivant.

```
//Définition de la classe Personne
class Personne {
    // Définition des attributs de la classe
    public var prenom:String;
    public var nom:String;
    public var dateNaissance:Date;
    public static var compteur:Number= 0;

    // Définition de la fonction constructeur
    public function Personne( p:String, n:String, j:Number,
                              m:Number, a:Number) {
        prenom = p;
        nom = n
        dateNaissance = new Date(a, m, j);
        compteur++;
    }

    // et toutes les autres méthodes de la classe Personne définies
    // au chapitre précédent
} // Fin de la classe Personne
```

Extension Web

Vous pourrez tester cet exemple en exécutant le fichier CreerDesPersonnes.fla, sous le répertoire Exemples/Chapitre9/Static.

Les données définies dans la classe Personne sont de deux sortes :

- les variables d'instance, nom, prenom et dateNaissance ;
- la variable de classe, compteur.

Seul le mot-clé static permet de différencier leur catégorie.

Grâce au mot-clé static, la variable de classe compteur devient un espace mémoire commun, accessible pour tous les objets créés. Pour utiliser cette variable, il suffit de l'appeler par son nom véritable, c'est-à-dire compteur, si elle est utilisée dans la classe Personne, ou Personne.compteur, si elle l'est en dehors de cette classe.

Exécution de l'application CompterDesPersonnes

Pour mieux saisir la différence entre les variables d'instance (non static) et les variables de classe (static), observons comment fonctionne l'application CompterDesPersonnes.

```
var uneFille:Personne = new Personne("Elena", "Lamy", 16, 3, 1993);
trace("Personne créée : " + Personne.compteur);
trace(uneFille.sePresente());


var unGarcon:Personne = new Personne("Nicolas","Camden", 10,
                                      6, 1996);
trace("Personne créée : " + Personne.compteur);
trace(unGarcon.sePresente());
```

Dans ce programme, deux objets de type Personne sont créés à partir du modèle défini par la classe Personne. Chaque objet est un représentant particulier, une instance de la classe Personne, avec un nom, un prénom et une date de naissance spécifique pour chaque objet créé.

Lorsque l'objet uneFille est créé en mémoire, grâce à l'opérateur new, les données nom, prenom et dateNaissance sont créées. La variable de classe compteur est elle aussi créée en mémoire, et sa valeur est initialisée à 0.

À l'appel du constructeur, les valeurs des variables nom, prenom et dateNaissance de l'instance uneFille sont initialisées à l'aide des valeurs passées en paramètres du constructeur. La variable de classe compteur est incrémentée de 1 (compteur++). Le nombre de personnes est alors de 1 (voir l'objet UneFille, décrit à la figure 9-1).

De la même façon, l'objet unGarcon est créé en mémoire grâce à l'opérateur new. Les données nom, prenom et dateNaissance sont, elles aussi, initialisées à l'aide des valeurs passées en paramètres du constructeur.

Pour la variable de classe compteur, en revanche, cette initialisation n'est pas réalisée. La présence du mot-clé static fait que la variable de classe compteur, qui existe déjà en mémoire, ne peut être réinitialisée directement par l'interpréteur.

Il y a donc, non pas réservation d'un nouvel emplacement mémoire, mais préservation du même emplacement mémoire, avec conservation de la valeur calculée à l'étape précédente, soit 1.

Après initialisation des données nom, prenom et dateNaissance de l'instance unGarcon, l'instruction compteur++ fait passer la valeur de Personne.compteur à 2 (voir l'objet unGarcon décrit à la figure 9-1).

Figure 9-1

La variable de classe Personne.compteur est créée en mémoire, avec l'objet uneFille. Grâce au mot-clé static, il y a, non pas réservation d'un nouvel espace mémoire (pour la variable compteur) lors de la création de l'objet unGarcon, mais préservation de l'espace mémoire ainsi que de la valeur stockée.

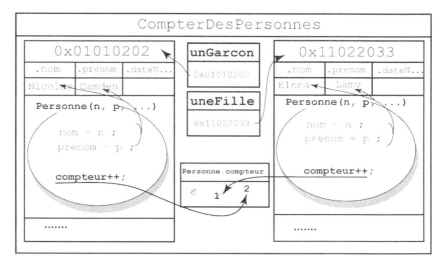

N'existant qu'en un seul exemplaire, la variable de classe compteur permet de compter le nombre de personnes créés par l'application. L'incrémentation de cette valeur est réalisée indépendamment de l'objet, la variable étant commune à tous les objets créés.

Remarque

Les variables statiques sont surtout utilisées pour définir des constantes communes et accessibles par un ensemble de classes. Nous nous servirons de cette technique de programmation pour réaliser le Portfolio multimédia à la fin de ce chapitre.

Les classes dynamiques

Lorsque vous créez votre propre classe, les données et méthodes sont définitivement définies dans le fichier d'extension .as. Par défaut, il n'est pas possible d'ajouter une nouvelle propriété ou une nouvelle méthode par programme.

Ainsi, l'ajout directe de la propriété telephone à l'objet uneFille de type Personne, depuis l'application creerUnePersonne :

```
var uneFille:Personne = new Personne("Elena", "Lamy", 16, 3, 1993);
uneFille.telephone = "01 22 16 10 01";
trace(uneFille.sePresente());
trace("Mon numéro de téléphone : " + uneFille.telephone);
```

a pour conséquence de générer une erreur au moment de la compilation. Cette erreur indique qu'« il n'existe pas de propriété nommée telephone ».

L'ajout d'une propriété ou d'une méthode par programme n'est réalisable qu'avec des classes dynamiques. Pour rendre une classe dynamique, il suffit de placer le mot-clé dynamic devant le mot-clé class lors de la définition de la classe.

Par exemple, pour rendre dynamique la classe `Personne`, il suffit d'écrire dans le fichier `Personne.as` :

```
dynamic class Personne {
// Définition des attributs de la classe
// Définition des méthodes
}
```

L'ajout simple du modificateur `dynamic` suffit à rendre exécutable l'instruction `uneFille`
`.telephone = "01 22 16 10 01"`. La fenêtre de sortie affiche alors le résultat suivant :

```
Je m'appelle Elena Lamy

J'ai 12 ans

Mon numéro de téléphone : 01 22 16 10 01

Je m'appelle Nicolas Camden

J'ai 9 ans
```

De cette façon, la propriété `telephone` est ajoutée à la classe `Personne` et toute personne peut désormais avoir un numéro de téléphone.

La classe MovieClip

Bien que cela semble plus logique et plus cohérent de définir une propriété ou une méthode directement dans le fichier de définition de la classe, les classes dynamiques sont parfois très pratiques.

L'exemple le plus courant concerne la classe `MovieClip`. En effet, cette dernière est une classe dynamique. Elle autorise l'ajout de propriétés et de méthodes par programme.

Au cours des exemples et des exercices précédents (voir chapitre 5, « Les répétitions », exercice 5.4), nous avons utilisé plusieurs fois la faculté d'ajout de propriétés par programme.

Par exemple, pour le jeu de bulles, lorsque nous définissons les propriétés `valeurBulle` et `vitesse` pour chaque bulle créée :

```
for (var i:Number; i < = 10; i++) {
   attachMovie("BulleClp", "bSavon"+i, 100+i);
   cetteBulle = _root["bSavon"+i];
   cetteBulle.valeurBulle = Math.round( Math.random()*5);
   cetteBulle.vitesse =  Math.random()*5+10;
}
```

nous ne faisons qu'ajouter deux nouvelles propriétés au clip `BulleClp`. De cette façon, chaque bulle créée possède sa propre vitesse de déplacement sur la scène et sa propre valeur de gain lorsque le curseur l'atteint.

L'ajout de nouvelles propriétés à un objet de type `MovieClip` permet donc la définition, à moindre coût de développement :

- de valeurs spécifiques à un clip d'animation ;
- de comportements propres à chaque clip présent sur la scène (vitesse de déplacement, donnée à afficher lors d'un clic...).

La boucle for-in

La boucle `for-in` est une boucle dont la syntaxe simplifie grandement le parcours des propriétés d'un objet. Elle nous évite d'avoir à connaître le nom exact des propriétés des objets.

La boucle `for-in` s'écrit de la façon suivante :

```
for (var propriete:String in unObjet) {
    trace( propriete);
}
```

La variable `propriete` est utilisée pour parcourir l'ensemble des propriétés de l'objet `unObjet`. À chaque tour de boucle, elle stocke le nom de la propriété à laquelle elle fait référence. Cette variable peut être utilisée pour examiner par exemple le contenu de chacune des propriétés d'un objet.

Observons le programme suivant :

```
var uneFille:Personne = new Personne("Elena", "Lamy", 16, 3, 93);
uneFille.telephone = "01 22 16 10 01";
// ❶ Parcourir les propriétés de l'objet uneFille
for (var propriete:String in uneFille) {
    trace("uneFille." + propriete + " = " + uneFille[propriete]);
}
var unGarcon:Personne = new Personne("Nicolas", "Camden", 10,6,96);
// ❷ Parcourir les propriétés de l'objet unGarcon
for (var propriete:String in unGarcon) {
trace("unGarcon." + propriete + " = " + unGarcon[propriete]);
}
```

Extension Web

Vous pourrez tester cet exemple en exécutant le fichier `BoucleForIn.fla`, sous le répertoire `Exemples/Chapitre9/ForIn`.

Dans ce script, un premier objet `uneFille` est créé et construit avec les valeurs passées en paramètres du constructeur `Personne()`. La propriété `telephone` est ensuite ajoutée à l'occurrence `uneFille`, la classe `Personne` étant définie comme classe dynamique.

❶ La boucle `for-in` parcourt ensuite les différentes propriétés de l'objet `uneFille`, à l'aide de la variable `propriete`. La commande `trace()` affiche ensuite le nom de la propriété (`propriete`) suivi du contenu de la propriété (`uneFille[propriete]`) pour l'objet `uneFille`. L'affichage dans la fenêtre de sortie est alors le suivant :

```
uneFille.telephone = 01 22 16 10 01
uneFille.dateNaissance = Fri Apr 16 00:00:00 GMT+0200 1993
uneFille.nom = Lamy
uneFille.prenom = Elena
```

❷ La seconde boucle `for-in` parcourt et affiche de la même façon les propriétés de l'objet `unGarcon`.

```
unGarcon.dateNaissance = Wed Jul 10 00:00:00 GMT+0200 1996
unGarcon.nom = Camden
unGarcon.prenom = Nicolas
```

Les objets contrôlent leur fonctionnement

L'un des objectifs de la programmation objet est de simuler, à l'aide d'un programme informatique, la manipulation des objets réels par l'être humain. Les objets réels forment un tout, et leur manipulation nécessite la plupart du temps un outil, ou une interface de communication.

Par exemple, quand nous prenons un ascenseur, nous appuyons sur le bouton d'appel pour ouvrir les portes ou pour nous rendre jusqu'à l'étage désiré. L'interface de communication est ici le bouton d'appel. Nul n'aurait l'idée de prendre la télécommande de sa télévision pour appeler un ascenseur.

De la même façon, la préparation d'une omelette nécessite de casser des œufs. Pour briser la coquille d'un œuf, nous pouvons utiliser l'outil couteau. Un marteau pourrait être également utilisé, mais son usage n'est pas vraiment adapté à la situation.

Comme nous le constatons à travers ces exemples, les objets réels sont manipulés par l'intermédiaire d'interfaces *appropriées*. L'utilisation d'un outil inadapté fait que l'objet ne répond pas à nos attentes ou qu'il se brise définitivement.

Tout comme nous manions les objets réels, les applications informatiques utilisent des objets virtuels définis par le programmeur. Cette manipulation nécessite des outils aussi bien adaptés que nos outils réels. Sans contrôle sur le bien-fondé d'une manipulation, l'application risque de fournir de mauvais résultats, ou pire, de cesser brutalement son exécution.

La notion d'encapsulation

Pour réaliser l'adéquation entre un outil et la manipulation d'un objet, la programmation objet utilise le concept d'encapsulation.

> **Remarque**
>
> Par ce terme, il faut entendre que les données d'un objet sont protégées, tout comme le médicament est protégé par la fine pellicule de sa capsule. Grâce à cette protection, il ne peut y avoir de transformation involontaire des données de l'objet.

L'encapsulation passe par le contrôle des données et des comportements de l'objet. Ce contrôle est établi à travers la protection des données (voir la section suivante), l'accès contrôlé aux données (voir la section « Les méthodes d'accès aux données »).

La protection des données

Le langage ActionScript fournit les niveaux de protection suivants pour les membres d'une classe (données et méthodes) :

- Protection `public`. Les membres (données et méthodes) d'une classe déclarés `public` sont accessibles pour tous les objets de l'application. Les données peuvent être modifiées par une méthode de la classe, d'une autre classe ou depuis le script principal.

- Protection `private`. Les membres de la classe déclarés `private` ne sont accessibles que pour les méthodes de la même classe. Les données ne peuvent être initialisées ou modifiées que par l'intermédiaire d'une méthode de la classe. Les données ou méthodes ne peuvent être appelées par un autre script.

Par défaut, lorsque les données sont déclarées sans type de protection, leur protection est `public`. Elles sont alors accessibles depuis toute l'application.

Protéger les données de la classe Personne

Pour protéger les données de la classe `Personne`, il suffit de remplacer le mot-clé `public` précédant la déclaration des variables d'instance par le mot `private`. Observons la nouvelle classe `Personne` dont les données sont ainsi protégées.

```
//Définition de la classe Personne
class Personne {
// Définition des attributs de la classe
private var prenom:String;
private var nom:String;
private var dateNaissance:Date;

// Définition de la fonction constructeur
public function Personne ( p:String, n:String, j:Number,
                           m:Number, a:Number) {
  prenom = p;
  nom = n
  dateNaissance = new Date(a, m, j);
}

// Définition du comportement sePresente()
```

```
public function sePresente():String {
  var age:Number = getAge()
  return "Je m'appelle " + prenom + " " + nom + "\nJ'ai " +
         age + " ans ";
}

// Définition de la méthode calculant l'âge de la personne
public function getAge():Number {
  var aujourdHui:Date = new Date();
  var age:Number =
         aujourdHui.getFullYear() - dateNaissance.getFullYear();
   return age;
  }
}
```

Les données `nom`, `prenom` et `dateNaissance` de la classe `Personne` sont protégées grâce au mot-clé `private`. Étudions les conséquences d'une telle protection sur la phase de compilation de l'application `CreerDesPersonnesPrivees` :

```
var unGarcon:Personne = new Personne();
trace(unGarcon.sePresente());
unGarcon.nom = "Camden";
unGarcon.prenom = "Nicolas";
unGarcon.dateNaissance.setDate(10);
unGarcon.dateNaissance.setYear(96);
unGarcon.dateNaissance.setMonth(6);

trace(unGarcon.sePresente());
```

Compilation de l'application creerDesPersonnesPrivees

Les données `nom`, `prenom` et `dateNaissance` de la classe `Personne` sont déclarées privées. Par définition, elles ne sont donc pas accessibles en dehors de la classe où elles sont définies.

Or, en écrivant dans le script principal, l'instruction `unGarcon.nom = "Camden";` le programmeur demande d'accéder, depuis le script `CreerDesPersonnesPrivees`, à la valeur de `nom`, de façon à la modifier. Cet accès est impossible, car `nom` est défini en mode `private` dans la classe `Personne`. C'est pourquoi le compilateur indique une erreur du type : `Le membre est privé : accès impossible`. Le compilateur indique la même erreur pour les propriétés `prenom` et `dateNaissance` qui sont également définies en mode privé.

> **Question**
>
> Que se passe-t-il si l'on place le terme `private` devant la méthode `sePresente()` ?
>
> **Réponse**
>
> Lors de la compilation du fichier `CreerDesPersonnesPrivees`, le message d'erreur `Le membre est privé : accès impossible` pour la méthode `sePresente()` s'affiche.
>
> En effet, si la méthode `sePresente()` est définie en private, elle n'est plus accessible depuis l'extérieur de la classe `Personne`. Il n'est donc pas possible de l'appeler depuis le script principal `CreerDesPersonnesPrivees`.

Les méthodes d'accès aux données

Lorsque les données sont totalement protégées, c'est-à-dire déclarées `private` à l'intérieur d'une classe, elles ne sont plus accessibles depuis une autre classe ou depuis le script principal. Pour connaître ou modifier la valeur d'une donnée, il est nécessaire de créer, à l'intérieur de la classe, des méthodes d'accès à ces données.

Les données privées ne peuvent être consultées ou modifiées que par des méthodes de la classe où elles sont déclarées.

Ainsi, grâce à l'accès aux données par l'intermédiaire de méthodes appropriées, l'objet permet, non seulement la consultation de la valeur de ses données, mais aussi l'autorisation ou non, suivant ses propres critères, de leur modification.

Figure 9-2

Lorsque les données d'un objet sont protégées, l'objet possède ses propres méthodes qui permettent, soit de consulter la valeur réelle de ses données, soit de modifier les données. La validité de ces modifications est contrôlée par les méthodes définies dans la classe.

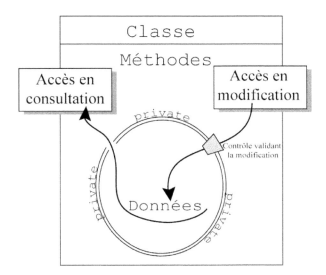

Les méthodes get et set

Comme le montre la figure 9-2, il existe deux types de méthodes, celles dont l'accès est :

- En *consultation*. La méthode fournit la valeur de la donnée mais ne peut la modifier. Ce type de méthode est aussi appelé « accesseur » en consultation. Ces méthodes ont par convention un nom qui commence par le terme get.

- En *modification*. La méthode modifie la valeur de la donnée. Cette modification est réalisée après validation par la méthode. On parle aussi d'accesseur en modification. Ces méthodes ont par convention un nom qui commence par le terme set.

Pour notre exemple, il est possible de créer autant de méthodes d'accès en consultation et en modification, qu'il y a de propriétés. Ainsi nous obtenons les méthodes suivantes :

```
// ❶ Méthode d'accès en lecture (get)
// Récupérer le prénom
public function getPrenom():String {
  return prenom;
}
// Récupérer le nom
public function getNom():String {
  return nom;
}
// Récupérer la date de naissance
public function getDateNaissance():String {
  return dateNaissance.getDate() + "/" + dateNaissance.getMonth()
                        + "/" + dateNaissance.getYear();
}


// ❷ Méthode d'accès en écriture (set)
// Modifier le prénom
public function setPrenom(p:String):Void {
  prenom = p;
}
// Modifier le nom
public function setNom(n:String):Void {
  nom = n;
}
// ❸ Modifier la date de naissance
public function setDateNaissance(dn:String):Void {
    var tmp:Array = new Array();
    tmp = dn.split("/",3);
    dateNaissance = new Date(tmp[2], tmp[1], tmp[0]);
}
```

Extension Web

Vous pourrez tester cet exemple en exécutant le fichier CreerDesPersonnes.fla, sous le répertoire Exemples/Chapitre9/MethodesGetEtSet.

❶ Les méthodes d'accès en lecture (méthode get) retournent en résultat la valeur stockée dans la propriété appropriée. Ainsi, par exemple, la valeur stockée dans la propriété prenom est transmise grâce au return, au programme qui fait appel à la méthode getPrenom().

La méthode getDateNaissance() retourne la date de naissance d'une personne sous la forme d'une chaîne de caractères où le jour, le mois et l'année sont présentés sous la forme jj/mm/aaaa.

❷ Les méthodes d'accès en écriture (méthode set) sont utilisées pour modifier les valeurs déjà enregistrées dans les propriétés de l'objet. Les nouvelles valeurs sont passées en paramètres de la méthode.

❸ La méthode setDateNaissance() prend en paramètre une chaîne de caractères de la forme jj/mm/aaaa. Les valeurs numériques associées au jour, au mois et à l'année sont extraites de la chaîne grâce à la méthode split() qui est une méthode native de la classe String.

L'instruction dn.split("/", 3) recherche, dans la chaîne dn, tous les caractères identiques au caractère « / » qu'elle considère comme élément séparateur de sous-chaînes. Elle extrait les 3 sous-chaînes placées entre les séparateurs et les retourne sous forme d'un tableau. Les trois valeurs ainsi déterminées sont utilisées pour construire la propriété dateNaissance.

Ainsi, l'application :

```
// ❶ Création de l'objet unGarcon
var unGarcon:Personne = new Personne();
trace(unGarcon.sePresente());
// ❷ Initialisation des propriétés de l'objet unGarcon
unGarcon.setNom("Camden");
unGarcon.setPrenom("Nicolas");
unGarcon.setDateNaissance("10/06/96");
// ❸ Consultation des propriétés de l'objet unGarcon
trace("Je m'appelle "+ unGarcon.getPrenom() +
     " " + unGarcon.getNom()) ;
trace("J'ai " + unGarcon.getAge() + " ans") ;
```

permet de modifier et d'afficher les nouvelles propriétés de l'objet unGarcon sans que cela ne génère d'erreurs d'accès aux membres de la classe Personne.

❶ L'occurrence unGarcon est créée grâce au constructeur de la classe Personne. Aucune valeur n'est passée en paramètre du constructeur. Les propriétés de l'objet unGarcon sont initialisées par défaut à 0 et undefined. L'affichage provoqué par l'appel de la méthode sePresente() appliquée à l'objet unGarcon est alors le suivant :

```
Je m'appelle undefined
```

```
J'ai 0 ans
```

❷ Les chaînes de caractères Nicolas et Camden sont enregistrées dans les propriétés nom et prenom de l'occurrence unGarcon par l'intermédiaire des méthodes setPrenom() et setNom(). La date de naissance est définie à l'aide de la méthode setDateNaissance().

❸ Le contenu des propriétés de l'occurrence unGarcon est obtenu par l'intermédiaire des méthodes getPrenom() et getNom().

La commande `trace()` affiche :

```
Je m'appelle Nicolas Camden
J'ai 9 ans
```

Le contrôle des données

Les méthodes d'accès en modification utilisent des mécanismes de contrôle pour assurer la validité des valeurs transmises en paramètres de la méthode.

Ainsi, dans l'exemple suivant, nous prenons pour hypothèse que l'année de naissance d'une personne ne puisse jamais être supérieure à l'année en cours. Cette condition doit être vérifiée pour toutes les méthodes qui peuvent modifier la date de naissance d'une personne.

Comme nous l'avons déjà observé au cours de ce chapitre, les méthodes `sePresente()` et `getAge()` ne font que consulter le contenu de la propriété `dateNaissance`.

En revanche, les méthodes de type `set...()` et le constructeur `Personne()` modifient le contenu des propriétés de la classe. Les méthodes `setNom()` et `setPrenom()` n'ont pas d'influence sur la donnée `dateNaissance`. Par contre les méthodes `setDateNaissance()` et `Personne()` doivent vérifier la validité de la date de naissance, de sorte que cette dernière ne puisse être définie après l'année en cours. Examinons la classe `Personne` suivante qui prend en compte ces nouvelles contraintes :

Extension Web

Vous pourrez tester cet exemple en exécutant le fichier `CreerDesPersonnesContolees.fla`, sous le répertoire `Exemples/Chapitre9/ControleDesDonnees`.

```
//Définition de la classe Personne
class Personne {
// Définition des attributs de la classe
private var prenom:String;
private var nom:String;
private var dateNaissance:Date;

// ❶ Méthode vérifiant la validité de la date de naissance
public function valideDateNaissance ():Boolean {
    var aujourdHui:Date = new Date();
    var cetteAnnee:Number  = aujourdHui.getFullYear();
    var anneeNaissance:Number = dateNaissance.getFullYear();
    if (cetteAnnee  < anneeNaissance) return false;
    else return true;
 }

public function setDateNaissance(dn:String):Void {
    var tmp:Array = new Array();
    tmp = dn.split("/",3);
```

```
    dateNaissance = new Date(tmp[2], tmp[1], tmp[0]);
    // ❷ Vérifier si la date de naissance est valide
    if ( ! valideDateNaissance()) {
        dateNaissance = new Date();
    }
  }

  // Définition du comportement sePresente()
  // Définition de la méthode calculant l'âge de la personne
  } // Fin de la classe PersonneControle
```

❶ La méthode valideDateNaissance() contrôle la date de naissance stockée dans la propriété dateNaissance. Si l'année correspondant à cette date est supérieure à l'année en cours, cela signifie que la date fournie en paramètre du constructeur est erronée, la méthode valideDateNaissance() retourne la valeur false. La méthode retourne true dans tous les autres cas.

❷ La méthode setDateNaissance() fait appel à la méthode valideDateNaissance() après avoir enregistré les données dans la propriété dateNaissance. Le test if (! valideDateNaissance()) utilise la négation grâce à l'opérateur « ! ». Il se traduit littéralement par « Si la date de naissance n'est pas valide » alors enregistrer comme date de naissance, la date du jour où l'application est exécutée.

La fonction constructeur

Le constructeur d'une classe modifie également les propriétés de la classe puisqu'il est appelé au moment de la construction de l'objet. Les valeurs passées en paramètres de la fonction constructeur sont utilisées pour initialiser les propriétés de l'objet en cours de construction.

Par souci de cohérence et afin de faciliter la maintenance du code, il est fortement conseillé d'initialiser les propriétés à l'intérieur du constructeur à l'aide des méthodes set…(). De cette façon, si la mise à jour d'une propriété demande un nouveau contrôle et donc l'ajout de nouvelles instructions, la modification du code ne s'effectuera que pour la méthode set…().

En utilisant cette technique de programmation, le constructeur de la classe Personne s'écrit désormais :

```
// Définition de la fonction constructeur
public function Personne( p:String, n:String, dn:String) {
  setNom(p);
  setPrenom(n);
  setDateNaissance(dn);
}
```

Chaque propriété est initialisée avec la méthode d'accès en écriture qui lui est propre. La propriété nom l'est par la méthode setNom(), prenom par setPrenom()...

La méthode setDateNaissance() initialise la date de naissance à partir d'une chaîne de caractères de type jj/mm/aaaa. Modifions le constructeur de façon que le paramètre correspondant à la date de naissance soit une chaîne de caractères et non plus trois valeurs numériques.

> **Remarque**
>
> Le format `jj/mm/aaaa` présente l'avantage d'être usuel pour écrire une date. L'erreur qui consistait à intervertir le jour avec le mois ou l'année avec le constructeur précédent peut être plus facilement évitée.

La méthode `setDateNaissance()` vérifiant par elle-même la validité de la date, il n'est pas besoin d'ajouter de nouvelles instructions de contrôle au sein du constructeur.

Exécution de l'application CreerDesPersonnesControlees

Pour vérifier que tous les objets `Personne` contrôlent bien leur date de naissance, examinons l'exécution de l'application suivante :

```
// ❶ Créer un objet uneFille avec le bon format de date
var uneFille:Personne = new Personne("Elena", "Lamy",
                        "16/03/1993");
trace(uneFille.sePresente());
// ❷ Créer un objet unGarcon avec le bon format de date
var unGarcon:Personne = new Personne("Nicolas","Camden",
                        "10/06/2200");
trace(unGarcon.sePresente());
```

❶ L'occurrence `uneFille` est créée grâce au constructeur de la classe `Personne`. La date de naissance est valide puisque 1993 est situé avant l'année en cours. La méthode `valideDate Naissance()` retourne `true`. La propriété `dateNaissance` n'est pas modifiée. Le script affiche :

```
Je m'appelle Elena Lamy

J'ai 12 ans
```

❷ L'occurrence `unGarcon` est créée avec une date de naissance erronée – 2200 est situé après l'année en cours. La méthode `valideDateNaissance())` retourne `false`. La propriété `dateNaissance` est donc modifiée, sa valeur devient la date d'aujourd'hui. Le script affiche :

```
Je m'appelle Nicolas Camden

J'ai 0 ans
```

Des méthodes invisibles

Comme nous l'avons observé précédemment, les données d'une classe sont généralement déclarées en mode `private`. Les méthodes, quant à elles, sont le plus souvent déclarées `public`, car ce sont elles qui permettent l'accès aux données protégées. Dans certains cas particuliers, il peut arriver que des méthodes soient définies en mode `private`. Elles deviennent alors inaccessibles depuis les classes extérieures.

Ainsi, le contrôle systématique des données est toujours réalisé par l'objet lui-même, et non par l'application qui utilise les objets. Par conséquent, les méthodes qui ont pour charge de réaliser cette vérification peuvent être définies comme méthodes internes à la classe puisqu'elles ne sont jamais appelées par l'application.

Par exemple, le contrôle de la validité de la date de naissance n'est pas réalisé par l'application CreerDesPersonnesControlees, mais correspond à une opération interne à la classe Personne. La méthode valideDateNaissance() peut donc être définie en mode privé comme suit :

```
private function valideDateNaissance ():Boolean {
    var aujourdHui:Date = new Date();
    var cetteAnnee:Number  = aujourdHui.getFullYear();
    var anneeNaissance:Number = dateNaissance.getFullYear();
    if (cetteAnnee  < anneeNaissance) return false;
    else return true;
}
```

> **Remarque**
> La méthode valideDateNaissance() est appelée « méthode d'implémentation » ou encore « méthode métier » car elle est déclarée en mode privé. Son existence n'est connue d'aucune autre classe. Seules les méthodes de la classe Personne peuvent l'exploiter, et elle n'est pas directement exécutable par l'application. Elle est cependant très utile à l'intérieur de la classe où elle est définie.

L'héritage

L'héritage est le dernier concept fondamental de la programmation objet étudié dans ce chapitre. Ce concept permet la réutilisation des fonctionnalités d'une classe, tout en apportant certaines variations spécifiques de l'objet héritant.

Avec l'héritage, les méthodes définies pour un ensemble de données sont réutilisables pour des variantes de cet ensemble. Par exemple, si nous supposons qu'une classe Lecteur définit un ensemble de comportements propres aux personnes inscrites à une bibliothèque, alors :

• Les comportements décrits par la classe Personne peuvent être réutilisés par la classe Lecteur, qui rassemble également des personnes. Cette réutilisation est effectuée sans avoir à modifier les instructions de la classe Personne.

• Il est possible d'ajouter d'autres comportements spécifiques aux objets Lecteur. Ces nouveaux comportements sont valides uniquement pour la classe Lecteur et non pour la classe Personne.

La relation « est un »

En pratique, pour déterminer si une classe B hérite d'une classe A, il suffit de savoir s'il existe une relation « est un » entre B et A. Si tel est le cas, la syntaxe de déclaration est la suivante :

```
class B extends A {
// données et méthodes de la classe B
}
```

Dans ce cas, on dit que :

- B est une sous-classe de A ou encore une classe dérivée de A.
- A est une super-classe ou encore une classe de base.

Un Lecteur « est une » Personne

En supposant qu'un Lecteur est une personne qui possède un numéro d'abonné et qui ne peut emprunter que trois livres à la fois, la classe Lecteur s'écrit de la façon suivante :

```
//Définition de la classe Lecteur
class Lecteur extends Personne{
// Définition des attributs de la classe
private var numAbonne:String;
private var listeLivres:Array;

// Méthode d'accès en lecture
 public function getNumAbonne():String {
   return numAbonne;
 }

public function getListeLivres():Array {
    return listeLivres;
 }

// Méthode d'accès en écriture
 public function setNumAbonne(n:String):Void {
  numAbonne = n;
 }

 public function setListeLivres(l1:String, l2:String,
                                l3:String):Void {
   listeLivres = new Array(l1, l2, l3);
 }

// Définition de la fonction constructeur
 public function Lecteur( p:String, n:String, dn:String,
                          num:String, l1:String,
                          l2:String, l3:String) {
   super(p, n , dn);
   setNumAbonne(num);
   setListeLivres(l1, l2, l3);
 }

// Définition du comportement sePresente()
 public function sePresente():String {
   var annonce:String = "\nNuméro : " + numAbonne ;
   annonce += "\nListe des livres empruntés :";
   for(var i:Number = 0; i < listeLivres.length; i++)
     annonce += "\n\t"+listeLivres[i];
   return annonce;
 }
}
```

> **Extension Web**
>
> Vous pourrez tester cet exemple en exécutant le fichier `CreerDesLecteurs.fla`, sous le répertoire `Exemples/Chapitre9/Heritage`.

Un lecteur est une personne (`Lecteur extends Personne`) qui possède :

- un numéro d'abonné (`private var numAbonne:String`) ;
- une liste de livres (`private var listeLivres:Array`) ;
- des comportements propres aux personnes soit, par exemple, quand le lecteur se présente, il fournit son nom et son prénom et son âge ;
- des comportements propres aux lecteurs soit, par exemple, quand le lecteur se présente, il fournit également son numéro d'abonné ainsi que la liste des livres qu'il a empruntés.

Les méthodes de la classe `Personne` restent donc opérationnelles pour les objets `Lecteur`.

En examinant de plus près les classes `Lecteur` et `Personne`, nous observons que :

- La notion de constructeur existe aussi pour les classes dérivées (voir la section « Le constructeur d'une classe héritée »).
- La fonction `sePresente()` existe sous deux formes différentes dans la classe `Lecteur` et la classe `Personne`. Il s'agit là du concept de polymorphisme (voir la section « Le polymorphisme »).

Le constructeur d'une classe héritée

Les classes dérivées possèdent leurs propres constructeurs qui sont appelés par l'opérateur `new`, comme dans :

```
var uneLectrice:Lecteur = new Lecteur("Elena", "Lamy",
                    "16/03/1993", "0102030405",
                    "La plaisanterie",
                    "Le mystère de la chambre jaune",
                    "Peter Pan" );
trace(uneLectrice.sePresente()););
```

Pour construire un objet dérivé, il est indispensable de construire d'abord l'objet associé à la classe mère. Pour créer un objet `Lecteur`, nous devons définir son nom, son prénom et sa date de naissance. Le constructeur de la classe `Lecteur` doit appeler le constructeur de la classe `Personne`. Cet appel s'effectue par l'intermédiaire de l'outil `super()`.

Grâce à cet outil, le constructeur de la classe mère est appelé depuis le constructeur de la classe, comme suit :

```
public function Lecteur( p:String, n:String, dn:String, num:String,
                    l1:String, l2:String, l3:String) {
// ❶ Appeler le constructeur de la classe Personne
    super(p, n ,dn);
// ❷ Initialiser les données propres au Lecteur
```

```
    setNumAbonne(num);
    setListeLivres(l1, l2, l3);
}
```

De cette façon, le terme super() représente le constructeur de la classe supérieure, les valeurs relatives au nom, au prénom et à la date de naissance sont passées en paramètres (❶) et permettent d'initialiser les propriétés de la classe mère, lors de son appel.

Ensuite, les données spécifiques au lecteur sont enregistrées à l'intérieur des propriétés numAbonne et listeLivres (❷).

Ainsi, l'objet uneLectrice est construit par appel du constructeur de la classe Personne à l'intérieur du constructeur de la classe Abonne.

Remarque

Le terme super est obligatoirement la première instruction du constructeur de la classe dérivée.

Le polymorphisme

La notion de polymorphisme découle directement de l'héritage. Par polymorphisme, il faut comprendre qu'une méthode peut se comporter différemment suivant l'objet sur lequel elle est appliquée.

Pour notre exemple, la méthode sePresente() est décrite dans la classe Personne et dans la classe Abonne. Lorsqu'une méthode est définie à la fois dans la classe mère et dans la classe fille, le lecteur Flash exécute en priorité la méthode de la classe fille.

Le choix s'effectue par rapport à l'objet sur lequel la méthode est appliquée. Observons l'exécution du programme suivant :

```
// ❶ Créer un lecteur
var uneLectrice:Lecteur = new Lecteur("Elena", "Lamy",
                          "16/03/1993", "0102030405",
                          "La plaisanterie",
                          "Le mystère de la chambre jaune",
                          "Peter Pan" );
trace(uneLectrice.sePresente());););
// ❷ Créer une personne
var unGarcon:Personne = new Personne("Nicolas", "Camden",
                          "10/06/1996");
trace(unGarcon.sePresente());
```

❶ L'appel du constructeur de l'objet uneLectrice réalise un objet de type Lecteur. Lorsque cet objet se présente, le lecteur Flash utilise la méthode sePresente() de la classe Lecteur. L'application affiche :

```
Numéro : 01020304

Liste des livres empruntés :

La plaisanterie
```

```
Le mystère de la chambre jaune
Peter Pan
```

> **Remarque**
> Lorsqu'une méthode héritée est définie une deuxième fois dans la classe dérivée, l'héritage est supprimé. Le fait d'écrire uneLectrice.sePresente() ne permet plus d'appeler directement la méthode sePresente() de la classe Personne.

L'affichage des nom et prénom et de l'âge a disparu.

❷ L'objet unGarcon est ensuite créé puis affiché à l'aide la méthode sePresente() de la classe Personne. unGarcon étant de type Personne, les données s'affichent comme suit :

```
Je m'appelle Nicolas Camden
J'ai 9 ans
```

Appeler la méthode de la classe supérieure

Afin d'afficher les nom, prénom et âge d'un lecteur, il est nécessaire d'appeler la méthode sePresente() de la classe mère, avant d'afficher les caractéristiques d'un lecteur. Pour appeler la méthode définie dans la classe supérieure, la solution consiste à utiliser le terme super, afin de permettre au lecteur Flash de rechercher la méthode à exécuter en remontant dans la hiérarchie.

La nouvelle méthode sePresente() s'écrit comme suit :

```
// Définition du comportement sePresente()
 public function sePresente():String {
    var annonce:String = super.sePresente();
    annonce += "\nNuméro : " + numAbonne ;
    annonce += "\nListe des livres empruntés :";
    for(var i:Number = 0; i < listeLivres.length; i++)
      annonce += "\n\t"+listeLivres[i];
    return annonce;
 }
```

Dans notre exemple, super.sePresente() permet d'appeler la méthode sePresente() de la classe Personne. Cette instruction retourne la chaîne de caractères contenant les nom, prénom et âge du lecteur. Cette chaîne est enregistrée dans la chaîne de caractères annonce. Le reste des caractéristiques du lecteur est ensuite placé en fin de la chaîne annonce par concaténation (+=).

Grâce à cette technique, si la méthode d'affichage pour une Personne est transformée, cette transformation est automatiquement répercutée pour un Lecteur.

Une personne se présente avec sa photo

L'objectif de cet exemple est d'améliorer les programmes donnés en exemple précédemment, afin d'afficher, cette fois-ci, les informations relatives à une personne non plus à l'aide de la commande trace(), mais par l'intermédiaire de sa photo. L'application finale se présente ainsi (voir figure 9-3) :

La réalisation de cette application passe par les étapes suivantes :

1. Modifier la classe Personne de façon à ce qu'elle hérite de la classe MovieClip.

2. Associer le clip PhotoClp à la classe Personne.

3. Créer et afficher la photo de deux objets uneFille et unGarcon de type Personne depuis l'application UnePersonneEtSaPhoto.fla.

4. Définir, dans la classe Personne.as, le comportement sAffiche() qui a pour résultat de placer sur la scène une photo et d'afficher une bulle d'information lorsque le curseur de la souris survole la photo.

Hériter de la classe MovieClip

Lorsqu'une classe personnalisée hérite de la classe MovieClip, elle bénéficie en plus des propriétés et des méthodes qui la définissent, des propriétés et des méthodes natives de la classe MovieClip. Elle hérite par exemple des propriétés (_x, _y...), des méthodes (goto AndStop(), loadMovie()...) et des gestionnaires d'événements.

La classe Personne hérite de la classe MovieClip

Pour que la classe Personne hérite de la classe MovieClip, il suffit de modifier l'en-tête de définition de la classe Personne comme suit :

```
class Personne extends MovieClip {
// Définitions des propriétés et des méthodes
}
```

De plus, nous devons insérer une nouvelle propriété de type MovieClip qui sera le support d'affichage de la photo de la personne. Nous nommons cette propriété photo.

La classe Personne se présente maintenant de la façon suivante :

```
class Personne extends MovieClip {
   private var prenom:String;
```

```
private var nom:String;
private var dateNaissance:Date;
private var photo:MovieClip;

// Définitions des méthodes
}
```

La propriété `photo` est un clip dans lequel nous chargerons dynamiquement le fichier image de type JPG correspondant à la photo d'une personne.

Associer le clip PhotoClp à la classe Personne

De façon similaire, il est possible de faire en sorte que les occurrences d'un symbole (ici `PhotoClp`) « héritent » des propriétés et les méthodes d'une classe personnalisée (ici la classe `Personne`). Lorsqu'un symbole est attaché à une classe personnalisée, les occurrences du symbole héritent des propriétés et des comportements de la classe.

Cette opération s'effectue en associant une classe à un symbole. Prenons pour exemple, le symbole `PhotoClp` et la classe `Personne`. L'association s'effectue comme suit (voir figure 9-4) :

- Cliquez droit sur le clip `PhotoClp` situé dans le panneau Bibliothèque et sélectionnez l'item `Liaison`.

- La boîte de dialogue Propriétés de liaison apparaît (voir figure 9.4). Dans le champ `Classe AS 2.0`, entrez le nom de la classe – `Personne` – à laquelle vous souhaitez associer le clip.

Figure 9-4

Associer un clip à une classe personnalisée.

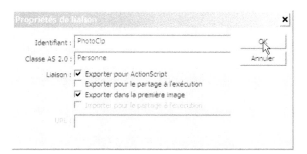

Après validation, les occurrences du clip `PhotoClp` ont accès aux propriétés et aux méthodes de la classe `Personne`. Il est possible d'écrire par exemple :

```
attachMovie("PhotoClp", "photo", 10);
photo._x = 100;
photo._y = 100;
photo.setPrenom("Eléna");
photo.sePresente();
```

L'occurrence `photo` créée par la méthode `attachMovie()` utilise à la fois les propriétés `_x` et `_y` définies dans la classe `MovieClip` et les méthodes `setPrenom()` et `sePresente()` de la classe `Personne`.

> **Remarque**
>
> La technique d'associer un clip avec une classe personnalisée n'est pas nécessaire pour réaliser notre exemple. Nous la présentons cependant, car elle vous sera utile pour réaliser les exercices énoncés en fin de ce chapitre.

Créer des personnes avec photo

> **Extension Web**
>
> Vous pourrez tester cet exemple en exécutant le fichier `UnePersonneEtSaPhoto.fla`, sous le répertoire `Exemples/Chapitre9/MovieClip`.

L'appel du constructeur

La création d'une personne est réalisée par le constructeur de la classe `Personne`. Ainsi par exemple, l'application `UnePersonneEtSaPhoto.fla` crée deux personnes `uneFille` et `unGarcon` à l'aide des instructions :

```
var uneFille:Personne = new Personne("Elena", "L.", "16/04/1993",
this);
var unGarcon:Personne = new Personne("Nicolas", "C.", "10/07/1996",
this);
```

L'appel du constructeur a très peu changé par rapport aux différents constructeurs `Personne()` décrits au cours de ce chapitre.

Le premier changement visible est qu'il existe un nouveau paramètre dont la valeur est `this`. Ce paramètre est très utile puisqu'il va nous permettre d'associer les objets créés, l'affichage de la photo et l'animation en cours d'exécution.

Grâce au terme `this`, les objets `uneFille` et `unGarcon` vont afficher leur photo sur la scène courante de l'application en cours d'exécution.

> **Remarque**
>
> Nous aurions pu remplacé `this` par `_root`. Mais, si l'on souhaite importer plusieurs applications dans une autre, il risque d'y avoir des conflits si toutes les applications s'affichent sur `_root`. En utilisant le terme `this`, nous laissons le soin au lecteur Flash, de gérer correctement l'affichage des différentes animations.

Le second changement n'est pas visible. En effet, nous avons défini une nouvelle propriété `photo` et pourtant aucun paramètre du constructeur ne permet de l'initialiser. La raison est que nous avons choisi de nommer le nom du fichier correspondant à la photo avec le prénom de la personne. La photo d'`Elena` a pour nom `Elena.jpg`. Puisque le prénom correspond au premier paramètre du constructeur, il n'est nul besoin, pour notre cas, d'ajouter un nouveau paramètre indiquant le nom du fichier photo.

La définition du constructeur

Dans la classe Personne.as, le constructeur est modifié afin d'initialiser correctement la propriété photo. Examinons plus attentivement son code :

```
// ❶ L'en-tête est composé d'un nouveau paramètre
 public function Personne ( p:String, n:String, dn:String,
                            cible :MovieClip) {
    // ❷ Garder une référence sur l'objet qui se crée
    cettePersonne = this;
    // ❸ Calculer le niveau de profondeur le plus approprié
    var niveau:Number = cible.getNextHighestDepth();
    // ❹ Créer le clip support d'affichage de la photo
    cettePersonne.photo = cible.attachMovie("PhotoClp", p + niveau,
    niveau);
    // ❺ Initialiser les autres propriétés de la classe
    cettePersonne.setPrenom(p);
    cettePersonne.setNom(n);
    cettePersonne.setDateNaissance(dn);
 }
```

❶ L'en-tête du constructeur définit un nouveau paramètre cible de type MovieClip qui permet de raccrocher la propriété photo au clip d'animation courant (voir ❹).

❷ Cette instruction est certainement la plus importante du constructeur, même si nous n'avons encore jamais parlé de cette propriété. L'objet cettePersonne doit en effet être déclaré en plus des autres propriétés de la classe Personne comme suit :

```
class Personne extends MovieClip {
   private var prenom:String;
// … nom, dateNaissance, photo
   private var cettePersonne:Personne;
// Définitions des méthodes
 }
```

La propriété cettePersonne est de type Personne. Elle n'est jamais utilisée depuis l'extérieur de la classe Personne, mais seulement à l'intérieur de la classe afin de stocker l'adresse de l'objet en cours de construction (this).

Remarque

Nous verrons plus bas dans ce chapitre, avec l'usage intensif du terme this (notamment dans les gestionnaires d'événements), combien il est facile de perdre la référence sur l'objet en cours. Cette perte occasionne bien des dysfonctionnements qui peuvent empêcher pour notre exemple l'affichage des photos ou de la bulle d'information.

---

❸ La méthode getNextHighestDepth() calcule le niveau de profondeur disponible, c'est-à-dire celui sur lequel aucun clip, ni graphisme n'est encore présent. Ici, la méthode est appliquée à l'objet cible, qui correspond à l'animation courante créée par l'application UnePersonneEtSaPhoto. La méthode getNextHighestDepth() a l'avantage d'assurer que l'objet à afficher ne prendra pas la place d'un autre objet présent sur le niveau choisi.

❹ La propriété photo de l'objet en cours de création est initialisée grâce à la méthode attachMovie(). En appliquant la méthode à l'objet cible, le clip ainsi créé est rattaché à l'animation courante. Chaque clip créé a pour nom le prénom de l'objet, suivi de la valeur correspondant au niveau d'affichage du clip. Si l'objet uneFille porte le prénom Elena et que sa photo s'affiche au niveau 0, le chemin d'accès au clip s'écrit _level0.Elena0.

❺ Les dernières instructions initialisent et valident les propriétés prenom, nom et dateNaissance.

> **Remarque**
> L'utilisation du terme cettePersonne devant chacune des méthodes et des propriétés n'est pas obligatoire. Elle garantit cependant que ce sont bien les propriétés de l'objet en cours de création qui sont initialisées.

Afficher la photo et les données d'une personne

Après avoir créé et initialisé un objet de type Personne, par l'intermédiaire de la fonction constructeur, nous devons l'afficher sur la scène.

Afficher la photo d'une personne

L'affichage d'un objet, par exemple uneFille ou unGarcon, est réalisé en appliquant la méthode sAffiche() aux objets concernés comme suit :

```
// Déclaration des variables
var hauteur:Number = Stage.height;
var largeur:Number = Stage.width;
var taillePhoto:Number = 100;
var ecart:Number = 10;
uneFille.sAffiche(largeur/2 - taillePhoto - ecart,
(hauteur - taillePhoto)/2);
unGarcon.sAffiche(largeur/2 + ecart, (hauteur- taillePhoto)/2 );
```

La méthode sAffiche() prend en paramètres deux valeurs correspondant à la position en x et en y sur la scène. Les valeurs choisies ici permettent de centrer les deux photos en largeur et en hauteur avec un écart de 10 pixels entre les deux photos.

Ces instructions sont placées immédiatement après la création des objets uneFille et unGarcon dans le script principal UnePersonneEtSaPhoto.fla.

La méthode sAffiche() est définie au sein de la classe Personne, elle ne peut être appelée qu'au travers d'un objet de type Personne (uneFille ou unGarcon). Examinons maintenant les instructions qui la composent.

Charger la photo avec loadClip()

La méthode sAffiche() charge la photo d'une personne à une position donnée sur la scène, à partir d'un fichier image présent sur le disque dur de votre ordinateur.

Au cours des chapitres précédents, nous avons utilisé la méthode loadMovie() pour charger dynamiquement les fichiers images dans un clip. Nous avons constaté que le chargement d'une image par la méthode loadMovie() supprimait l'accès aux gestionnaires d'événements sur cette image. Pour contourner le problème, l'astuce était de superposer un second clip identique, mais sans photo, et de traiter les événements réceptionnés par le second clip.

Pour en savoir plus

La gestion des événements sur un clip chargé dynamiquement est expliquée au chapitre 4, « Communiquer ou interagir », à la section « Charger les images dans les vignettes » du projet Portfolio multimédia.

Afin d'éviter d'utiliser la technique un peu disgracieuse (mais néanmoins efficace) de superposition des clips, nous vous proposons d'utiliser maintenant un objet de type MovieClipLoader qui permet de charger une image sans perdre l'accès aux gestionnaires d'événements.

La classe MovieClipLoader fournit les outils nécessaires pour détecter le bon déroulement du chargement d'une image (.jpg, .gif et .png) ou d'une animation (.swf). Le chargement d'une image est réalisé par la méthode MovieClipLoader.loadClip(). Grâce à elle, nous pouvons savoir quand le fichier image est chargé et accessible à la réception d'événements.

La méthode sAffiche() utilise la méthode loadClip() de la façon suivante :

```
public function sAffiche(nx:Number, ny:Number):Void {
    // ❶ Positionner le clip sur la scène
    cettePersonne.photo._x = nx;;
    cettePersonne.photo._y = ny ;
    // ❷ Créer un objet chargeurImage
    var chargeurImage:MovieClipLoader = new MovieClipLoader();
    // ❸ Charger le fichier d'extension .jpg dans le clip photo
    chargeurImage.loadClip("Photos/"+cettePersonne.prenom+".jpg",
                        cettePersonne.photo);
}
```

❶ Grâce aux valeurs passées en paramètres de la méthode sAffiche(), le clip photo de l'objet créé est positionné en x et y sur la scène.

❷ Pour charger une image à l'aide de l'outil MovieClipLoader, il convient de créer un objet de ce type. Nous le nommons chargeurImage.

❸ La méthode loadClip()possède deux paramètres :

- Le premier indique le chemin d'accès au fichier image. Pour notre exemple, la méthode charge l'image au format .jpg, se situant dans le répertoire Photos et portant le prénom de la personne à afficher.

- Le second paramètre indique l'objet dans lequel est chargée l'image. Ici, le fichier image est chargé dans le clip photo, propriété de la personne en cours de traitement.

La méthode sAffiche(), écrite telle quelle, permet d'afficher simplement les deux photos des objets uneFille et unGarcon. Elle ne permet pas encore de faire apparaître la bulle d'informations associée à la photo survolée. Pour cela, nous devons mettre en place un système d'écoute des événements émis par la méthode loadClip().

Écouter l'événement onLoadInit

La méthode `loadClip()` produit différents événements qui renseignent l'application sur la progression du chargement de l'image. Ces événements indiquent s'il a débuté (`onLoadStart`), est en cours (`onLoadProgress`), ou si le fichier est totalement chargé (`onLoadComplete`). Pour finir, la méthode `loadClip` émet un événement onLoadInit signifiant que le clip est chargé et que ses propriétés et méthodes sont accessibles.

La création de gestionnaires d'événements sur la première image du fichier chargé n'est donc réalisable qu'à partir du moment où l'événement onLoadInit est émis.

Pour savoir qu'un événement est émis, il faut être à son écoute, c'est pourquoi la réception des événements `onLoadComplete`, `onLoadInit...` s'effectue par l'intermédiaire d'un écouteur. Examinons comment créer un écouteur et l'associer à l'objet source des événements :

```
// ❶ Création d'un objet ecouteur
   var ecouteur:Object = new Object();
// ❷ Initialisation de l'objet ecouteur
   ecouteur = cettePersonne;
// ❸ Le chargeur d'image est associé à l'objet ecouteur
   chargeurImage.addListener(ecouteur);
```

❶ Un écouteur est créé à l'aide de la classe native `Object`. Le constructeur de la classe crée une adresse vers un objet vide de toute propriété et de méthode.

❷ L'écouteur est initialisé à l'objet en cours de traitement afin de garder en mémoire toutes les informations relatives à la personne dont la photo vient d'être chargée (nous en aurons besoin pour afficher les nom, prénom et âge de la personne associée à la personne).

❸ Grâce à la méthode `addListener()`, l'objet ecouteur passé en paramètre de la méthode acquiert la capacité de recevoir les événements émis par l'objet chargeurImage – la méthode étant appliquée à l'objet chargeurImage.

Le code de la fonction sAffiche() se présente maintenant de la façon suivante :

```
public function sAffiche(nx:Number, ny:Number):Void {
   cettePersonne.photo._x = nx;
   cettePersonne.photo._y = ny ;
   var chargeurImage:MovieClipLoader = new MovieClipLoader();
   chargeurImage.loadClip("Photos/"+cettePersonne.prenom+".jpg",
                          cettePersonne.photo);

   var ecouteur:Object = new Object();
   ecouteur = cettePersonne;
   chargeurImage.addListener(ecouteur);
}
```

À ce stade de la programmation, la méthode sAffiche() affiche toujours les deux photos associées aux objets uneFille et unGarcon. Chacun des objets est à l'écoute du déroulement du chargement de la photo, mais aucun des deux ne sait ce qu'il faut réaliser lorsque le curseur de la souris le survole.

Afficher la bulle d'infos au survol du curseur

Au survol du curseur de la souris sur la photo, une bulle d'informations apparaît, puis disparaît lorsque le curseur sort de la photo. L'affichage de la bulle d'informations fournissant le nom, le prénom et l'âge de la personne ne peut s'effectuer qu'à deux conditions :

- La photo est totalement chargée et est prête à intercepter des événements de la souris.

- Le curseur de la souris survole le clip dans lequel a été chargée la photo.

Ces deux conditions se traduisent par l'algorithme suivant :

Lorsque l'écouteur réceptionne l'événement onLoadInit :

- Si le curseur de la souris se trouve sur le clip photo, afficher une bulle d'information.

- Si le curseur de la souris sort du clip photo, effacer la bulle d'informations.

La réception d'un événement s'effectue par la mise en place de gestionnaires d'événements. Plus précisément, la réception de l'événement onLoadInit par l'objet ecouteur a pour forme :

```
ecouteur.onLoadInit = function(laPhoto:MovieClip):Void {
  // Écouter les événements reçus par la photo
  // qui vient d'être chargée
}
```

Le paramètre laPhoto est utilisé pour transmettre au gestionnaire ecouteur.onLoadInit toutes les informations concernant le clip dans lequel a été chargé le fichier image (celui passé en second paramètre de la méthode loadClip()). Pour notre exemple, laPhoto contient la référence enregistrée dans cettePersonne.photo, soit la photo correspondant à la personne à afficher. Nous sommes donc en mesure de détecter les événements onRollOver et onRollOut sur la photo.

La réception des événements onRollOver et onRollOut s'effectue donc au sein du gestionnaire ecouteur.onLoadInit et s'applique à l'objet laPhoto comme suit :

```
    laPhoto.onRollOver = function() {
      // Afficher la bulle d'infos
    }
    laPhoto.onRollOut = function() {
      // Effacer la bulle d'infos
    }
}
```

Pour finir, l'affichage de la bulle et des informations relatives à la personne dont la photo est survolée s'écrit comme suit :

```
ecouteur.onLoadInit = function(laPhoto:MovieClip):Void {
  // ❶ Déclaration d'un objet tmp de type Personne
  var tmp:Personne = this;
  // Déclaration de l'objet cetteBulle
  var cetteBulle:MovieClip;
  laPhoto.onRollOver = function() {
    // ❷ Calculer le niveau de profondeur approprié et créer la
    // bulle à partir du symbole BulleClp
```

```
    var niv:Number  = _parent.getNextHighestDepth();
    cetteBulle = _parent.attachMovie("BulleClp","texte"+niv, niv);
    cetteBulle._x = this._x + 2*this._width/3;
    cetteBulle._y = this._y +this._height/4;
    // ❸ Afficher les nom, prenom et age stockés dans tmp
    cetteBulle.labelOut.text = tmp.sePresente();
  }

  laPhoto.onRollOut = function() {
    // ❹ Supprimer la bulle d'infos
    cetteBulle.removeMovieClip();
  }
}
```

❶ L'objet tmp est initialisé à this, c'est-à-dire à l'objet sur lequel est appliqué le gestionnaire d'événements. L'objet tmp correspond ainsi à l'objet ecouteur en cours de traitement. Ce dernier étant initialisé à cettePersonne au moment de la création de l'écouteur (voir section précédente), tmp a donc accès à toutes les propriétés et méthodes (et plus particulièrement à la méthode sePresente()) relatives à la personne en cours de traitement.

❷ Tout comme pour l'objet photo, l'objet cetteBulle est créé avec la méthode attachMovie() et la méthode getNextHighestDepth(). L'objet cetteBulle est créé et rattaché à son clip parent, c'est-à-dire au même niveau que le clip photo. Le chemin d'accès au clip cetteBulle s'écrit _level0.texte2, les niveaux 1 et 2 étant déjà occupés par les clips photo des deux objets uneFille et unGarcon.

❸ L'objet tmp est de type Personne. Il contient toutes les informations (nom, prénom et date de naissance) de l'objet en cours de traitement (ecouteur et par voie de conséquence cettePersonne). Il a également accès à la méthode sePresente(). La bulle s'affiche avec les bonnes informations.

❹ L'objet cetteBulle est déclaré en dehors des gestionnaires onRollOver et onRollOut. Il est initialisé dans le gestionnaire onRollOver (_level0.texte2). Cette référence existe et reste identique, tant que l'objet n'est pas détruit par le gestionnaire onRollOut.

Cet exemple, relativement simple, nous montre qu'avec la programmation orientée objet, les objets manipulés par les applications se comportent de façon autonome : toute photo créée, s'affiche et se présente avec les informations qui lui ont été transmises au moment de sa création. Cette opération s'effectue par l'intermédiaire d'instructions très simples comme l'appel à une méthode (sePresente()) de la classe (Personne) définissant l'objet (uneFille ou unGarcon).

Mémento

L'objectif principal de la programmation objet est d'écrire des programmes qui contrôlent par eux-mêmes le bien-fondé des opérations qui leur sont appliquées. Ce contrôle est réalisé grâce au principe d'*encapsulation* des données. Par ce terme, il faut comprendre que les données d'un objet sont protégées, de la même façon qu'un médicament est protégé par la fine capsule qui l'entoure.

L'encapsulation passe par :

- le *contrôle des données* et des comportements de l'objet à travers les niveaux de *protection* ;

- l'*accès* contrôlé aux données ;

- la notion de *constructeur* de classe.

Le langage ActionScript propose deux niveaux de protection : `public`, `private`. Lorsqu'une donnée est totalement protégée (`private` ❶), elle ne peut être modifiée que par les méthodes de la classe où la donnée est définie.

```
class Memento {
    // ❶ Définition de données privées
    private donnee:type
    // ❷ Consulter une donnée
    public function getDonnee():type {
     return donnee;
    }
    // ❸ Modifier une donnée
    public function setDonnee(nvldonnee:type):Void {
      donnee = verfication(nvldonnee);
    }
    // ❹ Constructeur
    public function Memento(){
      donnee = verification(donnee);
    }
    // ❺ Méthode métier vérifiant la validité des données
    private verification(tmp:type):type {
      // si tmp n'est pas valide, le modifier pour qu'il le soit
      return tmp;
    }
}
```

On distingue les méthodes qui consultent la valeur d'une donnée sans pouvoir la modifier (*accesseur en consultation* – ❷) et celles qui modifient après contrôle et validation la valeur de la donnée (*accesseur en modification* – ❸).

Le constructeur (❹) est une méthode particulière, déclarée uniquement `public`, qui porte le même nom que la classe où il est défini. Il permet le contrôle et la validation des données dès leur initialisation par l'intermédiaire de méthodes définies en mode privé (*méthode métier* – ❺).

L'*héritage* permet la réutilisation des objets et de leur comportement, tout en apportant de légères variations. Il se traduit par le principe suivant : une classe B hérite d'une classe A (B étant une sous-classe de A) lorsqu'il est possible de mettre la relation « est un » entre B et A.

De cette façon, toutes les méthodes, ainsi que les données déclarées `public` de la classe A sont applicables à la classe B. La syntaxe de déclaration d'une sous-classe est la suivante :

```
class B extends A {
// Données et méthodes de la classe B
}
```

Exercices

Un menu déroulant

L'objectif de cette suite d'exercices est d'écrire une classe Menu qui, à l'appel de son constructeur, place sur la scène l'en-tête d'un menu. Lorsque l'utilisateur clique sur l'en-tête (voir figure 9-5-❶), le menu se déroule en proposant un ensemble d'items sélectionnables (voir figure 9-5-❷).

Le thème du menu, le label des items ainsi que leur nombre sont entièrement paramétrables.

Figure 9-5

Lorsque l'utilisateur clique sur l'en-tête (❶) du menu, ce dernier déroule la liste des items (❷) qui lui est associée.

Pour obtenir un menu déroulant, vous devez procéder en plusieurs étapes à réaliser en suivant les exercices ci-après.

Exercice 9.1

La première pierre à l'édifice d'un menu déroulant est l'affichage d'un item, à une position donnée, avec des comportements qui diffèrent en fonction des événements produits par la souris.

Nous supposons que l'item portant le label Photo est créé à l'aide des deux instructions suivantes :

```
var rubrique:Array = new Array ("Photo", 3);
```

```
var item:Item = new Item("unItem", this, 0, 50, 50, rubrique);
```

où :

- unItem correspond au nom de l'occurrence ;

- this, à la cible où rattacher le clip ;

- 0, au niveau de profondeur du clip ;

- 50 et 50, à la position du clip en x et en y ;

- rubrique, au tableau dans lequel est défini le texte à placer sur l'item et une valeur correspondant par exemple aux nombres de photos à afficher.

Reprendre la classe Item, écrite au chapitre précédent (voir section « Le projet Portfolio multimédia ») :

    a. Étendre la classe Item à la classe MovieClip.

    b. Modifier le constructeur de façon à ce qu'il crée une occurrence du symbole ItemMenu Clp (voir la bibliothèque du fichier Exercice9_1.fla destiné au support) au niveau de profondeur passé en paramètre du constructeur, et l'enregistrer dans la propriété cetItem. Le clip doit être rattaché à la cible donnée en paramètre.

Remarque

Le symbole ItemMenuClp doit être associé à la classe Item, voir section « Hériter de la classe MovieClip ».

---

    c. Positionner le clip cetItem à l'aide des coordonnées écrites en paramètres du constructeur. Placer le nom de la rubrique fourni en paramètre du constructeur par l'intermédiaire du tableau rubrique, dans le champ de texte dynamique labelOut.

    d. En utilisant les possibilités des classes dynamiques (MovieClip est une classe dynamique), ajoutez deux nouvelles propriétés au clip cetItem que vous nommerez label et nbElt.

    e. Exécutez le programme Exercice9_1.fla avec la nouvelle classe Item et vérifiez que l'item Photo s'affiche correctement.

Exercice 9.2

Modifier le constructeur de la classe Item et définir les gestionnaires d'événements onRollOver, onRollOut et OnPress de façon que lorsque :

    a. Le curseur de la souris survole l'item Photo, celui-ci paraît plus sombre.

    b. Le curseur sort de l'item, celui-ci apparaît de façon normale.

    c. L'utilisateur clique sur l'item, un texte apparaît dans la fenêtre de sortie, indiquant le label de l'item et le nombre d'éléments nbElt enregistrés pour ce label (voir figure 9-6).

    d. Exécutez le programme Exercice9_2.fla avec la nouvelle classe Item et vérifiez que l'item Photo s'affiche et réagit correctement en fonction des actions de l'utilisateur.

Figure 9-6

Lorsque l'utilisateur clique sur l'item Photo, un message indiquant le nom du label et le nombre d'éléments associés au label s'affiche dans la fenêtre de sortie.

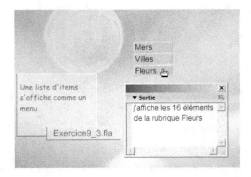

Exercice 9.3

Dans le fichier `Exercice9_3.fla`, copier la fonction `creerRubrique()` suivante :

```
function creerRubrique(nom:String, nbElt:Number):Array {
    var theme:Array = new Array(nom, nbElt);
    return(theme);
}
```

a. À l'aide de cette fonction, créez 3 rubriques nommées `Villes`, `Mers`, et `Fleurs`, chacune composées de `10`, `12` et `16` éléments respectivement. Enregistrez ces 3 rubriques dans un tableau nommé par exemple `rubriqueP`. La rubrique `Villes` et sa valeur seront stockées à l'indice `0` du tableau `rubriqueP`, la rubrique `Mers` et sa valeur à l'indice `1`, etc.

b. À l'aide d'une boucle `for` et du constructeur de la classe `Item`, créez autant d'items qu'il y a d'éléments dans le tableau `rubriqueP`. Faites en sorte que chaque item créé soit placé l'un en dessous de l'autre, comme le montre la figure 9-6.

> **Remarque**
> La position sur la scène est directement liée à l'indice de l'élément dans le tableau `rubriqueP`.

c. Exécutez le programme `Exercice9_3.fla` et vérifiez que chaque item s'affiche et réagit correctement en fonction des actions de l'utilisateur. Par exemple, si l'utilisateur clique sur l'item `Fleurs`, le message `J'affiche les 16 éléments de la rubrique Fleurs` doit apparaître dans la fenêtre de sortie.

Exercice 9.4

Un `Menu` est défini par les propriétés et les méthodes suivantes (voir la classe `Menu` construite au chapitre précédent, section « Le projet Portfolio multimédia ») :

```
//Définition de la classe Menu extends MovieClip
class Menu extends MovieClip {
// Définition des attributs de la classe
    private var entete:MovieClip;
    private var listeItems:Array;
```

```
    public var estVisible:Boolean = false;

private function ajouterUnItem(cible:MovieClip, np:Number,
                            rubrique:Array):Void{
// Créer et ajouter un item à la liste listeItems
 }

private function aDerouler(nbr:Number, m:Menu):Void{
// Le menu déroule les items et devient visible
 }

private function aEnrouler(nbr:Number, p:Number):Void{
// Le menu enroule les items et devient invisible (sauf l'en-tête)
}

// Définition de la fonction constructeur
public function Menu(nom:String, cible:MovieClip, nx:Number,
                ny:Number, l:Array) {
// Le menu est constitué d'un en-tête et d'une suite d'items
}
```

a. En vous inspirant des exercices précédents, et en examinant les paramètres du constructeur Menu(), écrire les instructions de l'application Exercice9_4.fla, qui crée le menu Photo, composé de 3 items correspondant aux rubriques Villes, Mers, et Fleurs, chacune composée de 10, 12 et 16 éléments respectivement.

b. Dans le fichier Menu.as, modifier le constructeur sachant qu'à son appel, l'application :

- Affiche l'en-tête du menu à la position fournie en paramètre. L'en-tête est une occurrence du symbole ItemMenuClp, rattachée à l'animation en cours grâce au paramètre cible. L'en-tête a pour label le nom fourni en premier paramètre du constructeur.

- Crée le tableau listeItems défini comme propriété de la classe Menu.

- Construit un objet ceMenu de type Menu et l'initialise à l'objet en cours de création.

- À l'aide d'une boucle for, crée autant d'items qu'il y a d'éléments dans le tableau fourni en dernier paramètre du constructeur. Utilisez pour cela la méthode ajouterUn Item(), en veillant à passer les bons paramètres. La méthode est appliquée à l'objet ceMenu.

Remarque

Pour rendre l'effet de déroulement du menu, les items sont placés sous l'en-tête du menu. L'en-tête doit donc être créé à un niveau de profondeur supérieur à celui des items. Pour cela, vous devez calculer le niveau de profondeur de l'en-tête à l'aide de la méthode getNextHighestDepth(), en ajoutant le nombre de rubriques associées au menu. Ce nombre est obtenu en calculant la longueur du tableau dans lequel est stocké le nom des items (1).

---

c. La méthode ajouterUnItem() crée un item à l'aide du constructeur de la classe Item. La position de l'item au moment de sa création est identique à celle de l'en-tête.

Le niveau de profondeur est calculé à partir du niveau de profondeur de l'en-tête, et du nombre d'éléments enregistrés dans le tableau `listeItems` au moment de la création de l'item. Une fois l'item créé, la nouvelle occurrence est enregistrée dans le tableau `listeItems` grâce à la méthode `push()`.

   d. Exécutez le programme `Exercice9_4.fla`, et vérifiez que l'en-tête du menu s'affiche correctement. Que se passe-t-il lorsque vous cliquez sur l'en-tête du menu ? Pourquoi ? Comment faire pour que les items n'apparaissent plus sous l'en-tête du menu et qu'ils ne réagissent plus au clic de souris ?

Exercice 9.5

À ce stade de la programmation, l'en-tête du menu ne réagit pas aux actions de l'utilisateur. Modifier le constructeur `Menu()` de façon à ce que :

   a. L'intensité de la couleur de l'en-tête varie en fonction des événements `onRollOver` et `onRollOut` réceptionnés par l'objet `entete`.

   b. Les méthodes `aEnrouler()` et `aDerouler()` soient appelées selon l'état du menu (enroulé ou non). Pour cela, vous devez mettre en place un mécanisme de drapeau, en utilisant la propriété `estVisible` de la classe `Menu`.

     • Si `estVisible` est à `false`, le menu est à dérouler. Appelez la méthode `aDerouler()`. La propriété `estVisible` se met alors à `true`.

     • Si `estVisible` est à `true`, le menu est à enrouler. Appelez la méthode `aEnrouler()`. La propriété `estVisible` se met à `false`.

   c. Afin de vérifier le bon fonctionnement du drapeau, modifier les méthodes `aEnrouler()` et `aDerouler()` pour qu'elles affichent, dans la fenêtre de sortie, un commentaire indiquant si le menu se déroule ou s'enroule.

   d. Exécuter le programme `Exercice9_5.fla` et vérifier que l'en-tête du menu s'affiche et réagit correctement aux actions de l'utilisateur.

Exercice 9.6

Lorsque l'utilisateur clique sur l'en-tête du menu, celui-ci doit se dérouler. Le déroulement et l'affichage du menu sont réalisés par la méthode `aDerouler()`.

   a. La technique consiste à parcourir l'ensemble de la liste des items (`listeItems`), et pour chaque item de la liste appeler la méthode `affiche()` de la classe `Item`. La méthode `affiche()` prend en paramètre la position finale en `y` de l'item. Cette position est calculée en fonction de l'indice de l'item dans le tableau `listeItems` (voir exercice 9.3).

Remarque

La position initiale de l'item et sa hauteur sont calculées en récupérant les propriétés `._y` et `._height` de l'en-tête.

---

b. La méthode `affiche()` est définie dans le fichier `Item.as`. Le déplacement des items est visible. La propriété `._visible` de l'item concerné doit être réinitialisée à `true`. Pour visualiser le déplacement :

- Mettre en place un gestionnaire d'événements `onEnterFrame` sur l'item en cours de traitement.

- L'item se déplace vers le bas en incrémentant la propriété `._y` de l'item en cours de traitement, à l'aide de la propriété `vitesse`.

- Le déplacement s'arrête lorsque la position de l'item dépasse la valeur fournie en paramètre.

- Pour être sûr que l'item se positionne à la position indiquée en paramètre, initialiser la propriété `._y` de l'item à cette valeur et stopper l'écoute de l'événement `onEnter Frame`.

- Exécuter le programme `Exercice9_6.fla`, et vérifier que l'en-tête du menu s'affiche et se déroule correctement lorsque l'utilisateur clique sur l'en-tête du menu.

Exercice 9.7

Le menu doit maintenant s'enrouler lorsque l'on clique à nouveau sur l'en-tête. L'enroulement du menu est réalisé par la méthode `aEnrouler()`. La technique est identique à celle réalisée par la méthode `aDerouler()`.

a. Parcourir l'ensemble de la liste des items (`listeItems`), et pour chaque item de la liste, appeler la méthode `efface()` de la classe `Item`. La méthode `efface()` prend en paramètre la position finale en `y` de l'item, c'est-à-dire la position en `y` de l'en-tête.

b. La méthode `efface()` est définie dans le fichier `Item.as`. Pour visualiser le déplacement :

- Mettre en place un gestionnaire d'événements `onEnterFrame` sur l'item en cours de traitement.

- L'item se déplace vers le haut en décrémentant la propriété `._y` de l'item en cours de traitement, à l'aide de la propriété `vitesse`.

- Le déplacement s'arrête lorsque la position de l'item dépasse la valeur fournie en paramètre.

- Pour être sûr que l'item se positionne à la position indiquée en paramètre, initialiser la propriété `._y` de l'item à cette valeur et stopper l'écoute de l'événement `onEnter Frame`.

- L'item en cours de traitement redevient invisible.

c. Exécutez le programme `Exercice9_7.fla` et vérifiez que l'en-tête du menu s'affiche, se déroule et s'enroule correctement lorsque l'utilisateur clique dessus.

Exercice 9.8

Lorsque le menu est déroulé, il doit s'enrouler lorsque l'on clique soit sur l'en-tête, soit sur un des items, ou ailleurs sur la scène.

Pour enrouler le menu lorsque l'utilisateur clique ailleurs que sur le menu, il convient de mettre en place un écouteur des événements liés à la souris sur l'animation en cours, afin de savoir si l'utilisateur a cliqué ailleurs que sur un item ou sur l'en-tête.

Cette mise en place s'effectue à l'aide de l'instruction :

```
Mouse.addListener(ceMenu);
```

Cela fait, vous devez définir le gestionnaire d'événements sur l'animation en cours afin de récupérer l'événement onMouseDown. L'allure générale du gestionnaire est la suivante :

```
ceMenu.onMouseDown = function() {
   };
```

a. La tâche principale du gestionnaire est d'enrouler le menu en cours dès qu'il reçoit un clic de souris. Quelle méthode pouvez-vous appliquer au sein du gestionnaire, pour réaliser cette opération ?

b. Lorsque vous cliquez sur une rubrique du menu, puis à nouveau sur l'en-tête du menu, que se passe-t-il ? Pourquoi ? Quelle technique devez-vous mettre en place pour corriger ce problème ?

Une barre de navigation

L'objectif de cette suite d'exercices est d'écrire une classe BarreNavigation qui, à l'appel de son constructeur, place sur la scène une barre de navigation composée de vignette cliquable, comme le présente la figure 9-7. Les deux flèches sont utilisées pour déplacer les vignettes vers la droite ou la gauche. Si l'utilisateur clique sur une des vignettes, un message apparaît dans la fenêtre de sortie, indiquant le chemin d'accès à la photo ainsi que son numéro.

Le nombre de vignettes, le chemin d'accès aux photos, ainsi que leur nom sont entièrement paramétrables.

Figure 9-7

Une barre de navigation est composée de vignettes et de deux flèches pour déplacer les vignettes.

Extension Web

Pour vous faciliter la tâche, les symboles proposés pour chacun des exercices sont définis dans le fichier `Exercice9_*.fla` (* variant de 9 à 11), situé dans le répertoire `Exercices/SupportPourRéaliser LesExercices/Chapitre9`. Dans ce même répertoire, vous pouvez accéder à l'application telle que nous souhaitons la voir fonctionner (`Exercice9_*.swf`) une fois réalisée.

Pour obtenir une barre de navigation, vous devez procéder en plusieurs étapes à réaliser en suivant les exercices ci-après.

Exercice 9.9

En vous inspirant de la classe `Item`, écrire la classe `Vignette` qui place sur la scène une vignette à l'aide des instructions :

```
var v:Vignette = new Vignette(this, 10, "../Photos/Villes/", 0,"Villes");
v.sAffiche(100, 100);
```

Sachant que la classe `Vignette` est composée des attributs suivants :

```
private var photo:MovieClip;
private var numero:Number;
private var rubrique:String;
private var chemin:String;
private var cetteVignette:Vignette;
private static var niveauCadre = 6000;
```

Après avoir examiné les paramètres du constructeur et de la méthode `sAffiche()`, écrire ces deux méthodes de sorte que :

  a. La photo soit chargée dynamiquement à l'aide de l'outil `MovieClipLoader`.

  b. Lorsque le curseur de la souris survole la vignette, celle-ci change d'intensité et un cadre apparaît sur son pourtour.

  c. Lorsque le curseur de la souris sort de la vignette, l'intensité reprend sa valeur initiale, et le cadre disparaît.

  d. Lorsque l'utilisateur clique sur la photo, un message apparaît dans la fenêtre, indiquant le chemin d'accès, le nom et le numéro de la photo comme par exemple :

```
Photo : ../Photos/Villes/Villes0
```

  e. Exécutez le programme `Exercice9_9.fla` et vérifiez que la vignette réagit correctement aux actions de l'utilisateur.

Exercice 9.10

L'instruction suivante :

```
var bNav:BarreNavigation = new BarreNavigation(this,60, 0, 100,
                        "../Photos/Villes/", 11,"Villes");
```

crée une suite de vignettes disposées horizontalement, comme le montre la figure 9-8. La première des 11 vignettes de la rubrique Villes est positionnée en 0, 100 sur la scène.

En vous inspirant de la classe Menu, écrire la classe BarreNavigation qui a :

a. Pour attribut, un tableau nommé listeVignettes.

b. Pour comportements :

- La méthode ajouterUneVignette() qui crée une vignette et la place dans le tableau listeVignettes.

- La création de la liste des vignettes ainsi que leur affichage sont réalisés par le constructeur BarreNavigation().

- L'affichage d'une vignette s'effectue par l'intermédiaire de la méthode sAffiche() de la classe Vignette.

Remarque

Pour afficher les vignettes les unes à la suite des autres, vous devez définir une variable statique (largeur) dont la valeur correspond à la largeur d'une vignette. Cette variable est déclarée au sein de classe Vignette.

---

c. Exécutez le programme Exercice9_10.fla et vérifiez que les vignettes s'affichent correctement. Que se passe-t-il lorsque le curseur de la souris survole une vignette ou que l'utilisateur clique sur l'une d'entre elle ?

Exercice 9.11

L'objectif, ici, est de modifier les deux classes Vignette et BarreNavigation pour y intégrer les deux boutons-flèches afin de faire défiler les vignettes vers la gauche ou la droite.

Remarque

La définition des boutons et de leur gestionnaire, l'algorithme qui fait qu'une vignette se déplace vers la gauche ou la droite, sont étudiés au chapitre 4, « Faire des choix », à la section « Le projet Portfolio multimédia ».

Créer un masque

Dans le constructeur, créez un masque à partir du symbole MaskNavigationClp, afin de ne rendre visible qu'une partie des vignettes. Le masque est créé au niveau correspondant à celui passé en paramètre (voir figure 9-8).

Créer le bouton droit

a. Créer le bouton droit à partir du symbole BtnDroitClp. Le placer en dessous des vignettes, dans le second tiers de la scène. Le bouton est créé au niveau +1 correspondant à celui passé en paramètre.

Figure 9-8

Chaque élément de la barre est créé à partir du niveau fourni en paramètre du constructeur.

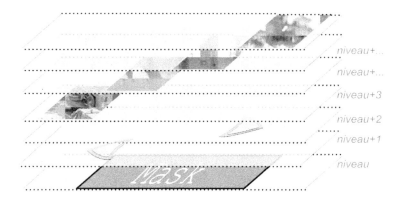

niveau+...

niveau+...

niveau+3

niveau+2

niveau+1

niveau

b. Lorsque l'utilisateur survole le bouton droit, les vignettes se déplacent vers la gauche. Écrire la méthode aGauche() qui parcourt l'ensemble de la liste des vignettes et les déplace une à une à l'aide de la méthode seDeplaceAGauche() définie dans la classe Vignette. Faire appel à la méthode aGauche(), dans le gestionnaire onRollOver du bouton droit.

c. Dans la classe Vignette écrire la méthode seDeplaceAGauche() en vous inspirant de la fonction defilementVignette() élaborée pour le projet Portfolio multimédia (chapitre 7, les fonctions). Vous devez connaître la largeur du masque ainsi que la largeur totale formée par l'ensemble des vignettes.

d. Lorsque l'utilisateur ne survole plus le bouton droit, les vignettes ne se déplacent plus. Écrire la méthode arreterTout() qui parcourt l'ensemble de la liste des vignettes, et les stoppe une à une à l'aide de la méthode arreterLeDeplacement() définie dans la classe Vignette. Faire appel à la méthode arreterTout(), dans le gestionnaire onRollOut du bouton droit.

e. Dans la classe Vignette, écrire la méthode arreterLeDeplacement(). Elle supprime le gestionnaire d'événements onEnterFrame associé à la photo en cours de traitement.

Remarque

Pour faire défiler les vignettes, la fonction doit connaître la largeur du masque, la largeur totale formée par l'ensemble des vignettes ainsi que le nom des deux boutons (l'un ou l'autre s'effaçant lorsque les vignettes arrivent au bout de la barre de navigation).

Créer le bouton gauche

a. Créez le bouton gauche à partir du symbole BtnGaucheClp. Placez-le, en dessous des vignettes, dans le premier tiers de la scène. Le bouton est créé au niveau +2 correspondant à celui passé en paramètre.

b. Lorsque l'utilisateur clique sur le bouton gauche, les vignettes se déplacent vers la droite. Écrire la méthode aDroite() qui parcourt l'ensemble de la liste des vignettes et les déplace une à une à l'aide de la méthode `seDeplaceADroite()` définie dans la classe `Vignette`.

c. Dans la classe `Vignette`, écrire la méthode `seDeplaceADroite()` en vous inspirant de la fonction `defilementVignette()` composée pour le projet Portfolio multimédia (chapitre 7). Vous devez connaître la largeur du masque ainsi que la largeur totale formée par l'ensemble des vignettes.

d. Lorsque l'utilisateur ne survole plus le bouton droit, les vignettes ne se déplacent plus. Appeler la méthode `arreterTout()`, dans le gestionnaire `onRollOut` du bouton gauche.

Le projet « Portfolio multimédia »

> **Extension Web**
>
> Pour vous faciliter la tâche, le fichier `ProjetChapitre9.fla`, à partir duquel nous allons travailler, se trouve dans le répertoire `Projet/SupportPourRéaliserLeProjet/Chapitre9`. Dans ce même répertoire, vous pouvez accéder à l'application telle que nous souhaitons la voir fonctionner (`ProjetChapitre9.swf`) une fois réalisée.

Les classes `Item`, `Menu`, `Vignettes` et `BarreNavigation` réalisées au cours des exercices précédents vont nous être d'une grande aide pour réaliser la nouvelle version du portfolio. Pour cela, nous devons comprendre comment sont créés les objets dans le script principal, puis comment ils s'associent pour réaliser les bonnes interactions. Pour cela, vous devez réaliser les étapes décrites ci-après.

Le script principal

Dans le script principal sont placées les instructions :

- De déclaration des variables servant à la mise en page du portfolio (`Xmin`, `Xmax`...).

- De définition des niveaux d'affichage des clips dans lesquels seront placés les menus, la barre de navigation et la photo en grand format. Certaines de ces variables seront utilisées par les classes `Item` et `Vignettes` (voir section ci-après). Il convient donc de les déclarer comme variables globales, comme suit :

  ```
  _global.niveauMenu = 3000;
  ```

- De création des clips `FdMen`, `FdPho`, `FdNav`... Tout comme pour les niveaux, certains de ces objets seront utilisés par les classes `Item` et `Vignettes` (voir section ci-après). Il convient donc de les déclarer comme variables globales, comme suit :

  ```
  _global.FdMen = attachMovie("FondMenuClp","FdMen",niveauMenu);
  ```

Remarque

Lorsqu'une variable est définie comme globale, elle reste visible pour tous les scénarios et toutes les classes inclus dans le fichier .swf créé par le lecteur Flash. Une variable globale ne peut être déclarée en utilisant le mot-clé var. Elle ne peut être typée. Pour l'utiliser à l'intérieur d'une classe externe, il suffit de l'appeler par son nom en entier, comme par exemple _global.FdMen.

Les objets FdMen, FdPho, FdNav... sont ensuite positionnés sur la scène.

- De création des menus Photos, Vidéos et Anims en utilisant les mêmes mécanismes de création de rubriques et de menus que ceux décrits au cours des exercices précédents (exercices 9.3 à 9.8).

- De création de la barre de navigation par défaut. Au lancement de l'application, une rubrique s'affiche par défaut. Pour notre exemple, nous avons choisi la rubrique Villes du menu Photos.

- D'affichage d'une photo par défaut, par exemple la photo correspondant à la première vignette de la barre de navigation créée à l'étape précédente (Photos/Villes/Villes0.jpg).

Le menu agit sur la barre de navigation

Une nouvelle barre de navigation s'affiche lorsque l'utilisateur clique sur un des items des trois menus proposés. La création de la nouvelle barre de menu s'effectue donc au sein de la classe Item.

Dans le gestionnaire onPress de l'item sélectionné, placez :

- le constructeur de la classe BarreNavigation, en prenant soin de faire correspondre les paramètres aux valeurs associées à l'item sélectionné ;

- l'instruction qui charge la photo correspondant à la première vignette de barre de navigation créée à l'étape précédente.

Chacune rubrique (Villes, Mers, etc.) possède un nombre différent de vignettes. Lors du passage d'une rubrique à une autre, si la rubrique courante possède plus de vignettes que la suivante, les vignettes supplémentaires restent visibles dans la barre de navigation. Pour supprimer les vignettes « en trop », modifier le constructeur de la classe BarreNavigation de façon à :

- rechercher à l'aide de la méthode getInstanceAtDepth(), s'il existe des vignettes sur les niveaux supérieurs au nombre de vignettes défini pour la nouvelle rubrique ;

- s'il en existe, supprimer les à l'aide de la méthode removeMovieClip() ;

- la recherche des vignettes s'effectue tant que la méthode getInstanceAtDepth() retourne une valeur différente de undefined.

La barre de navigation agit sur la photo

Lorsque l'utilisateur clique sur une des vignettes de la barre de navigation, la photo grand format s'affiche. Dans le gestionnaire onPress de la vignette sélectionnée, placez l'instruction qui charge la photo correspondant à la vignette cliquée.

10

Le traitement de données multimédias

Au cours de ce chapitre, nous examinerons plus particulièrement les techniques d'importation de données en cours d'exécution d'une animation Flash.

Le langage ActionScript est doté d'outils puissants et relativement simples pour lire des informations enregistrées dans des fichiers externes à l'application. Ces informations peuvent se présenter sous différentes formes, par exemple le son, la vidéo ou le texte.

Au cours de la section « Le son », nous étudierons comment traiter le son associé à un événement et comment charger une musique en flux continu (*streaming*).

Ensuite (section « La vidéo »), nous examinerons et analyserons les différentes étapes à réaliser pour importer un flux vidéo « à la volée ».

Pour finir (section « Le texte »), nous développerons toutes les techniques d'importation de l'information textuelle, qu'il s'agisse d'un simple texte ou d'une information enregistrée sous la forme d'une paire « variable-donnée ». Pour cela, nous traiterons des différents formats de fichier et plus particulièrement du format XML.

Le son

L'intégration du son avec ActionScript est aussi simple que le chargement d'une image. ActionScript fournit toute une gamme d'outils permettant la lecture d'un son, qu'il soit associé à un événement précis ou lu en flux continu (*streaming*). L'intégration de sons s'effectue par l'intermédiaire de la classe Sound.

La classe Sound

La classe Sound est une classe native du langage ActionScript. Elle permet de contrôler la lecture d'un son, son volume ou encore sa balance.

La classe Sound, comme toute classe, est composée de propriétés et de méthodes. Nous présentons, dans les sections suivantes, les méthodes, les propriétés et les gestionnaires d'événements les plus utilisés.

Les méthodes de la classe Sound

Méthodes	Opération
Sound()	Consructeur de la classe, il retourne l'adresse d'un objet sur lequel pourront s'appliquer les méthodes décrites ci-après.
attachSound("unSon")	Associe le son fourni en paramètre à l'objet Sound sur lequel est appliquée la méthode. Le son doit être enregistré dans la bibliothèque du fichier SWF et être accessible à l'export dans le panneau Propriétés de liaison.
getBytesLoaded()	Retourne le nombre d'octets chargés (transmis en continu) pour l'objet Sound sur lequel est appliquée la méthode.
getBytesTotal()	Retourne la taille, en octets, de l'objet Sound sur lequel est appliquée la méthode.
getVolume()	Renvoie le niveau de volume sonore. La valeur retournée est un entier compris entre 0 et 100, où 0 correspond à un son coupé et 100 à un volume maximum.
loadSound("fichier.mp3")	Charge un fichier MP3 dans l'objet Sound sur lequel est appliquée la méthode.
setVolume()	Définit le volume des objets Sound.
start(debut, boucle)	Lit le son associé depuis le début si aucun paramètre n'est spécifié, ou en commençant à l'endroit précisé par le paramètre debut. Le paramètre boucle est une valeur numérique optionnelle qui détermine combien de fois le son doit être répété.
stop("unSon")	Arrête tous les sons en cours de lecture si aucun paramètre n'est spécifié, ou uniquement le son précisé dans le paramètre unSon.

Nous présentons ici des exemples très simples afin d'observer la façon dont on utilise les objets de la classe Sound. Deux exemples plus démonstratifs sont étudiés au cours des sections « Associer un son à un événement » et « Un lecteur MP3-1ʳᵉ version ».

Exemple

```
// ❶ Créer un objet de type Sound
var music:Sound = new Sound();
// ❷ Charger le fichier LaMusique.mp3
music.loadSound("Sons/LaMusique.mp3", false);
// ❸ Lancer la lecture du morceau de musique
music.start();
```

❶ Un objet music de type Sound est créé à l'aide du constructeur Sound().

❷ La méthode `loadSound()` charge le fichier *Sons/LaMusique.mp3* dans l'objet `music`. Le booléen (`false`) placé en second paramètre indique que la lecture du son ne débutera qu'une fois le fichier intégralement chargé. La lecture ne s'effectue pas en streaming.

❸ La méthode `start()` lance la lecture chargée dans l'objet `music`.

Les propriétés de la classe Sound

Propriétés	Opération
`duration`	Pour connaître la durée d'un son, en millisecondes.
`position`	Pour connaître le temps d'écoute d'un son depuis le début de son lancement. La durée du son est exprimée en millisecondes.

Exemple

L'instruction suivante :

```
var tempsLu: Number = music.position*100/music.duration
```

permet de calculer le pourcentage de temps d'écoute par rapport à la durée totale du fichier son. Ce calcul est utilisé plus loin dans cette section, pour afficher la barre de progression de lecture d'un fichier MP3.

Les événements de la classe Sound

Gestionnaire d'événements	Opération
`onLoad = function(succes){}`	Le gestionnaire `onLoad` est appelé automatiquement lorsqu'un son est en cours de chargement. Le paramètre `succes` est un booléen qui permet de savoir si le fichier a été correctement chargé.
`onSoundComplete=function(){}`	Le gestionnaire `onSoundComplete` est appelé automatiquement lorsque la lecture d'un son est finie.
`onID3`	Le gestionnaire `onID3` est utilisé pour récupérer des informations telles que le nom de l'artiste, le titre du morceau ou encore l'année d'enregistrement.

Exemples

```
music.onID3 = function():Void {
  for( var propriete in this.id3 ){
     trace( propriete + " : "+ this.id3[propriete] );
  }
}
```

Au chargement du fichier MP3 à l'aide des méthodes `attachSound()` ou `loadSound()`, le gestionnaire d'événements `onID3` réceptionne les métadonnées faisant partie d'un fichier MP3 – si elles existent.

La boucle `for-in`, placée à l'intérieur du gestionnaire, affiche l'intégralité de ces données dans la fenêtre de sortie.

Associer un son à un événement

Les sons associés à un événement (clic de souris, apparition d'un nouvel objet...) sont des sons très courts qui ne pèsent que quelques kilo-octets (entre 10 et 30 Ko). Il est donc tout à fait possible de les intégrer directement dans le fichier source (fichier d'extension .fla).

Examinons comment réaliser cette intégration en reprenant l'exemple de la photo interactive.

Pour en savoir plus

La classe Personne est étudiée au cours de la section « Une personne se présente avec sa photo » du chapitre 9 « Les principes du concept objet ».

L'objectif de cet exemple est de faire en sorte que la photo émette un son en même temps qu'elle affiche la bulle d'infos. Le son émis est tiré au hasard parmi une liste de sons. L'exemple reprend le code de la classe Personne réalisée au cours du chapitre précédent.

Extension Web

Vous pourrez tester cet exemple en exécutant le fichier UnSonSurLaPhoto.fla, sous le répertoire Exemples/chapitre10. Les fichiers son se trouvent dans le répertoire Exemples/chapitre10/Sons.

La mise en place d'un son d'événement s'effectue en trois temps :

- importation du son dans la bibliothèque de l'animation ;

- création d'un objet de type Sound ;

- lecture du son au moment où l'événement survient.

Importer un son dans la bibliothèque

L'import direct de sons (au format .mp3) dans la bibliothèque de l'application s'effectue très simplement, en :

- sélectionnant l'item Importer – Importer dans la bibliothèque du menu Fichier de l'environnement Flash ;

- choisissant le fichier au format .mp3 correspondant au son que vous souhaitez entendre, dans la boîte de dialogue Importer dans la bibliothèque. Vous pouvez sélectionner par exemple le fichier son0.mp3 se trouvant dans le répertoire Exemples/chapitre10/Sons.

Après validation, l'élément sélectionné apparaît dans la bibliothèque (tapez F11 pour faire apparaître le panneau Bibliothèque).

Le symbole de type son doit être visible pour le script qui va l'appeler. Pour cela, cliquez droit sur le symbole associé au son dans le panneau Bibliothèque et sélectionnez l'item Liaison.

La fenêtre `Panneau de Liaison` apparaît, cochez la case `Exporter pour ActionScript` et entrez comme identifiant le nom `son0`.

Figure 10-1

La fenêtre Panneau de liaison s'obtient en cliquant droit sur l'élément son0, placé dans la bibliothèque.

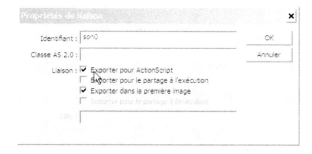

Pour réaliser notre exemple – tirer au hasard un son parmi trois ou quatre autres sons –, il convient de répéter ces opérations pour les fichiers `son1.mp3`, `son2.mp3` et `son3.mp3`, auxquels vous donnerez respectivement comme nom d'identifiant `son1`, `son2` et `son3`.

Créer et lire le son au bon moment

Lorsque la bulle apparaît, un son est tiré au hasard parmi d'autres. Nous devons enregistrer chaque son dans une liste que nous nommerons `listeSons`. La création de la liste de sons est réalisée pour chaque objet de type `Personne`, lors du chargement de la photo. L'émission du son s'effectue ensuite, lorsque l'événement `onRollOver` est perçu par le clip associé à la photo.

Dans la classe `Personne`, nous devons donc insérer les lignes suivantes à l'intérieur de la méthode `sAffiche()` :

```
public function sAffiche(nx:Number, ny:Number):Void {
// …
   ecouteur.onLoadInit = function(laPhoto:MovieClip):Void {
     var tmp:Personne = this;
     var cetteBulle:MovieClip;
    // ❶ Créer la liste de sons
     var listeSons:Array = new Array();
     for (var i:Number=0; i < 4; i++) {
        listeSons[i]  = new Sound();
        listeSons[i].attachSound("son"+i);
      }
    // Lorsque le curseur de la souris survole la photo
    laPhoto.onRollOver = function():Void {
        // ❷ tirer un nombre au hasard et lancer le son
        var auHasard:Number =  Math.round(Math.random() * 3);
        listeSons[auHasard].start();
    }
    // …
  }
```

❶ Chaque son doit être enregistré dans un objet de type Sound créé à l'aide du constructeur de la classe.

À l'intérieur de la boucle for, chaque adresse créée vers un objet Sound est enregistrée dans le tableau listeSons[i], pour i variant de 0 à 3 compris.

Les quatre sons enregistrés dans la bibliothèque du fichier UnSonSurLaPhoto.fla sont ensuite associés aux éléments listeSons[i] grâce à la méthode attachSound() qui prend en paramètre le nom de l'identifiant (son0, son1...) fourni lors de la liaison vers ActionScript.

❷ Il existe quatre sons différents. Pour en tirer un au hasard, il suffit de prendre un nombre de façon aléatoire entre 0 et 3 (Math.round(Math.random() * 3)) et d'utiliser cette valeur auHasard comme indice du tableau listeSons[]. Le son est ensuite lancé grâce à la méthode start() appliquée à l'élément listeSons[auHasard].

Un lecteur MP3-1re version

Il existe d'autres types de sons que ceux liés à un événement, les sons d'ambiance ou encore la musique. Généralement, ces fichiers sont très lourds, malgré la compression MP3. Il n'est donc pas conseillé de les charger au sein même de l'application, celle-ci deviendrait trop lourde à télécharger.

La seule façon d'éviter les difficultés liées au poids des animations est de charger la musique en cours d'exécution de l'application.

> **Remarque**
> Lorsqu'un fichier, une image, un son ou une vidéo n'est pas enregistré dans la bibliothèque du fichier source, mais est lu à partir d'un fichier extérieur à l'application et chargé en cours d'exécution, on dit que les données sont chargées « à la volée ».

Examinons cette technique sur un exemple, le lecteur MP3.

> **Extension Web**
> Vous pourrez tester cet exemple en exécutant le fichier LecteurMp3.fla, sous le répertoire Exemples/chapitre10. Les fichiers son se trouvent dans le répertoire Exemples/chapitre10/Sons.

Cahier des charges

Le lecteur MP3 est doté de 3 boutons – lire, faireUnePause et stopper (voir figure 10-2).

- Le bouton lire lance la lecture du fichier .mp3. Il disparaît au premier clic pour laisser apparaître le bouton faireUnePause.

- Le bouton faireUnePause interrompt la lecture de la musique lorsque l'on clique dessus. Le bouton faireUnePause disparaît, pour laisser apparaître le bouton lire. Lorsque le bouton lire est à nouveau enfoncé, la lecture reprend son cours là où elle s'était arrêtée.

- Le bouton stopper n'apparaît qu'une fois la lecture de la musique lancée. Lorsque l'on clique dessus, la lecture de la musique s'arrête. Le bouton stopper est alors remplacé par le bouton lire. Lorsque ce dernier est à nouveau enfoncé, la lecture reprend au tout début du morceau.

Le lecteur MP3 possède également :

- Un curseur permettant de monter ou de diminuer le volume sonore.

- Une barre de progression, afin de visualiser le temps écoulé depuis le lancement de la lecture du morceau de musique.

L'ensemble de l'interface – boutons, barre de progression, curseur de volume – est défini à l'intérieur d'un symbole nommé ControleurClp, comme le montre la figure 10-2.

Figure 10-2

Le symbole ControleurClp est composé de 6 symboles définissant l'interface utilisateur.

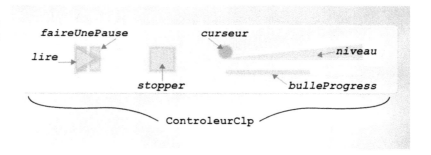

Une occurrence du symbole ControleurClp est créée comme suit par la méthode attachMovie(). Nous la nommons controleur :

```
var controleur:MovieClip = attachMovie("ControleurClp","ctrl",1);
```

L'accès au bouton lire est réalisé par l'expression controleur.lire, l'accès au curseur par controleur.curseur.

Charger un son à la volée

Après la création des éléments de l'interface utilisateur, l'opération suivante consiste à créer puis charger un son se trouvant sur le disque dur de votre machine (ou du serveur). Ces deux opérations sont réalisées par les instructions suivantes :

```
var music:Sound = new Sound();
music.loadSound("Sons/laMusic.mp3", true);
```

La première instruction crée un objet nommé music, de type Sound. La seconde instruction charge le fichier fourni en premier paramètre (Sons/laMusic.mp3) de la méthode loadSound(), dans l'objet music.

Le second paramètre de la méthode loadSound() est un booléen qui permet de préciser le mode de chargement du fichier .mp3. S'il vaut true, la musique est chargée en flux continu (*streaming*), la lecture peu démarrer avant la fin du chargement.

> **Remarque**
> Si le second paramètre de la méthode `loadSound()` vaut `false`, la musique est totalement chargée avant d'être lancée. Cette option est à utiliser pour charger à la volée un son associé à un événement.

Lancer la lecture

La lecture de fichier `.mp3` débute lorsque l'utilisateur clique sur le bouton `lire`. Les instructions lançant la lecture de la musique se placent dans le gestionnaire d'événements de l'objet `controleur.lire` comme suit :

```
controleur.lire.onRelease = function():Void {
   // lancer la lecture
   var depart:Number =  sePoserOu /1000;
   music.start(depart,0);
   // Afficher les boutons faireUnePause et stopper
   controleur.stopper._visible = true;
   controleur.faireUnePause._visible = true;
   // Effacer le bouton lire
   this._visible = false;
}
```

La méthode `start()` lance la musique chargée dans l'objet `music` à partir de la position enregistrée dans la variable `depart`.

La variable `depart` est calculée à l'aide de la variable globale `sePoserOu` qui est initialisée à `0` au moment de sa déclaration ; elle sera ensuite modifiée par le gestionnaire du bouton `faireUnePause` décrit ci-après.

La première fois que l'utilisateur clique sur le bouton `lire`, la musique est donc jouée à partir du début du fichier. Le second paramètre de la méthode `start()` est facultatif, il indique le nombre de fois que la musique doit être lancée.

> **Pour en savoir plus**
> La gestion de l'affichage des boutons, leur apparition et leur disparition est traitée au chapitre 3 « Communiquer ou interagir », section « Exercice 3.4 ».

Faire une pause

Le bouton `faireUnePause` est utilisé pour arrêter la musique au moment où l'utilisateur clique dessus. Le bouton `lire` remplace alors le bouton `faireUnePause`. La musique reprend son cours si l'utilisateur clique sur le bouton `lire`.

Le gestionnaire d'événements de l'objet `controleur.faireUnePause` s'écrit comme suit :

```
controleur.faireUnePause.onRelease = function():Void {
   sePoserOu = music.position;
   music.stop();
   this._visible = false;
```

```
     controleur.lire._visible = true;
  };
```

La première instruction enregistre la position de la tête de lecture dans la variable globale `sePoserOu` au moment où l'utilisateur clique sur le bouton `faireUnePause`. La valeur est enregistrée en millièmes de seconde.

La seconde instruction arrête la lecture du fichier `.mp3`. Les instructions suivantes ont pour rôle de remplacer le bouton `faireUnePause` par le bouton `lire`.

La reprise de la lecture se fait obligatoirement par l'intermédiaire du bouton `lire`, le bouton `faireUnePause` ayant disparu.

Le lancement du son s'effectue donc depuis le gestionnaire `controleur.lire.onRelease` à partir de la position enregistrée dans la variable `depart`. Cette dernière est calculée d'après la valeur enregistrée dans la variable globale `sePoserOu` et qui vient d'être modifiée par le gestionnaire `controleur.faireUnePause.onRelease`.

La valeur enregistrée dans la variable `sePoserOu` est au millième de seconde, nous devons la diviser par 1 000 pour obtenir une valeur de départ en secondes.

Cela fait, la musique reprend son cours à l'endroit où l'utilisateur l'avait arrêtée en cliquant sur le bouton `faireUnePause`.

Arrêter la musique

Pour arrêter la musique, deux méthodes sont possibles :

- Soit l'utilisateur clique de lui-même sur le bouton `stopper`. Dans cette situation, le comportement de l'interface utilisateur est décrit par le gestionnaire d'événements de l'objet `controleur.stopper`.

- Soit la tête de lecture arrive à la fin du fichier `.mp3`. Le comportement de l'interface utilisateur est décrit ici par le gestionnaire d'événements de l'objet `music.onSoundComplete`.

Observons cependant que, dans chacune des deux situations, le fonctionnement de l'interface utilisateur est identique : les deux boutons `faireUnePause` et `stopper` s'effacent et le bouton `lire` réapparaît.

C'est pourquoi nous rassemblons l'ensemble des instructions réalisant ce ces actions au sein de la fonction `remiseAZero()` comme suit :

```
function remiseAZero() {
  sePoserOu = 0;
  // Afficher le bouton lire
  controleur.lire._visible = true;
  // Effacer les deux autres boutons
  controleur.faireUnePause._visible = false;
  controleur.stopper._visible=false;
  music.stop();
}
```

En réinitialisant la variable sePoser à 0, nous nous assurons de la reprise de la lecture de la musique au début du morceau, lorsque l'utilisateur cliquera à nouveau sur le bouton lire.

Les deux gestionnaires controleur.stopper. et music.onSoundComplete font ensuite appel à la méthode remiseAZero() comme suit :

```
controleur.stopper.onRelease = function():Void {
   remiseAZero();
};
music.onSoundComplete = function():Void {
   remiseAZero()
  };
```

Changer le volume

L'augmentation ou la diminution du volume sonore s'effectuent par l'intermédiaire de l'occurrence curseur définie à l'intérieur du symbole ControleurClp.

Les instructions réalisant l'association déplacement du curseur-changement du volume sonore sont les suivantes :

```
// ❶ Définition des positions initiales
var initX:Number = controleur.niveau._x;
var initY:Number = controleur.niveau._y;
var longueur:Number = controleur.niveau._width;

// ❷ Définition du volume sonore
var volumeSon:Number = music.getVolume();
controleur.curseur._x = initX + longueur * volumeSon/100
                           - controleur.curseur._width;
controleur.curseur._y = initY ;

// ❸ Gestion du déplacement du curseur
controleur.curseur.onPress = function():Void {
   startDrag(this, false, initX, initY ,
           initX+longueur - this._width , initY);
   this.gotoAndStop("clique");
   // ❹ Lorsque la souris se déplace, calculer le volume
   this.onMouseMove = function():Void {
      volumeSon =  Math.ceil((this._x -initX)/longueur * 100);
      music.setVolume(volumeSon);
   };
};

// ❺ Quand l'utilisateur relâche le bouton de la souris
controleur.curseur.onRelease =
controleur.curseur.onReleaseOutside = function():Void {
   this.gotoAndStop("normal");
   this.stopDrag()
   delete this.onMouseMove;
```

```
};
// ❻ Modifier l'apparence du curseur
   controleur.curseur.onRollOver= function():Void {
     this.gotoAndStop("survol");
}
controleur.curseur.onRollOut= function():Void {
   this.gotoAndStop("normal");
}
```

❶ Les variables initX, initY et longueur sont utilisées pour définir l'espace de déplacement du curseur. La variable longueur intervient également dans le calcul du volume sonore (voir ❹).

❷ La méthode d'accès en consultation getVolume() retourne la valeur correspondant au volume sonore avant toute intervention sur le curseur. Grâce à cette valeur, le curseur est placé au niveau sonore correspondant au volume défini au moment du lancement de l'application.

❸ Lorsque l'utilisateur clique sur le curseur, ce dernier se déplace sur l'axe des X, entre initX et initX+longueur. Sa position sur l'axe des Y est constante et vaut initY.

❹ La modification du volume sonore est réalisée par l'intermédiaire de la méthode set Volume(). Un volume sonore égal à 0 correspond à un son coupé, un volume égal à 100, à un son maximal.

L'association curseur-volume est réalisée en calculant la position du curseur (occurrence controleur.curseur) par rapport à la barre de niveau (occurrence controleur.niveau). Si le curseur est placé à l'origine du niveau, le volume vaut 0, s'il est situé à l'extrémité droite du niveau (controleur.niveau._width), le son vaut 100.

La longueur de la barre controleur.niveau n'est pas égale à 100 pixels. Pour obtenir une variation du curseur entre 0 et 100, il convient de calculer la position de ce dernier en pourcentage par rapport à la longueur de la barre. Cette valeur est obtenue en calculant l'expression :

```
positionCouranteDuCurseur * longueurDuNiveau / 100
```

La position courante du curseur est obtenue par l'intermédiaire du gestionnaire d'événements onMouseMove sur le curseur. Ainsi, la valeur this._x au sein du gestionnaire controleur .curseur.onMouseMove()correspond à la position courante du curseur.

Après calcul, le volume sonore est modifié en passant en paramètre la valeur obtenue à la méthode d'accès en écriture setVolume().

❺ Lorsque le bouton de la souris est relâché – que le pointeur de la souris soit sur le curseur de volume ou en dehors (controleur.curseur.onRelease = controleur.curseur.on ReleaseOutside()), le curseur ne se déplace plus. Ainsi, l'instruction stopDrag() interrompt son déplacement.

Remarque

Nous devons aussi supprimer le gestionnaire d'événements onMouseMove afin d'éviter de surcharger inutilement le lecteur Flash.

---

❻ Le curseur `controleur.curseur` n'est pas de type `Bouton` mais de type `Clip`. En effet, seul un clip peut être déplacé avec la méthode `startDrag()`. Pour modifier l'apparence du curseur en fonction de la position de la souris, nous devons définir les gestionnaires `controleur.curseur.onRollOver` et `controleur.curseur.onRollOut` afin d'indiquer quelle image du clip afficher. Ce dernier possède 3 images nommées `normal`, `survol` et `clique`. L'image `clique` est utilisée dans le gestionnaire `controleur.curseur.onPress`.

Voir la lecture progresser

Afin de rendre ce modeste lecteur MP3 un peu plus convivial, nous ajoutons une barre de progression qui indique le temps d'écoute. Une ligne rouge nommée `bulleProgress` voit sa taille (longueur) augmenter au fur et à mesure que la musique est écoutée.

```
controleur.bulleProgress.onEnterFrame = function():Void {
    this._xscale =
    Math.round(music.position*100/music.duration);
    }
};
```

La mise en place de la barre de progression s'effectue très simplement, en calculant le pourcentage de temps d'écoute par rapport à la durée totale du morceau de musique. Cette valeur est obtenue par l'expression :

```
Math.round(music.position*100/music.duration)
```

L'effet de progression dans le temps est obtenu en augmentant la dimension horizontale de la ligne, grâce à la propriété `_xscale`. La valeur de changement d'échelle correspond au pourcentage de temps d'écoute par rapport à la durée totale du morceau.

Pour visualiser le changement d'échelle de l'occurrence `bulleProgress`, nous devons insérer ce calcul à l'intérieur du gestionnaire d'événements `controleur.bulleProgress.onEnterFrame`. Ce dernier n'est appelé que lorsque le morceau de musique est joué, c'est-à-dire quand l'utilisateur a cliqué sur le bouton `controleur.lire`. Le gestionnaire d'événements `onEnterFrame` est donc à placer à l'intérieur du gestionnaire `controleur.lire.onPress`.

Lorsque la musique cesse d'être jouée soit parce que la fin du morceau est atteinte, soit parce que l'utilisateur a cliqué sur le bouton `stopper` ou `faireUnePause`, la barre de progression doit cesser d'avancer.

Pour chacun de ces cas, nous devons détruire le gestionnaire d'événements `controleur.bulleProgress.onEnterFrame` en utilisant l'instruction :

```
if ( controleur.bulleProgress != null)
    delete controleur.bulleProgress.onEnterFrame;
```

Cette instruction est placée à la fois dans le gestionnaire `controleur.faireUnePause.onRelease` et dans la fonction `remiseAZero()`.

Lorsque le morceau de musique arrive à sa fin ou s'il est arrêté parce que l'utilisateur a cliqué sur le bouton `stopper`, la barre de progression doit revenir à sa position initiale.

Pour cela, nous devons placer l'instruction :

```
controleur.bulleProgress._xscale = 0.1;
```

à l'intérieur de la fonction `remiseAZero()` afin de rendre la ligne si petite qu'elle en devient invisible.

La vidéo

Avec le progrès des nouvelles technologies et l'accès simplifié à un réseau Internet haut débit, l'utilisation de vidéos au sein de pages Web devient de plus en plus courante.

Depuis la version Flash MX, Flash propose un format et une compression optimale pour charger des vidéos de très bonne qualité que l'on peut visionner en flux continu.

L'importation d'une vidéo consiste tout d'abord à transformer des fichiers aux formats divers (`.mov`, `.mpeg` ou `.avi`) en fichiers au format `.flv` – Flash Video (voir section « Intégrer la vidéo dans Flash »).

Ensuite, lorsque ces derniers sont prêts à l'emploi, ils sont chargés dans une application qui les contrôle et qui communique avec eux. Ces opérations sont réalisées par l'intermédiaire de classes telles que les classes `NetConnection` et `NetStream` (voir la section « Manipuler un flux vidéo à la volée »).

Intégrer la vidéo dans Flash

Le format `.flv` est utilisé par Flash pour intégrer un flux vidéo au sein d'une animation Flash.

Si votre vidéo est au format `.avi` ou `.mpeg`... vous devez le convertir en utilisant l'assistant de codage proposé par l'environnement Flash.

Créer un fichier FLV

> **Remarque**
> Les opérations pour transformer un fichier vidéo au format `.flv` diffèrent entre la version MX 2004 et Flash 8.

Avec Flash 8

Voici la démarche à suivre pour obtenir un fichier au format `.flv` :

1. Dans le menu `Fichier`, cliquez sur l'item `Importer – Importer de la vidéo`, puis sélectionnez le fichier vidéo (au format `.avi`...) dans la boîte de dialogue Importer de la vidéo (voir figure 10-3). Cliquez sur le bouton `Suivant`.

2. Pour visionner une vidéo enregistrée sur votre disque dur, sélectionner la ligne `Diffusion en continu avec le service Flash`, comme le montre la figure 10-4.

Figure 10-3

*Sélection
du fichier vidéo.*

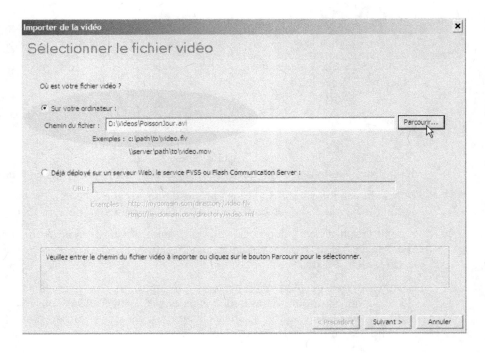

Figure 10-4

*Choix du mode
de diffusion de
la vidéo.*

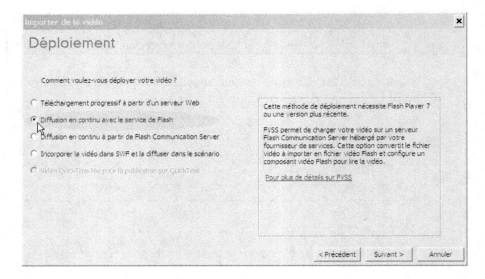

3. Après validation, le panneau suivant (voir figure 10-5) est utilisé pour définir le type de codage, la qualité, le lecteur Flash... Vous pouvez également recadrer votre vidéo, définir des points de repère afin d'obtenir une meilleure interactivité…

Figure 10-5

*Définition
du codage
et de la qualité
de la vidéo.*

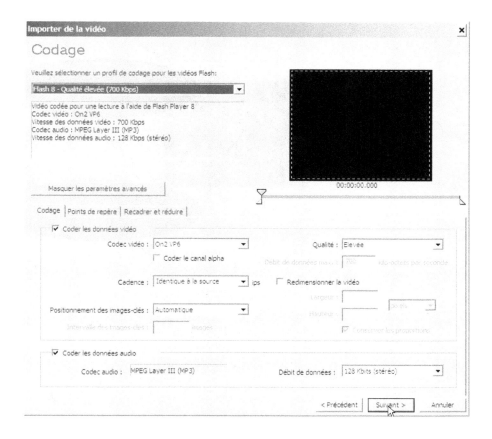

4. Après validation, le panneau suivant (voir figure 10-6) est utilisé pour définir l'interface utilisateur dans laquelle sera visionnée la vidéo. Pour des raisons pédagogiques, nous choisissons de ne pas prendre d'habillage (voir section « Un lecteur de vidéo » plus bas dans ce chapitre).

5. Le panneau suivant (voir figure 10-7) présente un récapitulatif des options de codage. Il indique notamment à partir de quel fichier le codage est effectué, et quel sera le fichier final obtenu (fichier d'extension .flv). Le fichier Flash Video est enregistré dans le répertoire courant de l'application utilisée pour coder la vidéo.

6. Après avoir cliqué sur le bouton Terminé, le lecteur Flash affiche une fenêtre indiquant le temps et la progression du codage ainsi que les noms des fichiers source et de sortie.

Figure 10-6

*Aucun habillage
n'est choisi
pour lire
la vidéo.*

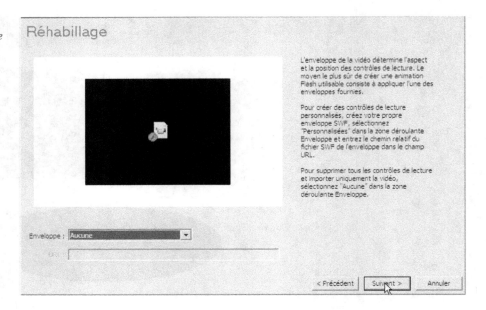

Figure 10-7

*Tableau
récapitulatif
avant codage.*

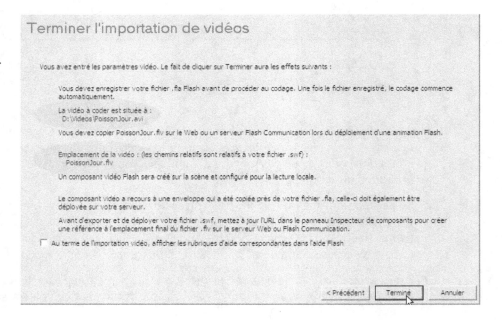

Figure 10-8

*État de progression
du codage.*

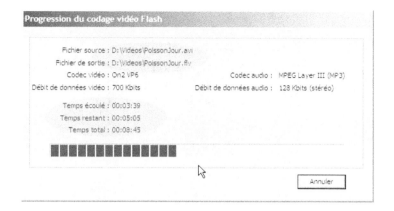

Progression du codage vidéo Flash

Fichier source : D:\Videos\PoissonJour.avi
Fichier de sortie : D:\Videos\PoissonJour.flv
Codec vidéo : On2 VP6   Codec audio :   MPEG Layer III (MP3)
Débit de données vidéo : 700 Kbits   Débit de données audio :   128 Kbits (stéréo)

Temps écoulé : 00:03:39
Temps restant : 00:05:05
Temps total : 00:08:45

Annuler

Avec Flash MX 2004

Sous Flash MX 2004, la transformation d'un fichier vidéo au format .flv s'effectue en deux temps :

- Importation du fichier dans la bibliothèque sous la forme d'un clip.

- Exportation du clip au format .flv.

L'importation est réalisée par la procédure suivante :

1. Dans le menu Fichier, cliquez sur l'item Importer – Importer dans la bibliothèque. Sélectionnez ensuite le fichier .avi à importer, dans la boîte de dialogue Importer dans la bibliothèque.

Un assistant d'importation de vidéo s'affiche (voir figure 10-9). Cochez la case Modifier la vidéo d'abord. Cliquez enfin sur le bouton Suivant.

2. Créez un clip et nommez-le dans la partie gauche de la fenêtre de l'assistant (voir figure 10-10). Ce nom correspondra au clip enregistré dans la bibliothèque de votre application, après codage de la vidéo. Cliquez sur le bouton Suivant.

3. Le panneau suivant (voir figure 10-11) vous propose de modifier le profil de compression et/ou le type de codage ainsi que la qualité, en modifiant le Profil de compression.

Les opérations de recadrage, de changement de luminosité, etc., s'effectuent en créant un nouveau profil dans les Paramètres avancés.

4. Après avoir cliqué sur le bouton Terminé, le lecteur Flash affiche une fenêtre indiquant le temps et la progression du codage (voir figure 10-12).

À la fin de cette étape, le clip vidéo est enregistré dans la Bibliothèque de votre application.

Figure 10-9

*L'assistant
d'importation
de vidéo vous
propose de modifier
votre vidéo.*

Figure 10-10

*Créer un clip
sans oublier de lui
donner un nom.*

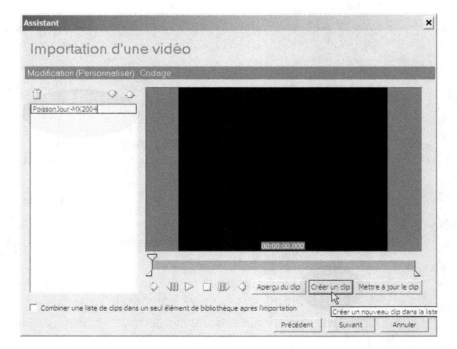

Figure 10-11

Pour modifier le type de codage, allez dans le Profil de compression. Pour le cadrage, créez un nouveau profil dans les Paramètres avancés.

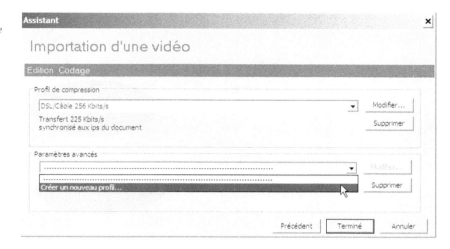

Figure 10-12

Tableau récapitulatif avant codage.

L'exportation du clip au format .flv s'effectue comme suit :

- Sélectionnez et cliquez droit sur le symbole correspondant à la vidéo, dans la fenêtre Bibliothèque. Cliquez sur l'item Propriétés… comme le montre la figure 10-13.

Figure 10-13

Obtention d'un fichier au format .flv.

- Dans le panneau Propriétés de vidéo intégrée, cliquez sur le bouton Exporter..., nommez le fichier et validez.

Manipuler un flux vidéo à la volée

Lorsque le fichier au format .flv est prêt à l'emploi, l'objectif n'est pas de l'intégrer directement dans le fichier .fla, mais de le charger dynamiquement dans une animation.

La lecture des fichiers .flv à la volée offre plusieurs avantages par rapport à l'intégration d'une vidéo dans un document Flash. Le poids du document est très faible, et l'affichage ainsi que la gestion de la mémoire sont plus performants. De plus, les deux cadences d'affichage – vidéo et animation Flash – deviennent indépendantes.

Le moyen le plus direct pour visualiser et contrôler la lecture d'un fichier .flv est d'utiliser les classes NetConnection et NetStream *via* un objet de type Video.

Remarque

Flash propose toute une gamme de composants qui simplifient la gestion de la vidéo (voir par exemple la classe Media dans l'aide en ligne). Ces composants ont été écrits pour éviter aux concepteurs graphiques d'avoir à programmer. Notre objectif étant ici d'apprendre à programmer, nous choisissons de ne pas les utiliser.

La classe NetConnection

La classe NetConnection permet d'accéder aux fichiers .flv, en flux continu, stockés sur votre disque dur ou sur un serveur autorisant la gestion de flux vidéo en streaming.

La classe NetConnection offre pour cela un constructeur et la méthode connect().

- Le constructeur NetConnection() crée un objet NetConnection qu'il convient d'utiliser avec un objet NetStream (voir section « La classe NetStream » ci-après). L'appel du constructeur s'écrit comme suit :

```
var seConnecter:NetConnection = new NetConnection();
```

- La méthode connect() ouvre une connexion locale lorsque la valeur passée en paramètre vaut null. La méthode retourne un booléen qui indique si la connexion a échoué (false) ou non. Elle s'applique à un objet de type NetConnection, comme suit :

```
seConnecter.connect(null);
```

La classe NetStream

La classe `NetStream` fournit des méthodes et des propriétés afin de charger et de lire des fichiers `.flv`. Elle offre aussi la possibilité de suivre la progression du chargement du fichier et d'en contrôler sa lecture (arrêt, pause, etc.).

Les méthodes de la classe `NetStream` les plus utilisées sont :

Méthodes	Opération
NetStream(connection:NetConnection)	Consructeur de la classe, il retourne l'adresse d'un objet sur lequel pourront s'appliquer les méthodes décrites ci-après. L'objet créé est un flux de diffusion en continu qui permet de lire des fichiers `.flv` à l'aide de l'objet `NetConnection` spécifié en paramètre.
pause(booléen)	Lors du premier appel de la méthode (sans paramètre), la lecture est interrompue. À l'appel suivant, la lecture reprend.
play(nom)	Commence la lecture du fichier dont l'URL est passée en paramètre. L'affichage des données s'effectue par l'intermédiaire d'un ojet `Video`.
seek(offset)	Recherche l'image clé la plus proche du nombre de secondes spécifié (`offset`) à partir du début du flux.
setBufferTime(bufferTime)	Spécifie la durée de la mise en mémoire tampon des messages avant de commencer à afficher le flux.

Ainsi, par exemple, la création d'un flux vidéo s'effectue par l'intermédiaire des instructions suivantes :

```
var seConnecter:NetConnection = new NetConnection();
seConnecter.connect(null);
var unFlux:NetStream = new NetStream(seConnecter);
```

Les propriétés de la classe `NetStream` les plus utilisées sont :

Propriétés	Opération
bufferLength	Nombre de secondes de données enregistrées dans la mémoire tampon.
bytesLoaded	Nombre d'octets de données ayant été chargés dans le lecteur.
bytesTotal	Taille totale, en octets, du fichier chargé dans le lecteur.
time	Position de la tête de lecture, en secondes.

L'expression suivante :

$$unFlux.bytesLoaded * 100 / unFlux.bytesTotal$$

calcule le pourcentage d'octets chargés dans le lecteur par rapport au nombre total d'octets contenus dans le fichier. Ce calcul est utilisé pour afficher une barre de progression du chargement d'un fichier vidéo.

Le tableau ci-après décrit les gestionnaires de la classe `NetStream`.

Gestionnaires d'événements	Opération
`onMetaData = function(info) {}`	Le gestionnaire `onMetaData` est invoqué lorsque le lecteur Flash reçoit une description des données intégrées dans le fichier `.flv` lu.
`onStatus = function(info) {}`	Le gestionnaire `onStatus` est appelé à chaque changement d'état ou chaque fois qu'une erreur est émise pour l'objet `NetStream`.

Lors du codage de la vidéo, l'assistant de compression intègre la durée de la vidéo, la date de création, les débits ainsi que d'autres informations dans le fichier vidéo. Ces informations sont appelées des métadonnées.

Le gestionnaire `onMetaData` suivant a pour rôle de rechercher la durée totale estimée du fichier `.flv` et de l'enregistrer dans la variable globale `tempsTotal`.

```
unFlux.onMetaData = function(infoData:Object) {
    tempsTotal = infoData.duration;
};
```

La classe Video

Une fois chargé, le flux vidéo ne peut être visualisé qu'au travers d'un objet de type `Video` que l'on crée de la façon suivante :

- Si le panneau `Bibliothèque` n'est pas visible, sélectionnez l'item `Bibliothèque` dans le menu `Fenêtre` pour l'afficher, ou tapez sur la touche `F11`.

- Ajoutez un objet `Video` intégré à la bibliothèque en cliquant sur le menu `Options` à droite de la barre de titre du panneau `Bibliothèque` et en sélectionnant `Nouvelle Video`.

- Dans la boite de dialogue `Propriétés de la vidéo` (voir figure 10-15), donnez un nom de symbole (par exemple `VideoClp`) et sélectionnez la ligne `Vidéo` (contrôlée par `ActionScript`).

Figure 10-15

Exporter la vidéo au format .flv.

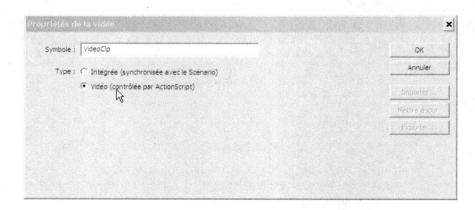

- Ensuite, faites glisser une occurrence de VideoClp, du panneau Bibliothèque, sur la scène. Nommez cette occurrence par exemple laVideo.

- Pour finir, l'affichage de la vidéo s'effectue à l'intérieur de l'objet laVideo, grâce à la méthode attachVideo(), comme suit :

```
var seConnecter:NetConnection = new NetConnection();
seConnecter.connect(null);
var unFlux:NetStream = new NetStream(seConnecter);
laVideo.attachVideo(unFlux);
```

Un lecteur de vidéo

Tout comme un morceau de musique s'écoute, une vidéo se regarde. Dans cet exemple, nous allons reprendre et modifier l'interface utilisateur développée pour le lecteur MP3 afin de visualiser une vidéo chargée en streaming.

Extension Web

Vous pourrez tester cet exemple en exécutant le fichier LecteurVideo.fla, sous le répertoire Exemples/chapitre10. Les fichiers vidéos sont placés dans le répertoire Exemples/chapitre10/Videos.

Cahier des charges

L'interface utilisateur fonctionne comme pour le lecteurMP3.

- Le bouton controleur.lire lance la lecture de la vidéo.

- Le bouton controleur.faireUnePause arrête momentanément la lecture jusqu'à ce que l'utilisateur clique à nouveau sur le bouton lire.

- Le bouton controleur.stopper arrête la lecture et replace la tête de lecture au début de la vidéo.

- L'occurrence controleur.curseur permet de modifier le volume sonore.

- La barre de progression controleur.barreProgress visualise le temps de lecture par rapport à la durée totale du film.

Pour en savoir plus

L'objet controleur est décrit plus précisément à la section « Un lecteur MP3-1re version ».

La seule différence réside dans l'ajout d'un écran afin de pouvoir visualiser les vidéos (voir figure 10-3).

Figure 10-16

*Un objet Video nommé ecran
est ajouté au contrôleur.*

ecran

Créer un écran vidéo

Pour ajouter un écran vidéo au clip `controleurClp`, vous devez simplement ouvrir le clip `controleurClp` et y glisser une occurrence de `VideoClp`.

> **Pour en savoir plus**
>
> La création du symbole `VideoClp` est décrite au cours de la section « Manipuler un flux vidéo à la volée ».

Après avoir positionné correctement l'occurrence de `VideoClp`, utilisez le panneau de propriétés pour lui donner le nom d'occurrence `ecran`. L'accès à la vidéo s'effectue alors par l'intermédiaire de l'expression `controleur.ecran`.

Charger une vidéo à la volée

Pour charger une vidéo dynamiquement, nous devons tout d'abord créer un flux vidéo afin de relier la lecture du fichier vidéo avec l'objet de visualisation. Cette opération est réalisée grâce aux instructions suivantes :

```
var depart:Number=0;
// ❶ Créer une connexion
var seConnecter:NetConnection = new NetConnection();
seConnecter.connect(null);
// ❷ Créer un flux
var unFlux:NetStream = new NetStream(seConnecter);
// ❸ Attacher le flux à l'objet Video
controleur.ecran.attachVideo(unFlux);
// ❹ Mémoriser un certain temps avant d'afficher
unFlux.setBufferTime(depart);
```

❶ Le constructeur `NetConnection()` crée l'objet `seConnecter`. La connexion est établie par la méthode `connect()` qui ouvre une connexion locale permettant de lire les fichiers à partir d'une adresse http fournie en paramètre, ou à partir du système local de fichiers, si le paramètre vaut null.

> **Remarque**
>
> Pour obtenir une connexion vers un flux vidéo sur une adresse http, vous devez avant tout vérifier si le site l'autorise.

❷ La mise en place du flux s'effectue par l'intermédiaire d'un objet de type NetStream, construit à partir de l'objet seConnecter.

❸ Pour finir, le flux vidéo est envoyé vers l'objet de visualisation controleur.ecran.

❹ La méthode setBufferTime() indique le temps de mise en mémoire tampon avant de commencer à afficher le flux. Par exemple, si vous voulez être sûr que la lecture du flux sera ininterrompue au cours des 10 premières secondes, placer la valeur 10 en paramètre de la méthode.

Lancer la lecture

La connexion est établie, le flux est relié à un objet Video, mais ce n'est pas pour autant que nous visualisons la vidéo !

Pour cela, nous devons lancer la lecture du fichier en cliquant sur le bouton controleur .lire. Le gestionnaire d'événements du bouton s'écrit :

```
var pauseOK:Boolean  = false;
controleur.lire.onRelease = function():Void {
    controleur.stopper._visible = true;
    controleur.faireUnePause._visible = true;
    this._visible = false;
    if (pauseOK) unFlux.pause();
     else unFlux.play("Videos/poissonJour.flv");
};
```

La méthode play() lance la lecture du fichier vidéo passé en paramètre de la méthode (ici Videos/poissonJour.flv). La méthode play() est appliquée à l'objet unFlux, ce qui permet d'envoyer les données contenues dans le fichier vers le flux vidéo qui lui-même est attaché à l'objet de visualisation controleur.ecran.

Observez que l'exécution de l'instruction unFlux.play() est soumise à la condition if(pauseOK). pauseOK est une variable booléenne globale, initialisée à false. Elle est utilisée comme drapeau afin de vérifier si l'utilisateur a cliqué sur le bouton faireUnePause (voir section « Faire une pause », ci-après).

La première fois que l'utilisateur clique sur le bouton lire, la variable pauseOK vaut false ; la lecture du fichier vidéo est donc lancée par la méthode play() à partir du début du fichier.

Faire une pause

Lorsque l'utilisateur clique sur le bouton `faireUnePause`, la lecture du fichier s'arrête au moment du clic. Le bouton `lire` remplace le bouton `faireUnePause`. La lecture de la vidéo reprend son cours si l'utilisateur clique à nouveau sur le bouton `lire`.

Le gestionnaire de l'événement `controleur.faireUnePause` s'écrit comme suit :

```
controleur.faireUnePause.onRelease = function():Void {
    this._visible = false;
    controleur.lire._visible = true;
    unFlux.pause();
    pauseOK = true;
};
```

La méthode `pause()` interrompt la lecture d'un flux la première fois qu'elle est appelée. Au prochain appel, la lecture reprend son cours là où elle s'était arrêtée.

> **Remarque**
> Faire une pause sur un flux vidéo se traite d'une façon totalement différente de faire une pause sur un flux sonore. Ici, nous n'avons pas besoin de connaître le temps écoulé depuis le début de la lecture de la vidéo. La méthode `pause()` gère d'elle-même la position courante de la tête de lecture.

La reprise de la lecture du flux vidéo est réalisé par le bouton `lire`. Pour éviter que celui-ci relance la lecture au début du fichier, le gestionnaire `controleur.faireUnePause` modifie la valeur du drapeau `pauseOK` en y plaçant la valeur `true`. De cette façon, lorsque l'utilisateur clique à nouveau sur le bouton `lire`, l'instruction `unFlux.pause()` est exécutée à la place de `unFlux.play()`.

La vidéo reprend donc son cours à l'endroit où l'utilisateur l'avait arrêtée en cliquant sur le bouton `faireUnePause`.

Arrêter la lecture

Tout comme pour la musique, il existe deux façons d'arrêter la lecture d'une vidéo :

• Soit l'utilisateur clique de lui-même sur le bouton `stopper`. Dans cette situation, le comportement de l'interface utilisateur est décrit par le gestionnaire d'événements de l'objet `controleur.stopper`.

• Soit la tête de lecture arrive à la fin du fichier vidéo. Le comportement de l'interface utilisateur est décrit ici par le gestionnaire d'événements de l'objet `unFlux.onStatus`.

Observons cependant que, dans chacune de ces deux situations, le fonctionnement de l'interface utilisateur est identique : les deux boutons `faireUnePause` et `stopper` s'effacent, et le bouton `lire` réapparaît.

Nous avons donc rassemblé l'ensemble des instructions réalisant ces opérations au sein de la fonction `remiseAZero()` comme suit :

```
function remiseAZero() {
  pauseOK  = false;
  depart = 0;
  controleur.lire._visible = true;
  controleur.faireUnePause._visible = false;
  controleur.stopper._visible=false;
    unFlux.seek(depart);
    unFlux.pause(true);}
```

En réinitialisant la variable `pauseOK` à `false`, nous nous assurons de la reprise de la lecture de la vidéo au début du fichier, lorsque l'utilisateur cliquera à nouveau sur le bouton `lire`.

La méthode `seek()` a pour résultat de replacer la tête de lecture en début de fichier, le paramètre `depart` valant `0`.

Remarque

En trouvant le début du fichier, la méthode `seek()` reprend automatiquement la lecture du flux. Nous devons donc faire appel à la méthode `pause(true)` afin de l'arrêter.

Les deux gestionnaires `controleur.stopper.onRelease` et `unFlux.onStatus` font ensuite appel à la méthode `remiseAZero()` comme suit :

```
controleur.stopper.onRelease = function():Void {
   remiseAZero();
};
unFlux.onStatus = function(infoStatus:Object):Void {
   trace( "Code reçu : " +infoStatus.code);
   if (infoStatus.code == "NetStream.Play.Stop") {
     remiseAZero();
   }
};
```

La détection de la fin du fichier vidéo est réalisée par le gestionnaire d'événements `unFlux.onStatus`. En effet, lors de la lecture du flux vidéo, ce dernier reçoit un certain nombre de messages tels que `NetStream.Play.Start`, `NetStream.Buffer.Full`... indiquant l'état du flux en cours de lecture. Ces messages sont accessibles par l'intermédiaire d'un objet (`infoStatus`) passé en paramètre du gestionnaire d'événements. La propriété à examiner a pour nom `code`.

Lorsque le fichier est lu dans sa totalité, le code reçu par le gestionnaire `unFlux.onStatus` est `NetStream.Play.Stop`. Ainsi, grâce au test :

```
if (infoStatus.code == "NetStream.Play.Stop")
```

l'application `lecteurVideo` détecte d'elle-même la fin du fichier. Elle replace alors la tête de lecture en début de fichier et réinitialise l'interface utilisateur.

Changer le volume

La gestion du volume sonore s'effectue par l'intermédiaire de l'objet `controleur.curseur`.

Les instructions réalisant l'association déplacement du curseur-changement du volume sonore sont en grande partie identiques à celles utilisées par le lecteur MP3. La seule différence réside dans la création de l'objet music. Ce dernier est défini de la façon suivante :

```
this.createEmptyMovieClip("unSon", this.getNextHighestDepth());
unSon.attachAudio(unFlux);
var music:Sound = new Sound(unSon);
// voir ensuite le code source du lecteur MP3
```

Un clip vide nommé unSon est créé afin d'y attacher la partie audio du flux vidéo, grâce à la méthode attachAudio(). L'objet music est ensuite créé par le constructeur de la classe Sound. Ce dernier prend en paramètre le flux sonore de la vidéo.

La gestion du niveau sonore s'effectue alors comme pour le lecteur MP3 (voir section « Un lecteur MP3-1re version » paragraphe « Changer le volume » plus haut dans ce chapitre).

Voir la lecture progresser

La mise en place de la barre de progression de la lecture s'effectue en calculant le pourcentage de temps de lecture par rapport à la durée totale de la vidéo.

Calcul de la durée totale de lecture

La durée totale de la vidéo est obtenue par l'intermédiaire du gestionnaire d'événements unFlux.onMetaData. En effet, lorsque vous utilisez l'utilitaire Flash Video Exporter, celui-ci intègre la durée de la vidéo, la date de création, les débits ainsi que d'autres informations dans le fichier vidéo.

```
var tempsTotal:Number = 0;
unFlux.onMetaData = function(infoData:Object) {
    tempsTotal = infoData.duration;
};
```

Le gestionnaire unFlux.onMetaData reçoit les informations enregistrées dans le flux vidéo à l'appel à la méthode play(), avant que la tête de lecture vidéo n'ait avancé. Dans la plupart des cas, la valeur de durée intégrée dans les métadonnées .flv se rapproche de la durée réelle, mais n'est pas exacte. En d'autres termes, elle ne correspond pas toujours à la valeur de la propriété NetStream.time lorsque la tête de lecture est à la fin du flux vidéo.

Remarque

Dans notre exemple, la variable tempsTotal est une variable globale déclarée et initialisée à une valeur moyenne des vidéos présentées en exemple, dans le cas où aucune métadonnée ne serait définie.

Calcul du temps de lecture

Le temps de lecture en cours est obtenu par la propriété time de l'objet unFlux.

L'effet de progression dans le temps est obtenu en augmentant la dimension horizontale de la ligne, grâce à la propriété _xscale de l'objet bulleProgress comme suit :

```
controleur.bulleProgress.onEnterFrame = function():Void {
    this._xscale = Math.round(unFlux.time * 100 / tempsTotal);
}
```

Pour visualiser le changement d'échelle de l'occurrence bulleProgress, on l'insère dans le gestionnaire d'événements controleur.bulleProgress.onEnterFrame. Ce dernier n'est appelé que lorsque la vidéo est lue, c'est-à-dire quand l'utilisateur a cliqué sur le bouton controleur.lire. Le gestionnaire d'événements onEnterFrame est donc placé à l'intérieur du gestionnaire controleur.lire.onPress.

Lorsque la vidéo cesse d'être lue soit parce que la fin est atteinte, soit parce que l'utilisateur a cliqué sur le bouton stopper ou faireUnePause, la barre de progression cesse d'avancer.

Pour chacun de ces cas, nous détruisons le gestionnaire d'événements controleur.bulle Progress.onEnterFrame en utilisant l'instruction :

```
if ( controleur.bulleProgress != null)
    delete controleur.bulleProgress.onEnterFrame;
```

Cette instruction est placée à la fois dans le gestionnaire controleur.faireUnePause.on Release et dans la fonction remiseAZero().

Lorsque la vidéo arrive à sa fin ou si elle est arrêtée parce que l'utilisateur a cliqué sur le bouton stopper, la barre de progression doit revenir à sa position initiale.

Pour cela, nous plaçons l'instruction :

```
controleur.bulleProgress._xscale=0.1;
```

à l'intérieur de la fonction remiseAZero() afin de rendre la ligne si petite qu'elle en devient invisible.

Le texte

Après le son et la vidéo, nous examinons comment importer, dans une animation, une information enregistrée dans un fichier texte.

Le chargement dynamique de contenu textuel est très utilisé pour modifier le contenu d'un site, par exemple, sans avoir à entrer directement dans le fichier source de l'application (fichier d'extension .fla).

Il existe plusieurs formes de données textuelles :

• Il y a le simple texte formant un contenu chargé de sens. Ce sont par exemple les articles de journaux, les poésies ou encore un paragraphe de ce livre. Nous étudions le chargement texte éditorial en section « Charger un texte à la volée » ci-après.

• Les fichiers texte peuvent également contenir une information manipulable sous la forme de paires variable-valeur. Cette forme de fichier est très utile pour envoyer des données à l'application en cours d'exécution. Ces données sont utilisées pour indiquer à l'application, les ressources dont elle a besoin pour afficher son contenu (couleur, type de police…). Nous analysons le chargement de variables en section « Charger des variables et leur valeur » ci-après.

L'intégration de données textuelles au sein d'une animation est réalisée par l'intermédiaire de la classe LoadVars. Tout comme la classe Sound ou NetStream, la classe LoadVars est composée de méthodes, de propriétés et de gestionnaires d'événements. Nous les étudions ci-après à partir d'exemples permettant l'affichage d'un texte dans une fenêtre munie d'une scrollBar (voir section « Charger un texte à la volée ») ou la création de photos affichant des informations lues depuis un fichier externe (voir section « Charger des variables et leur valeur »).

Charger un texte à la volée

L'objectif de ce premier exemple est d'afficher une zone de texte munie d'une barre de défilement (scrollBar) sur sa droite. Le texte affiché est lu à partir d'un fichier texte enregistré dans le répertoire Textes.

Extension Web

Vous pourrez tester cet exemple en exécutant le fichier LireUnTexte.fla, sous le répertoire Exemples/chapitre10. Les fichiers texte sont placés dans le répertoire Exemples/chapitre10/Textes.

La mise en place de cet exemple s'effectue en plusieurs temps. Les étapes consistent à :

- Créer un format d'affichage définissant la police, la taille et la couleur des caractères.
- Créer une zone de texte par programme et l'associer à une scrollBar.
- Charger le texte lu depuis un fichier externe dans la zone de texte.

Créer un format d'affichage

La création d'un format de texte est réalisée par l'intermédiaire de la classe TextFormat et de son constructeur, puis en modifiant les propriétés souhaitées de l'objet créé comme suit :

```
// Créer un format de texte
var unFormat:TextFormat = new TextFormat();
//  Modifier les propriétés du format de texte
unFormat.font = "Arial";
unFormat.size = 14;
unFormat.align = "left";
unFormat.color = 0x333333;
```

L'objet unFormat est créé à l'aide du constructeur TextFormat(). L'utilisation du format unFormat, tel qu'il est défini, a pour conséquence d'afficher le texte en Arial de taille 14, avec un alignement à gauche. La couleur du texte est gris foncé.

Pour résumer, les propriétés les plus courantes d'un format de texte sont les suivantes :

Propriétés	Opération
font	font est une chaîne de caractères indiquant le nom de la police de caractères à utiliser.
size	size est un nombre définissant la taille en points, de la police de caractères.
color	color est un nombre en hexadécimal définissant la couleur de la police.
bold	bold est un booléen. S'il vaut true, les caractères sont affichés en gras.
italic	italic est un booléen. S'il vaut true, les caractères sont affichés en italique.
underline	underline est un booléen. S'il vaut true, les caractères sont soulignés.
align	align est utilisé pour aligner à gauche, à droite, centrer ou justifier le texte. Ces alignements sont définis respectivement par les constantes left, right, center et justify (depuis la version Flash 8).
leftMargin	leftMargin est une valeur numérique précisant en nombre de points la taille de la marge gauche.
rightMargin	rightMargin est une valeur numérique précisant en nombre de points la taille de la marge droite.

Créer une zone de texte

La création et la modification des propriétés d'une zone de texte sont réalisées par les instructions suivantes :

```
var cetteAnim:MovieClip = this;
// ❶ Créer une zone de texte
cetteAnim.createTextField("unTexte",
                          cetteAnim.getNextHighestDepth(),
                          largeur/3, hauteur/3, largeur/2,
                          hauteur/4 );
// ❷ Modifier le format du texte
unTexte.setNewTextFormat(unFormat);
// ❸ Modifier les propriétés de la zone de texte
unTexte.wordWrap = true;
unTexte.multiline = true;
unTexte.background = false;
unTexte.border = false;
unTexte.type = "dynamic";
```

❶ La méthode createTexteField() est appliquée à un objet de type MovieClip. La zone de texte est alors créée dans le clip sur lequel la méthode est appliquée. Ici, la zone de texte est créée sur l'animation principale (cetteAnim = this). Les paramètres de la méthode createTexteField() sont les suivants :

```
createTexteField(nom, niveau, x, y, largeur,
hauteur)
```

où :

- `nom` correspond au nom de l'occurrence du nouveau champ de texte.

- `niveau` est un entier positif qui spécifie la profondeur du nouveau champ de texte.

- `x` et `y` sont des entiers indiquant les coordonnées sur l'axe des X et des Y du nouveau champ de texte.

- `largeur` et `hauteur` sont des entiers positifs qui déterminent la largeur et la hauteur du nouveau champ de texte, respectivement.

❷ La méthode `setNewTextFormat()` définit le format d'affichage de la zone de texte sur laquelle la méthode est appliquée. Ici, la zone de texte a pour format d'affichage le format `unFormat` défini à l'étape précédente.

❸ Les propriétés les plus courantes d'une zone de texte sont les suivantes :

Propriétés	Opération
`type`	`type` définit le type de la zone de texte. S'il vaut `dynamic`, la zone de texte ne peut être modifiée par l'utilisateur, et s'il vaut `input` la zone de texte devient un champ de saisie.
`border`	`border` est un booléen qui indique si la zone de texte contient une bordure (`true`) ou non (`false`).
`background`	`background` est un booléen qui indique si la zone de texte possède un fond (`true`) ou non (`false`).
`password`	`password` est un booléen qui indique si la zone de texte est un champ de saisie de mot de passe (`true`). Dans ce cas, la saisie des caractères est masquée en utilisant les astérisques à la place des caractères entrés. Lorsque le mode mot de passe est activé, les commandes `Couper` et `Copier` et leurs raccourcis clavier ne fonctionnent pas.
`multiline`	`multiline` est un booléen qui indique si la zone de texte est multiligne (`true`) ou sur une seule ligne (`false`).
`selectable`	`selectable` est un booléen qui indique si a zone de texte est sélectionnable (`true`). Si `selectable` est `false`, le texte ne peut être sélectionné ni à la souris ni au clavier ni avec `Ctrl + C`.
`wordWrap`	`wordWrap` est un booléen qui indique si la zone de texte comporte un retour à la ligne (`true`).
`mouseWheelEnable`	`mouseWheelEnable` est un booléen qui indique si le lecteur Flash doit automatiquement faire défiler une zone de texte multiligne lorsque le pointeur de la souris clique sur la zone de texte et que l'utilisateur actionne la molette de la souris. Par défaut, cette valeur est `true`.
`restrict`	`restrict` indique le jeu de caractères quun utilisateur peut saisir dans une zone de texte de saisie. Si la valeur de la propriété `restrict` est `null`, vous pouvez entrer n'importe quel caractère. Si c'est une chaîne vide, aucun caractère ne peut être entré. Si c'est une chaîne de caractères, vous ne pouvez entrer que les caractères de la chaîne dans la zone de texte.
`maxChars`	`maxChars` est un nombre qui indique le nombre maximum de caractères qu'une zone de texte peut contenir

Créer une barre de défilement

Pour mettre en place une barre de défilement, nous utilisons le composant `mx.controls` `.UIScrollBar` proposé par l'environnement Flash. Les instructions de création d'une barre de défilement sont les suivantes :

```
// ❶ Créer un composant mx.controls.UIScrollBar
cetteAnim.createClassObject(mx.controls.UIScrollBar,
                            "uneScrollBarre",
                            cetteAnim.getNextHighestDepth());
// ❷ Attacher la barre de défilement au texte
uneScrollBarre.setScrollTarget(unTexte);
uneScrollBarre.setSize(10, unTexte._height);
uneScrollBarre.move(unTexte._x + unTexte._width, unTexte._y);
```

❶ La méthode `createClassObject()` est utilisée pour créer un objet du type correspondant à celui passé en premier paramètre de la méthode.

Remarque

L'objet `mx.controls.UIScrollBar` doit être défini dans la bibliothèque de votre application. Pour cela, il vous suffit d'ouvrir le panneau Composant (ctrl + F7 ou Cmd + F7) et de faire glisser le composant `UIScrollBar` sur la scène. Le composant est alors enregistré dans la bibliothèque. Vous devez supprimer l'occurrence placée sur la scène.

Le second paramètre de la méthode définit le nom (`"uneScrollBarre"`) de l'occurrence de l'`UIScrollBar`. Le dernier paramètre, son niveau d'affichage.

❷ L'objet `uneScrollBarre` est associé à la zone de texte par l'intermédiaire de la méthode `setScrollTarget()`. La méthode `setSize()` ajuste ensuite la taille (en hauteur) de la barre de défilement à la zone de texte. La méthode `move()`, quant à elle, positionne la barre de défilement à droite de la zone de texte (`unTexte._x + unTexte._width`) et à la même hauteur (`unTexte._y`).

Charger un texte à la volée

La zone de texte munie d'une barre de défilement et d'un format d'affichage est définie. Il ne nous reste plus qu'à lire le fichier contenant le texte, pour le placer dans la zone de texte. Ces opérations sont réalisées par les instructions suivantes :

```
// ❶ Création d'un objet de type LoadVars
var infosTexte:LoadVars = new LoadVars();
infosTexte.load("Textes/LaProgrammationObjet.txt");
// ❷ Définition du gestionnaire onData
infosTexte.onData = function(texteLu:String) {
  if (texteLu != undefined) {
    unTexte.text = texteLu;
  }
  else {
    unTexte.text = "Impossible de charger : Textes/LaProgrammationObjet.txt" ;
  }
};
```

❶ Le chargement dynamique d'un fichier texte est réalisé par la classe `LoadVars`. Le constructeur `LoadVars()` crée un objet `infosTexte` qui fournit les outils nécessaires pour récupérer les informations stockées dans un fichier. La méthode `load()` est le premier outil à utiliser pour charger les informations contenues dans le fichier dont le chemin d'accès est indiqué en paramètre de la méthode (`Textes/LaProgrammationObjet.txt)()`).

> **Remarque**
>
> Le fichier `LaProgrammationObjet.txt` ne contient rien d'autre que le texte à afficher. Il est enregistré en utilisant le codage UTF-8`()`.

❷ Le gestionnaire d'événements `onData()` est invoqué lorsque les données sont chargées. Le texte contenu dans le fichier est enregistré dans la chaîne de caractères placée en paramètre du gestionnaire d'événements. À l'intérieur du gestionnaire, nous vérifions que le texte lu est bien défini afin de l'associer à la zone de texte `unTexte` (`unTexte.text = texteLu`). Si le texte n'est pas défini, le message `Impossible de charger : Textes/LaProgrammationObjet` `.txt` est placé dans la zone de texte `unTexte`.

Charger des variables et leur valeur

Les fichiers texte peuvent également contenir une information manipulable sous la forme de paires variable-valeur. Cette forme de fichier est très utile pour transmettre, en cours d'exécution, des valeurs utilisées par l'application.

Le chargement de variables et des valeurs associées fait également appel à la classe `LoadVars`. Les informations sont enregistrées dans un fichier texte, codées au format UTF-8.

Pour spécifier au lecteur Flash quelles sont les variables et quelles sont les valeurs associées, les informations doivent être écrites avec une syntaxe bien précise.

Par exemple, pour définir les données d'une personne, la syntaxe est la suivante :

```
&prenom=Elena&nom=L.&dateNaissance=16/04/93
```

Les noms des variables sont toujours précédés du signe & et la valeur associée est précédée du signe =. Ici nous avons trois variables `prenom`, `nom` et `dateNaissance` qui contiennent respectivement `Elena`, `L.` et `16/04/93`.

> **Remarque**
>
> Les données sont lues et interprétées comme étant de type `String`, il n'est donc pas besoin de placer les valeurs `Elena`, `L.` et `16/04/93` entre guillemets.

Lire un jeu de données

Examinons sur un exemple simple, comment lire le fichier de données `Elena.txt` contenant la ligne :

```
&prenom=Elena&nom=L.&dateNaissance=16/04/93
```

L'objectif est de lire les données enregistrées dans le fichier `Elena.txt`, et d'afficher la photo correspondante. Une zone de texte précisant le nom du fichier contenant les informations est placée sous la photo (voir figure 10-17). Si le fichier n'a pu être chargé, la zone de texte affiche `Impossible de charger : Textes/Elena.txt`.

Extension Web

Vous pourrez tester cet exemple en exécutant le fichier `LireDesvaleurs.fla`, sous le répertoire `Exemples/chapitre10`. Les fichiers texte sont placés dans le répertoire `Exemples/chapitre10/Textes`.

Figure 10-17

Les données d'une personne sont chargées depuis un fichier extérieur à l'application.

Lire le fichier de données

La lecture des données s'effectue de la même façon que la lecture d'un fichier de texte. Elle est réalisée par l'intermédiaire d'un objet de type `LoadVars`. Les données sont chargées à l'appel de la méthode `load()` qui prend en paramètre le nom du fichier à lire.

La récupération des variables et des valeurs s'écrit alors comme suit :

```
var uneInfo:LoadVars = new LoadVars();
uneInfo.load("Textes/Elena.txt");
// ❶ Définition du gestionnaire onLoad
uneInfo.onLoad = function(succes:Boolean) {
  if (succes) {
// ❷ Si le chargement s'est effectué correctement
    var uneFille:Personne = new Personne(this.prenom, this.nom,
                                    this.dateNaissance,
                                    cetteAnim);
    uneFille.sAffiche(largeurFixe/2 - taillePhoto,
                (hauteurFixe - taillePhoto)/2);
```

```
// ❸ Afficher une information
   afficherTexte("Infos chargées depuis
               Textes/" + this.prenom + ".txt",
               largeurFixe/2 - taillePhoto,
               (hauteurFixe +taillePhoto)/2);
  } else {
    afficherTexte("Impossible de charger :Textes/" +
                 this.prenom + ".txt",,
                 largeurFixe/2 - taillePhoto,
                 (hauteurFixe + taillePhoto)/2);
  }
}
```

❶ Lors du chargement des données *via* la méthode load(), le gestionnaire d'événements onLoad est utilisé pour vérifier si le chargement des données s'est déroulé correctement. Si aucun problème n'est rencontré, la variable succes est initialisée à true.

❷ Si le chargement des données s'est bien déroulé, un objet uneFille, de type Personne, est créé en utilisant les informations – nom, prénom et date de naissance – lues dans le fichier Elena.txt et en les plaçant en paramètres du constructeur Personne().

Les termes this.prenom, this.nom et this.dateNaissance sont équivalents aux expressions uneInfo.prenom, uneInfo.nom et uneInfo.dateNaissance. Les propriétés prenom, nom et dateNaissance sont définies à partir des noms de variables décrits dans le fichier texte (terme précédé du signe &). Les valeurs qu'elles contiennent sont également fournies par le fichier texte (terme précédé du signe =).

Lorsque l'objet uneFille est créé, il est affiché par l'intermédiaire de la méthode sAffiche().

❸ La méthode afficherTexte(), décrite ci-après, est utilisée pour afficher un message dans une zone de texte. Ce message confirme ou infirme le bon déroulement du chargement des données.

La méthode afficherTexte()

La méthode afficherTexte() reprend les instructions de création de format de texte et de zone de texte décrites à la section « Charger un texte à la volée » de ce chapitre.

```
// ❶ Création du format
var unFormat:TextFormat = new TextFormat();
unFormat.font = "Arial";
unFormat.size=14;
unFormat.align="left";
unFormat.color=0x333333;
// ❷ Enregistrer la référence de l'animation courante
var cetteAnim:MovieClip = this;
// ❸ Définition de la méthode afficherTexte()
function afficherTexte(leTexte:String, nx:Number, ny:Number):Void {
var niveau:Number= cetAnim.getNextHighestDepth();
cetteAnim.createTextField("unTexte"+niveau, niveau ,nx, ny,
                          taillePhoto+ecart,taillePhoto);
cetteAnim ["unTexte"+niveau].setNewTextFormat(unFormat);
```

```
    cetteAnim ["unTexte"+niveau].selectable = false;
    cetteAnim ["unTexte"+niveau].wordWrap = true;
    cetteAnim ["unTexte"+niveau].multiline = true;
    cetteAnim ["unTexte"+niveau].background = false;
    cetteAnim ["unTexte"+niveau].border = false;
    cetteAnim ["unTexte"+niveau].type = "dynamic";
    cetteAnim ["unTexte"+niveau].text = leTexte;
    }
```

❶ Le format de texte unFormat est défini comme variable globale du script. Pour éviter de créer le même format d'affichage à chaque appel de la méthode, il n'est pas conseillé d'inclure ces instructions dans la méthode afficherTexte().

❷ L'objet cetteAnim enregistre la référence vers l'animation courante. Ici, elle est équivalente à _root. L'intérêt d'utiliser l'objet cetteAnim en lieu et place de _root est de rendre l'animation indépendante de sa racine. L'animation LireDesvaleurs.swf peut être chargée dans un autre clip, sans qu'il y ait de conflit avec d'autres animations.

❸ Le premier paramètre de la méthode (leTexte) contient le message à afficher dans la zone de texte à créer. Les paramètres nx et ny sont utilisés pour placer la zone de texte sur la scène.

Structurer les données

Lorsque les données sont chargées dans un objet de type LoadVars, les variables portant le même nom sont écrasées au fur et à mesure du chargement. Ainsi, par exemple, si les données :

```
&prenom=Elena&nom=L.&dateNaissance=16/04/93
&prenom=Nicolas&nom=C.&dateNaissance=10/07/96
```

sont enregistrées dans le même fichier ressource, seules les informations concernant Nicolas seront retenues. Les variables (prenom, nom...) portant le même nom, le prénom Nicolas, vient effacer le prénom Elena, le nom C. efface L., etc.

Remarque

Nous appelons un « fichier ressource », un fichier contenant des informations dont l'objectif est de modifier la présentation de l'animation en cours d'exécution.

Si l'on souhaite afficher plusieurs personnes à partir de données fournies par un fichier ressource, nous devons :

• Soit créer des noms de variables différents, comme par exemple :

```
&p0=Elena&n0=L.&dn0=16/04/93
&p1=Nicolas&n1=C.&dn1=10/07/96
```

- Soit créer un fichier `Repertoire.txt` contenant les noms des fichiers ressource, comme par exemple :

```
&contact1=Elena&contact2=Nicolas
```

Puis lire chaque fichier relatif aux contacts enregistrés dans le fichier `Repertoire.txt` (soit `Elena.txt` et `Nicolas.txt`).

Chacune des deux méthodes ayant ses avantages et ses inconvénients, nous avons choisi de vous présenter une implémentation de la seconde solution.

Extension Web

Vous pourrez tester cet exemple en exécutant le fichier `LireUnEnsembleDeDonnees.fla`, sous le répertoire `Exemples/chapitre10`. Les fichiers texte sont placés dans le répertoire `Exemples/chapitre10/Textes`.

Le fichier Repertoire.txt et les autres

Le fichier `Repertoire.txt` contient les informations suivantes :

```
&contact1=Elena&contact2=Nicolas
```

Le fichier `Elena.txt` :

```
&prenom=Elena&nom=L.&dateNaissance=16/04/93
```

Le fichier `Nicolas.txt` :

```
&prenom=Nicolas&nom=C.&dateNaissance=10/07/96
```

La lecture du fichier `Repertoire.txt` et le chargement des données sont réalisés par le jeu d'instructions suivant :

```
var uneInfo:LoadVars = new LoadVars();
uneInfo.load("Textes/Repertoire.txt");
uneInfo.onLoad = function() {
    lireEtAfficherInfo("Textes/"+this.contact1+".txt",
                        largeurFixe/2 - taillePhoto - ecart,
                        (hauteurFixe - taillePhoto)/2);
    lireEtAfficherInfo("Textes/"+this.contact2+".txt",
                        largeurFixe/2 + ecart,
                        (hauteurFixe- taillePhoto)/2);
}
```

Les variables `this.contact1` et `this.contact2` contiennent les prénoms des deux personnes dont on souhaite afficher la photo. Ces variables sont utilisées pour définir le chemin d'accès aux fichiers contenant les informations relatives à chacune des personnes à créer (`Textes/"+this.contact1+".txt`).

La méthode `lireEtAfficherInfo()` est ensuite utilisée pour créer et afficher les photos des personnes enregistrées dans le répertoire.

La méthode lireEtAfficherInfo()

```
function lireEtAfficherInfo(nomFichier:String,
                            x:Number, y:Number):Void {
   var tmp:LoadVars = new LoadVars();
   tmp.load(nomFichier);
   tmp.onLoad = function(succes:Boolean) {
     if (succes) {
        var unePersonne:Personne = new Personne(this.prenom,
                                                this.nom,
                                                this.dateNaissance,
                                                cetAnim);
        unePersonne.sAffiche(x, y);
        afficherTexte("Infos chargées depuis " + nomFichier,
                      x, y+taillePhoto);
     } else {
        afficherTexte( "Impossible de charger : " + nomFichier,
                      x, y+taillePhoto);
     }
   }
}
```

La méthode lireEtAfficherInfo() reprend la même technique de lecture du fichier ressource présentée au cours de la section « Lire un jeu de données » de ce chapitre. Elle est appelée deux fois au sein du gestionnaire d'événements uneInfo.onLoad.

- La première fois, pour lire le fichier Textes/Elena.txt. Si les données sont correctement chargées, la méthode affiche la photo d'Elena (unePersonne.sAffiche()) et une zone de texte indiquant l'emplacement du fichier ressource (afficherTexte()).

- La seconde fois, pour lire le fichier Textes/Nicolas.txt. Si les données sont correctement chargées, la méthode affiche la photo de Nicolas (unePersonne.sAffiche()) et une zone de texte indiquant l'emplacement du fichier ressource (afficherTexte()).

Le fait d'ajouter un nouveau contact, dans le fichier Repertoire.txt, nous oblige à modifier le gestionnaire onLoad pour y insérer un nouvel appel à la méthode lireEtAfficherInfo(). Il n'est donc pas possible d'automatiser l'ajout de données externes à une animation, sans intervenir dans le code source.

La mise en place de fichiers ressource à l'aide de la classe LoadVars n'est pas toujours des plus simples. Si les données à traiter sont plus complexes ou plus imbriquées, leur manipulation par l'intermédiaire d'un simple gestionnaire onLoad devient très vite un casse-tête chinois.

Au cours de la section suivante, nous observons combien l'utilisation du format de fichier XML simplifie la gestion dynamique des données.

XML, ou comment organiser vos données

Nous venons de l'observer une nouvelle fois, la structure d'un programme, son efficacité et sa simplicité d'utilisation dépendent fortement de la structure des données et des outils proposés pour les manipuler. Dans cette section, nous étudions le format XML et observons combien son organisation facilite la mise en place d'applications dynamiques.

Le format XML (*eXtensible Markup Language*) est un langage de description de données, formé de balises propres au développeur. Il permet d'enregistrer des informations dans une structure logique relativement simple et facilement accessible par le lecteur Flash.

Nous utilisons tous les jours des données structurées :

- Lorsque nous prenons un livre, nous savons que ce dernier contient des informations comme le titre, le nom de l'auteur, le nom de l'éditeur, etc. Un livre possède également une quatrième de couverture, des chapitres, des sections, une table des matières, un index…

- Lorsque nous ouvrons un répertoire, nous nous attendons à trouver une liste de personnes possédant chacune une ou plusieurs adresses, un ou plusieurs numéros de téléphone et des caractéristiques propres.

Le format, l'organisation des données, sont propres aux objets utilisés. Ils nous assurent que l'information est rapidement accessible, interprétée et comprise. Ainsi, nous ne cherchons pas le numéro de téléphone d'un ami dans le sommaire de notre roman préféré.

XML en quelques mots

Le format XML offre la possibilité d'organiser les données en les nommant et les agençant selon une hiérarchie propre à la structure que nous souhaitons mettre en place. Pour cela, le langage XML utilise une syntaxe assez proche du langage HTML, composée de balises et d'attributs.

Pour simplifier notre exposé, nous examinons ces concepts à partir d'exemples qui vous permettront de mieux comprendre la structure générale d'un fichier XML et son utilisation sous Flash.

Structure d'un fichier XML

Un fichier XML est constitué de balises. Leur nom est choisi par vos propres soins en fonction de ce que vous souhaitez décrire. Par exemple, pour réaliser un répertoire téléphonique, la toute première balise peut s'écrire :

```
<Repertoire>
        Description des personnes avec leurs numéros de téléphone
</Repertoire>
```

Pour signifier qu'un mot est une balise, nous l'entourons des signes < et >. La balise <Repertoire> est appelée balise ouvrante, et la balise </Repertoire>, balise fermante. Le couple <Repertoire> </Repertoire> s'appelle un nœud.

La description des personnes contenues dans le répertoire s'effectue également par l'intermédiaire de balises comme suit :

```
<Repertoire>
    <Personne nom="L." prenom="Elena" dateNaissance="16/04/93" />
    <Personne nom="C." prenom="Nicolas" dateNaissance="10/07/96" />
    <Personne nom="Y." prenom="Margoline" dateNaissance="22/02/76" />
    <Personne nom="T." prenom="Lamy" dateNaissance="18/01/72" />
</Repertoire>
```

Dans cet exemple, observons que :

- L'ensemble des balises `<Personne … />` est placé à l'intérieur du nœud `<Repertoire>` `</Repertoire>`. On dit alors que le nœud `<Repertoire>` `</Repertoire>` constitue le nœud racine du fichier XML.

Remarques

Un fichier XML ne peut et ne doit contenir qu'un seul nœud racine. Toute nouvelle balise doit être insérée à l'intérieur du nœud racine.

- Les balises `<Personne … />` sont considérées comme les nœuds enfants du nœud racine `<Repertoire>` `</Repertoire>`. Dans cet exemple, le nœud racine possède quatre nœuds enfants (`Elena`, `Nicolas`, `Margoline` et `Lamy`).

  Un fichier XML définit donc une arborescence constituée d'un nœud racine et de nœuds enfants, eux-mêmes pouvant définir également de nouveaux nœuds enfants.

- Les termes `nom`, `prenom` et `dateNaissance` définis au sein du nœud `<Personne… />` sont appelés des attributs. Chaque nœud peut en posséder un nombre illimité. Ils sont utilisés pour transmettre des paires variable-valeur à l'application Flash (voir section « Lire un fichier XML » plus loin dans ce chapitre).

Règles syntaxiques

L'écriture et la construction d'un fichier XML sont régies par un certain nombre de règles qu'il convient de suivre, sous peine d'obtenir des erreurs de syntaxe et/ou des erreurs d'interprétation lors du chargement du fichier par le lecteur Flash.

Les règles d'écriture d'un fichier XML sont les suivantes :

- Quel que soit le mode de saisie du fichier XML, ce dernier doit être enregistré en utilisant le codage UTF-8. Pour cela vous devez examiner attentivement les options d'enregistrement lors de la première sauvegarde du fichier.

- Un fichier XML a pour extension `.xml`.

- Aucune balise ne peut commencer par XML.

- L'utilisation des majuscules et/ou minuscules doit être respectée entre les balises ouvrante et fermante.

- À chaque balise ouvrante doit correspondre une balise fermante.

- Il ne peut y avoir qu'un seul nœud racine.

- L'insertion d'espace, de tabulation et de saut de ligne n'a aucune influence sur la bonne lecture des données.

En respectant chacune de ces quelques règles, vous vous assurez de construire une arborescence XML cohérente et d'écrire un fichier XML au bon format.

Lire un fichier XML

Maintenant que nous savons construire une arborescence XML, examinons comment récupérer les informations qu'elle contient sous Flash.

Le chargement de données XML au sein d'un script ActionScript s'effectue par l'intermédiaire de la classe XML.

La classe XML

La classe XML est une classe native du langage ActionScript. Elle permet de charger, d'analyser, d'envoyer, de créer et de manipuler des arborescences de documents XML.

La classe XML est composée de propriétés et de méthodes. Nous présentons, à partir de deux exemples, les méthodes, les propriétés et les gestionnaires d'événements les plus utilisés.

Charger une liste de personnes

Le chargement des données XML n'est pas très différent du chargement de données *via* un objet de type LoadVars. Les données sont transférées par l'intermédiaire d'un objet de type XML.

- L'objet est créé par le constructeur de la classe XML à l'aide de l'instruction :

```
var infoXml:XML = new XML();
```

- Le fichier est ensuite chargé à l'aide de la méthode load() qui prend en paramètre le nom du fichier XML que l'on souhaiteutiliser. Par exemple, pour charger les données enregistrées dans le fichier listePersonnes.xml, situé dans le répertoire XML, nous devons écrire :

```
infoXml.load("XML/listePersonnes.xml");
```

> **Remarque**
>
> Il est conseillé d'ajouter l'instruction :
>
> ```
> infoXml.ignoreWhite = true;
> ```
>
> afin d'éviter de traiter les lignes de texte ne contenant que des espaces sans caractère.

• Pour finir, les données ne peuvent être traitées qu'après leur chargement effectif. Nous devons donc définir le gestionnaire d'événements `onLoad` comme suit :

```
infoXml.onLoad=function() {
  // Traitement des données XML
}
```

Récupérer les informations relatives à chaque personne

> **Extension Web**
>
> Vous pourrez tester cet exemple en exécutant le fichier `uneListeDePersonnesXML.fla`, sous le répertoire `Exemples/chapitre10`. Les fichiers au format XML sont placés dans le répertoire `Exemples/chapitre10/XML`.

Le traitement des données s'effectue en parcourant l'arbre XML défini dans le fichier `listePersonnes.xml`. Pour cela, nous devons utiliser les propriétés prédéfinies `firstChild`, `childNodes` et `attributes` propres à chaque objet `XML`.

Ainsi, les expressions (voir figure 10-17) :

• `infoXml.firstChild` représente le nœud racine. Il contient toute l'arborescence XML.

• `infoXml.firstChild.childNodes` est un tableau contenant la liste des enfants du nœud racine. Ici, il contient la liste des personnes définie dans le fichier XML.

• `infoXml.firstChild.childNodes.attributes` contient toutes les propriétés de l'objet sur lequel est appliqué le terme `attributes`. Pour notre exemple, il contient les propriétés `nom`, `prenom` et `dateNaissance`.

• `infoXml.firstChild.childNodes.length` indique la longueur du tableau contenant la liste des enfants du nœud racine. Ici, il contient le nombre de personnes défini dans le fichier XML, soit 4.

> **Remarque**
>
> `infoXml.firstChild.childNodes` est un tableau. Pour simplifier l'écriture des scripts, vous pouvez construire un tableau et l'initialiser à `infoXml.firstChild.childNodes`.
>
> Ainsi, par exemple, avec les instructions :
>
> ```
> var listeXml:Array = new Array();
> listeXml = infoXml.firstChild.childNodes;
> ```
>
> le calcul du nombre de personnes contenu dans la liste s'écrit :
>
> ```
> var nbPersonne:Number = listeXml.length ;
> ```
>
> au lieu de :
>
> ```
> var nbPersonne:Number = infoXml.firstChild.childNodes.length ;
> ```

Lorsque les données sont chargées, le gestionnaire `infoXml.onLoad` est en mesure de les examiner afin de créer et d'afficher les photos relatives à chaque personne enregistrée dans le fichier `listePersonnes.xml`.

Le gestionnaire `infoXml.onLoad` s'écrit comme suit :

```
var cetteAnim:MovieClip = this;
infoXml.onLoad=function() {
// ❶ Définition de la liste des enfants de la racine
  var listeXml:Array = new Array();
  listeXml = infoXml.firstChild.childNodes;
  var nbPersonne:Number = listeXml.length ;
  var listePersonne:Array = new Array();
  for(var i:Number=0; i < nbPersonne; i++) {
// ❷ Pour toutes les personnes de la liste, créer un objet Personne
    listePersonne[i] = new Personne(listeXml[i].attributes.prenom,
                                    listeXml[i].attributes.nom,
                                    listeXml[i].attributes.dateNaissance,
                                    cetteAnim);
// ❸ et afficher la photo
    listePersonne[i].sAffiche(
            taillePhoto*i + (largeur - nbPersonne*taillePhoto)/2,
            (hauteur - taillePhoto)/2);
  }
}
```

❶ Le tableau `listeXml` est créé et initialisé à la liste des éléments appartenant au nœud racine. `listeXml` contient donc toute la liste des personnes placée sous le nœud `<Repertoire>` `</Repertoire>`.

❷ Pour chaque élément du tableau `listeXml`, le constructeur de la classe `Personne` est appelé avec en paramètres les données enregistrées dans les attributs des balises `<Personne… />`. Ainsi, `listeXml[i].attributes.prenom` correspond à la valeur enregistrée dans l'attribut `prenom` de la i^e personne de la liste `listeXml`, et `listeXml[i].attributes.nom` à la valeur enregistrée dans l'attribut `nom`...

Chaque objet créé, de type `Personne`, est enregistré dans un tableau nommé `listePersonne`.

❸ Les photos sont ensuite affichées par l'intermédiaire de la méthode `sAffiche()`. Les paramètres de la méthode sont choisis de façon à montrer les photos centrées horizontalement et verticalement.

Pour en savoir plus

La classe `Personne` est définie au cours du chapitre 9 « Les principes du concept objet », section « Les objets contrôlent leur fonctionnement », paragraphe « Une personne se présente avec sa photo ».

Les niveaux de hiérarchie

Le fichier `listePersonnes.xml` décrit une liste de personnes à l'aide d'une arborescence très simple : un nœud racine et une liste d'enfants possédant chacun ses caractéristiques propres (attributs).

Les données utilisées par une application Flash sont en réalité plus complexes que cela. Elles sont, le plus souvent, organisées dans une structure arborescente composée de nœuds et de sous-nœuds.

Ainsi par exemple, la mise en place d'un répertoire téléphonique demande de définir une arborescence un peu plus complexe, où chaque personne de la liste possède à son tour une liste d'objets – une ou plusieurs adresses, un ou plusieurs numéros de téléphone.

Un répertoire téléphonique

Pour notre exemple, nous supposons que chaque personne est enregistrée dans le répertoire avec les numéros de téléphone qu'elle possède. Le fichier XML (`Repertoire.xml`) définissant le répertoire téléphonique se présente sous la forme suivante :

```xml
<repertoire>
  <personne nom="L." prenom="Elena" dateNaissance="16/04/93"  >
     <telephone type="domicile" numero="01 02 03 04 05" />
     <telephone type="portable" numero="06 02 03 04 05" />
  </personne>
  <personne nom="C." prenom="Nicolas" dateNaissance="10/07/96"  >
     <telephone type="domicile" numero="01 11 12 13 14" />
     <telephone type="portable" numero="06 11 12 13 14" />
  </personne>
  <personne nom="T." prenom="Margoline" dateNaissance="22/02/76"  >
     <telephone type="domicile" numero="01 21 22 23 24" />
     <telephone type="portable" numero="06 21 22 23 24" />
     <telephone type="bureau" numero="01 11 22 33 44" />
  </personne>
  <personne nom="T." prenom="Lamy" dateNaissance="18/01/72" >
     <telephone type="domicile" numero="01 31 32 33 34" />
     <telephone type="portable" numero="06 31 32 33 34" />
     <telephone type="bureau" numero="01 55 66 77 88" />
     <telephone type="fax" numero="01 41 42 43 44" />
  </personne>
</repertoire>
```

Sous le nœud racine `<repertoire> </repertoire>` sont définis quatre nœuds `<personne> </personne>` pour chacun desquels existe une liste de numéros de téléphone `<telephone… />` (voir figure 10-18).

L'arbre XML est donc constitué d'une première liste de nœuds (`<personne> </personne>`), enfants du nœud racine (`<repertoire> </repertoire>`). Chaque nœud enfant est à son tour parent d'une liste de nœuds (`<telephone> </telephone>`).

L'accès à un élément ou à une liste d'éléments de l'arbre est réalisé par l'intermédiaire des propriétés `firstChild`, `childNodes` et `attributes`.

Figure 10-18

Arborescence XML des données enregistrées dans le fichier Repertoire.xml.

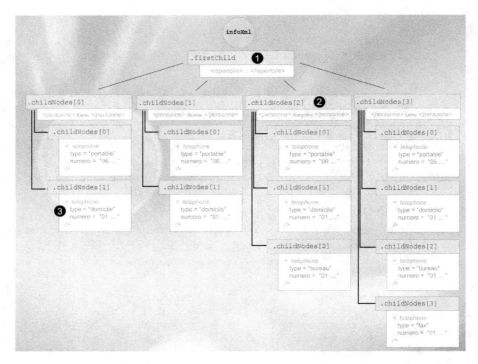

- Pour retrouver la liste des personnes du répertoire, il suffit d'utiliser l'expression : `infoXml.firstChild.childNodes` (voir figure 10-18-❶).

- L'expression `infoXml.firstChild.childNodes.length` détermine le nombre de personnes définies dans le répertoire.

- Pour obtenir la liste des numéros de téléphone de `Margoline` (voir figure 10-18-❷), vous devez utiliser l'expression : `infoXml.firstChild.childNodes[2].childNodes`.

- L'expression `infoXml.firstChild.childNodes[0].childNodes[1].attributes.numero` est utilisée pour obtenir le numéro de téléphone du domicile d'`Elena` (voir figure 10-18-❸).

Rechercher un élément du répertoire

La recherche d'un élément particulier de la liste s'effectue soit :

- En utilisant directement le chemin d'accès à l'élément. Nous devons alors connaître exactement l'ordre d'enregistrement des éléments dans l'arbre, et comment cela a été fait. Cette technique n'est pas réalisable dans le cas d'une gestion dynamique de contenu.

- En parcourant l'intégralité de l'arbre et en testant les informations lues afin de trouver le renseignement recherché.

Par exemple, pour rechercher la liste de tous les téléphones portables du répertoire, la technique consiste à parcourir les listes de tous les téléphones de toutes les personnes enregistrées dans le répertoire, afin d'en extraire les numéros dont le type est portable, comme le montre le jeu d'instructions suivant :

```
var infoXml:XML= new XML();
infoXml.ignoreWhite=true;
infoXml.load("XML/Repertoire.xml");
infoXml.onLoad = function():Void{
  var listeXml:Array = new Array();
  listeXml = infoXml.firstChild.childNodes;
  var nbPersonne:Number = listeXml.length ;
// ❶ Pour tous les enfants de firstChild
  for(var i:Number=0; i < nbPersonne; i++) {
     var listeTelephone:Array = new Array();
     listeTelephone = listeXml[i].childNodes;
     var nbTelephone = listeTelephone.length;
     // ❷ Pour tous les enfants de firstChild.childNodes
     for(var j:Number = 0; j < nbTelephone; j++ ) {
        // ❸ tester si l'attribut type vaut "portable"
        if (listeTelephone[j].attributes.type == "portable")
           trace ("Portable de " + listeXml[i].attributes.prenom +
                " : " +listeTelephone[j].attributes.numero);
      }
   }
}
```

❶ et ❷ Le parcours de l'arbre est réalisé par une double boucle imbriquée. La première parcourt la liste des personnes (listeXML), la seconde, la liste des téléphones (listeTelephone). La liste listeXml contient la liste des enfants de firstChild (listeXml = infoXml.first Child.childNodes) et la liste listeTelephone contient celle des enfants de listeXml (liste Telephone = listeXml[i].childNodes).

❸ Pour chaque téléphone de chaque personne enregistrée dans l'arbre XML, le programme teste s'il existe un attribut dont la valeur correspond à portable. Dans ce cas, il affiche le prénom (listeXml[i].attributes.prenom) et le numéro (listeTelephone[j].attributes.numero) de la personne correspondante.

Remarque

L'utilisation des tableaux listeXml et listeTelephone n'est pas obligatoire. Elle a l'avantage de simplifier grandement l'écriture et la compréhension du code.

Au final, l'application affiche dans la fenêtre de sortie, les messages suivants :

```
Portable de Elena : 06 02 03 04 05

Portable de Nicolas : 06 11 12 13 14

Portable de Margoline : 06 21 22 23 24

Portable de Lamy : 06 31 32 33 34
```

Mémento

Le son

L'importation du son sous Flash est réalisée par l'intermédiaire de la classe `Sound`.

```
// Création d'un objet de type Sound
var music:Sound = new Sound();
// Chargement du fichier LaMusique.mp3 dans l'objet music
music.loadSound("Sons/LaMusique.mp3", true);
// La musique est lancée
music.start();
```

Le fichier `LaMusique.mp3` est enregistré dans le répertoire `Sons`. Le second paramètre de la méthode `loadSound()` valant `true`, la musique est chargée en streaming (flux continu).

La vidéo

L'importation d'une vidéo sous Flash nécessite que cette dernière soit codée au format `.flv`. L'importation s'effectue par l'intermédiaire des classes `NetConnection`, `NetStream` et d'un objet `Video` contrôlé par ActionScript.

```
// Création d'un objet de type netConnection
var seConnecter:NetConnection = new NetConnection();
// La connexion est établie localement
seConnecter.connect(null);
// Création d'un objet de type NetStream
var unFlux:NetStream = new NetStream(seConnecter);
// Le flux vidéo est rattaché à un écran
ecran.attachVideo(unFlux);
// La vidéo uneVideo.flv est lancée
unFlux.play("/Videos/uneVideo.flv");
```

L'objet `ecran` sur lequel est attaché le flux vidéo est une occurrence du symbole `Video`, placée sur la scène et nommée `ecran`. Le fichier `uneVideo.flv` est enregistré dans le répertoire `Videos`.

Le texte

Des valeurs associées à des noms de variables sont transmises au lecteur Flash par l'intermédiaire de la classe `LoadVars`.

```
// Création d'un objet de type LoadVars
var uneInfo:LoadVars = new LoadVars();
// Chargement du fichier Memento.txt
uneInfo.load("Textes/Memento.txt");
// Définition du gestionnaire onLoad
uneInfo.onLoad = function(succes:Boolean) {
```

```
    // Si les données sont chargées
    if (succes) {
      // afficher leur contenu
      trace(("La valeur lue = " +this.valeur)
    }
  }
```

Le fichier `Memento.txt` est enregistré dans le répertoire `Textes` au format UTF-8. Il contient la ligne `&valeur=12`.

Le format XML

Avec le format XML, les données sont structurées sous la forme d'un arbre composé d'une racine unique et de nœuds enfants.

```
<memento>
  <enfant nom="Nicolas" />
  <enfant nom="Elena" />
</memento>
```

Le nœud `<memento> </memento>` est la racine de l'arbre XML et `<enfant> </enfant>` sont les nœuds enfants de la racine.

Des données enregistrées au format XML sont transmises au lecteur Flash grâce à la classe `XML`.

```
// Création d'un objet de type XML
var infoXml:XML= new XML();
// Chargement du fichier Memento.xml
infoXml.load("XML/Memento.xml");
// Définition du gestionnaire onLoad
infoXml.onLoad=function(){
  // afficher le nombre d'enfants
  trace ("nombre d'enfants : " +
        infoXml.firstChild.childNodes.length);
  // Afficher le prénom des enfants
  for(var i:Number=0; i < infoXml.firstChild.childNodes.length;
      i++) {
    trace("nom : " +
          infoXml.firstChild.childNodes[i].attributes.nom);
  }
}
```

Le fichier `Memento.xml` est enregistré dans le répertoire `XML` avec le codage UTF-8. L'accès à un élément ou à une liste d'éléments de l'arbre est réalisé par l'intermédiaire des propriétés `firstChild`, `childNodes` et `attributes`.

Exercices

Le lecteur MP3-2ᵉ version

Il s'agit ici d'améliorer l'interface utilisateur du lecteur MP3 étudié dans ce chapitre (voir section « Le son », paragraphe « Un lecteur MP3-1ʳᵉ version »). Le nouveau lecteur MP3 possède les fonctionnalités suivantes :

- Afficher le titre de la chanson.
- Éteindre ou allumer le son.
- Avancer au morceau suivant.
- Retourner au morceau précédent.
- Répéter la lecture.

Ces fonctionnalités sont illustrées par une nouvelle interface se présentant de la façon suivante :

Figure 10-19

La nouvelle interface utilisateur du lecteur MP3.

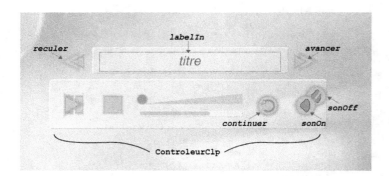

> **Extension Web**
>
> Pour vous faciliter la tâche, le fichier `LecteurMp3V2.fla` à partir duquel nous allons travailler, se trouve dans le répertoire `Exercices/SupportPourRéaliserLesExercices/Chapitre10`. Dans ce même répertoire, vous pouvez accéder à l'application telle que nous souhaitons la voir fonctionner (`LecteurMp3V2.swf`) une fois réalisée.

Exercice 10.1

a. Afficher, dans la zone de texte `labelIn` de l'objet `controleur`, le nom du fichier son lu.

b. En utilisant le gestionnaire d'événements `onID3`, afficher le titre de la chanson dans la zone de texte `labelIn` de l'objet `controleur`.

> **Remarque**
>
> Le titre d'une chanson est stocké dans la propriété `id3.songname` de l'événement perçu. Cette propriété n'est pas toujours renseignée, c'est pourquoi nous affichons, tout d'abord, le nom du fichier lu.

c. Par défaut, le clip `sonOff` est visible et `sonOn` invisible, ils sont placés l'un en dessous de l'autre.

- Lorsque l'utilisateur clique sur `sonOff`, celui-ci disparaît pour laisser apparaître `sonOn`, et le son est coupé.

- Lorsque l'utilisateur clique sur `sonOn`, celui-ci disparaît pour laisser apparaître `sonOff` et le volume sonore revient à la valeur qu'il avait avant d'être coupé.

Exercice 10.2

a. Le lecteur MP3 lit une suite de titres fournie par un fichier XML.

- Créer un fichier `listeMusic.xml` contenant la liste des morceaux de musique à écouter. Les balises pourront être définies comme suit :

```
<titre nom="uneMusique.mp3"/>
```

- Dans le script, charger le fichier `listeMusic.xml` et construire un tableau (`listeMusic[]`) mémorisant la liste des morceaux de musique.

- Charger ensuite le morceau de musique correspondant à l'indice 0 du tableau `liste Music[]`.

b. Lorsque le morceau de musique courant arrive à sa fin, charger le morceau suivant dans la liste.

Exercice 10.3

a. Lorsque l'utilisateur clique sur le bouton `controleur.avancer` :

- L'indice du tableau `listeMusic[]` est incrémenté de 1.

- Le morceau de musique correspondant au nouvel indice est chargé.

- L'interface utilisateur est réinitialisée – l'utilisateur doit cliquer à nouveau sur le bouton `controleur.lire` pour entendre le nouveau morceau.

- Que doit-on faire lorsque l'indice du tableau `listeMusic[]` est plus grand que le nombre de morceaux de musique défini dans la liste ?

b. Lorsque l'utilisateur clique sur le bouton `controleur.reculer` :

- L'indice du tableau `listeMusic[]` est décrémenté de 1.

- Le morceau de musique correspondant au nouvel indice est chargé.

- L'interface utilisateur est réinitialisée – l'utilisateur doit cliquer à nouveau sur le bouton `controleur.lire` pour entendre le nouveau morceau.

- Que doit-on faire lorsque l'indice du tableau `listeMusic[]` devient plus petit que 0 ?

Exercice 10.4

Lorsque l'utilisateur clique sur le bouton `controleur.continuer`, le lecteur MP3 lit la liste des morceaux de musique en continu.

- Le bouton `controleur.continuer` diminue de taille pour indiquer que l'option lecture en continu est sélectionnée. Au clic suivant, le bouton revient à sa taille d'origine.

- Un drapeau `encore` change d'état (`true` ou `false`) à chaque fois que l'utilisateur clique sur le bouton `controleur.continuer`.

- Dans le gestionnaire d'événements `onSoundComplete` :

  – Lorsque l'indice du tableau `listeMusic[]`est plus grand que le nombre de morceaux de musique défini dans la liste, et que le drapeau `encore` vaut `true`, l'indice du tableau est réinitialisé à `0`.

  – La musique continue à jouer si l'indice du tableau est inférieur au nombre de morceaux de musique défini dans la liste.

  – Sinon la musique s'arrête et l'interface utilisateur est réinitialisée – l'utilisateur doit cliquer à nouveau sur le bouton `controleur.lire` pour entendre le premier morceau de la liste. Que se passe-t-il lorsque l'utilisateur clique à nouveau sur le bouton `lire` ? Comment résoudre le problème ?

Le répertoire téléphonique

Exercice 10.5

L'objectif de cet exercice est d'afficher les photos et la liste des numéros de téléphone des personnes définies dans le fichier `Repertoire.xml` (voir section « Lire un fichier XML » paragraphe « Les niveaux de hiérarchie ») comme le montre la figure 10-20 :

Figure 10-20

Le répertoire téléphonique.

a. Charger le fichier `Repertoire.xml` et construire un tableau (`listePersonne[]`) mémorisant la liste des personnes enregistrées dans le répertoire.

b. Pour chaque élément du tableau `listePersonne[]` :

  • Créer une personne et afficher sa photo.

  • Lister les numéros de téléphone et les afficher en utilisant un format d'écriture et une zone de texte créée à la volée.

  • Positionner la zone de texte directement sous la photo.

> **Remarque**
>
> Pour afficher la liste des numéros de téléphone, reprendre le code de la méthode `afficherTexte()` présenté en section « Le texte », paragraphe « Créer une zone de texte » de ce chapitre.

Le projet « Portfolio multimédia »

Pour finir ce projet, nous utilisons toutes les techniques étudiées au cours de ce chapitre.

- Les menus `Photos`, `Vidéos` et `Anims` sont créés à partir de données lues dans un fichier ressource au format XML.

- Pour chaque photo, animation ou vidéo présentée, la zone de texte située à droite du portfolio est mise à jour à partir d'informations extraites de fichiers texte.

- Les vidéos sont intégrées à l'intérieur d'une interface utilisateur définie au sein d'une classe créée par vos propres soins.

> **Extension Web**
>
> Pour vous faciliter la tâche, le fichier `ProjetChapitre10.fla` à partir duquel nous allons travailler, se trouve dans le répertoire `Projet/SupportPourRéaliserLeProjet/Chapitre10`. Dans ce même répertoire, vous pouvez accéder à l'application telle que nous souhaitons la voir fonctionner (`ProjetChapitre10.swf`) une fois réalisée.

Créer les menus avec XML

Les menus `Photos`, `Vidéos` et `Anims` sont créés à partir de données lues dans un fichier ressource au format XML, nommé `Ressource.xml`.

a. Le fichier `Ressource.xml` définit la structure des menus `Photos`, `Anims` et `Vidéos`. Chaque menu est défini :

- Par un nœud ayant pour attribut le nom de l'en-tête et le format des données à afficher (`.jpg` pour les photos, `.swf` pour les anims, et `.flv` pour les vidéos).

- Une liste d'enfants correspondant à leurs items. Par exemple, le menu `Photos` est composé des items `Villes`, `Fleurs` et `Mers`. Un item possède comme attribut un label correspondant à son nom et une valeur déterminant le nombre de photos, vidéos ou animations à visualiser.

b. Dans l'application `ProjetChapitre10.fla`, charger le fichier `Ressource.xml` et parcourir l'arbre XML afin de créer les trois menus `Photos`, `Anims` et `Vidéos`. Vous utiliserez pour cela la fonction `creerRubrique()` et le constructeur de la classe `Menu`.

c. Exécuter l'animation et vérifier que les trois menus s'affichent correctement.

d. Le chargement d'une vidéo demande un traitement différent du chargement d'une photo ou d'une animation. Cette différence de traitement s'effectuera en vérifiant le type du format de données associé à chaque menu.

- Ajouter un élément au tableau `rubrique` créé par la fonction `creerRubrique()`. Cet élément est initialisé au type du format du média.

- Modifier les classes `Menu`, `BarreNavigation`, `Item` et `Vignette` de façon à intégrer cette nouvelle donnée. Par exemple, ajouter dans la classe `Vignette` une nouvelle propriété `format` à initialiser à l'aide d'un nouveau paramètre passé au constructeur. Cette propriété est ensuite utilisée pour définir le chemin d'accès à l'objet à visualiser et pour différencier le chargement de l'objet.

La zone de texte

La zone de texte se situe à droite du portfolio (voir figure 10-21). Elle est représentée par la variable globale `_global.FdTxt`.

Figure 10-21

La zone de texte fournit des informations spécifiques à chaque photo, animation ou vidéo.

a. Chaque répertoire correspondant à un item de menu (par exemple `Photos/Villes` ou encore `Vidéos/Poissons`) contient un ensemble de fichiers texte nommé `Infosi.txt` pour *i* variant de `0` au nombre de photos, vidéos ou animations contenues dans le répertoire. À l'intérieur de chacun des fichiers se trouve le texte à afficher.

b. Écrire la classe `Infos.as` en vous inspirant de l'exemple `LireDesvaleurs.fla` présenté au cours de ce chapitre. La création et l'affichage de la zone de texte sont réalisés par l'appel du constructeur de la classe `Infos` :

```
var texte:Infos = new Infos(_global.FdTxt ,
                   tmp.chemin+"Infos" +
                   tmp.numero+".txt", 5, 10)
```

Le premier paramètre indique le nom du clip auquel est rattachée la zone de texte, le second paramètre spécifie le chemin d'accès au fichier texte (`Infosi.txt`), et les deux derniers paramètres précisent la position en x et y de la zone de texte, par rapport à l'origine du clip de rattachement.

Le constructeur crée ensuite, en interne, un format d'affichage, une zone de texte vide et charge les données depuis le fichier texte dont le nom est passé en paramètre.

c. L'affichage du texte et par conséquent l'appel du constructeur de la classe Infos est réalisé à chaque fois que l'utilisateur clique sur une vignette de la barre de navigation.

La classe ControleurSimple

La classe ControleurSimple.as reprend les techniques de programmation décrite dans l'application lecteurVideo.fla. À l'appel de son constructeur :

```
var ctrl:ControleurSimple = new ControleurSimple(cheminVideo,
                                                 positionX,
                                                 positionY,
                                                 _global.FdVideo);
```

Une vidéo dont le chemin d'accès est spécifié par cheminVideo s'affiche avec une inter-face utilisateur simplifiée. Seuls les boutons lire, stopper et faireUnepause sont présents (voir figure 10-21).

Figure 10-22

Le contrôleur vidéo.

a. La vidéo est rattachée au clip représenté par la variable globale _global.FdVideo, occurrence du symbole FondPhotoClp. _global.FdVideo est invisible par défaut, elle devient visible lorsque l'utilisateur sélectionne un item du menu Vidéos.

b. L'appel du constructeur ControleurSimple() s'effectue :

• Soit lorsque l'utilisateur sélectionne un item du menu Vidéos. Dans ce cas, la vidéo présentée est celle qui est associée à la première vignette de la barre de navigation.

• Soit lorsque l'utilisateur clique sur une des vignettes proposées par le menu Vidéos.

c. La classe `ControleurSimple` est constituée :

- des propriétés suivantes :

```
private var panneau:MovieClip;
private var pauseOK:Boolean;
private var depart:Number;
private var tempsTotal:Number;
private var unSon:MovieClip;
```

- des méthodes privées :

```
private function remiseAZero():Void {
// Réinitialise l'affichage des boutons
//              Le drapeau pauseOK
//              La variable depart
 }
private function creerUnFlux():NetStream{
// Créer une connexion et un flux
// Met en place les gestionnaires onMetaData et onStatus
// Retourne le flux créé
}
private function leBoutonLire(ns:NetStream, nom:String) {
// Créer le comportement du bouton lire
}
private function leBoutonPause(ns:NetStream) {
// Créer le comportement du bouton faireUnePause
}
private function leBoutonStop(ns:NetStream) {
// Créer le comportement du bouton stopper
}
```

- et du constructeur :

```
public function ControleurSimple(nom:String, x:Number,
                            y:Number, cible:MovieClip) {
// Créer une occurrence du clip controleurClp (panneau)
// Positionne l'occurrence
// Fait appel aux méthodes privées creerUnFlux, leBoutonLire
//                        leBoutonPause, leBoutonStop
// Attache la video à l'occurrence du clip controleurClp
// Attache le son à un clip vide et crée un objet son
}
```

d. Lorsque l'utilisateur change de menu et d'item, veiller à supprimer le flux vidéo ainsi que le son.

Index

www.ingramcontent.com/pod-product-compliance
Lightning Source LLC
LaVergne TN
LVHW062300060326
832902LV00013B/1978